普通高等教育"十一五"国家级规划教材

上海市精品课程主讲教材

21世纪大学本科计算机专业系列教材

软件工程

（第2版）

钱乐秋　赵文耘　牛军钰　编著

清华大学出版社

北京

内 容 简 介

本书系统地介绍了软件工程的概念、原理、过程及主要方法,内容上覆盖了 ACM 和 IEEE 最新制定的 Computing Curricula 中有关软件工程的主要知识点。本书在介绍软件工程的基本概念和基本原理的基础上,重点介绍软件开发方法和技术,包括经典的和常用的方法,如结构化方法、面向数据结构方法和面向对象方法,以及一些软件工程的新技术和新方法,如 UML 2.0、基于构件的开发、敏捷软件开发、Web 工程、CMM 和 CMMI 等。此外,本书尽量采用国标、ISO 标准及《计算机科学技术百科全书》对专业术语的名称及其语义解释,必要时,术语名称会同时给出其他习惯称谓。

本书适合作为高等学校计算机科学与技术学科、软件工程学科各专业的教材,也可作为软件开发人员的参考书。

图书在版编目(CIP)数据

软件工程 / 钱乐秋,赵文耘,牛军钰编著 . --2 版 . --北京:清华大学出版社,2013.8
21 世纪大学本科计算机专业系列教材
ISBN 978-7-302-32876-6

Ⅰ. ①软…　Ⅱ. ①钱…②赵…③牛…　Ⅲ. ①软件工程－高等学校－教材　Ⅳ. ①TP311.5

中国版本图书馆 CIP 数据核字(2013)第 136387 号

责任编辑:张瑞庆
封面设计:常雪影
责任校对:焦丽丽
责任印制:宋　林

出版发行:清华大学出版社
　　　　网　　　　　址:http://www.tup.com.cn,http://www.wqbook.com
　　　　地　　　　　址:北京清华大学学研大厦 A 座　　　　邮　　编:100084
　　　　社　总　机:010-62770175　　　　　　　　　　　　邮　　购:010-62786544
　　　　投稿与读者服务:010-62776969,c-service@tup.tsinghua.edu.cn
　　　　质　量　反　馈:010-62772015,zhiliang@tup.tsinghua.edu.cn
　　　　课　件　下　载:http://www.tup.com.cn,010-62795954
印　装　者:清华大学印刷厂
经　　　销:全国新华书店
开　　　本:185mm×260mm　　　印　　张:24.75　　　字　　数:598 千字
版　　　次:2007 年 3 月第 1 版　2013 年 8 月第 2 版　　　印　　次:2013 年 8 月第 1 次印刷
印　　　数:1～4000
定　　　价:39.50 元

产品编号:054314-01

第 2 版前言

随着计算机科学技术和网络技术的飞速发展,计算机应用已渗透到科研、教育、生活、娱乐等各个方面,软件工程也逐渐成为软件产业和信息产业的支撑学科,为成功开发高质量软件起到了重要的作用。

软件工程是高等学校软件工程学科和计算机科学与技术学科各专业的一门重要的专业基础课程,本书的内容覆盖了 ACM 和 IEEE 最新制定的"计算教程"知识体系中有关软件工程的主要知识单元和知识点,并根据国内计算机教育和产业的现状,在介绍软件工程的基本概念和基本理论的基础上,既介绍传统的经典方法,又介绍当今软件工程的最新技术和方法,旨在通过本书的学习使读者具有一定的软件开发能力。

近年来各种敏捷开发方法受到业界的广泛关注,不少软件企业开始采用敏捷开发方法并取得良好的效果。另外,这些年来发布了不少与系统和软件工程相关的国际标准和国家标准,特别是软件生存周期过程和软件产品质量模型都与旧标准有很大的不同。据此,本书对第 1 版教材主要作如下修改:①将原书 1.5 节"敏捷软件开发"改成一章,介绍了敏捷软件开发的基本思想以及 3 种主要敏捷开发方法。②对原书中涉及国际标准和国家标准的内容进行更新,反映最新标准的内容。考虑到中国国情,有些标准以介绍最新的国家标准为主,同时对最新的国际标准作简单的介绍。③将原面向对象分析与设计拆成两章(面向对象方法基础,面向对象建模),并增加了一个实例。④对 Web 工程整章进行了改写。⑤对全书一些不妥之处进行了修订。

本书共分 16 章。第 1 章介绍软件工程的基本概念、软件过程(包括 CMM/CMMI)、软件过程模型和 CASE 工具与环境;第 2 章至第 4 章分别对系统工程、需求工程和设计工程作简单介绍,并介绍它们所包含的活动;第 5 章至第 10 章主要介绍软件需求分析和设计的方法,包括面向数据流的方法、面向数据结构的方法、面向对象的方法、基于构件的开发方法和敏捷软件开发方法;第 11 章介绍人机界面的设计;第 12 章介绍程序设计语言和编码;第 13 章介绍软件测试技术;第 14 章介绍 Web 工程;第 15 章介绍软件维护和再工程;第 16 章介绍软件项目管理,包括软件项目管理过程、软件度量、项目估算、项目进度管理、风险管理、项目组织、质量管理和配置管理等。

钱乐秋教授编写了本书的第 1、2、7、8、13 章,并负责全书的统稿;赵文耘教授编写了第 5、6、9、16 章;牛军钰副教授编写了第 3、4、11、12、14、15 章;张刚博士编写了第 10 章。

4

　　本书在编写过程中得到了教育部计算机科学与技术教学指导委员会、清华大学出版社以及复旦大学计算机科学技术学院的领导和老师们的大力支持,在此一并向他们表示衷心的感谢。在此还要特别感谢北京大学李晓明教授和清华大学出版社的张瑞庆编审,本书的顺利出版与他们的信任和支持是分不开的。

编　者
2013 年 4 月

第 1 版前言

自 1968 年首次提出"软件工程"的概念以来,软件工程得到了很大的发展,新的方法、技术、模型不断涌现,为成功开发高质量软件起到了重要的作用。随着计算机科学技术的飞速发展,软件工程已经成为计算机科学与技术学科的重要学科方向。

软件工程是高等学校计算机科学与技术学科各专业的一门重要的专业基础课程,本书在介绍软件工程的基本概念和基本理论的基础上,重点介绍软件开发的方法和技术,旨在通过本书的学习使读者具有一定的软件开发能力。

本书的内容覆盖了 ACM 和 IEEE 最新制定的"计算教程 2005"(简称 CC2005)知识体系中有关软件工程的主要知识单元和知识点,并根据国内计算机教育和产业的现状,既介绍传统的经典方法,又介绍当今软件工程的最新技术和方法,如基于构件的开发方法、敏捷开发方法、UML、Web 工程等。

本书共分 14 章。第 1 章介绍软件工程的基本概念、软件过程(包括 CMM/CMMI)、软件过程模型、敏捷软件开发和 CASE 工具与环境;第 2 章至第 4 章分别对系统工程、需求工程和设计工程作简要介绍,并介绍它们所包含的活动;第 5 章至第 8 章主要介绍软件需求分析和设计的方法,包括面向数据流的方法、面向数据结构的方法、面向对象的方法和基于构件的开发方法;第 9 章介绍人机界面的设计;第 10 章介绍程序设计语言和编码;第 11 章介绍软件测试技术;第 12 章介绍 Web 工程,包括 Web 工程过程、Web 分析、Web 设计和 Web 测试;第 13 章介绍软件维护和再工程;第 14 章介绍软件项目管理,包括软件项目管理过程、软件度量、项目估算、项目进度管理、风险管理、项目组织、质量管理和配置管理等。

钱乐秋教授编写了本书的第 1、2、7、11 章,并负责全书的统稿;赵文耘教授编写了第 5、6、8、14 章;牛军钰副教授编写了第 3、4、9、10、12、13 章。

国防科学技术大学齐治昌教授认真审阅了全部书稿,并提出了许多中肯的修改意见。本书在编写过程中得到了教育部计算机科学与技术教学指导委员会、清华大学出版社以及复旦大学信息学院、计算机科学与工程系的领导和老师们的大力支持,在此一并向他们表示衷心的感谢。

在此要特别感谢北京大学李晓明教授和清华大学出版社的编辑,没有他们的信任和鼓励,就没有本书的问世。

编　者
2007 年 1 月

目 录

第 1 章

概论

自从 1946 年第一台数字电子计算机问世以来,计算机硬件经历了电子管、晶体管、集成电路、大规模集成电路等多个时代,得到了飞速的发展。计算机的性能越来越高,而价格越来越便宜。计算机的应用也从单纯的科学计算,很快渗透到工业、农业、国防、商业等各个领域。随着个人计算机的诞生,办公自动化和管理信息系统的深入普及,特别是网络技术的飞速发展,计算机已进入家庭,人们可以通过计算机和网络,方便地进行信息的获取、处理和交流。电子政务、电子商务不断地涌现,使计算机成为人们工作和生活不可缺少的工具,同时也改变了传统的办事模式,计算机基础知识与技能也已成为新时代人们的基本文化素养。

随着计算机应用的深入,对计算机软件需求量越来越大,对软件的功能性、易使用性、可靠性等要求也越来越高。为了在有限的资金、资源和时间条件下开发满足客户要求的高质量软件,就需要研究与软件开发和管理相关的模型、方法、技术、过程、工具和环境等,这些就是软件工程研究的主要内容。

本章介绍计算机软件和软件工程的基本概念,包括计算机软件、软件工程、软件过程、软件过程模型、CASE 工具和环境。

1.1　计算机软件

在《计算机科学技术百科全书》中,对计算机软件作出如下定义:计算机软件指计算机系统中的程序及其文档。程序是计算任务的处理对象和处理规则的描述。任何以计算机为处理工具的任务都是计算任务。处理对象是数据(如数字、文字、图形、图像、声音等,它们只是表示,而无含义)或信息(数据及有关的含义)。处理规则一般指处理的动作和步骤。文档是为了便于了解程序所需的阐述性资料。

1.1.1　软件的发展

自第一台计算机问世以来,计算机软件经历了多个发展阶段。关于软件的发展阶段有多种说法,徐家福教授在《计算机科学技术百科全书》中将软件的发展分为如下 3 个阶段。

第一阶段(1946—1956 年):从第一台计算机上的第一个程序的出现到实用的高级程序设计语言出现以前。在这个阶段,计算机的存储容量比较小,运算速度比较慢;编写程序的工具只有低级语言,即以机器基本指令集为主的机器语言和在机器语言基础上稍加符号化的汇编语言;计算机的应用领域主要是以数值数据处理为主的科学计算,其特点是输入输出量较小,但计算量却较大。由于计算机的容量小、速度慢,又采用低级语言编程,所以程序的设计和编制工作复杂、繁琐、费时且易出差错,强调编程技巧,很少考虑程序结构的清晰性、易读性和易维护性。衡量程序质量的标准主要是功效,即运行时间省、占用内存小。由于当时的程序规模都比较小,所以设计和编制程序主要采用个体工作方式。当时尚未出现"软件"一词,人们对与程序有关的文档的重要性认识不足,开发的软件除了程序外,几乎没有其他的文档。当时的主要研究内容是科学计算程序、服务性程序和程序库,研究对象是顺序程序。

第二阶段(1956—1968年):从实用的高级程序设计语言出现以后到软件工程出现以前。在这个阶段,随着计算机硬件的飞速发展,出现了大容量的存储器,外围设备也得到了迅速发展;出现了高级程序设计语言,使得编制程序的工作从专业人员扩展到工程技术人员;计算机的应用领域逐步扩大,出现了大量的数据处理问题,其性质和科学计算有明显的区别,涉及非数值数据,其特点是计算量不大,但输入、输出量却较大。计算机硬件的飞速发展使得高速主机与低速外围设备的矛盾日益突出,为了充分利用系统资源,出现了操作系统。为了适应大量数据处理问题的需要,开始出现数据库及其管理系统。在20世纪50年代后期,人们逐渐认识到文档的重要性,到20世纪60年代初期,出现了融程序及其有关文档为一体的"软件"一词。这一阶段的研究对象增加了并发程序,着重研究高级程序设计语言、编译程序、操作系统及各种应用软件,研究出指导和辅助编程的一些方法和工具,如结构化程序设计方法,排错工具等。由于软件规模的日益增大,设计与编制程序的工作方式逐步从个体方式转向合作方式。随着计算机硬件的发展和高级程序设计语言的出现,计算机应用得到迅速发展。由于缺乏有效的工程化方法的指导,使得很多软件不能按计划完成,有的甚至夭折,大量已有软件难以维护,到20世纪60年代中期,出现了人们难以控制的局面,即所谓的软件危机,从而导致软件工程的出现。

第三阶段(1968年以来):从软件工程出现以后至今。在这个阶段,计算机硬件向巨型机和微型机两个方向发展,出现了计算机网络,特别是Internet得到了飞速的发展;软件方面提出了软件工程,用工程化方法管理和开发软件;计算机的应用领域渗透到各个业务领域,出现了嵌入式应用,其特点是受制于所嵌入的宿主系统,而不只是受制于其功能要求。随着微型计算机和计算机网络的发展,网络软件、分布式应用和分布式软件得到发展。开发方式逐步由个体合作方式转向工程方式,软件工程发展迅速,特别是出现了"计算机辅助软件工程"(computer aided software engineering,CASE)。软件工程方面的研究主要包括软件开发模型、软件开发方法及技术、软件工具与环境、软件过程、软件自动化系统等。除了软件传统技术继续发展外,人们还着重研究以智能化、自动化、集成化、并行化以及自然化为标志的软件开发新技术。

1.1.2 软件的特点

软件与硬件相比有以下不同的特点:

- 软件是一种逻辑实体,而不是有形的系统元件,其开发成本和进度难以准确估算。
- 软件是被开发的或被设计的,没有明显的制造过程,一旦开发成功,只需复制即可,但其维护的工作量大。

- 软件的使用没有硬件那样的机械磨损和老化问题。硬件在使用的初期由于设计或制造上的问题,可能有较高的故障率,故障一旦修复以后,故障率会降到一个稳定的水平上,之后随着机械磨损、老化等因素,故障率又会急剧上升。硬件的故障曲线如图 1.1 所示。而软件在交付使用前通常已经过严格的测试,排除了已发现的错误,在使用初期,那些未发现的错误会引起较高的故障率,由于软件没有磨损、老化等问题,故这些故障一旦修复,软件的故障曲线就为如图 1.2 所示的理想曲线。然而,在软件使用过程中都有维护问题,软件的维护需要修改程序,修改可能引入副作用,从而使故障率升高。因此,软件的实际故障率曲线如图 1.2 所示[2]。

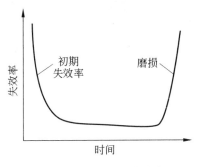

图 1.1　硬件的故障曲线

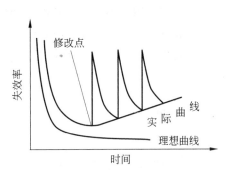

图 1.2　软件的故障曲线

1.1.3　软件的分类

在《计算机科学技术百科全书》中,将软件分为系统软件、支撑软件和应用软件 3 类。

1. 系统软件

系统软件居于计算机系统中最靠近硬件的一层,其他软件一般都通过系统软件发挥作用。系统软件与具体的应用领域无关,例如编译程序、操作系统等。

2. 支撑软件

支撑软件是支撑软件的开发和维护的软件。例如,数据库管理系统、网络软件、软件工具、软件开发环境等。

3. 应用软件

应用软件是特定应用领域专用的软件。例如,工程/科学计算软件、嵌入式软件、产品线软件、Web 应用软件、人工智能软件等。

1.1.4　软件语言

编制程序离不开程序设计语言,书写计算机软件就可能使用软件语言。软件语言是用于书写计算机软件的语言,主要包括：需求定义语言、功能性语言、设计性语言、实现性语言和文档语言。

1. 需求定义语言

需求定义语言是用于书写软件需求定义的语言。软件需求包括功能需求和非功能需求,功能需求是从用户角度明确软件系统必须具有的功能行为,非功能需求是对软件需求作进一步的刻画,包括功能限制、环境描述、数据与通信规程和项目管理等。典型的需求定义语言有 PSL/PSA(problem statement language/problem statement analyzer)等。

2. 功能性语言

功能性语言是用于书写软件功能规约的语言,通常又称为功能规约语言。软件功能规约(functional specification)也称功能规格说明,是软件所要完成功能的精确而完整的陈述,通常只刻画软件系统"做什么"的外部功能,而不涉及系统"如何做"的内部算法。典型的功能性语言有广谱语言、Z 语言等。

3. 设计性语言

设计性语言是用于书写软件设计规约的语言。软件设计规约是软件设计(包括总体设计和详细设计)的严格而完整的陈述,是软件功能规约的算法性细化,既刻画软件"如何做"的内部算法,同时又是软件实现的依据。典型的设计性语言有 PDL(program design language)。

4. 实现性语言

实现性语言也称为程序设计语言(programming language),是用于书写计算机程序的语言。计算机程序是计算任务的处理对象和处理规则的描述。

程序设计语言可以按照语言的级别、对使用者的要求、应用范围、使用方式、成分性质等多种角度进行分类。

(1) 按语言级别可分为低级语言和高级语言

低级语言是与特定计算机体系结构密切相关的程序设计语言,如机器语言、汇编语言。其特点是与机器有关,功效高,但使用复杂,开发费时,难以维护。

高级语言是不反映特定计算机体系结构的程序设计语言,它的表示方法比低级语言更接近于待解问题的表示方法。其特点是在一定程度上与具体机器无关,易学、易用、易维护。但高级语言程序经编译后产生的目标程序的功效往往较低。

(2) 按用户要求可分为过程式语言和非过程式语言

过程式语言(procedural language)是通过指明一列可执行的运算及运算次序来描述计算过程的程序设计语言,如 FORTRAN、C、Java 等。

非过程式语言(nonprocedural language)是不显式指明处理过程细节的程序设计语言。在这种语言中尽量引进各种抽象度较高的非过程性描述手段,以期做到在程序中增加"做什么"的描述成分,减少"如何做"的细节描述,如 PROLOG 等。

（3）按应用范围可分为通用语言和专用语言

通用语言指目标非单一的语言，如 FORTRAN、C、Java 等。专用语言指目标单一的语言，如自动数控程序 APT。

（4）按使用方式可分为交互式语言和非交互式语言

交互式语言指具有反映人机交互作用的语言，如 BASIC。非交互式语言指不反映人机交互作用的语言，如 FORTRAN、COBOL 等。

（5）按成分性质可分为顺序语言、并发语言、分布语言

顺序语言指只含顺序成分的语言，如 FORTRAN、C 等。并发语言指含有并发成分的语言，如 Modula、Ada、并发 PASCAL 等。分布语言指考虑到分布计算要求的语言，如 Modula 等。

5. 文档语言

文档语言是用于书写软件文档的语言。计算机软件文档是计算机开发、维护和使用的档案资料以及对软件本身的阐述性资料。通常用自然语言或半形式化语言书写。

1.2 软件工程

在软件工程概念出现之前，软件的开发主要依赖于开发人员的个人技能，没有可以遵循的开发方法指导，开发过程也缺乏有效的管理。20 世纪 60 年代初出现了"软件"一词，引起人们对文档的重视，但尚未形成文档的规范。随着计算机在各个领域的广泛应用，软件的需求量越来越大，软件的复杂度也越来越高，导致软件的开发远远满足不了社会发展的需要，超出预算的经费、超过预期的交付时间的事情经常发生。由于缺乏文档以及没有好的开发方法的指导，使得大量已有的软件难以维护。到 20 世纪 60 年代中期出现了人们难以控制的局面，即"软件危机"。

在 1968 年的 NATO 会议上，首次提出了"软件工程"一词，希望用工程化的方法来进行软件的开发。

1.2.1 软件工程定义

关于软件工程的定义，目前尚无统一的、一致的定义，下面给出几个有代表性的定义。

1. Fritz Bauer 在 NATO 会议上给出的定义

软件工程是建立和使用一套合理的工程原则，以便获得经济的软件，这种软件是可靠的，可以在实际机器上高效地运行。

2. IEEE 在软件工程术语汇编中的定义

软件工程是：

① 将系统化的、严格约束的、可量化的方法应用于软件的开发、运行和维护，即将工程化应用于软件；

② 对在①中所述方法的研究。

3.《计算机科学技术百科全书》中的定义

软件工程是应用计算机科学、数学及管理科学等原理,开发软件的工程。软件工程借鉴传统工程的原则、方法,以提高质量、降低成本为目的。其中,计算机科学、数学用于构造模型与算法,工程科学用于制定规范、设计范型(paradigm)、评估成本及确定权衡,管理科学用于计划、资源、质量、成本等管理。

1.2.2 软件工程框架

杨芙清院士在《计算机科学技术百科全书》中指出,软件工程的框架可概括为目标、过程和原则。

软件工程目标指生产具有正确性、可用性和开销合宜的产品。正确性指软件产品达到预期功能的程度。可用性指软件基本结构、实现及文档为用户可用的程度。开销合宜指软件开发、运行的整个开销满足用户要求的程度。

这些目标的实现不论在理论上还是在实践中均存在很多问题有待解决,它们形成了对过程、过程模型及工程方法选取的约束。

软件工程过程指生产一个最终满足需求且达到工程目标的软件产品所需要的步骤,详见 1.3 节。

软件工程原则包括围绕工程设计、工程支持和工程管理所提出的以下 4 条基本原则。

第一条原则:选取适宜的开发模型。

该原则与系统设计有关。在系统设计中,软件需求、硬件需求以及其他因素间是相互制约和影响的,经常需要权衡。因此,必须认识需求定义的易变性,采用适宜的开发模型,保证软件产品满足用户的要求。

第二条原则:采用合适的设计方法。

在软件设计中,通常要考虑软件的模块化、抽象与信息隐蔽、局部化、一致性以及适应性等特征。合适的设计方法有助于这些特征的实现,以达到软件工程的目标。

第三条原则:提供高质量的工程支撑。

工欲善其事,必先利其器。在软件工程中,软件工具与环境对软件过程的支持颇为重要。软件工程项目的质量与开销直接取决于对软件工程所提供的支撑质量和效用。

第四条原则:重视软件工程的管理。

重视软件工程的管理,直接影响可用资源的有效利用,生产满足目标的软件产品及提高软件组织的生产能力等问题。因此,仅当软件过程予以有效管理时,才能实现有效的软件工程。

1.2.3 软件生存周期

如同人的一生,软件也有一个孕育、诞生、成长、衰亡的生存过程,这个过程称为软件的生存周期。

软件生存周期是指软件产品或软件系统从产生、投入使用到被淘汰的全过程。软件生存周期大致可以分为 6 个阶段：计算机系统工程、需求分析、设计、编码、测试、运行和维护。

1. 计算机系统工程

计算机系统包括计算机硬件、软件，以及使用计算机系统的人、数据库、文档、规程等系统元素。计算机系统工程的任务是确定待开发软件的总体要求和范围，以及该软件与其他计算机系统元素之间的关系，进行成本估算，作出进度安排，并进行可行性分析，即从经济、技术、法律等方面分析待开发的软件是否有可行的解决方案，并在若干个可行的解决方案中作出选择。

2. 需求分析

需求分析主要解决待开发软件要"做什么"的问题，确定软件的功能、性能、数据、界面等要求，生成软件需求规约（也称软件需求规格说明）。

3. 设计

软件设计主要解决待开发软件"怎么做"的问题。软件设计通常可分为系统设计（也称概要设计或总体设计）和详细设计。系统设计的任务是设计软件系统的体系结构，包括软件系统的组成成分、各成分的功能和接口、成分间的连接和通信，同时设计全局数据结构。详细设计的任务是设计各个组成成分的实现细节，包括局部数据结构和算法等。

4. 编码

编码阶段的任务是用某种程序设计语言，将设计的结果转换为可执行的程序代码。

5. 测试

测试阶段的任务是发现并纠正软件中的错误和缺陷。测试主要包括单元测试、集成测试、确认测试和系统测试。

6. 运行和维护

软件完成各种测试后就可交付使用，在软件运行期间，需对投入运行的软件进行维护，即当发现了软件中潜藏的错误或需要增加新的功能或使软件适应外界环境的变化等情况出现时，对软件进行修改。

1.3 软件过程

软件过程是生产一个最终满足需求且达到工程目标的软件产品所需的步骤。《计算机科学技术百科全书》指出，软件过程是软件生存周期中的一系列相关的过程。过程是活动的集合,活动是任务的集合。软件过程有 3 层含义:一是个体含义,即指软件产品或系统在生存周期中的某一类活动的集合,如软件开发过程、软件管理过程等;二是整体含义,即指软件产品或系统在所有上述含义下的软件过程的总体;三是工程含义,即指解决软件过程的工程,应用软件工程的原则、方法来构造软件过程模型,并结合软件产品的具体要求进行实例化,以及在用户环境下的运作,以此进一步提高软件生产率,降低成本。

1.3.1 软件生存周期过程

国际标准化组织(International Organization for Standardization,ISO)和国际电工委员会(International Electrotechnical Commission,IEC)于 1995 年发布了软件生存周期过程国际标准 ISO/IEC 12207—1995,2002 年和 2004 年发布了两个补篇 ISO/IEC 12207—1995/Amd.1:2002 和 ISO/IEC 12207—1995/Amd.2:2004,2008 年发布了新版本 ISO/IEC 12207—2008《系统和软件工程 软件生存周期过程》。我国参照国际标准也制订了相应的国家标准 GB/T 8566—2007《软件生存周期过程》。

1. GB/T 8566—2007 软件生存周期过程

GB/T 8566—2007 标准综合了 ISO/IEC 12207—1995、ISO/IEC 12207—1995/Amd.1:2002 和 ISO/IEC 12207—1995/Amd.2:2004,并做了一些结构性的调整。

GB/T 8566—2007 标准把软件生存周期中可以开展的活动分为 5 个基本过程、9 个支持过程和 7 个组织过程。每一个过程划分为一组活动,每项活动又进一步划分为一组任务。

(1) 基本过程

基本过程(primary processes)供各主要参与方在软件生存周期期间使用,主要参与方指发起或完成软件产品开发、运行或维护的组织,包括软件产品的需方、供方、开发方、操作方和维护方。

(2) 支持过程

支持过程(supporting processes)具有不同的目的,并作为一个有机组成部分来支持其他过程,以便取得软件项目的成功并提高软件项目的质量。根据需要,支持过程被其他过程应用和执行。

(3) 组织过程

组织过程(organizational processes)可被某个组织用来建立和实现由相关的生存周期过程和人员组成的基础结构,并不断改进这种结构和过程。

表 1.1 给出了 GB/T 8566—2007 的过程和活动。

GB/T 8566 为软件生存周期过程建立了一个公共框架,提供了一组标准的过程、活动和任务(限于篇幅,这里不列出各活动的任务)。对于一个软件项目,可根据其具体情况对标准的过程、活动和任务进行剪裁,即删除不适用的过程、活动和任务。在 GB/T 8566 的附录中给出剪裁过程,包括如下活动:标识项目环境,请求输入,选择过程、活动和任务,将剪裁决定和理由形成文档。

表 1.1　GB/T 8566—2007 的过程和活动

过程		活　动	过程		活　动
基本过程	获取过程	1. 启动	基本过程	维护过程	1. 过程实施
		2. 招标［标书］的准备			2. 问题和修改分析
		3. 合同的编制和更新			3. 修改实现
		4. 对供方监督			4. 维护评审/验收
		5. 验收和完成			5. 移植
		6. 合同结束			6. 软件退役
		7. 获取政策	支持过程	文档编制过程	1. 过程实施
		8. 管理供方关系			2. 设计和开发
		9. 管理用户关系			3. 生产
		10. 财务管理			4. 维护
	供应过程	1. 启动		配置管理过程	1. 过程实施
		2. 准备投标			2. 配置标识
		3. 签订合同			3. 配置控制
		4. 编制计划			4. 配置状态统计
		5. 执行和控制			5. 配置评价
		6. 评审和评价			6. 发布管理和交付
		7. 交付和完成		质量保证过程	1. 过程实施
	开发过程	1. 过程实施			2. 产品保证
		2. 系统需求分析			3. 过程保证
		3. 系统体系结构设计			4. 质量体系保证
		4. 软件需求分析		验证过程	1. 过程实施
		5. 软件体系结构设计			2. 验证
		6. 软件详细设计		确认过程	1. 过程实施
		7. 软件编码和测试			2. 确认
		8. 软件集成		联合评审过程	1. 过程实施
		9. 软件合格性测试			2. 项目管理评审
		10. 系统集成			3. 技术评审
		11. 系统合格性测试		审核过程	1. 过程实施
		12. 软件安装			2. 审核
		13. 软件验收支持		问题解决过程	1. 过程实施
	运作过程	1. 过程实施			2. 问题解决
		2. 运行测试		易用性过程	1. 过程实施
		3. 系统运行			2. 以人为本的设计（HCD）
		4. 用户支持			3. 策略、推广和保障方面的人为因素

过程		活　　动	过程		活　　动
组织过程	管理过程	1. 启动和范围定义	组织过程	人力资源过程	5. 建立项目团队需求
		2. 策划			6. 知识管理
		3. 执行和控制		资产管理过程	1. 过程实施
		4. 评审和评价			2. 资产存储和检索定义
		5. 结束			3. 资产的管理和控制
		6. 测量		重用程序管理过程	1. 启动
	基础设施过程	1. 过程实施			2. 领域标识
		2. 建立基础设施			3. 重用评估
		3. 维护基础设施			4. 策划
	改进过程	1. 过程建立			5. 执行和控制
		2. 过程评估			6. 评审和评价
		3. 过程改进		领域工程过程	1. 过程实施
	人力资源过程	1. 过程实施			2. 领域分析
		2. 定义培训需求			3. 领域设计
		3. 补充合格的员工			4. 资产供应
		4. 评价员工绩效			5. 资产维护

2. ISO/IEC 12207 软件生存周期过程

ISO/IEC 12207—2008 标准对 ISO/IEC 12207—1995 做了很大的改动,该标准将软件生存周期中的过程分成两大类,7 个过程组,43 个过程。第一类过程称为系统周境过程(system context processes),这类过程处理独立的软件产品、服务或软件系统的系统周境。第二类过程称为软件特定过程(software specific processes),用于实现一个软件产品或者大型系统中的某一服务。

(1) 第一类系统周境过程

系统周境过程包括以下 4 个过程组,25 个过程。

* 协定过程组包括 2 个过程:获取过程、供应过程。
* 组织级项目使能(启用)过程组包括 5 个过程:生存周期模型管理过程、基础设施管理过程、项目投资管理过程、人力资源管理过程、质量管理过程。
* 项目过程组包括 7 个过程:项目计划管理过程、项目评估和控制过程、决策管理过程、风险管理过程、配置管理过程、信息管理工程、测量过程。
* 技术过程组包括 11 个过程:利益相关方需求定义过程、系统需求分析过程、系统体系结构设计过程、实现过程、系统集成过程、系统合格性测试过程、软件安装过程、软件验收支持过程、软件运作过程、软件维护过程、软件处置(废弃)过程。

(2) 第二类软件特定过程

软件特定过程包括以下 3 个过程组,18 个过程。

- 软件实现过程组包括 7 个过程：软件实现过程、软件需求分析过程、软件体系结构设计过程、软件详细设计过程、软件构造过程、软件集成过程、软件合格性测试过程。
- 软件支持过程组包括 8 个过程：软件文档管理过程、软件配置管理过程、软件质量保证过程、软件验证过程、软件确认过程、软件评审过程、软件审核过程、软件问题解决过程。
- 软件复用过程组包括 3 个过程：领域工程过程、复用资产管理过程、复用程序管理过程。

有关 ISO/IEC 12207—2008 标准的详细信息请参见相应的国际标准。

1.3.2 能力成熟度模型 CMM

自从软件工程概念提出以后，出现了许多开发、维护软件的模型、方法、工具和环境，它们对提高软件的开发、维护效率和质量起到了很大的作用。尽管如此，人们开发和维护软件的能力仍然跟不上软件所涉及的问题的复杂程度的增长，大多数软件组织面临的主要问题仍然是无法开发符合预算和进度要求的高可靠性和高可用性的软件。人们开始意识到问题的实质是缺乏管理软件过程的能力。

美国卡耐基-梅隆大学软件工程研究所(SEI)从 1986 年起着手软件能力成熟度模型(capability maturity model for software,CMM-SW)的研究，其目的是提供一种评价软件承接方能力的方法，同时，也可用于帮助软件组织改进其软件过程，经过多年的研究、评估以及信息反馈，SEI 于 1991 年发布了 CMM1.0 版。

1. 软件过程成熟度等级

CMM 模型定义了 5 个软件过程成熟度等级，如图 1.3 所示[9]。

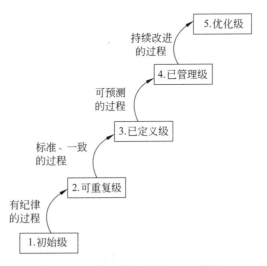

图 1.3 软件过程成熟度的 5 个等级

下面简要介绍软件过程成熟度的 5 个等级。

（1）初始级（initial）

软件过程的特点是无秩序的，甚至是混乱的。几乎没有什么过程是经过妥善定义的，成功往往依赖于个人或小组的努力。

（2）可重复级（repeatable）

建立了基本的项目管理过程来跟踪成本、进度和功能特性。制定了必要的过程纪律，能重复早先类似应用项目取得的成功。

（3）已定义级（defined）

已将管理和工程活动两方面的软件过程文档化、标准化，并综合成该组织的标准软件过程。所有项目均使用经批准、剪裁的标准软件过程来开发和维护软件。

（4）已管理级（managed）

收集对软件过程和产品质量的详细度量值，对软件过程和产品都有定量的理解和控制。

（5）优化级（optimizing）

过程的量化反馈和先进的新思想、新技术促使过程不断改进。

2. CMM 的结构

CMM 的结构如图 1.4 所示[9]。

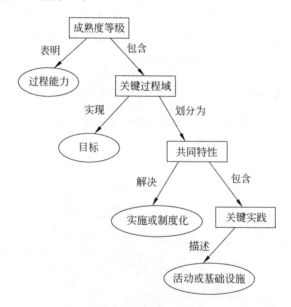

图 1.4　CMM 的结构

成熟度等级表明了一个软件组织的过程能力的水平。除初始级外，每个成熟度等级都包含若干个关键过程域（key process area，KPA），如表 1.2 所示，为了达到某个成熟度级别，该级别（以及较低级别）的所有关键过程域都必须得到满足，并且过程必须实现制度化。CMM 提供了 18 个关键过程域，每个关键过程域都有一组对改进过程能力非常重要的目标，并确定了一组相应的关键实践，关键实践描述了建立一个过程能力必须完成的活动和必须具备的基础设施，完成了这些关键实践就达到了相应关键过程域的目标，该关键过程域也就得到了满足。每个关键过程域的关键实践都是按照 5 个共同特性(执行约定、执行能力、执行活动、测量和分析、验证实现)进行组织的,主要解决关键实践的实施或制度化问题。

表 1.2　关键过程域

成熟度等级	可 重 复 级	已 定 义 级	已 管 理 级	优 化 级
关键过程域	需求管理 软件项目计划 软件项目跟踪和监督 软件分包合同管理 软件质量保证 软件配置管理	机构过程焦点 机构过程定义 培训大纲 综合软件管理 软件产品工程 组间协调 同行评审	定量过程管理 软件质量管理	缺陷预防 技术更新管理 过程更改管理

1.3.3　能力成熟度模型集成 CMMI

CMM 的成功导致了适用于不同学科领域的模型的衍生,如系统工程的能力成熟度模型,适用于集成化产品开发的能力成熟度模型等,而一个工程项目又往往涉及多个交叉的学科,因此有必要将各种过程改进的工作集成起来。1998 年由美国产业界、政府和卡耐基-梅隆大学软件工程研究所共同主持 CMMI 项目,CMMI 是若干过程模型的综合和改进,是支持多个工程学科和领域的系统的、一致的过程改进框架,能适应现代工程的特点和需要,能提高过程的质量和工作效率。2000 年发布了 CMMI-SE/SW/IPPD,集成了适用于软件开发的 SW-CMM(草案版本 2(C))、适用于系统工程的 EIA/IS731 以及适用于集成化产品和过程开发的 IPD CMM(0.98 版)。2002 年 1 月发布了 CMMI-SE/SW/IPPD 1.1 版。

CMMI 提供了两种表示法:阶段式模型和连续式模型。

1. 阶段式模型

阶段式模型的结构类同于软件 CMM,它关注组织的成熟度,CMMI-SE/SW/IPPD 1.1 版中有 5 个成熟度等级:初始的、已管理的、已定义的、定量管理的、优化的,其特征如图 1.5 所示,成熟度等级结构如图 1.6 所示[10]。

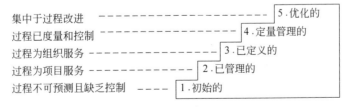

图 1.5　阶段式成熟度等级

CMMI-SE/SW/IPPD 中包含了 24 个过程域,它们被划分在成熟度等级 2~5 之中,如表 1.3 所示。

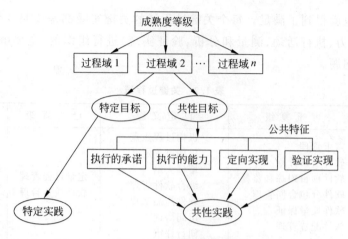

图 1.6　成熟度等级结构

表 1.3　阶段式模型中的过程域

成熟度等级	过程域
已管理的	需求管理 REQM 项目计划 PP 项目监督和控制 PMC 供应商合同管理 SAM 度量和分析 MA 过程和产品质量保证 PPQA 配置管理 CM
已定义的	需求开发 RD 技术解决方案 TS 产品集成 PI 验证 VER 确认 VAL 组织级过程焦点 OPF 组织级过程定义 OPD 组织级培训 OT 集成化项目管理 IPM 风险管理 RSKM 集成化建组 IT 决策分析和解决方案 DAR 组织级集成环境 OEI
定量管理的	组织级过程性能 OPP 项目定量管理 QPM
优化的	组织级改革和实施 OID 因果分析和解决方案 CAR

2. 连续式模型

连续式模型关注每个过程域的能力,一个组织对不同的过程域可以达到不同的过程域能力等级(capability level,CL)。CMMI 中包括 6 个过程域能力等级,等级号为 0~5。能力等级表明了单个过程域中组织执行的好坏程度。图 1.7 给出了某组织的过程域能力等级。

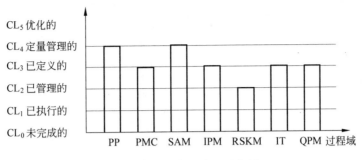

图 1.7　能力等级特征示意图

　　能力等级包括共性目标及相关的共性实践,这些实践在过程域内被添加到特定目标和实践中。当组织满足过程域的特定目标和共性目标时,就说该组织达到了那个过程域的能力等级。

　　能力等级 2～5 的名字与成熟度等级 2～5 同名,但含义不同。能力等级可以独立地应用于任何单独的过程域,任何一个能力等级都必须满足比它等级低的能力等级的所有准则,各能力等级的含义简述如下。

　　CL_0 未完成的:过程域未执行或未达到 CL_1 中定义的所有目标。

　　CL_1 已执行的:其共性目标是过程将可标识的输入工作产品转换成可标识的输出工作产品,以实现支持过程域的特定目标。

　　CL_2 已管理的:其共性目标集中于已管理的过程的制度化。根据组织级政策规定过程的运作将使用哪个过程,项目遵循已文档化的计划和过程描述,所有正在工作的人都有权使用足够的资源,所有工作任务和工作产品都被监控、控制和评审。

　　CL_3 已定义的:其共性目标集中于已定义的过程的制度化。过程是按照组织的剪裁指南从组织的标准过程集中剪裁得到的,还必须收集过程资产和过程的度量,并用于将来对该过程的改进上。

　　CL_4 定量管理的:其共性目标集中于可定量管理的过程的制度化。使用测量和质量保证来控制和改进过程域,建立和使用关于质量和过程执行的定量目标作为管理准则。

　　CL_5 优化的:使用量化(统计学)手段改变和优化过程域,以对付客户要求的改变和持续改进计划中的过程域的功效。

　　连续式模型,包含与阶段式模型相同的 24 个过程域,它们按如下 4 种类型分组:过程管理、项目管理、工程和支持,如表 1.4 所示。

表 1.4　连续式模型中的过程域

类　　型	过　程　域
过程管理	组织级过程焦点 OPF 组织级过程定义 OPD 组织级培训 OT 组织级过程性能 OPP 组织级改革和实施 OID

续表

类　　型	过　程　域
项目管理	项目计划 PP 项目监督和控制 PMC 供应商合同管理 SAM 集成化项目管理 IPM 风险管理 RSKM 集成化建组 IT 项目定量管理 QPM
工程	需求管理 REQM 需求开发 RD 技术解决方案 TS 产品集成 PI 验证 VER 确认 VAL
支持	配置管理 CM 过程和产品质量保证 PPQA 度量和分析 MA 决策分析和解决方案 DAR 组织级集成环境 OEI 因果分析和解决方案 CAR

1.4　软件过程模型

　　软件过程模型习惯上也称为软件开发模型,是软件开发全部过程、活动和任务的结构框架。典型的软件过程模型有瀑布模型、演化模型(如增量模型、原型模型、螺旋模型)、喷泉模型、基于构件的开发模型和形式化方法模型等。

1.4.1　瀑布模型

　　瀑布模型(waterfall model)是 1970 年由 W. Royce 提出的,它给出了软件生存周期活动的固定顺序,上一阶段的活动完成后向下一阶段的活动过渡,最终得到所开发的软件产品。瀑布模型如图 1.8 所示,有时也称为软件生存周期模型。

　　瀑布模型中,上一阶段的活动完成并经过评审后才能开始下一阶段的活动,其特征是:

- 接受上一阶段活动的结果作为本阶段活动的输入。
- 依据上一阶段活动的结果实施本阶段应完成的活动。
- 对本阶段的活动进行评审。
- 将本阶段活动的结果作为输出,传递给下一阶段。

　　瀑布模型是最早出现的也是应用最广泛的过程模型,对确保软件开发的顺利进行、提高软件项目的质量和开发效率起到重要的作用。

　　在大量的实践过程中,瀑布模型也逐渐暴露出它的不足。首先,客户常常难以清晰地描述所有的需求,而且在开发过程中,用户的需求也常常会有所变化,使得不少软件的需求存在着不确定性;在某个活动中发现的错误常常是由前一阶段活动的错误引起的,为了改正这一错误必须回到前一阶段,这就导致了瀑布的倒流,也就是说,实际的软件开发很少能按瀑布模型的顺序没有回流地顺流而下。其次,瀑布模型使得客户在测试完成以后才能看到真正可运行的软件,此时,如果发现不满足客户需求的问题(由于需求不确定性),那么修改软件的代价是巨大的。据资料统计,假设一个需求中的错误,在需求活动时改正这一错误的代价是 1 美元,那么,如果这一错误直到交付客户时才发现,此时改正这一错误的代价可能高达 1000 美元。

为了弥补瀑布模型的不足,相继出现了多种其他的过程模型。尽管瀑布模型存在一些不足,但瀑布模型在软件工程中仍占有重要的地位,许多其他过程模型中都包括了瀑布模型的成分。

瀑布模型有许多不同的变种,它们之间并无本质的区别,有些可能把活动划分得粗些,有些划分得细些。

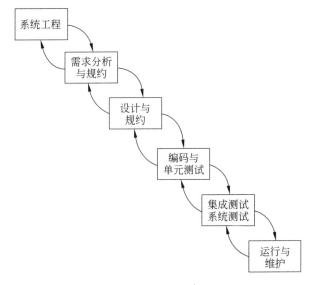

图 1.8　瀑布模型

1.4.2　演化模型

大量的软件开发实践表明,许多软件项目在开发早期对软件需求的认识是模糊的、不确定的,因此软件很难一次开发成功。为了减少因为对需求了解不确切而给软件开发带来的风险,可以在获取了一组基本的需求后,通过快速分析,构造出该软件的一个初始可运行版本,通常称之为原型(prototype)。然后,根据用户在试用原型的过程中提出的意见和建议,或者增加的新需求,对原型进行改造,获得原型的新版本,重复这一过程,最终得到令客户满意的软件产品。

采用演化模型(evolutionary model)的开发过程,实际上就是从构造初始的原型出发,逐步将其演化成最终软件产品的过程。演化模型特别适用于对软件需求缺乏准确认识的情况。典型的演化模型有增量模型、原型模型、螺旋模型。

1.4.3 增量模型

增量模型(incremental model)将软件的开发过程分成若干个日程时间交错的线性序列,每个线性序列产生软件的一个可发布的"增量"版本,后一个版本是对前一个版本的修改和补充,重复增量发布的过程,直至产生最终的完善产品。增量模型如图 1.9 所示[2]。

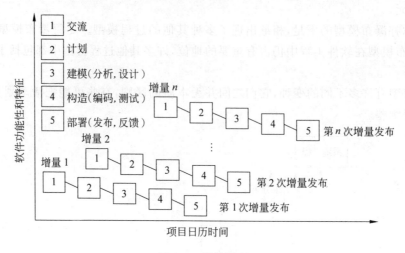

图 1.9 增量模型

增量模型融合了瀑布模型的基本成分(重复地应用)和演化模型的迭代特征,强调每一次增量都发布一个可运行的产品。

增量模型特别适用于需求经常发生变化的软件开发。使用增量模型时,第一个增量通常是核心的产品,包含了最终产品的基本需求,但不包括不确定的需求,以及虽然已确定但属于非核心的需求。在以后的增量中可逐渐加入非核心需求和逐步确定的原不确定需求,并根据客户对使用前一发布版本的反馈意见,修改和扩充前一个发布的版本,经过多次迭代,产生最终的产品。

此外,在市场急需而开发人员和资金都不能在设定的市场期限之前实现一个完善的产品时,也适宜用增量模型进行开发。

增量模型还能有计划地管理技术风险。例如,在早期的增量版本中可避免使用尚未成熟的技术,以减少风险,等技术相对成熟后,在后续的版本中再使用。

1.4.4 原型模型

实践表明,在开发初期,很难得到一个完整的、准确的需求规格说明。这主要是由于用户往往不能完全准确地表达对未来系统的全面要求,开发者对要解决的应用问题模糊不清,以至于形成的需求规格说明常常是不完整的、不准确的,有时甚至是有歧义的。此外,在整个开发过程中,用户可能会产生新的要求,导致需求的变更。而瀑布模型难以适应这种需求的不确定性和变化,于是,就出现了一种新的开发方法——快速原型(rapid prototyping)。

原型(prototype)是预期系统的一个可执行版本,反映了系统性质(如功能、计算结果等)的一个选定的子集。一个原型不必满足目标软件的所有约束,其目的是能快速、低成本地构建原型。原型模型(prototyping model)如图 1.10 所示[2]。

原型方法从软件工程师与客户的交流开始,其目的是定义软件的总体目标,标识需求。然后快速制定原型开发的计划,确定原型的目标和范围,采用快速设计的方式对其建模,并构建原型。被开发的原型应交付给客户试用,并收集客户的反馈意见,这些反馈意见可在下一轮迭代中对原型进行改进。在前一个原型需要改进,或者需要扩展其范围的时候,进入下一轮原型的迭代开发。

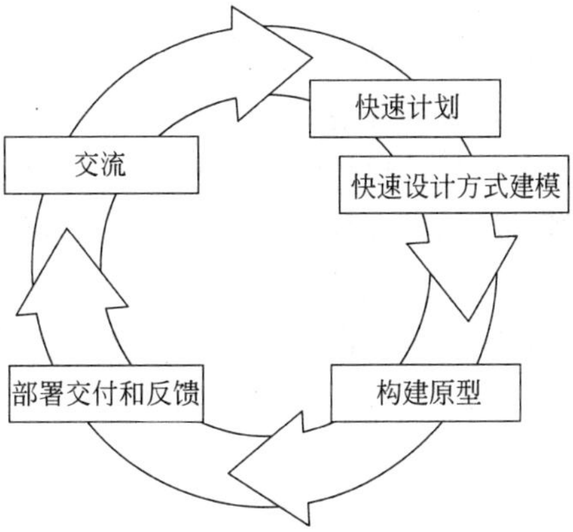

图 1.10　原型模型

1. 原型类型

根据使用原型的目的不同,原型可分为以下 3 种类型[4]。

(1) 探索型

探索型(exploratory prototyping)原型的目的是要弄清目标系统的要求,确定所希望的特性,并探讨多种方案的可行性。

(2) 实验型

实验型(experimental prototyping)原型的目的是验证方案或算法的合理性,是在大规模开发和实现前,用于考核方案是否合适,规格说明是否可靠。

(3) 演化型

演化型(evolutionary prototyping)原型的目的是将原型作为目标系统的一部分,通过对原型的多次改进,逐步将原型演化成最终的目标系统。

2. 原型使用策略

下面是两种原型的使用策略[4]。

(1) 废弃策略

废弃(throw away)策略主要用于探索型和实验型原型的开发。这些原型关注于目标系统的某些特性,而不是全部特性,开发这些原型时,通常不考虑与探索或实验目的无关的功能、质量、结构等因素,这种原型通常被废丢,然后根据探索或实验的结果用良好的结构和设计思想重新设计目标系统。

(2) 追加策略

追加(add on)策略主要用于演化型原型的开发。这种原型通常是实现了目标系统中已明确定义的特性的一个子集,通过对它的不断修改和扩充,逐步追加新的要求,最后使其演化成最终的目标系统。

原型可作为单独的过程模型使用,也常被作为一种方法或实现技术应用于其他过程模型中。

在科学研究中,当提出一种新的方法或算法时,常常要开发一个原型,来验证方法或算法的工作原理和实现机制的合理性。在应用中,也有不少原型工具辅助人们进行软件的开发,如界面原型、窗口管理原型、报告生成原型等。

1.4.5 螺旋模型

螺旋模型是 B. Boehm 于 1988 年提出的,螺旋模型将原型实现的迭代特征与瀑布模型中控制的和系统化的方面结合起来,不仅体现了这两种模型的优点,而且还增加了风险分析。任何软件项目的开发都存在一定的风险,实践表明,项目规模越大,其复杂程度也越高,资源、成本、进度等因素的不确定性也越大,项目的风险也越大。人们希望在因风险造成危害之前,及时识别风险,分析风险,并采取相应的对策,从而消除或减少风险。

螺旋模型如图 1.11 所示,螺旋模型沿着螺线自内向外旋转,在 4 个象限(称为任务区域)上分别表示以下 4 个方面的任务。

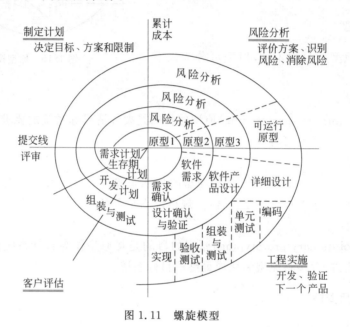

图 1.11 螺旋模型

(1) 制订计划

确定软件目标,选定实施方案,弄清项目开发的限制条件。

(2) 风险分析

评价所选的方案,识别风险,消除风险。

(3) 工程实施

实施软件开发,验证工作产品。

(4) 客户评估

评价开发工作,提出修正建议。

后来,螺旋模型出现了一些变种,可以有 3~6 个任务区域。

螺旋模型指引的软件项目开发沿着螺旋线自内向外旋转,每旋转一圈,表示开发出一个更为完善的新软件版本。如果发现风险太大,开发者和客户无法承受,则项目就可能因此而终止。多数情况下沿着螺旋线的活动会继续下去,自内向外,逐步延伸,最终得到所期望的系统。

1.4.6 喷泉模型

喷泉模型(fountain model)是一种支持面向对象开发的过程模型。类及对象是面向对象方法中的基本成分。在分析阶段,标识类及对象,定义类之间的关系,建立对象-关系模型和对象-行为模型。在设计阶段,从实现的角度对分析模型进行调整和扩充。在编码阶段,用面向对象语言实现类及对象,通过消息机制实现对象之间的通信,完成软件的功能。在面向对象方法中,分析模型和设计模型采用相同的符号表示体系,开发的各个活动没有明显的边界,各个活动经常重复、迭代地交替进行。

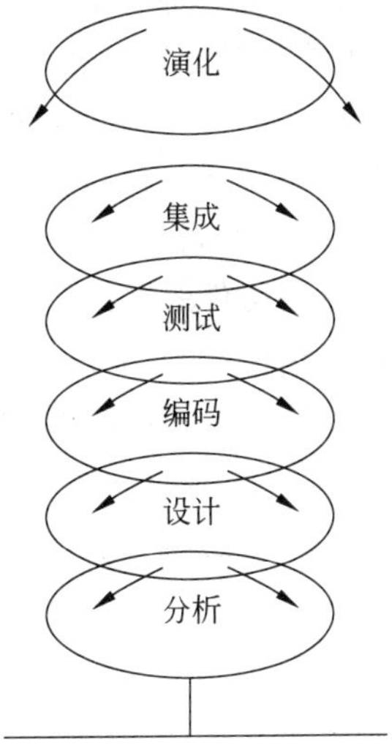

喷泉模型如图1.12所示,"喷泉"一词体现了面向对象方法的迭代和无间隙特性。迭代是指开发活动需要多次重复,例如,分析和设计活动经常重复、迭代地进行。无间隙是指开发活动之间不存在明显的边界[1]。

图 1.12 喷泉模型

1.4.7 基于构件的开发模型

基于构件的开发是指利用预先包装的构件来构造应用系统。构件可以是组织内部开发的构件,也可以是商品化的、现存的(commercial off-the-shelf,COTS)软件构件。

一种基于构件的开发模型(component-based development model)如图1.13所示,包括领域工程和应用系统工程两部分。

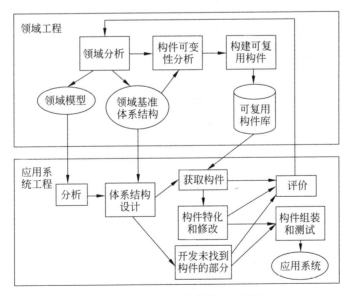

图 1.13 一种基于构件的开发模型

领域工程的目的是构建领域模型、领域基准体系结构和可复用构件库。为此目的,首先要进行领域分析,分析该领域中各种应用系统的公共部分或相似部分,构建领域模型和领域基准体系结构(reference architecture,也称参考体系结构),标识领域的候选构件,对候选构件进行可变性分析,以适应多个应用系统的需要,最后构建可复用构件,经严格测试和包装后存入可复用构件库。

应用系统工程的目的是使用可复用构件组装应用系统。首先进行应用系统分析,设计应用系统的体系结构,标识应用系统所需的构件,然后在可复用构件库中查找合适的构件(也可购买第三方的构件),这些选取的构件需进行特化,必要时作适当的修改,以适应该应用系统的需要。对于那些未找到合适构件的应用部分,仍需单独开发,并将其与特化修改后的构件组装成应用系统。在此过程中,还需对可复用构件的复用情况进行评价,以改进可复用构件,同时对新开发的部分进行评价,并向领域工程推荐候选构件。

基于构件的软件开发导致软件的复用。根据 AT&T、Ericsson、HP 公司的经验,有的软件复用率高达 90%以上,产品上市时间可缩短 2~5 倍,错误率减少 5~10 倍,开发成本减少 15%~75%。尽管这些结论出自一些较好使用基于构件开发的实例,但毫无疑问,基于构件的开发模型对提高软件生产率、提高软件质量、降低成本、提早上市时间起到很大的作用。

1.4.8 形式化方法模型

形式化方法(formal methods)是建立在严格数学基础上的一种软件开发方法。软件开发的全过程中,从需求分析、规约、设计、编程、系统集成、测试、文档生成,直至维护等各个阶段,凡是采用严格的数学语言,具有精确的数学语义的方法,都称为形式化方法。

形式化方法用严格的数学语言和语义描述功能规约和设计规约,通过数学的分析和推导,易于发现需求的歧义性、不完整性和不一致性,易于对分析模型、设计模型和程序进行验证。通过数学的演算,使得从形式化功能规约到形式化设计规约,以及从形式化设计规约到程序代码的转换成为可能。

净室软件工程(cleanroom software engineering)是一种形式化方法,希望在缺陷可能产生严重的危险前消除缺陷。净室软件工程强调在程序构造开始前进行正确性验证,并将软件可靠性认证作为软件测试的一部分。净室方法还强调统计质量控制技术,分析使用情况的概率分布,并由统计样本导出测试。

净室方法采用增量模型,每个增量开发包括如下净室任务:增量策划、需求收集、盒结构规约、形式化设计、正确性验证、代码生成、代码审查和验证、统计测试计划、统计使用测试、认证等,如图 1.14 所示。

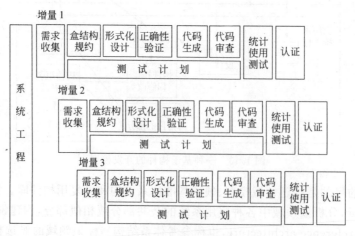

图 1.14　净室过程模型

1.5 CASE 工具与环境

自从出现软件工程的概念以后,人们一方面着重于开发模型和开发方法的研究,以指导软件开发工作的顺利进行;另一方面着重于软件工具和环境的研究,以低成本、高效率地辅助软件的开发。于是出现了对计算机辅助软件工程(computer aided software engineering, CASE)的研究和实践。

计算机辅助软件工程是指使用计算机及相关的软件工具辅助软件开发、维护、管理等过程中各项活动的实施,以确保这些活动能高效率、高质量地进行。

CASE 研究和实践的重点集中在 CASE 工具和软件开发环境两个方面。

1.5.1 软件工具

人们在工作和生活中经常使用工具来提高办事的效率,如用交通工具上、下班,用通信工具传递信息。在计算机软件的生产、管理、使用等各种活动中,同样也有许多工具辅助其提高效率。

用来辅助软件开发、运行、维护、管理、支持等过程中的活动的软件称为软件工具。使用软件工具可降低软件生产和维护的成本,提高软件产品的生产率和软件产品的质量。

1. 发展简史

在计算机诞生的头几年中,人们在计算机裸机上开发软件,在控制面板上操纵程序的运行,那时几乎没有软件工具。20 世纪 50 年代中期,出现了程序语言,当时的软件开发主要是编程,因此,出现了编辑程序、汇编程序和各种程序语言的编译或解释程序、连接程序、装配程序、排错程序等辅助软件编程活动的工具。同时,由于当时计算机的性能很差,因此,也出现了一些辅助程序运行的工具,例如,在定点计算机上运行的浮点解释程序,提高计算精度的多倍字长运算程序等。

20 世纪 60 年代末,出现了软件工程,人们提出了软件生存周期,出现了许多软件开发模型和开发方法,软件管理也引起了人们的重视。于是,支持软件开发、维护、管理等过程的各种活动的工具也应运而生。例如,支持需求分析活动的需求分析工具、支持维护过程的维护工具和理解工具,支持管理过程中进度管理活动的 PERT 工具、支持软件支持过程的质量保证工具等。与此同时,出现了支持软件开发方法的软件工具,如支持结构化方法的结构化工具,支持面向对象方法的面向对象工具,支持原型开发方法的原型工具等。

随着计算机应用的迅速发展,出现了用户界面工具、多媒体开发工具、数据库应用工具等一大批应用类工具。

20 世纪 80 年代中期,人们提出了软件过程的新概念并开始研制过程建模的工具、过程评价工具等。总之,只要出现一种新模型、新方法、新概念,则辅助它们的软件工具也就应运而生。

2. 分类

软件工具的种类繁多,很难有一种统一的分类方法,通常可以从不同的观点来进行分类。

由于大多数软件工具仅限于支持软件生存周期过程中的某些特定的活动,所以通常可以按软件过程的活动来进行分类。

(1) 支持软件开发过程的工具

支持软件开发过程的工具主要有:需求分析工具、设计工具(通常还可分为概要设计工具和详细设计工具)、编码工具、排错工具、测试工具等。

此外,还可根据工具所支持的开发方法及活动进行分类,如可以有结构化设计工具、面向对象分析工具等。

(2) 支持软件维护过程的工具

支持软件维护过程的工具主要有:版本控制工具、文档分析工具、开发信息库工具、逆向工程工具、再工程工具等。

(3) 支持软件管理过程和支持过程的工具

支持软件管理过程和支持过程的工具主要有:项目管理工具、配置管理工具、软件评价工具等。

软件工具可以从不同的角度进行分类,上述分类只是其中比较流行的一种,而且这种分类并非是严密的,有些工具可属于这一类,也可属于另一类。例如,有的分类把理解工具作为单独的一类,又如版本管理可用于软件的维护,也可用于软件的管理,所以从维护的角度来看,版本管理工具可属于维护工具;从管理的角度来看,版本管理工具属于管理工具。从使用软件工具的角度来看,工具的分类并不重要,重要的是这一工具对所需要辅助的活动是否有用。

3. 工具的评价和选择

现在,市场上的各类软件开发工具十分丰富,有免费的,有价格便宜的,也有昂贵的。如何来评价和选择适合本人、本单位、本项目的软件开发工具呢?可以根据以下标准来衡量软件开发工具的优劣。

(1) 功能

软件开发工具不仅要实现所需的功能需求,支持用户所选定的开发方法,还应能检查与之相关的方法学能否正确执行,并保证产生与方法学一致的输出结果。

(2) 易用性

软件开发工具应有十分友好的用户界面,用户乐于使用;工具应能剪裁和定制,以适应特定用户的需要;工具应含有提示用户的交互操作,提供简单有效的执行方式;工具还应能检查用户的操作错误,尽可能自动改正错误。

(3) 稳健性

一个好的软件开发工具应能长期可靠地使用,并能适应环境或其他条件变化的要求;即使在非法操作或故障情况下,也不应导致严重后果。

(4) 硬件要求和性能

软件开发工具的性能(如响应时间、占用存储空间的大小等),将直接影响工具的使用效果。合理的性能和对硬件的要求可以使机器的资源能被有效地加以利用,使用户的投资发挥最大的作用。

（5）服务和支持

软件开发工具的生产厂商应能为该工具提供有效的技术服务（如培训、咨询、版本更新等），工具的文档应该齐全、通俗易懂。

当然，实际上并不存在评价软件开发工具的某种工业标准，一个好的软件开发工具有时也并不在于它的功能如何齐全，而在于它是否能有效地提高软件的开发效率和质量，减轻人的劳动，便于使用，工作可靠。另外，软件开发工具的价格也是很重要的一个决定选用与否的因素。

1.5.2 软件开发环境

软件开发环境（software development environment）是支持软件产品开发的软件系统。它由软件工具集和环境集成机制构成，前者用以支持软件开发的相关过程、活动和任务；后者为工具集成和软件开发、维护和管理提供统一的支持。

软件开发环境的特征如下：

- 环境的服务是集成的。软件开发环境应支持多种集成机制，如平台集成、数据集成、界面集成、控制集成和过程集成等。
- 环境应支持小组工作方式，并为之提供配置管理。
- 环境的服务可用于支持各种软件开发活动，包括分析、设计、编程、测试、调试、编制文档等。

下面着重介绍集成型软件开发环境。

集成型软件开发环境通常由工具集和环境集成机制组成。工具集应包含支持软件开发过程中各种活动的工具，支持不同方法的工具，以实现对软件开发的全方位支持。相关的工具已在 1.5.1 节中叙述，这里主要介绍环境集成机制。

使用单个工具可以有效地提高生产率，使用集成的工具集可以获得更大的收益。集成环境提供了数据、控制、界面的集成机制。集成的主要好处是可以把工具组合起来支持更加广泛的软件开发活动。一个好的集成框架允许加入新的工具而不影响原有功能。这种加入的工具还可以复用环境中已有的元素从而减少新工具的开发成本。如果工具的用法相似，集成环境还可以减少用户学习的时间。

环境集成机制主要有数据集成、界面集成和控制集成，还有其他方面的集成，如平台集成、方法与过程集成。

1. 数据集成

数据集成为各种相互协作的工具提供统一的数据模式和数据接口规范，以实现不同工具之间的数据交换。

2. 界面集成

界面集成指环境中的工具的界面使用统一的风格，采用相同的交互方式，提供一种相似的视感效果。这样可以减少用户学习不同工具的开销。

3. 控制集成

控制集成用于支持环境中各个工具或开发活动之间的通信、切换、调度和协同工作,并支持软件开发过程的描述、执行与转接。

可以利用屏蔽了系统通信机制细节的消息服务器实现控制集成机制。这种方法为一些商品化的环境所采用。在这种方式中,每个工具提供一个控制接口,通过该接口可以启动、暂停、恢复、调用、终止该工具。这些控制接口由消息服务器管理,该服务器还完成定位与传输工作。当一个工具需要另一个工具的服务时,构造一个合适的消息,将消息发送给消息服务器,由服务器查询它所管理的控制接口,并激活相应的工具。

4. 方法与过程集成

方法与过程集成指把多种开发方法、过程模型及其相关工具集成在一起。

5. 平台集成

平台集成指在不同的硬件和系统软件之上构造用户界面一致的开发平台,并集成到统一的环境中。

1.6 小　　结

本章介绍了计算机软件和软件工程的基本概念、软件生存周期、软件过程,以及用于评价和改进软件组织的过程能力的能力成熟度模型(CMM)和能力成熟度模型集成(CMMI)。重点介绍了典型的软件过程模型,包括瀑布模型、演化模型、增量模型、原型模型、螺旋模型、喷泉模型、基于构件的开发模型和形式化模型。最后简要概述了辅助软件开发和管理的CASE 工具与环境。

习　　题

1.1　什么是计算机软件? 软件的特点是什么?

1.2　简述软件的分类,并举例说明。

1.3　简述软件语言的分类,并举例说明。

1.4　什么是软件工程?

1.5　简述软件工程的基本原则。

1.6　软件生存周期分哪几个阶段? 分别简述各个阶段的任务。

1.7　简述 CMM 的 5 个等级。

1.8　简述 CMMI 的连续式模型和阶段式模型。

1.9　简述各类软件过程模型的特点。

1.10　简述 CASE 工具和环境的重要性。

第 **2** 章
系统工程

一个软件通常要依赖于硬件、人员、数据库、文档、规程等其他系统元素,在一定的语境(context)中被开发和运行。系统一词是用得最广泛的术语,在软件工程中讨论的系统是指基于计算机的系统。

在现实世界中,人们所要开发的系统通常是基于计算机的系统。例如,开发某政府的电子政务系统,涉及多台计算机、网络结构、通信协议、多个软件系统、数据库、使用系统的各类人员、相关的文档及规程等。对某些系统,如嵌入式系统,还涉及其他的硬件设备,软件的运行受到这些设备的制约。因此,在软件开发的一开始,就要先进行系统工程,分析该基于计算机系统的系统元素,系统元素间的拓扑结构(即系统建模),确定每个软件的语境。

系统工程过程依赖于应用领域而呈现不同的形式。当工作的语境集中于业务企业时,进行业务过程工程(business process engineering);当关注产品生产的过程时,称为产品工程(product engineering)。

业务过程工程的目标是,定义一个能有效地利用信息进行业务活动的体系结构。在业务目标的语境中分析和设计 3 种体系结构:数据体系结构、应用体系结构和技术基础设施。数据体系结构为业务或业务功能的信息需求提供框架;应用体系结构围绕着这样一些系统元素,这些元素是为了某个业务目的而在数据体系结构范围内的变换对象;技术基础设施为数据和应用体系结构提供基础,包含用于支持应用和数据的硬件和软件[2]。

产品工程的目标是将客户期望的一组已定义的能力转换成工作产品。为此,产品工程也必须导出体系结构和基础设施。体系结构包含 4 种不同的系统元素:软件、硬件、数据(和数据库)和人员,支撑基础设施包括连接这些元素所需的技术和用于支持这些元素的信息[2]。

2.1 基于计算机的系统

所谓基于计算机的系统是指:通过处理信息来完成某些预定义目标而组织在一起的元素的集合或排列。组成基于计算机系统的元素主要有:软件、硬件、人员、数据库、文档和规程(procedure)[2]。

1. 软件

软件是指计算机程序、数据结构和一些相关的工作产品,用以实现所需的逻辑方法、规程或控制。

2. 硬件

硬件是指提供计算能力的电子设备、支持数据流的互连设备(如网络交换器、电信设备)和支持外部功能的机电设备(如传感器、马达等)。

3. 人员

人员是指硬件和软件的使用者和操作者。

4. 数据库

数据库是指通过软件访问并持久存储的大型的有组织的信息集合。

5. 文档

文档是指描绘系统的使用和/或操作的描述性信息(如模型、规格说明、使用手册、联机帮助文件、Web 站点)。

6. 规程

规程是指定义每个系统元素或其外部相关流程的具体使用步骤。

一个基于计算机的系统可以是另一个更大的基于计算机的系统的一个宏元素(组成部分)。例如,城市信息化系统是一个基于计算机的系统,可以由政府电子政务、社区信息化系统、医疗保障信息化系统等组成,而它们也都是基于计算机的系统,它们中的每一个还可以包含其他更小的基于计算机的系统。这样,基于计算机的系统可呈现一个层次结构。

2.2　系统工程的任务

计算机系统工程是一个问题求解的活动,其目的是分析基于计算机的系统的功能、性能等要求,并把它们分配到基于计算机系统的各个系统元素中,确定它们的约束条件和接口。

系统工程主要包括以下任务。

1. 识别用户的要求

系统工程的第一步就是识别用户对基于计算机的系统的总体要求,标识系统的功能和性能范围,确定系统的功能、性能、约束和接口。

2. 系统建模和模拟

一个基于计算机的系统通常可考虑建立以下模型。

(1) 硬件系统模型

硬件系统模型描述基于计算机系统中的硬件(包括计算机、受系统控制的其他硬件设备等)配置、通信协议、拓扑结构,以及确保基于计算机系统的安全性、可靠性、性能等要求的措施。

（2）软件系统模型

基于计算机系统中的软件部分（软件系统）通常可分解成若干个子系统。软件系统模型描述各软件子系统的功能、性能等要求，各软件子系统在硬件系统中的部署情况，以及软件子系统之间的交互。

（3）人机接口模型

人机接口模型描述人如何与基于计算机的系统进行交互，包括用户环境、用户的活动、人机交互的语法和语义等。

（4）数据模型

数据模型主要描述基于计算机的系统使用了哪些数据库管理系统，如果使用多个数据库管理系统，还应描述它们之间的数据转换方式，必要时可给出主要的数据结构。

系统模型通常可用图形描述，并加以相应的文字说明，共同完成整个基于计算机的系统的全部要求。必要时，在系统建模后可构造原型，进行系统模拟，以分析所建的模型能否满足整个基于计算机的系统的要求。

3. 成本估算及进度安排

开发一个基于计算机的系统需要一定的资金投入和时间约束（交付日期），因此在系统工程阶段应对需开发的基于计算机的系统进行成本估算，并作出进度安排。

4. 可行性分析

可行性分析主要从经济、技术、法律等方面分析所给出的解决方案是否可行，通常只有当解决方案可行并有一定的经济效益和/或社会效益时才开始真正的基于计算机的系统的开发。

5. 生成系统规格说明

在以上各任务完成以后，应该形成一份系统规格说明，作为以后开发基于计算机的系统的依据。系统规格说明描述基于计算机的系统的功能、性能和约束条件，描述系统的输入输出和控制信息，给出各系统元素的模型，进行可行性分析，最后给出成本估算和进度安排计划。

2.3 可行性分析

开发一个基于计算机的系统通常都受到资源（如人力、财力、设备等）和时间上的限制，可行性分析主要从经济、技术、法律等方面分析所给出的解决方案是否可行，能否在规定的资源和时间的约束下完成。

2.3.1 经济可行性

经济可行性主要进行成本效益分析，从经济角度，确定系统是否值得开发。

1. 成本

基于计算机的系统主要包括以下成本：

- 购置硬件、软件(如数据库管理系统、第三方开发的构件等)和设备(如传感器等)的费用。
- 系统的开发费用。
- 系统安装、运行和维护费用。
- 人员培训费用。

2. 效益

效益可分为经济效益和社会效益。经济效益包括使用基于计算机的系统后可增加的收入和可节省的运行费用(如操作人员数、工作时间、消耗的物资等)。在进行成本效益分析时通常只统计 5 年内的经济效益。社会效益指使用基于计算机的系统后对社会产生的影响(如提高了办事效益,使用户满意等),通常社会效益只能定性地估计。

经济效益通常可用货币的时间价值、投资回收期和纯收入来度量。

3. 货币的时间价值

在进行成本效益分析时,通常要对投入的成本与累计的经济效益进行比较。然而,开发成本是在系统交付前投入的,而累计的经济效益是在系统交付后的若干年(如 5 年)内得到的。由于货币贬值等因素,若干年后的 P 元钱不能等价于开发时的 P 元钱,因此要考虑货币的时间价值。

通常可以用年利率来表示货币的时间价值。设银行储蓄的年利率为 i,现在存入钱为 P,在 n 年后可得到的钱为 F,则

$$F = P(1+i)^n$$

由此公式可知,n 年后得到的 F,折合成现在的钱 P 的公式为:

$$P = \frac{F}{(1+i)^n}$$

例如,一个基于计算机的系统使用后,每年产生的经济效益为 10 万,如果年利率为 5%,那么,5 年内累计的经济效益折合成现在的价值为:

$$P = \frac{10}{1.05} + \frac{10}{1.05^2} + \frac{10}{1.05^3} + \frac{10}{1.05^4} + \frac{10}{1.05^5} = 43.2948$$

因此,成本效益分析时,该系统的累计经济效益是 43.2948 万,而不是 50 万。

4. 投资回收期

投资回收期是指累计的经济效益正好等于投资数(成本)所需的时间。投资回收期通常是用于评价开发一个工程的价值的重要经济指标,显示了需要多长时间才能收回最初的投资数。显然,投资回收期越短越好。

5. 纯收入

纯收入是另一个重要的经济指标,指出了若干年内扣除成本后的实际收入。

$$纯收入＝累计经济效益－成本$$

从经济角度看,当纯收入大于零时,该工程值得投资开发;当纯收入小于零时,该工程不值得投资(除非它有明显的社会效益);当纯收入等于零时,通常也不值得投资,因为开发一个项目都存在一定的风险,在承担这些风险后仍不能得到经济的回报,那么,这种项目也不值得投资。显然,纯收入越大越好。

2.3.2 技术可行性

技术可行性主要根据系统的功能、性能、约束条件等,分析在现有资源和技术条件下系统能否实现。技术可行性分析通常包括风险分析、资源分析和技术分析。

1. 风险分析

风险分析主要分析在给定的约束条件下设计和实现系统的风险。如采用不成熟的技术可能造成技术风险、人员流动可能给项目带来风险、成本和人员估算不合理造成的预算风险等。在可行性分析时,风险分析的目的是找出风险,评价风险的大小,分析能否有效地控制和缓解风险。

2. 资源分析

资源分析主要论证是否具备系统开发所需的各类人员、软件、硬件等资源和相应的工作环境。例如,有一支开发过类似项目的开发和管理的团队,或者开发人员比较熟悉系统所处的领域,并有足够的人员保证,所需的硬件和支撑软件能通过合法的手段获取,那么从技术角度看,可以认为待开发的系统具备设计和实现系统的资源条件。

3. 技术分析

技术分析主要分析当前的科学技术是否支持系统开发的各项活动。在技术分析过程中,分析员收集系统的性能、可靠性、可维护性和生产率方面的信息,分析实现系统功能、性能所需的技术、方法、算法或过程,从技术角度分析可能存在的风险,以及这些技术问题对成本的影响。

2.3.3 法律可行性

法律可行性主要研究系统开发过程中可能涉及到的合同、侵权、责任以及各种与法律相抵触的问题。我国颁布了《中华人民共和国著作权法》,其中将计算机软件作为著作权法的保护对象。国务院颁布了《计算机软件保护条例》。这两个法律文件是法律可行性分析的主要依据。

2.3.4 方案的选择和折衷

一个基于计算机的系统可以有多个可行的实现方案,每个方案对成本、时间、人员、技术、设备都有不同的要求,不同方案开发出来的系统在功能、性能方面也会有所不同。因此要在多个可行的实现方案中作出选择。方案评估的依据是待开发系统的功能、性能、成本、开发时间、采用的技术、设备、风险以及对开发人员的要求等。

由于系统的功能和性能受到多种因素的影响,某些因素之间相互关联和制约。例如,为了达到高的精度就可能导致长的执行时间,为了达到高可靠性就会导致高的成本等。因此,在必要时应进行折衷。

可行性分析必须有一个明确的结论,下面给出几种可以选择的结论:

- 可立即开始。
- 需要推迟到某些条件(如资金、人力、设备等)落实后才能开始。
- 需要对开发目标进行某些修改后才能开始。
- 因为某种原因(如技术不成熟、经济上不合算等)不能进行。

2.4 小 结

基于计算机的系统由计算机硬件、软件、使用计算机系统的人、数据库、文档、规程等系统元素组成,计算机系统工程的目的是确定待开发软件的总体要求和范围,以及它与其他计算机系统元素之间的关系。本章主要介绍计算机系统工程的任务以及可行性分析,包括经济可行性、技术可行性和法律可行性。

习 题

2.1 简述系统工程的任务。

2.2 基于计算机的系统由哪些元素组成?

2.3 简述可行性分析的任务。

第 3 章

需求工程

在计算机发展的初期,软件规模不大,软件开发所关注的是代码编写,需求分析并未受到重视。自软件工程出现后,在软件开发中引入了生存周期的概念,需求分析成为其重要的阶段。随着软件系统规模的扩大,需求分析与定义在整个软件开发与维护过程中越来越重要,直接关系到软件的成功与否。人们逐渐认识到需求分析活动不再仅限于软件开发的最初阶段,还贯穿于系统开发的整个生存周期。20 世纪 80 年代中期,形成了软件工程的子领域——需求工程。需求工程是应用已证实有效的技术与方法开展需求分析,确定客户需求、帮助分析人员理解问题、评估可行性、协商合理的解决方案、无歧义地规约方案、确认规约以及将规约转换到可运行的系统时的管理需求[44],需求工程通过合适的工具和符号系统地描述待开发系统及其行为特征和相关约束,形成需求文档,并对用户不断变化的需求演进给予支持。进入 20 世纪 90 年代后,需求工程成为软件界研究的重点之一。本章是全书需求分析内容的绪论,主要介绍需求工程概念、主要任务以及需求工程基本过程中的若干环节,包括需求获取、需求分析与协商、需求建模、需求规约、需求验证及需求管理。

3.1 需求工程概述

Alan Davis 把需求工程定义为"直到(但不包括)把软件分解为实际架构和构件之前的所有活动"[45]。需求工程是一个不断反复的需求定义、文档记录、需求演进的过程,并最终在验证的基础上冻结需求。20 世纪 80 年代,Herb Krasner 定义了需求工程的 5 个阶段生存周期:需求定义和分析、需求决策、形成需求规约、需求实现与验证、需求演进管理。近来,Matthias Jarke 和 Klaus Pohl 提出了 3 阶段周期的说法:获取、表示和验证。Roger S. Pressman 将需求工程过程描述为 6 个清晰的步骤[2]:需求诱导、需求分析和谈判、需求规约、系统建模、需求确认以及需求管理。Lan Sommerville 等将需求工程分为需求抽取、需求分析和需求协商、需求描述、系统建模、需求确认以及需求管理[46]。

本书将软件需求工程细分为:需求获取、需求分析与协商、系统建模、需求规约、需求验证以及需求管理 6 个阶段。

1. 需求获取

在需求获取阶段系统分析人员通过与用户的交流、对现有系统的观察以及对任务进行分析,确定系统或产品范围的限制性描述、与系统或产品有关的人员及特征列表、系统的技术环境的描述、系统功能的列表及应用于每个需求的领域限制、一组描述不同运行条件下系统或产品使用状况的应用场景以及为更好地定义需求而开发的原型。需求获取的工作产品为进行需求分析提供了基础。

2. 需求分析与协商

需求获取结束后,分析活动对需求进行分类组织,分析每个需求与其他需求的关系以检查需求的一致性、重叠和遗漏的情况,并根据用户的需要对需求进行排序。在需求获取阶段,经常出现以下问题:①用户提出的要求超出软件系统可以实现的范围或实现能力;②不同的用户提出了相互冲突的需求。每个用户在提出自己的需求时都会说"这是至关重要的"。所以系统分析人员需要通过一个谈判过程来调解这些冲突。

3. 系统建模

建模技术可以通过合适的工具和符号系统地描述需求。建模工具的使用在用户和系统分析人员之间建立了统一的语言和理解的桥梁,同时系统分析人员借助建模技术对获取的需求信息进行分析,排除错误和弥补不足,确保需求文档正确反映用户的真实意图。常用的分析和建模方法有面向数据流方法、面向数据结构方法和面向对象方法。

4. 需求规约

软件需求规约是分析任务的最终产物,通过建立完整的信息描述、详细的功能和行为描述、性能需求和设计约束的说明、合适的验收标准,给出对目标软件的各种需求。需求规约作为用户和开发者之间的一个协议,在之后的软件工程各个阶段发挥重要的作用。

5. 需求验证

作为需求开发阶段工作的复查手段,需求验证对功能的正确性、完整性和清晰性,以及其他需求给予评价。为保证软件需求定义的质量,评审应指定专门的人员负责,并按规程严格进行。

在实际的开发过程中,获取、分析、建模、编写规约和验证这些需求开发活动不会是线性地、顺序地进行。实际上,这些活动是交叉的、递增的和反复的,如图 3.1 所示。当分析员和用户交流时,分析员将请教问题,聆听用户所言,观察他们的行为(需求获取)。然后处理这些信息以便理解它们,将其加以分类,并将用户的要求和可能的软件需求联系起来(需求分析与建模)。然后分析员将用户的要求和得到的需求编制成书面的文档和图解(编写需求规约)。接着向用户代表或评审人员确认所编写的文档是否正确和完整,并纠正其中的错误(需求验证),这个迭代的过程贯穿于整个需求开发过程。

6. 需求管理

软件需求管理是对需求工程所有相关活动的规划和控制。换句话说,需求管理就是:一种获取、组织并记录系统需求的系统化方案,以及一个使用户与项目团队对不断变更的系统需求达成并保持一致的过程。

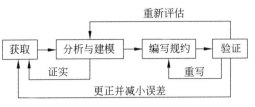

图 3.1　需求开发是一个迭代过程

3.2　需 求 获 取

以往,需求获取常被称为需求收集,现在需求"获取"代替了以往的"收集"。"收集"隐含的意思为:已经有了成熟的需求,只等待着去采集;但是,实际的情况是,原始的需求通常以不完整的形式呈现,用户说不清楚需求,需求自身也在不断变动,而用户对应用问题的理解往往也是模糊的,甚至还存在不一致的情况,这就需要采用一些技术来发现这些需求的细节,进行需求"获取",而不是简单的"收集",也有人将需求获取的过程称为"需求诱导"。

3.2.1　软件需求

在进行需求获取前,首先要明确需要获取什么,也就是需求包含哪些内容。软件需求是指用户对目标软件系统在功能、行为、性能、设计约束等方面的期望。通常,这些需求包括功能需求、性能需求、用户或人的因素、环境需求、界面需求、文档需求、数据需求、资源使用需求、安全保密要求、可靠性需求、软件成本消耗与开发进度需求等,并预先估计以后系统可能达到的目标。此外,还需要注意其他非功能性的需求。具体内容如下。

1. 功能需求

考虑系统要做什么,在何时做,在何时及如何修改或升级等。

2. 性能需求

考虑软件开发的技术性指标。例如,存储容量限制、执行速度、响应时间及吞吐量。

3. 用户或人的因素

考虑用户的类型。例如,各种用户对使用计算机的熟练程度,需要接受的训练,用户理解、使用系统的难度、用户错误操纵系统的可能性等。

4. 环境需求

考虑未来软件应用的环境,包括硬件和软件。对硬件设备的需求包括:机型、外设、接口、地点、分布、温度、湿度、磁场干扰等;对软件的需求包括:操作系统、网络、数据库等。

5. 界面需求

考虑来自其他系统的输入,到其他系统的输出,对数据格式的特殊规定,对数据存储介质的规定。

6. 文档需求

考虑需要哪些文档,文档针对哪些读者。

7. 数据需求

考虑输入、输出数据的格式,接收、发送数据的频率,数据的准确性和精度,数据流量,数据需保持的时间等。

8. 资源使用需求

考虑软件运行时所需要的数据、其他软件、内存空间等资源;软件开发、维护所需的人力、支撑软件、开发设备等。

9. 安全保密要求

考虑是否需要对访问系统或系统信息加以控制、隔离用户数据的方法、用户程序如何与其他程序和操作系统隔离以及系统备份要求等。

10. 可靠性需求

考虑系统的可靠性要求、系统是否必须监测和隔离错误;出错后,重启系统允许的时间等。

11. 软件成本消耗与开发进度需求

考虑开发是否有规定的时间表、软硬件投资有无限制等。

12. 其他非功能性要求

如采用某种开发模式,确定质量控制标准、里程碑和评审、验收标准、各种质量要求的优先级等,以及可维护性方面的需求。

这些需求可以来自于用户(实际的和潜在的)、用户的规约、应用领域的专家、相关的技术标准和法规;也可以来自于原有的系统、原有系统的用户、新系统的潜在用户;甚至还可以来自于竞争对手的产品。在需求获取阶段,通过下面介绍的需求获取方法和策略系统分析人员能够获得上述需求内容的基础材料,经过分析、建模与规约的过程,逐步形成完整的需求。

3.2.2 需求获取方法与策略

在与用户的交流过程中,可能会存在误解、交流障碍、缺乏共同语言等问题,这些交流上的问题会导致得到的用户需求不稳定、缺乏完整性,甚至是错误的需求。因此在获取需求前首先要建立需求获取人员(通常被称为系统分析员)与用户的顺畅的通信途径,与用户交谈,向用户提问题,通过访谈与会议、参观用户的工作流程,观察用户的操作、建立联合小组和实例分析来获取需求。

1. 建立顺畅的通信途径

需求获取要成功,首先要建立需求获取所必需的通信途径,即在用户、系统分析人员、软件开发小组、管理人员之间建立良好的沟通方式,以保证能顺利地对问题进行分析。所需的通信途径如图 3.2 所示。

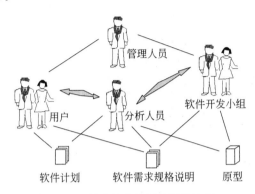

图 3.2　软件需求分析的通信途径

2. 访谈与调查

在获取的初期阶段,分析人员往往对问题了解很少,用户对问题的描述、对目标软件的要求也通常会很模糊,甚至出现不一致,同时,在进入项目的初期,分析人员往往缺乏与系统相关的领域知识,从而造成双方理解的障碍。因此在项目开始之前,分析人员往往要从分析已经存在的同类软件产品,或从行业标准、规则中,甚至从 Internet 上搜索相关资料来提取初步需求,然后以个别访谈或小组会议的形式开始与用户进行初步沟通。面谈通常分为结构化和非结构化的面谈。前者主要讨论一组事先计划好的问题,并要求按计划进行面谈;而后者对将要讨论的主题只有一个粗略的想法,依赖于需求获取者在面谈进行时的"临场发挥"。

在具体的实践中,通常采用折衷的方法,即适当地计划好面谈,但不要过于详细,允许有一定的灵活性。一般按照如下原则进行准备:

- 所提的问题应该循序渐进,从整体的方面开始提问,接下来的问题应有助于对前面的问题更好的理解和细化。
- 不要限制用户对问题的回答,这有可能会引出原先没有注意的问题。
- 提问和回答在汇总后应能够反映用户需求的全貌。

可以分析下面的简单实例。表 3.1 是一个"赛艇比赛成绩计算系统"的第一次面谈的准备计划。由于是第一次面谈,所以问题没有过细,只是涉及主要的问题。在面谈的过程中,用户的回答可能会引出原先没有注意的问题,可以在后续的面谈中加以解决。

除与用户进行面谈外,还有一些其他的调查研究方法:可以进行市场调查,了解市场对将开发的软件有什么样的要求,了解市场上有无与待开发软件类似的系统,如果有,在功能上、性能上、价格上情况如何;可以采取多种调查方式,制定调查提纲,向不同层次的用户发调查表;可以访问用户和领域专家,把从用户那里得到的信息作为重要的原始资料进行分析,访问用户领域的专家所得到的信息将有助于对用户需求的理解。

表 3.1 赛艇比赛成绩计算系统面谈计划

初次与 Dartchurch 航行俱乐部的航行秘书(DR)接触,面谈有关事宜(在电话交谈时,先了解到他们希望得到的是一个"价廉"的,基于 PC 的系统,以用于计算赛艇比赛成绩)	
时间:2005-6-5	地点:对方场地
主要问题	确定基本问题
	确定 DR 的角色——还涉及其他人员吗?
	调查财物方面事宜
	系统(大致上)是如何运作的?
	当前存在的问题是什么?
	他们都希望做些什么?

3. 观察用户操作流程

除了访谈和调查外,还可以到用户的实际工作环境中对用户的工作流程进行观察,了解用户实际的操作环境、操作过程和操作要求,对照用户提交的问题陈述,对用户需求可以有更全面、更细致的认识。不过在观察过程中,需要注意的是:未来的软件系统并不是完全模拟用户现有的工作流程,分析人员要结合原有的开发经验和应用经验,分析其中哪些环节应该由软件系统完成,哪些环节应该由人来完成,并且主动剔除现有系统不合理的部分,改进现有的工作流程、寻找潜在的用户需求,这些需求的实现在将来软件应用的过程中一定会得到用户的赞同。

4. 组成联合小组

为了能够有效地获取和挖掘用户需求,应当打破用户(需方)和开发者(供方)的界限,共同组成一个联合小组,发挥各自的长处,共同负责项目的推进,这样有助于发挥各自优势,这种方法被称为便利的应用规约技术(facilitated application specification techniques, FAST)。

FAST 鼓励建立用户和开发者队伍之间的合作,他们共同工作来标识问题、提出解决方案的要素、商议不同的方法以及刻画出初步的解决方案[47]。它已经成为信息系统使用的主流技术,该技术为改善各种应用中的相互通信提供了潜在可能。FAST 团队由来自市场、软件和硬件工程以及制造方的代表组成,并选择外来人员作为协调者。该方法有以下基本原则:

- 在中立的地点举行由开发者和用户出席的会议。
- 建立准备和参与会议的规则。
- 建议一个足够正式的议程以便可以进行自由的交流。
- 由一个"协调者"(可以是用户、开发者或其他外人)来控制会议。
- 使用一种"定义机制"(可以是工作表、图表、墙上胶黏纸或墙板)。
- 目标是标识问题、提出解决方案的要素、商议不同的方法以及在有利于完成目标的氛围中刻画出初步的需求。

以产品开发为例,FAST 会议大体上有以下几个步骤:

① 当举行了开发者和用户之间的初步访谈后,确定一个 FAST 会议的时间和地点,并在会议召开之前将产品请求发布给所有的与会者。

② 要求每个 FAST 出席者在会议之前列出一组围绕系统环境的对象列表,对这些对象的操作列表或对象之间的交互功能列表,以及约束列表(如成本、规模大小、权重)和性能列表(如速度、精度)。这些列表可以不是穷尽的,但是,希望每套列表反映的是每个人对系统的感觉。

③ 进行 FAST 会议时,当团队的每个成员提出自己的列表后,整个团队将创建一个组合的列表,该组合列表删去冗余项,并加入在表达过程中出现的新思想。在建好所有的组合列表后,开始讨论,并缩短、加长或重新组合表中的内容以更适当地反映将被开发的产品。

④ 一旦创建了意见一致的列表,应该将团队分为更小的小组,每个小组力图为每个列表中的一个或多个项开发出小型的规约(即对包含在列表中的单词或短语的精细化)。然后每个小组将他们开发的每个小规约提交给所有的 FAST 出席者讨论,进行添加、删除或进一步的精化等工作。在所有讨论过程中,团队可能提出某些不能在会议过程中解决的问题,此时要保留问题列表以使这些思想在以后的活动中产生作用。

⑤ 上一步骤完成后,每个 FAST 的出席者将讨论的结果形成列表提交给团队,团队基于此创建一组意见一致的列表。这组列表作为需求获取的结果,为需求分析和建模提供基础信息。

FAST 会议并不能解决在早期需求获取阶段遇到的所有问题,但是该方法提供了便利的条件。集中不同的观点、即时地讨论和求精以及具体地规约开发步骤,对于进行正确的需求获取是十分有益的。

5. 用况

用况(use case)常称为用例,当需求作为非正式会议——FAST 的一部分而收集起来之后,分析员就可以创建一组标识一串待建造系统的使用场景。这些场景被称为用况的实例,用况提供了系统将会被如何使用的描述。

创建用况模型的主要步骤如下:

① 确定谁会直接使用该系统,即执行者(actor)。

② 选取其中一个执行者。

③ 定义该执行者希望系统做什么,执行者希望系统所做的每件事将成为一个用况。

④ 对每件事来说,何时执行者会使用系统,通常会发生什么,这就是用况的基本过程。

⑤ 描述该用况的基本过程。

执行者和用户并不是一回事儿。一个典型的用户可能在使用系统时扮演了一系列不同的角色,而一个执行者表示了一类外部实体,它们仅扮演一种角色。

Jacobson[48]给出在用况中应该包含的主要内容:该执行者完成的主要任务或功能是什么;该执行者将获取、生产或改变什么信息;该执行者是否必须通知系统关于外部环境的变化;该执行者希望从系统获得什么信息;该执行者是否希望被通知未预期的变化。

值得注意的是,用况主要用来捕获系统的高层次功能性需求。用况模型从高层次和用户的角度描述了系统会做什么,即项目的目的和范围。用况不是一个功能分解模型。用况也不能捕获系统如何做每一件事,一个用况是系统所提供的一个功能(也可以说是系统提供的某一特定用法)的描述。关于用况的详细内容见第7章。

3.3 需求分析、协商与建模

本节主要介绍需求分析、协商与建模的相关技术、原则和方法。

3.3.1 需求分析原则

关于需求分析过程的具体实现,在实践中研究人员已经开发了若干方法,不同的分析方法有自己独特的观点。然而,这些分析方法都遵循一组操作原则[2],这些原则包括以下内容:

- 必须能够表示和理解问题的信息域。
- 必须能够定义软件将完成的功能。
- 必须能够表示软件的行为(作为外部事件的结果)。
- 必须划分描述数据、功能和行为的模型,从而可以分层次地揭示细节。
- 分析过程应该从要素信息移向细节信息。

通过应用这些原则,分析人员将能系统地处理问题。检查信息域可以更完整地理解功能,通过模型可以更简洁地交流功能和行为的特征,应用抽象与分解可减少问题的复杂度。

3.3.2 信息域

所有软件开发最终的目的都是为了处理数据,即将一种形式的数据转换成另一种形式的数据。有些时候也将表示系统控制的数据称为事件。如开、关的状态,超出压力阈值的警报信号等。第一条原则需要对信息域进行检查,并创建数据模型。信息域包括信息内容、信息流以及信息结构。

信息内容表示了单个数据和控制对象,目标软件所有处理的信息集合由它们构成。例如,数据对象"工资"是一组重要数据的组合:领款人的姓名、净付款数、付款总额、扣除额等,因此,需要创建"工资"的内容以确定它所需的属性定义。类似地,控制对象"系统状态"的内容可以由一个位串定义,一个单独的信息项由一位表示,指明某特殊的设备是在线或是离线。数据和控制对象还可以和其他的数据和控制对象关联,例如,数据对象"工资"和对象"时间卡"、"雇主"、"银行"及其他对象有一个或多个关系,在信息域的分析过程中,应该定义这些关系。

信息流表示了数据和控制在系统中流动时的变化方式,输入对象被变换为中间信息(数据和/或控制),然后进一步被变换为输出。数据的变换是程序必须完成的功能或子功能,在两个变换(功能)间流动的数据和控制定义了每个功能的接口。

信息结构表示了各种数据和控制项的内部组织形式,数据或控制项将被组织为 n 维表还是树形结构?在结构的语境内,什么信息是和其他信息相关的?信息包含在单个结构中,还是使用不同的结构?在某信息结构中的信息如何与另一个结构中的信息相关?这些都是信息结构涉及的问题。

3.3.3　需求协商

　　复杂的系统有许多项目相关人员,他们之间的需求必定会出现冲突,协商的过程就是讨论需求冲突,找出每个人都满意的折衷方案。当然,协商不是简单的逻辑或技术上的争论,经常会为组织和行政的考虑或当事人的个性所左右。分析人员必须在协商时注意到这些因素,以防止做出糟糕的技术决策。在进行需求协商时,要注意组织和行政方面的因素。分析人员大多更关注技术,很少考虑到无形的组织策略。组织内部的人比外部咨询者更理解这些因素,这些因素包括:①不一致的目标。组织中不同岗位的人的个人目标不可能与组织目标完全一致。要设法发现个人目标下隐含的需求。②责任的丧失或转移。要设法理解组织的权力结构,开发软件的一个目的可能是把权力从组织的一个部门转移到另一个部门来改变权力结构。那些丧失权力的人可能提出不可能实现或实现代价很高的需求。③组织文化。当在组织中各个部门互相竞争时,分析人员会发现不同部门提出的需求可能用于提升其竞争优势。④组织管理态度和士气。如果组织经历了裁员,组织中的人可能敌视管理者,他们可能会故意为软件需求的获取设置障碍。⑤部门差异。如果组织中一个部门和其他大多数部门存在显著差异,说明这个部门有一个不同的文化,这个部门的需求可能受到该部门的影响。忽视这些因素,会给需求协商带来很大的阻力。[46]

　　通常会议是解决冲突最快的方式。冲突解决会议应当只关注与冲突相关的需求问题。会议的参加者应该包括能发现冲突、遗漏或重叠的分析员,以及能解决发现的问题的项目相关人员。会议应该讨论那些非正式讨论不能解决的问题,所有冲突的需求都应该单独讨论。不能假定关于某项需求的决定会对相关需求同样有效。通常会议分为 3 个阶段:叙述阶段、讨论阶段和决策阶段。针对如何召开冲突解决会议的内容不是本书讨论的重点,有兴趣的读者可参看参考文献[33]。

3.3.4　需求建模

　　观察和研究某一事物或某一系统时,常常把它抽象为一个模型。创建模型是需求分析阶段的重要活动。模型以一种简洁、准确、结构清晰的方式系统地描述了软件需求,从而帮助分析员理解系统的信息、功能和行为,使得需求分析任务更容易实现,结果更系统化,同时易于发现用户描述中的模糊性和不一致性;模型将成为复审的焦点,也将成为确定规约的完整性、一致性和精确性的重要依据。模型还将成为软件设计的基础,为设计者提供软件要素的表示视图,这些表示可被转化到实现的语境中去;更重要的是,模型还可以在分析人员和用户之间建立更便捷的沟通方式,使两者可以用相同的工具分析和理解问题。

　　在软件需求分析阶段,所创建的模型,要着重于描述系统要做什么,而不是如何去做。目标软件的需求模型不应涉及软件的实现细节。通常情形下,分析人员使用图形符号来创建模型,将信息、处理、系统行为和其他相关特征描述为各种可识别的图形符号,同时在图形符号旁边辅助以文字描述,可使用自然语言或某特殊的专门用于描述需求的语言来提供辅助的信息描述。

　　目前已存在的多种需求分析方法引用了不同的分析策略,常用的分析方法有以下几种:

- 面向数据流的结构化分析方法(SA)。
- 面向数据结构的分析方法。

- 面向对象的分析方法(OOA)。

其中,结构化的分析方法和面向对象的分析方法应用非常广泛,具有较好的发展潜力。但是,其他的分析方法(如面向数据结构的分析方法)在各自的领域也表现出一定的优越性和生命力。具体内容将在后续章节详细介绍。

3.4 需求规约与验证

需求分析的输出就是需求规约。本节具体介绍书写规约的原则,规约的主要内容和需求验证的标准。

3.4.1 需求规约的原则

需求规约可被视为一个表示过程,尽管人们完成规约的模式各有不同,需求以最终导向软件成功实现的方式来表示。1979年,Balzer和Goldman提出了作出良好规约的8条规约原则:

- 从现实中分离功能,即描述要"做什么"而不是"怎样实现"。
- 要求使用面向处理的规约语言(或称系统定义语言),讨论来自环境的各种刺激可能导致系统做出什么样的功能性反应来定义一个行为模型,从而得到"做什么"的规约。
- 如果被开发软件只是一个基于计算机的系统中的一个元素,那么整个大系统也应包括在规格说明的描述之中。
- 规约必须包括系统运行环境。
- 规约必须是一个认识模型,而不是设计或实现的模型。
- 规约必须是可操作的,利用它能够通过测试用例判断已提出的解决方案是否都能满足规约。
- 规约必须允许不完备性并允许扩充。
- 规约必须局部化和松散耦合。规约所包括的信息必须局部化,这样当信息被修改时,只需修改某个单个的段落(理想情况)。同时,规约应被松散地构造(即松耦合),以便能够很容易地加入和删去一些段落。

尽管Balzer和Goldman提出的8条原则主要用于基于形式化规约语言之上的需求定义的完备性,但这些原则对于其他形式的规约也有参考价值。当然要结合实际环境来应用上述的原则。

3.4.2 需求规约

软件需求规约是分析任务的最终产物,通过建立完整的信息描述、详细的功能和行为描述、性能需求和设计约束的说明、合适的验收标准,给出对目标软件的各种需求。

我国国家标准化局、IEEE以及美国国防部均已经提出了软件需求规约(以及其他软件工程文档)的候选格式。其中最知名的标准是IEEE/ANSI 830—1993标准。表3.2给出其简化的大纲,作为软件需求规约的框架。

表 3.2　软件需求规约的框架

Ⅰ. 引言	A. 系统参考文献
	B. 整体描述
	C. 软件项目约束
Ⅱ. 信息描述	A. 信息内容表示
	B. 信息流表示：i. 数据流；ii. 控制流
Ⅲ. 功能描述	A. 功能划分
	B. 功能描述：i. 处理说明；ii. 限制/局限；iii. 性能需求；iv. 设计约束；v. 支撑图
	C. 控制描述：i. 控制规约；ii. 设计约束
Ⅳ. 行为描述	A. 系统状态
	B. 事件和响应
Ⅴ. 检验标准	A. 性能范围
	B. 测试种类
	C. 期望的软件响应
	D. 特殊的考虑
Ⅵ. 参考书目	
Ⅶ. 附录	

1. 引言

引言陈述软件目标，在基于计算机的系统语境内进行描述。

2. 信息描述

信息描述给出软件必须解决的问题的详细描述，记录信息内容、信息流和信息结构。

3. 功能描述

功能描述用以描述解决问题所需要的每个功能。其中包括，为每个功能说明一个处理过程、叙述设计约束、叙述性能特征、用一个或多个图形来形象地表示软件的整体结构和软件功能与其他系统元素间的相互影响。

4. 行为描述

行为描述用以描述作为外部事件和内部产生的控制特征的软件操作。

5. 检验标准

检验标准描述检验系统成功的标志。即对系统进行什么样的测试，得到什么样的结果，就表示系统已经成功实现了。检验标准是"确认测试"的基础。

6. 参考书目

参考书目包含了对所有和该软件相关的文档的引用,其中包括其他的软件工程文档、技术参考文献、厂商文献和标准。

7. 附录

附录包含了规约的补充信息、表格数据、算法的详细描述、图表和其他材料。

这里需要重点强调检验标准。这部分十分重要,但是往往又最容易被忽略,因为要完成它需要全面深刻地理解软件的需求——而在本阶段这一点往往很难做到。事实上,编制校验标准的过程隐含着对其他需求的检查,所以将时间和注意力集中到该部分内容是非常重要的。

3.4.3 需求验证

需求验证的目的是要检验需求是否能够反映用户的意愿。由于需求的变化往往使系统的设计和实现也跟着改变,所以由需求问题引起系统做变更的成本比修改设计或代码错误的成本大得多。因此,在需求分析阶段进行需求验证是必不可少的步骤。

需求验证需要对需求文档中定义的需求执行多种检查。开发团队要对用户需求进行"遍访",逐条解释需求含义;评审团队应该检查需求的有效性、一致性和作为一个整体的完备性。评审人员评审时往往需要检查以下内容:

① 系统定义的目标是否与用户的要求一致。

② 系统需求分析阶段提供的文档资料是否齐全;文档中的描述是否完整、清晰、准确地反映了用户要求。

③ 被开发项目的数据流与数据结构是否确定且充足。

④ 主要功能是否已包括在规定的软件范围之内,是否都已充分说明。

⑤ 设计的约束条件或限制条件是否符合实际。

⑥ 开发的技术风险是什么。

⑦ 是否详细制定了检验标准,它们能否对系统定义进行确认。

为了保证软件需求定义的质量,验证应该由专门的人员来负责,按照规定严格进行。除分析人员之外,还要有用户,开发部门的管理者,软件设计、实现、测试的人员参加。评审结束应有负责人的结论意见和签字。

想要判断一组需求是否符合用户的需要是很困难的。用户需要描述出系统的操作过程,构想出如何让系统加入到他们的工作中去,这种抽象对于一个普通用户来说比较困难。所以,需求验证也不可能发现所有的需求问题。在需求验证之后,对遗漏的补充以及对错误理解的更正更是不可避免的,因此需要进行需求管理。

3.5 需求管理

软件系统的需求会变更,这些变更不仅会存在于项目开发过程,而且还会出现在项目已经付诸应用之后。需求管理是一组用于帮助项目组在项目进展中的任何时候去标识、控制和跟踪需求的活动。需求管理的很多内容和方法都与本书第16章中的配置管理技术相同。

在需求管理中,每个需求被赋予唯一的标识符,一旦标示出需求,就可以为需求建立跟踪表,每个跟踪表标示需求与其他需求或设计文档、代码、测试用例的不同版本间的关系。例如,特征跟踪表,记录需求如何与产品或系统特征相关联;来源跟踪表,记录每个需求的来源;依赖跟踪表,描述需求间如何关联等[2]。

这些跟踪表可以用于需求跟踪。在整个开发过程中,进行需求跟踪的目的是为了建立和维护从用户需求开始到测试之间的一致性与完整性。确保所有的实现是以用户需求为基础,所有的输出符合用户需求,并且全面覆盖了用户需求。需求跟踪有两种方式,正向跟踪与逆向跟踪:①正向跟踪以用户需求为切入点,检查《需求规约》中的每个需求是否都能在后继工作产品中找到对应点;②逆向跟踪检查设计文档、代码、测试用例等工作产品是否都能在《需求规约》中找到出处。

3.6 小 结

本章是全书需求分析内容的绪论,主要介绍了需求工程概念、主要任务以及需求工程基本过程中的若干环节,包括需求获取、需求分析与协商、需求建模、需求规约、需求验证及需求管理。在需求获取阶段重点介绍了软件需求的定义和常用的需求获取方法与策略;在需求分析、协商与建模阶段重点介绍了需求分析原则、需求协商和建模的概念;在需求规约与验证阶段重点介绍了规约的原则以及验证的内容和步骤,最后介绍了需求管理的相关概念。

习 题

3.1 需求工程的重要性是什么?举出身边由于需求分析失败而造成整个项目失败的例子。

3.2 需求工程具体包括哪些步骤?每个步骤的具体任务是什么?

3.3 一个系统分析员应该具备哪些思想素质和基础知识?请说明理由。

3.4 列出在制定需求获取策略时的3种主要考虑因素。

3.5 对于下面的每个场景,思考在需求获取期间什么是最有用的信息来源。

(1) 开发一个系统取代现有的销售订单处理系统。

(2) 开发软件控制充当外科医生的机器人。

(3) 开发软件操作出租车仪表。

(4) 为国防部开发一个安全的战场通信系统。

3.6 举例说明一个系统的3个不同类型的非功能需求。

3.7 开发一个便利的应用规约技术(FAST)"工具箱",该工具箱应该包括一组指导FAST会议的指南、可用于帮助创建列表的材料以及任何其他的可能对需求定义有帮助的事项。

3.8 软件需求分析的操作性原则和需求工程的指导性原则是什么?

3.9 软件需求规约主要包括哪些内容?自己寻找一个实例,亲自写一个需求规约。

3.10 需求验证应该有哪些人参加?画一个过程模型,说明需求评审应该如何组织。

第 **4** 章

设计工程

软件设计开始于软件需求的分析和规约之后,位于软件工程过程中的技术核心位置,是把需求转化为软件系统的最重要环节。软件需求分析解决"做什么"的问题,软件设计过程则解决"怎么做"的问题。

早期,软件设计仅局限于"编程"或"代码书写",经过近四十年的发展,已经逐步形成了一套系统的软件设计方法、质量标准以及符号体系。在本章中,主要介绍应用于软件设计工程中的基本概念和原则,在后续的章节中将会介绍各种具体的软件设计方法。

4.1 软件设计工程概述

软件设计是把软件需求变换成软件表示的过程,早期的软件设计分为概要设计和详细设计,现在的软件设计分为数据/类设计、软件体系结构设计、接口设计和部件级设计。概要设计将需求转换为数据结构、软件体系结构及其接口。详细设计或部件级设计将软件体系结构中的结构性元素转换为软件部件的过程性描述,得到软件详细的数据结构和算法。在本节中讨论软件设计的任务、目标和过程。

1. 软件设计的任务

软件设计的输入是软件分析模型。使用一种设计方法(后面章节将讨论),软件分析模型中通过数据、功能和行为模型所展示的软件需求信息被传送给设计阶段,产生数据/类设计、体系结构设计、接口设计、部件级设计,如图 4.1 所示[2]。

(1) 数据/类设计

数据/类设计将分析类模型变换成类的实现和软件实现所需要的数据结构。类、由CRC(class-responsibility-collaborator,类-责任-协作者,见第 8 章)中定义的数据对象和关系、数据字典中描述的详细数据内容为数据设计活动提供了基础。部分数据可能和软件体系结构的设计同时产生,更详细的数据结构则产生于设计每个软件部件时。数据结构是数据的各个元素之间逻辑关系的一种表示。数据结构设计应确定数据的组织、存取方式、相关程度以及信息的不同处理方法。数据设计的过程包括以下两步:首先,为在需求分析阶段所确定的数据对象选择逻辑表示,需要对不同结构进行算法分析,以便选择一个最有效的设计方案;然后,确定对逻辑数据结构所必需的那些操作的程序模块,以便限制或确定各个数据设计决策的影响范围。无论采取什么样的设计方法，如果数据设计得好，往往能产生很好的软件系统结构，具有很强的模块独立性和较低的程序复杂性。"清晰的数据定义是软件开发成功的关键"。

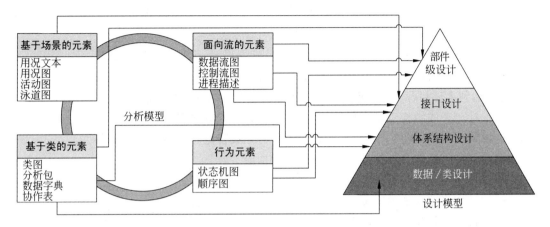

图 4.1　分析模型到软件设计的转化

（2）体系结构设计

体系结构设计定义了软件的整体结构，由软件部件、外部可见的属性和它们之间的关系组成。体系结构设计表示可以从系统规约、分析模型和分析模型中定义的子系统交互导出[2]。关于软件体系结构设计的概念和风格将在4.3节中介绍。

（3）接口设计

接口设计描述了软件内部、软件和协作系统之间以及软件同人之间的通信方式。体系结构设计为软件工程师提供了程序结构的全局视图，但是就像房子的蓝图一样，如果不画出门、窗、水管、电线和电话线，整个设计将是不完整的。

接口设计主要包括3方面内容：设计软件模块间的接口、设计模块与其他非人的信息生产者和消费者（如外部实体）之间的外部接口以及设计人（用户）与计算机间的人机接口。模块间的接口设计是由模块间传递的数据和程序设计语言的特性共同导致的。一般来说，分析模型中包含了足够的信息用于模块间的接口设计。

外部接口设计起始于对分析模型的每个外部实体的评估。外部实体的数据和控制需求确定下来以后，就可以设计外部接口了。内部和外部接口设计必须与模块内的数据验证和错误处理算法紧密相关，由于副作用往往是由程序接口进行传播的，所以必须对从某模块流向另一个模块（或流向外部世界）的数据进行检查，以保证符合需求分析时的要求。关于人机界面设计，将在第11章详细介绍。

（4）部件级设计

部件级设计将软件体系结构的结构性元素变换为对软件部件的过程性描述。从类为基础的模型、流模型、行为模型等模型中得到的信息是部件设计的基础。详细信息和工具在4.4节中介绍。

2. 软件设计的目标

在进行软件设计的过程中，要密切关注软件的质量因素。设计是在软件开发中形成质量的阶段,设计提供了可以用于质量评估的软件表示,是将用户需求准确地转化为完整的软件产品或系统的主要途径。McGlanghlin[49]给出了在将需求转换为设计时,判断设计好坏的 3 条特征,也就是软件设计过程的目标:

- 设计必须实现分析模型中描述的所有显式需求,必须满足用户希望的所有隐式需求。
- 设计必须是可读、可理解的,使得将来易于编程、易于测试、易于维护。
- 设计应从实现角度出发,给出与数据、功能、行为相关的软件全貌。

为了达到上述目标,必须建立衡量设计的技术标准,它们包括以下内容:

- 设计出来的结构应是分层结构,从而建立软件成分之间的控制。
- 设计应当模块化,从逻辑上将软件划分为完成特定功能或子功能的部件。
- 设计应当既包含数据抽象,也包含过程抽象。
- 设计应当建立具有独立功能特征的模块。
- 设计应当建立能够降低模块与外部环境之间复杂连接的接口。
- 设计应能根据软件需求分析获取的信息,建立可驱动、可重复的方法。

后面的介绍中,将逐步体会这些特征以及标准的应用。

3. 软件设计的过程

软件设计是一个把软件需求变换成软件表示的过程,通常的软件设计过程分为如下 6个步骤:

① 制定规范。

② 体系结构和接口设计。

③ 数据/类设计。

④ 部件级(过程)设计。

⑤ 编写设计文档。

⑥ 设计评审。

通常在建立软件设计过程时,首先应为软件开发组制定在设计时应该共同遵守的标准,以便协调组内各成员的工作。包括阅读和理解软件需求说明书,确认用户要求能否实现;明确实现的条件,从而确定设计的目标,以及它们的优先顺序;根据目标确定最合适的设计方法;规定设计文档的编制标准;规定编码的信息形式,与硬件及操作系统的接口规约,以及命名规则。然后进入到体系结构和接口设计、数据/类设计及部件级(过程)设计。这个过程是一个迭代的过程。最初的设计只是描绘出可直接反映功能、数据、行为需求的软件整体框架,接着设计的迭代过程开始,在框架中逐步填入细节,将其加工成在实现细节上非常接近于源程序的软件表示。在设计结束后,要编写设计文档、制定用户手册和初步的测试计划,并组织进行设计评审。

4.2 软件设计原则

在将软件的需求规约转换为软件设计的过程中,软件的设计人员通常采用抽象与逐步求精、模块化和信息隐藏等原则。

4.2.1 抽象与逐步求精

1. 抽象

抽象是在软件设计的规模逐渐增大的情况下,控制复杂性的基本策略。"抽象"是一个心理学概念,要求人们将注意力集中在某一层次上考虑问题,忽略低层次的细节。抽象的过程是从特殊到一般的过程,上层概念是下层概念的抽象,下层概念是上层概念的精化和细化。

软件工程过程的每一步都是对较高一级抽象的解作一次具体化的描述,系统定义阶段把整个软件系统抽象成基于计算机系统的一个组成部分,需求分析阶段是对问题域的抽象,使用问题域中的术语,经过软件体系结构设计、部件级设计,抽象级别一次一次降低,到编码完成后,到达最低级别的抽象。

软件设计中的主要抽象手段有:过程抽象和数据抽象。过程抽象(也称功能抽象)是指任何一个完成明确定义功能的操作都可被使用者当作单个实体看待,尽管这个操作实际上是由一系列更低级的操作来完成的。数据抽象是指定义数据类型和施加于该类型对象的操作,并限定了对象的取值范围,只能通过这些操作修改和观察数据。许多编程语言(如 Ada、Module、CLU 等)都提供了对抽象数据类型的支持,Ada 的程序包机制是对数据抽象和过程抽象的双重支持。

2. 逐步求精

逐步求精是人类解决复杂问题的基本技术之一,是把问题的求解过程分解成若干步骤或阶段,每一步都比上一步更精化,更接近问题的解法。为了能集中精力解决主要问题而尽量推迟问题细节的考虑。逐步求精和抽象是一对互补的概念。抽象使得设计者能够描述过程和数据而忽略低层的细节,而求精有助于设计者在设计过程中揭示低层的细节。这两个概念对设计者在设计演化中构造出完整的设计模型都起到了至关重要的作用。

4.2.2 模块化

在计算机软件领域中,几乎所有的软件结构设计技术都是以模块化为基础的。模块化,即把软件按照规定原则,划分为一个个较小的,相互独立的但又相互关联的部件。模块化实际上是系统分解和抽象的过程。在软件工程中模块是数据说明、可执行语句等程序对象的集合,是单独命名的,并且是可以通过名字来访问的。例如,对象类、构件、过程、函数、子程序、宏等都可作为模块。

模块具有名字、参数、功能等外部特征以及完成模块功能的程序代码和模块内部数据等内部特征。对使用者来说,最感兴趣的是模块的功能和接口,而不必理解模块内部的结构和原理。理想的模块只解决一个问题,每个模块的功能应该明确,使人容易理解,模块之间的联结关系简单,具有独立性。用理想模块构建的系统,容易被人理解,易于编程,易于测试,易于修改和维护。模块化也有助于软件项目的组织管理,一个复杂的大型软件可以由许多程序员分工编写,进而提高了开发效率。

如果一个软件就是一个模块,是很难被人理解的。因为,在软件中大量的控制路径、引用跨度、变量数量,以及整体复杂性,会使对软件的理解十分困难。为说明这一点,可以考虑下面的论据,它们是基于对人解决问题的观察而提出的[2]。

设 $C(x)$ 是描述问题 x 复杂性的函数,$E(x)$ 是解决问题 x 所需工作量(按时间计算)的函数。对于两个问题 p_1 和 p_2,如果

$$C(p_1) > C(p_2) \tag{4.1a}$$

那么

$$E(p_1) > E(p_2) \tag{4.1b}$$

即问题越复杂,解决问题所需要的花费更多。

通过对人解决问题的实验,又存在另一个有趣的规律:

$$C(p_1 + p_2) > C(p_1) + C(p_2) \tag{4.2}$$

方程式(4.2)意味着 p_1 和 p_2 组合后的复杂性比单独考虑每个问题时的复杂性要大。考虑方程式(4.2)和方程式(4.1)隐含的条件,可以得出

$$E(p_1 + p_2) > E(p_1) + E(p_2) \tag{4.3}$$

不等式(4.3)表达了一个对于模块化和软件具有十分重要意义的结论(即模块化的论据):将复杂问题分解成可以管理的片断会使解决问题更加容易。

根据上式,读者会问:如果无限制地划分软件,开发它所需的工作量是否会变得小到可以忽略?事实上,影响软件开发工作量的因素还有很多,如模块接口费用等,所以上述结论不能成立。随着模块数量的增长,模块之间的接口的复杂程度和集成模块所需的工作量也在增长。不等式(4.3)只能说明,当模块的总数增加时,单独开发各个子模块的工作量之和会有所减少。

概括起来:如果模块是相互独立的,当模块变得越小,每个模块花费的工作量越低;但当模块数增加时,模块间的联系也随之增加,把这些模块连接起来的工作量也随之增加。这些特性形成了图 4.2 中所示的总成本或工作量曲线。可以看到,存在一个模块数量的范围 M 可以导致最小的开发成本,但是,无法确切地预测 M。模块的划分和设计还需要遵守其他的设计原则,在本章的后面将介绍其他的模块设计的基本方法和优化原则。

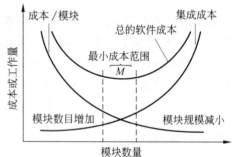

图 4.2 模块大小、模块数目与费用的关系

这种"分而治之"的思想提供了模块化的理论依据:把复杂问题分解成许多容易解决的小问题,则原来复杂的问题也就容易解决了。采用模块化原理使程序错误通常局限在有关的模块及它们之间的接口中,模块化使软件容易调试和测试,有助于提高软件的可靠性;同时变动往往只涉及少数几个模块,从而模块化能够提高软件的可修改性;使软件结构清晰。这样每个模块的内容不仅容易设计也容易阅读和理解。

4.2.3 信息隐藏

应用模块化原则,自然会产生一个问题"为了得到一组模块,应该怎样分解软件呢?"由 Parnas[60] 提倡的信息隐蔽得知,每个模块的实现细节对于其他模块来说应该是隐蔽的。就

是说,模块中所包含的信息(包括数据和过程)不允许其他不需要这些信息的模块使用。通常有效的模块化可以通过定义一组独立的模块来实现,这些模块相互间的通信仅使用对于实现软件功能来说是必要的信息。这意味着这些独立的模块彼此间仅仅交换那些为了完成系统功能而必须交换的信息,也就是说应该隐藏的不是模块的一切信息,而是模块的实现细节。通过抽象,帮助人们确定组成软件的过程或信息实体,通过信息隐蔽,则可定义和实施对模块的过程细节和局部数据结构的存取限制。

由于一个软件系统在整个软件生存期内要经过多次修改,所以在划分模块时要采取措施,使得大多数过程和数据对软件的其他部分是隐蔽的。这样,在将来修改软件时偶然引入错误所造成的影响就可以局限在一个或几个模块内部,避免影响到软件的其他部分。

4.2.4　功能独立

本节所说的功能独立是指模块的功能独立性。也就是说,在设计程序模块时,使得模块实现独立的功能并且与其他模块的接口简单,符合信息隐蔽,模块间关联和依赖程度尽可能小。功能独立的概念是模块化、抽象概念和信息隐蔽的直接结果[2]。

对于功能独立的模块来说,由于其功能被分隔,且接口简单,因此这种模块易于实现。此外,由于功能独立模块的功能单一,符合信息隐蔽原则,与其他模块的关联和依赖程度小,因此这种模块易于维护,修改代码而引起的副作用小。据此,功能独立已成为衡量模块设计优劣的重要指标。

独立性可以由两项指标来衡量:内聚度与耦合度。内聚度衡量同一个模块内部的各个元素彼此结合的紧密程度,耦合度衡量不同模块彼此间相互依赖的紧密程度。

1. 内聚

内聚(cohesion)是一个模块内部各个元素彼此结合的紧密程度的度量。一个内聚程度高的模块(在理想情况下)应当只做一件事。一般模块的内聚性分为 7 种类型,如图 4.3 所示。

图 4.3　内聚的种类

在上面的关系中可以看到,位于高端的几种内聚类型最好,位于中段的几种内聚类型是可以接受的,但位于低端的内聚类型很不好,一般不能使用。因此,人们总是希望一个模块的内聚类型向高的方向靠。模块的内聚在系统的模块化设计中是一个关键的因素。

(1) 巧合内聚(偶然内聚)

将几个模块中没有明确表现出独立功能的相同程序代码段独立出来建立的模块称为巧合内聚模块。

(2) 逻辑内聚

逻辑内聚是指完成一组逻辑相关任务的模块,调用该模块时,由传送给模块的控制型参数来确定该模块应执行哪一种功能。

（3）时间内聚

时间内聚是指一个模块中的所有任务必须在同一时间段内执行。例如初始化模块和终止模块。

（4）过程内聚

过程内聚是指一个模块完成多个任务，这些任务必须按指定的过程（procedural）执行。

（5）通信内聚

通信内聚是指一个模块内所有处理元素都集中在某个数据结构的一块区域中。

（6）顺序内聚

顺序内聚是指一个模块完成多个功能，这些功能又必须顺序执行。

（7）功能内聚

功能内聚是指一个模块中各个部分都是为完成一项具体功能而协同工作，紧密联系，不可分割。

2. 耦合

耦合（coupling）是模块之间的相对独立性（互相连接的紧密程度）的度量。耦合取决于各个模块之间接口的复杂程度、调用模块的方式以及通过接口的信息类型。

一般模块之间可能的耦合方式有7种类型，如图 4.4 所示。

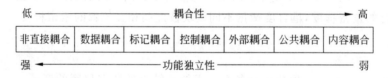

图 4.4　耦合的种类

（1）内容耦合

如果一个模块直接访问另一个模块的内部数据；或者一个模块不通过正常入口转到另一模块内部；或者两个模块有一部分程序代码重叠；或者一个模块有多个入口，则两个模块之间就发生了内容耦合。

（2）公共耦合

若一组模块都访问同一个公共数据环境，则它们之间的耦合就称为公共耦合。公共的数据环境可以是全局数据结构、共享的通信区、内存的公共覆盖区等。

（3）外部耦合

模块间通过软件之外的环境联结（如 I/O 将模块耦合到特定的设备、格式、通信协议上）时，称为外部耦合。

（4）控制耦合

如果一个模块传送给另一个模块的参数中包含了控制信息，该控制信息用于控制接收模块中的执行逻辑，则称为控制耦合。

（5）标记耦合

两个模块之间通过参数表传递一个数据结构的一部分（如某一数据结构的子结构），就是标记耦合。

（6）数据耦合

两个模块之间仅通过参数表传递简单数据，则称为数据耦合。

（7）非直接耦合

如果两个模块之间没有直接关系，即它们中的任何一个都不依赖于另一个而能独立工作，这种耦合称为非直接耦合。

实际上，两个模块之间的耦合不只是一种类型，而是多种类型的混合。这就要求设计人员进行分析、比较，逐步加以改进，以提高模块的独立性。

模块之间的连接越紧密，联系越多，耦合性就越高，而其功能独立性就越弱。一个模块内部各个元素之间的联系越紧密，则该模块的内聚性就越高，相对地，该模块与其他模块之间的耦合性就会减低，而功能独立性就越强。因此，功能独立性比较强的模块应是高内聚低耦合的模块。内聚与耦合密切相关，同其他模块强耦合的模块意味着弱内聚，强内聚模块意味着与其他模块间松散耦合。耦合与内聚都是功能独立性的定性标准，都反映功能独立性的良好程度。但耦合是直接的主导因素，内聚则辅助耦合共同对功能独立性进行衡量。

4.3　软件体系结构设计

软件体系结构关注系统的一个或多个结构，包含软件部件、这些部件的对外可见的性质以及它们之间的关系[50]。事实上，软件总是有体系结构的，不存在没有体系结构的软件。体系结构（architecture）一词在英文中就是"建筑"的意思。如果把软件比作楼房，软件体系结构设计就如同设计楼房的类型（高层还是多层）、电梯的位置、房间朝向等。体系结构并非是可运行的软件，是一种使设计师能够在更高层次分析"设计"是否满足需求的一种表示。Bass 提出体系结构重要的 3 个关键理由[50]：①方便利益相关人员的交流：绝大多数与软件系统利益相关的人员都可以借助软件体系结构来进行彼此理解、协商、达成一定程度的共识或者相互沟通；②有利于系统设计的前期决策：它使得人员可以在众多彼此竞争的问题上进行优先级分析，突出了早期设计抉择，这些抉择将对随后的所有软件工程工作产生深远的影响，也对系统作为一个可运行实体的最后成功有深远影响；③建立了一个系统的可传递的抽象：体系结构是一个相对较小的、易于理解掌握的模型，该模型描述了系统如何构成以及其部件如何在一起工作。

4.3.1　体系结构发展过程

当人们提到软件的体系结构往往会考虑到软件是单主机结构、客户/服务器（client/server，C/S）结构还是浏览器/服务器（browser/server，B/S）结构。

在单主机结构中，客户界面、数据和程序被集中在主机上，这种结构通常只支持一个用户操作，不需要考虑多个用户并发操作的问题，因此结构简单。在 C/S 结构中应用程序的处理由客户机和服务器（mainframe 或 server）分担；处理请求通常被关系型数据库处理，客户机在接收到经处理的数据后实现显示和业务逻辑；系统支持模块化开发，通常有 GUI 界面。

C/S 结构因为其灵活性得到了极其广泛的应用。但由于这种结构的客户端程序需要在每个客户机上部署,从而在系统扩展性方面存在不足。

随着 Internet 的发展出现了 B/S 结构,这就是为人们所知的"3 层/多层计算"。通常包含:

① 处理用户接口和用户请求的客户层(client tier),典型应用是网络浏览器。

② 处理 Web 服务和运行业务代码的服务器层(server tier)。

③ 处理关系型数据库和其他后端(back-end)数据资源,如 Oracle 和 SAP、R/3 等的数据层(data tier)。

在 3 层体系结构中,客户(请求信息)、程序(处理请求)和数据(被操作)被物理地隔离。3 层结构是更灵活的体系结构,把显示逻辑从业务逻辑中分离出来,这就意味着业务代码是独立的,可以不关心怎样显示和在哪里显示。业务逻辑层处于中间层,不需要关心由谁来显示数据,也可以与后端系统保持相对独立性,有利于系统扩展。3 层结构具有更好的移植性,可以跨不同类型的平台工作,允许用户请求在多个服务器间进行负载平衡。3 层结构中安全性也更易于实现,因为应用程序已经同客户隔离。

4.3.2 软件体系结构的风格

到目前为止,虽然已有数以百万的基于计算机的系统被创建,但是,绝大多数可以被归类为相对小数量的体系结构风格之一。只要系统使用常用的、规范的方法来组织,不同的体系结构风格可使别的设计者很容易理解系统的体系结构。例如,如果某人把系统描述为"客户/服务器"模式,则人们立刻就会明白系统是如何组织和工作的。对软件体系结构风格的研究和实践也促进了复用设计,一些经过实践检验的风格也可以可靠地用于解决新的问题。每种风格描述一种系统范畴,该范畴包括:

① 一些实现系统所需的功能部件(如数据库、计算模块)。

② 一组用来连接部件"通信、协调和合作"的"连接件"。

③ 定义部件之间怎样整合的系统约束。

④ 使设计者能够理解整个系统属性并分析已知属性的语义模型[50]。

在本节中,接下来将考虑普遍运用的一些软件体系结构风格。

1. 数据为中心的体系结构

在这种体系结构中,一些数据(如一个文件或者数据库)保存在整个结构的中心,并且被其他部件频繁地使用、添加、删除、修改,如图 4.5 所示。在一些情况下客户端部件独立于对数据的任何改变或其他客户部件的动作而访问数据,这种方法的一个变种是将存储中心变换为"黑板",当客户感兴趣的数据变化时,由黑板向客户端部件发送通知。在这种结构中,现有的客户端部件可以被修改,而且新的数据可以被方便地加入系统而无需考虑其他客户。

2. 数据流风格的体系结构

这种结构适用于输入数据被一系列的计算或者处理部件变换成输出数据。这种体系结构由管道和过滤器组成,如图 4.6 所示,过滤器之间由传送数据的管道联通。每个过滤器在上下管道间独立工作,被设计成某种特定形式的预期数据输入,并产生数据输出(到下一个过滤器)。但是,过滤器并不需要知道相邻其他过滤器是如何工作的。如果数据流退化成

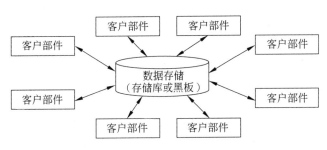

图 4.5　数据为中心的体系结构

一条流水线变换,就被叫做连续批处理。这种结构接受批量的数据并应用于一系列转换数据的部件。

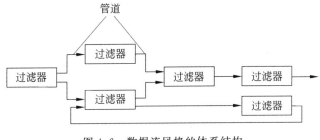

图 4.6　数据流风格的体系结构

3. 调用和返回风格的体系结构

这种风格使一个软件设计者(系统架构师)设计出非常容易修改和扩充的体系结构。包含:主程序/子程序风格体系结构和远程过程调用风格的体系结构。

主程序/子程序风格体系结构:面向结构化分析与设计方法中,把功能分解为控制层次,体系结构反映系统中模块的相互调用关系:顶层模块调用它的下层模块以实现程序的完整功能,每个下层模块再调用更下层的模块,最下层的模块完成最具体的功能,如图 4.7 所示。

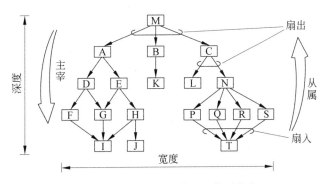

图 4.7　主程序/子程序风格体系结构

过程调用风格的体系结构是主程序/子程序风格体系结构的扩展,在这种结构中被主程序调用的部件分布在网络上不同的计算机中。

4. 面向对象风格的体系结构

系统部件封装数据和操作数据的方法。部件之间的交互和协调通过消息来传递。

5. 层次式风格的体系结构

层次式风格的体系结构的基础结构如图 4.8 所示。在这种结构中,定义不同的层次,每层都完成了相对外层更靠近机器指令的操作。在最外面的层中,部件向用户提供接口操作。在最内部的层中,部件使用系统接口。每个中间层都是对内层接口的封装。

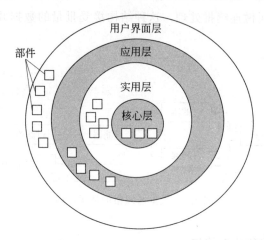

图 4.8　层次式风格的体系结构

以上介绍的这些体系结构风格只是所有风格的一小部分。一旦需求工程揭示了待建系统某些特征和约束,则可以选择最适合那些特征和约束的体系结构风格。在很多情况下,可能多个模式是合适的,多种风格可以组合使用。例如,一个层次式体系结构可以被组合到以数据为中心的体系结构中。另外,可选的体系结构风格需要进行评估。

4.3.3　评估可选的体系结构

对于同一个软件需求,由于各种设计方法的原理不同,会导出不同的软件结构。如图 4.9 所示,可以看出,在主程序/子程序风格体系结构中,同样是划分成 4 个模块,可以有多种组织结构。

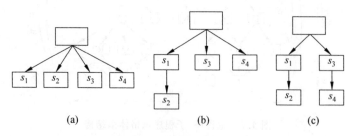

图 4.9　同一问题的不同软件结构

所以建立一些标准来评估采用的体系结构是很重要的。卡耐基-梅隆大学软件工程研究所(SEI)建立了一套迭代的评价过程来评测软件体系结构的合理性。这种方法称为ATAM(architecture trade-off analysis method,体系结构权衡分析法),对设计的分析过程按照如下所述迭代步骤进行[2][15]:

① 定义应用场景(scenarios)。通过 use case 图来从用户的角度表现系统。

② 得出需求、约束和环境描述。这是需求工程的一部分,用以确定所有客户方关心的问题都被列出。

③ 描述能处理上述场景和需求的体系结构风格。

④ 单独地评价系统的各项性能。针对体系结构设计的性能包括:可靠性、安全性、可维护性、灵活性、可测试性、可移植性、可重用性和互操作性等。

⑤ 针对不同的架构形式,评价第④步提到的性能的敏感程度。可以通过下述方法来评价:在整个架构中做一些小的变更,分析并确定上述性能有没有很敏感的变化。那些在体系结构改动中受到较大影响的性能被称为敏感点(sensitive point)。

⑥ 通过第⑤步的敏感度分析来评价第③步中提出的体系结构。SEI 描述的方法如下:当一个架构的敏感点被确定,需要找到在系统中最需要权衡利弊的因素(trade-off point)。权衡因素就是指改变体系结构中的这项内容系统的很多性能就会发生敏感的变化。一个C/S 结构中系统的性能与系统中 server 的数量是息息相关的(如增加 server 的数量,一定程度上系统的性能就会提高),这样的话,server 的数量就是这个架构中的平衡点。

这 6 个步骤代表了 ATAM 方法的第一轮迭代。经过第⑤步和第⑥步的分析,一些备选的体系结构设计方案就可以被淘汰,对剩下的备选方案进行进一步的设计和修改,然后进入 ATAM 方法下一轮的迭代,进行体系结构方案的筛选。

在结构化分析与设计方法中,模块的内聚度和耦合度是判断结构好坏的主要标准。设计出软件的初步结构以后,应该审查分析该结构,通过模块分解或合并,力求降低耦合提高内聚。例如,多个模块公有的一个子功能可以独立成一个模块,由这些模块调用;有时也可以通过分解或合并模块以减少信息传递,并降低接口的复杂性。

4.4 部件级设计技术

部件在不同的分析设计方法中对应不同的名称。在结构化分析和设计方法中部件往往指的是模块,在面向对象分析和设计中部件指的是类,在基于构件的开发方法中部件指的是构件。

在软件体系结构设计阶段,已经确定了软件系统的总体结构,给出了系统中各个组成部件的功能和部件间的联系。部件级设计是要在上述结果的基础上,考虑“怎样实现”这个软件系统,直到对系统中的每个部件给出足够详细的过程性描述。这些描述应该用部件级设计的表达工具来表示,因为它们还不是程序,一般不能够直接在计算机上运行。部件级设计是编码的先导,这个阶段所产生的设计文档的质量,将直接影响下一阶段程序的质量。表达工具可以由开发单位或设计人员选择,但表达工具必须具有描述过程细节的能力,进而可在编码阶段直接将它翻译为用某种程序设计语言表示的源程序。

在部件级设计阶段,主要完成如下工作:

① 为每个部件确定采用的算法,选择某种适当的工具表达算法的过程,编写部件的详细过程性描述。

② 确定每一部件内部使用的数据结构。

③ 在部件级设计结束时,应该把上述结果写入部件级设计说明书,并且通过复审形成正式文档,作为下一阶段(编码阶段)的工作依据。

为了提高文档的质量和可读性,本节除要说明部件级设计的目的、任务与表达工具外,还将扼要介绍结构化程序设计的基本原理,以及如何用这些原理来指导部件内部的逻辑设计,提高部件控制结构的清晰度。对于功能较简单的系统开发,软件体系结构设计之后可以跳过部件级设计直接进行编码。

4.4.1 结构化程序设计方法

结构程序设计的概念最早由 E. W. Dijkstra 提出。1965 年他在一次会议上指出"可以从高级语言中消除 goto 语句","程序的质量和程序中所包含的 goto 语句的数量成反比"。1966 年 Bohm、Jacopomo 证明了只用 3 种基本的控制结构——顺序、选择、循环,就能实现任何单入口单出口的程序。1972 年 Mills 进一步指出:程序应该只有一个入口和一个出口,补充了结构化程序设计的规则。

何谓结构化程序设计,目前尚无明确的定义,一种较为流行的定义是:"如果一个程序的代码块仅仅通过顺序、选择和循环这 3 种基本控制结构进行联结,并且每个代码块只有一个入口和一个出口,则称这个程序是结构化的。"结构化程序设计的实质并不是无 goto 语句的编程方法,而是一种使程序代码容易阅读、容易理解的编程方法。通常结构化程序设计也采用自顶向下、逐步求精的设计方法,这种方法符合抽象和分解的原则,是人们解决复杂问题的常用方法。采用这种先整体后局部、先抽象后具体的步骤开发的软件一般都具有较清晰的层次结构。单入口单出口的控制结构使程序具有良好的结构特征,结构化程序设计方法能提高程序的可读性、可维护性和可验证性,从而提高软件的生产率。

另外,采用结构化程序设计方法可能要多占用一定的时间和空间资源,这是反对从高级语言中剔除 goto 语句的主要原因,但是随着硬件技术的发展,这点时间和空间的消耗与软件维护带来的成本相比已经显得微不足道了。

对于一些对效率要求十分严格的系统,在应用结构化程序设计方法时也可以做一点修正。随着面向对象和软件复用等新的软件开发方法和技术的发展,更现实、更有效的开发途径可能是自顶向下和自底向上两种方法有机的结合。

4.4.2 图形表示法

如何用一种合适的表示方式来描述每个部件的执行过程?目前常用的描述方式一般有 3 种,即图形描述、语言描述和表格描述。图形描述包括程序流程图、盒图、问题分析图等;语言描述用某种设计性语言来描述过程的细节;表格描述包括判定表等。

1. 程序流程图

程序流程图独立于任何一种程序设计语言,比较直观、清晰、易于学习和掌握。但流程图也存在一些严重的缺点。例如,流程图所使用的符号不够规范,常常使用一些习惯性用法。特别是表示程序控制流程的箭头可以不受任何约束,随意转移控制。这些现象显然与软件工程化的要求相背离。为了消除这些缺点,应对流程图所使用的符号做出严格的定义,不允许人们随心所欲地画出各种不规范的流程图。例如,为使用流程图描述结构化程序,必须限制流程图只能使用图 4.10 给出的 5 种基本控制结构。

任何复杂的程序流程图都应由这 5 种基本控制结构组合或嵌套而成。作为上述 5 种控制结构相互组合和嵌套的实例,图 4.11 给出一个程序的流程图。图中增加了一些虚线构成的框,目的是便于理解控制结构的嵌套关系。显然,这个流程图所描述的程序是结构化的。

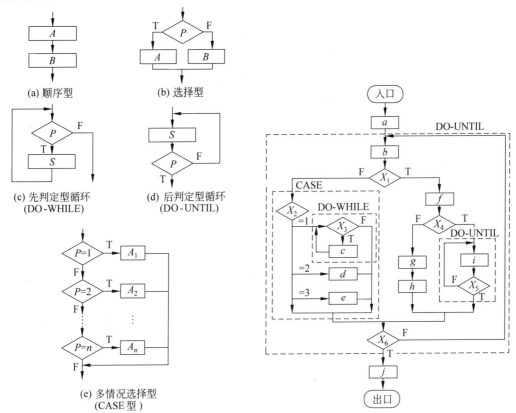

图 4.10　流程图的基本控制结构　　　　图 4.11　嵌套构成的流程图实例

2. N-S 图

Nassi 和 Shneiderman 提出了一种符合结构化程序设计原则的图形描述工具,叫做盒图,也叫做 N-S 图。与图 4.10 所示的 5 种基本控制结构相对应,在 N-S 图中规定了 5 种图形构件,如图 4.12 所示。

为说明 N-S 图的使用,仍用图 4.11 给出的实例,将它用如图 4.13 所示的 N-S 图表示。

如前所述,任何一个 N-S 图,都是前面介绍的 5 种基本控制结构相互组合与嵌套的结果。当问题很复杂时,N-S 图可能很大。

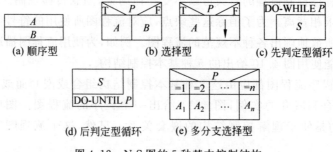

图 4.12　N-S 图的 5 种基本控制结构

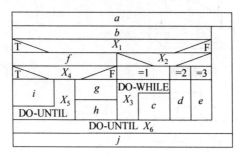

图 4.13　N-S 图的实例

3. PAD

PAD 是 problem analysis diagram 的缩写,是日本日立公司提出的,由程序流程图演化而来的,用结构化程序设计思想表现程序逻辑结构的图形工具,现在已被 ISO 认可。

PAD 也设置了 5 种基本控制结构的图式,并允许嵌套,如图 4.14 所示。

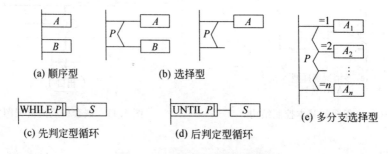

图 4.14　PAD 的基本控制结构

作为 PAD 应用的实例,图 4.15 给出了图 4.11 程序的 PAD 表示。PAD 所描述程序的层次关系表现在纵线上。每条纵线表示了一个层次,把 PAD 图从左到右展开。随着程序层次的增加,PAD 逐渐向右展开。

PAD 的执行顺序从最左主干线的上端的结点开始,自上而下依次执行。每遇到判断或循环,就自左而右进入下一层,从表示下一层的纵线上端开始执行,直到该纵线下端,再返回上一层的纵线的转入处。如此继续,直到执行到主干线的下端为止。

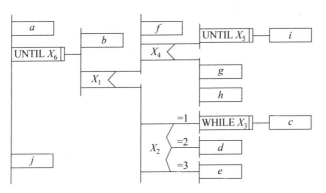

图 4.15　PAD 实例

4.4.3　判定表

当算法中包含多重嵌套的条件选择时,用程序流程图、N-S 图或 PAD 都不易清楚地描述。然而,判定表却能清晰地表达复杂的条件组合与应做动作之间的对应关系。仍然使用图 4.11 的例子。为了能适应判定表条件取值只能是 T 和 F 的情形,对原图稍微做了改动,把多分支判断改为二分支判断,但整个图逻辑没有改变,如图 4.16 所示。

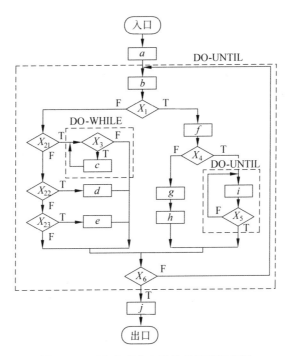

图 4.16　不包含多分支结构的流程图实例

与图 4.16 表示的流程图对应的判定表如图 4.17 所示。在表的右上半部分中列出所有条件组合的取值,T 表示该条件取值为真,F 表示该条件取值为假,空白表示这个条件无论取何值对动作的选择不产生影响。判定表右下半部分中列出在各种条件组合下需执行的动作,画 Y 表示要做相应的动作,空白表示不做相应的动作。判定表右半部的每一列实质上是一条规则,规定了与特定条件组合取值相对应的动作。

判定表的优点是能够简洁,无二义性地描述所有的处理规则。但判定表表示的是静态逻辑,是在某种条件组合取值情况下可能的结果,不能表达加工的顺序,也不能表达循环结构,因此判定表不能成为一种通用的设计工具。

	1	2	3	4	5	6	7	8	9	10	11	12	13	14
X_1	T	T	T	T	T	F	F	F	F	F	F	F	F	F
X_{21}	—	—	—	—	—	T	T	T	F	F	F	F	F	F
X_{22}	—	—	—	—	—	—	—	—	F	F	T	T	F	F
X_{23}	—	—	—	—	—	—	—	—	F	F	—	—	T	T
X_3	—	—	—	—	—	T	F	F	—	—	—	—	—	—
X_4	T	T	T	F	—	F	—	—	—	—	—	—	—	—
X_5	T	T	F	—	—	—	—	—	—	—	—	—	—	—
X_6	T	F	—	T	F	T	—	T	F	F	T	T	F	F
a	Y	Y	Y	Y	Y	Y	Y	Y	Y	Y	Y	Y	Y	Y
b	Y	Y	Y	Y	Y	Y	Y	Y	Y	Y	Y	Y	Y	Y
c	—	—	—	—	—	Y	—	—	—	—	—	—	—	—
d	—	—	—	—	—	—	—	—	—	—	Y	Y	—	—
e	—	—	—	—	—	—	—	—	—	—	—	—	Y	Y
f	Y	Y	Y	Y	Y	—	—	—	—	—	—	—	—	—
g	—	—	—	Y	Y	—	—	—	—	—	—	—	—	—
h	—	—	—	Y	Y	—	—	—	—	—	—	—	—	—
i	Y	Y	Y	—	—	—	—	—	—	—	—	—	—	—
j	Y	—	—	Y	—	—	Y	—	—	Y	Y	—	Y	—

图 4.17　反映程序逻辑的判定表

4.4.4　设计性语言 PDL

PDL(program design language)是一种用于描述功能部件的算法设计和处理细节的语言,称为设计性语言。PDL 是一种伪码。一般地,伪码的语法规则分为“外语法”和“内语法”。外语法应当符合一般程序设计语言常用语句的语法规则;而内语法可以用英语中一些简单的句子、短语和通用的数学符号,来描述程序应执行的功能。

PDL 就是这样一种伪码。PDL 具有严格的关键字外语法,用于定义控制结构和数据结构,同时它表示实际操作和条件的内语法又是灵活自由的,可使用自然语言的词汇。下面举一个例子,来看 PDL 的使用。

```
PROCEDURE spellcheck IS                        ;查找错拼的单词
BEGIN
    split document into single words           ;把整个文档分离成单词
    lood up words in dictionary                ;在字典中查这些单词
    display words which are not in dictionary  ;显示字典中查不到的单词
    create a new dictionary                    ;造一新字典
END spellcheck
```

从上例可以看到,PDL 语言具有正文格式,很像一个高级语言。人们可以很方便地使用计算机完成 PDL 的书写和编辑工作。

PDL 作为一种用于描述程序逻辑设计的语言,具有以下特点[4]:

- 有固定的关键字外语法,提供全部结构化控制结构、数据说明和部件特征。属于外语法的关键字是有限的词汇集,它们能对 PDL 正文进行结构分割,使之变得易于理解。为了区别关键字,规定关键字一律大写,其他单词一律小写。

- 内语法使用自然语言来描述处理特性。内语法比较灵活,只要写清楚就可以,以利于人们把主要精力放在描述算法的逻辑上。

- 有数据说明机制,包括简单的(如标量和数组)与复杂的(如链表和层次结构)数据结构。

- 有子程序定义与调用机制,用以表达各种方式的接口说明。

使用 PDL 语言,可以做到逐步求精:从比较概括和抽象的 PDL 程序起,逐步写出更详细的更精确的描述。有些情况下可利用软件工具将 PDL 书写的设计规约自动转换成某种程序语言的源程序。

4.5 设计规约与设计评审

软件设计阶段的主要输出是设计规约。为了确保文档的质量,还必须对设计文档进行评审。本节将具体介绍设计规约的主要内容和设计评审的标准。

4.5.1 设计规约

我国国家标准局和 IEEE 都提出了软件设计规约(以及其他软件工程文档)的候选格式。表 4.1 给出其简化的大纲,作为软件设计规约的框架。每一个编号的段落描述了设计模型的一个侧面。在设计人员细化他们的软件设计时,就可以逐步完成各章节内容的编写。

表 4.1 软件设计规格说明的大纲

	A. 系统目标
1. 工作范围	B. 运行环境
	C. 主要软件需求
	D. 设计约束/限制
	A. 数据流与控制流复审
2. 体系结构设计	B. 导出的程序结构
	C. 功能与程序交叉索引
	A. 数据对象与形成的数据结构
3. 数据设计	B. 文件和数据库结构:i. 文件的逻辑结构;ii. 文件逻辑记录描述;iii. 访问方式
	C. 全局数据
	D. 文件/数据与程序交叉索引
	A. 人机界面规格说明
4. 接口设计	B. 人机界面设计规则
	C. 外部接口设计:i. 外部数据接口;ii. 外部系统或设备接口
	D. 内部接口设计规则

5. 各部件的过程设计	A. 处理与算法描述
	B. 接口描述
	C. 设计语言(或其他)描述
	D. 使用的部件
	E. 内部程序逻辑描述
	F. 注释/约束/限制
6. 运行设计	A. 运行部件组合
	B. 运行控制
	C. 运行时间
7. 出错处理设计	A. 出错处理信息
	B. 出错处理对策：i. 设置后备；ii. 性能降级；iii. 恢复和再启动
8. 安全保密设计	
9. 需求/设计交叉索引	
10. 测试部分	A. 测试方针
	B. 集成策略
	C. 特殊考虑
11. 特殊注解	
12. 附录	

4.5.2 设计评审

软件设计的最终目标是要取得最佳方案。"最佳"是指在所有候选方案中,就节省开发费用、降低资源消耗、缩短开发时间等条件,选择能够赢得较高的生产率、较高的可靠性和可维护性的方案。在整个设计的过程中,各个时期的设计结果需要经过一系列的设计质量评审,以便及时发现和及时解决在软件设计中出现的问题,防止把问题遗留到开发的后期阶段,造成后患。设计评审包括以下内容。

1. 可追溯性

分析该软件的系统结构、子系统结构,确认该软件设计是否覆盖了所有已确定的软件需求,软件每一成分是否可追溯到某一项需求。

2. 接口

分析软件各部分之间的联系,确认该软件的内部接口与外部接口是否已经明确定义。部件是否满足高内聚和低耦合的要求。部件作用范围是否在其控制范围之内。

3. 风险

确认该软件设计在现有技术条件下和预算范围内是否能按时实现。

4. 实用性

确认该软件设计对于需求的解决方案是否实用。

5. 技术清晰度

确认该软件设计是否以一种易于翻译成代码的形式表达。

6. 可维护性

从软件维护的角度出发,确认该软件设计是否考虑了方便未来的维护。

7. 质量

确认该软件设计是否表现出良好的质量特征。

8. 各种选择方案

看是否考虑过其他方案,比较各种选择方案的标准是什么。

9. 限制

评估对该软件的限制是否现实,是否与需求一致。

10. 其他具体问题

对于文档、可测试性、设计过程等进行评估。

评审分正式评审和非正式评审两种。正式评审除软件开发人员外,还邀请用户代表和领域专家参加,通常采用答辩形式。设计人员在对设计方案详细说明后,答复与会者的问题并记下各种重要的评审意见。非正式评审多少有些同行切磋的性质,不拘泥于时间和形式。

4.6　小　　结

软件需求分析解决"做什么"的问题,软件设计过程则解决"怎么做"的问题。本章首先介绍了软件设计的任务、目标及过程,然后重点介绍了软件设计原则,并分别介绍了软件体系结构设计、部件级设计技术以及设计规约与设计评审的相关内容。

习　　题

4.1　简述软件设计阶段的基本任务。

4.2　软件设计与软件质量的关系是怎么样的?

4.3 试为下面软件问题之一开发至少 5 层的抽象。

(1) 消费者银行应用软件。

(2) 计算机图形应用软件的三维变换包。

(3) BASIC 语言解释器。

(4) 两个自由的机器人控制器。

(5) 你和你的导师同意的任何问题。

随着抽象层次的降低,你的注意力会逐步集中,这样在最后的层次中(源代码)只需要描述单个任务。

4.4 简述模块、模块化及模块化设计的概念。

4.5 举例说明每种类型的模块耦合度和每种类型的模块内聚度。

4.6 耦合和软件可移植性的概念有何关系? 举例说明自己的结论。

4.7 用自己的话描述信息隐蔽概念,并讨论信息隐藏与模块独立两概念之间的关系。

4.8 什么是模块的独立性? 设计中为什么模块要独立? 如何度量独立性? 模块功能独立有何优点?

4.9 软件设计规约主要包括哪些内容? 自己寻找一个实例,亲自写一个设计规约。

第 **5** 章

结构化分析与设计

结构化分析与设计方法是一种面向数据流的传统软件开发方法,它以数据流为中心构建软件的分析模型和设计模型。结构化分析(structured analysis,SA)、结构化设计(structured design,SD)和结构化程序设计(structured programming,SP)构成了完整的结构化方法。

本章详细介绍结构化分析与设计方法,并通过实例介绍这种方法的实际应用。

5.1　结构化分析方法概述

20 世纪 60 年代末到 20 世纪 70 年代初,Yourdon 等人在"结构化设计"的研究中提出一种表示数据及对数据进行加工变换的图形符号,从而形成了结构化分析方法的雏形。1979 年 De Marco 在他的著作《结构化分析和系统规约》中引入并命名了创建信息流模型的图形符号,提出了使用这些符号的模型。以后,一些学者又陆续提出了结构化方法的一些变种。到 20 世纪 80 年代中期,Ward 和 Mellor 以及 Hatley 和 Pirbhai 对结构化方法进行了扩展,以适应于实时系统的分析[15]。

1. 抽象和分解

"抽象"和"分解"是处理任何复杂问题的两个基本手段。

抽象是指忽略一个问题中与当前目标无关的那些方面,以便更充分地关注与当前目标有关的方面。在求解一个复杂问题时,可以有许多抽象级别。例如,欲用计算机解决一个复杂的应用问题,开发人员首先将该应用问题抽象成一个计算机软件系统。在这个抽象层次上,可以忽略应用问题内部的复杂性,只关注整个软件系统与外界的联系,即软件系统的输入和输出。然后,将这个大而复杂的问题分解成若干个较小的问题(如子系统或功能),每个较小的问题又可分解成若干个更小的问题(如功能或子功能)。如此自顶向下一层一层地分解下去,直至每个最底层的问题都足够简单为止,如图 5.1 所示[16]。这样,一个复杂的问题也就迎刃而解了。

结构化方法就是采用这种自顶向下逐层分解的思想进行分析建模的,自顶向下逐层分解充分体现了分解和抽象的原则。随着分解层次的增加,抽象的级别也越来越低,即越接近问题的解。在图 5.1 中,自顶向下的过程是分解的过程,自底向上的过程是抽象的过程。

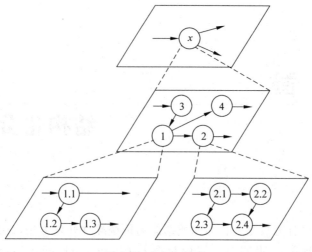

图 5.1 分解与抽象

2. 结构化分析的过程

结构化分析的过程可以分为如下 4 个步骤[16]：

① 理解当前的现实环境，获得当前系统的具体模型(物理模型)。

② 从当前系统的具体模型抽象出当前系统的逻辑模型。

③ 分析目标系统与当前系统逻辑上的差别，建立目标系统的逻辑模型。

④ 为目标系统的逻辑模型作补充。

3. 结构化分析模型的描述形式

结构化分析方法导出的分析模型采用图 5.2 所示的描述形式[15]。

图 5.2 结构化分析模型的结构

图 5.2 中，数据字典是模型的核心，包括对软件使用和产生的所有数据的描述。围绕数据字典有 3 种图以及相应的规约(specification)或描述。

数据流图用于软件系统的功能建模，描述系统的输入数据流如何经过一系列的加工，逐步变换成系统的输出数据流，这些对数据流的加工实际上反映了系统的某种功能或子功能。数据流图中的数据流、文件、数据项、加工都应在数据字典中描述。加工规约是对数据流图中的加工的说明，在结构化方法中用加工的"小说明"作为加工规约。

实体-关系图用于数据建模，描述数据字典中数据之间的关系。数据对象的属性用"数据对象描述"来描述，通常存放在数据字典中。

状态转换图用于行为建模，描述系统接收哪些外部事件，以及在外部事件的作用下系统的状态迁移(即从一个状态迁移到另一个状态)。控制规约用来描述软件控制方面的附加信息。

结构化分析方法的分析结果包括：一套分层的数据流图、一本数据字典(包括 E-R 图)、一组加工规约以及其他补充材料(如非功能性需求等)。

5.2 数 据 流 图

数据流图(data flow diagram,DFD)描述输入数据流到输出数据流的变换(即加工),用于对系统的功能建模。

5.2.1 数据流图的图形表示

本节介绍数据流图的基本图形元素及其扩充符号。

1. 数据流图的基本图形元素

数据流图中的基本图形元素包括：数据流、加工、文件、源或宿。其中,数据流、加工、文件用于构建软件系统内部的数据处理模型；源或宿表示存在于系统之外的对象,以帮助我们理解系统数据的来源和去向。DFD 的基本图形元素如图 5.3 所示。

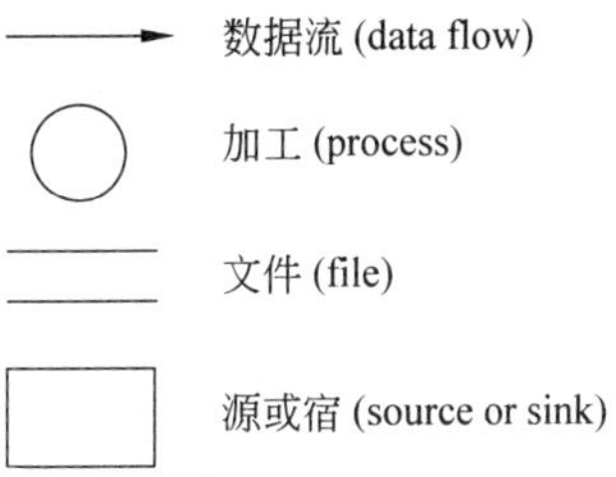

需要说明的是,DFD 图形元素还可以用其他描述符号来表示,如用圆角矩形表示加工,用开放箭头表示数据流。

（1）源或宿

源或宿通常是指存在于软件系统之外的人员或组织,表示软件系统输入数据的来源和输出数据的去向,因此也称为源点和终点。例如,对一个考务处理系统而言,考生向系统提供报名单(输入数据流),所以,考生是考务处理系统(软件)的一个源；而考务处理系统要将考试成绩的统计分析表(输出数据流)传递给考试中心,所以,考试中心是该系统的一个宿。

在许多系统中,某个源和某个宿可以是同一个人员或组织,此时,在 DFD 中可以用同一个符号表示。例如,考生向系统提供报名单(输入数据流),而系统向考生送出准考证(输出数据流),所以,在考务处理系统中,考生既是源又是宿。

源和宿用相同的图形符号表示。当数据流从该符号流出时,表示它是源；当数据流流向该符号时,表示它是宿；当两者皆有时,表示它既是源又是宿。

（2）加工

加工描述了输入数据流到输出数据流的变换,即将输入数据流加工成输出数据流。每个加工用一个定义明确的名字标识。一个加工可以有多个输入数据流和多个输出数据流,但至少有一个输入数据流和一个输出数据流。例如,考务处理系统中可以有统计成绩、编准考证号、审定合格者等加工。

（3）数据流

数据流由一组固定成分的数据组成。例如,运动会管理系统中,报名单(数据流)由队名、姓名、性别、参赛项目等数据组成。

在 DFD 中,数据流的流向可以有以下几种：从一个加工流向另一个加工,从加工流向文件(写文件),从文件流向加工(读文件),从源流向加工,从加工流向宿。

图 5.3 右侧图例：

→ 数据流 (data flow)

○ 加工 (process)

— 文件 (file)

▢ 源或宿 (source or sink)

图 5.3　DFD 的基本图形元素

DFD 中的每个数据流用一个定义明确的名字标识。然而,对于流向文件或从文件流出的数据流,由于它们代表了文件的一个记录,所以不必为它们命名。

值得注意的是,在 DFD 中描述的是数据流,而不是控制流。区分数据流和控制流的方法是看流中包含的信息是数据还是控制信号或控制条件。

（4）文件

文件用于存放数据。通常一个流入加工的数据流经过加工处理后就消失了,而它的某些数据(或全部数据)可能被加工成输出数据流,流向其他加工或宿。除此之外,在软件系统中还常常要把某些信息保存下来供以后使用,此时可使用文件。例如,考务处理系统中,报名时产生的考生名册要随着报名的过程不断补充,在统计成绩和制作考生通知书时还要使用考生名册的相关信息。因此,考生名册可作为文件存在,以保存相关的考生信息。

每个文件用一个定义明确的名字标识。可以有数据流流入文件,表示写文件;也可以有数据流从文件流出,表示读文件;也可以用双向箭头的数据流指向文件,表示对文件的修改。

这里要说明的是,DFD 中的文件在具体实现时可以用文件系统实现,也可以用数据库系统来实现。文件的存储介质可以是磁盘、磁带或其他存储介质。

图 5.4 给出一个简化的图书订购系统的数据流图。

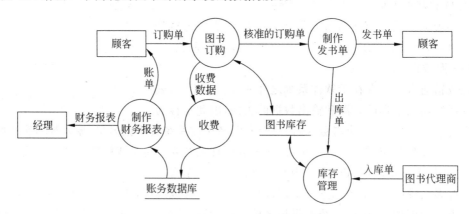

图 5.4　简化的图书订购系统的 DFD

2. 数据流图的扩充符号

在 DFD 中,一个加工可以有多个输入数据流和多个输出数据流,此时可以加上一些扩充符号来描述多个数据流之间的关系。

（1）星号（＊）

星号表示数据流之间存在"与"关系。如果是输入流则表示所有输入数据流全部到达后才能进行加工处理;如果是输出流则表示加工结束后将同时产生所有的输出数据流。

（2）加号（＋）

加号表示数据流之间存在"或"关系。如果是输入流则表示其中任何一个输入数据流到达后就能进行加工处理;如果是输出流则表示加工处理的结果至少产生其中一个输出数据流。

（3）异或（⊕）

异或号表示数据流之间存在"异或"（互斥）关系。如果是输入流则表示当且仅当其中一个输入流到达后才能进行加工处理；如果是输出流则表示加工处理的结果仅产生这些输出数据流中的一个。

3. 数据流图的层次结构

从原理上讲，只要有足够大的纸，一个软件系统的分析模型可以画在一张纸上。然而，一个复杂的软件系统可能涉及到几百个加工和几百个数据流，甚至更多。如果将它们画在一张图上，则会十分复杂，不易阅读，也不易理解。

George Miller 在著名的论文《神奇的数字 7 加减 2：我们处理信息的能力的某种限制》中指出："人们在一段时间内的短期记忆似乎限制在 5～9 件事情之内（除非此人学会使用联想记忆法的技巧）。"

根据自顶向下逐层分解的思想，可以将数据流图画成如图 5.1 所示的层次结构，每张图中的加工个数可大致控制在"7 加减 2"的范围中，从而构成一套分层数据流图。

（1）层次结构

分层数据流图的顶层只有一张图，其中只有一个加工，代表整个软件系统，该加工描述了软件系统与外界（源或宿）之间的数据流，称为顶层图。顶层图中的加工（即系统）经分解后的图称为 0 层图，也只有一张。处于分层数据流图最底层的图称为底层图，在底层图中，所有的加工不再进行分解。分层数据流图中的其他图称为中间层图，其中至少有一个加工（也可以是所有加工）被分解成一张子图。在整套分层数据流图中，凡是不再分解成子图的加工称为基本加工。

（2）图和加工的编号

在介绍图和加工的编号之前，先介绍父图和子图的概念。

如果某图（记为 A）中的某一个加工分解成一张子图（记为 B），则称 A 是 B 的父图，B 是 A 的子图。若父图中有 n 个加工，则它可以有 $0 \sim n$ 张子图，但每张子图只对应一张父图。

为了方便对图的管理和查找，可以采用下列方式对 DFD 中的图和加工编号：

* 顶层图只有一个加工（代表整个软件系统），该加工不必编号。
* 0 层图中的加工编号分别为 1、2、3…。
* 对于子图号，若父图中的加工号 x 分解成某一子图，则该子图号记为"图 x"。
* 对于子图中加工的编号，若父图中的加工号为 x 的加工分解成某一子图，则该子图中的加工编号分别为 $x.1$、$x.2$、$x.3$…。

例如，加工 2.3.4 的子图号为"图 2.3.4"，图 2.3.4 中的加工号分别为 2.3.4.1、2.3.4.2、2.3.4.3…。对于层次较多的 DFD，其较底层的加工号会很长，因此，在图中，可先标上图号，其中的加工号可简写为.1、.2、.3…。

这种编号方式可方便地根据图号将分层数据流图整理成册，并可方便地根据加工号查到相关的子图，也可方便地从子图找到其对应的父图。

5.2.2 分层数据流图的画法

本节以1991年度软件专业技术资格和水平考试(简称为资格和水平考试)高级程序员级(下午考试)试题3为例,介绍分层数据流图的画法。该试题的背景是资格和水平考试的考务处理系统(已作简化),该考试的目的是认定考生具备的软件技术资格和水平,分成多个级别,如初级程序员、程序员、高级程序员、系统分析员等,凡满足一定条件的考生都可参加某一级别的考试。由于每年的试题难度很难保持完全的一致,因此考试的合格标准将根据每年的考试成绩由考试中心确定。考试的阅卷由阅卷站进行,因此,阅卷工作不包含在该软件系统中。

该考务处理系统的功能需求(工作过程)说明如下:

* 对考生提交的报名单进行检查。
* 对合格的报名单编好准考证号后将准考证送给考生,并将汇总后的考生名单送给阅卷站。
* 对阅卷站送来的成绩清单进行检查,并根据考试中心制定的合格标准审定合格者。
* 制作考生通知单并发放给考生。
* 进行成绩分类统计(按地区、文化程度、职业、考试级别等分类)和试题难度分析,产生统计分析表。

部分数据流的组成如下所示:

报名单＝地区＋序号＋姓名＋文化程度＋职业＋考试级别＋通信地址

正式报名单＝准考证号＋报名单

准考证＝地区＋序号＋姓名＋准考证号＋考试级别＋考场

考生名单＝{准考证号＋考试级别}　　(其中{w}表示w重复多次)

考生名册＝正式报名单

统计分析表＝分类统计表＋难度分析表

考生通知单＝准考证号＋姓名＋通信地址＋考试级别＋考试成绩＋合格标志

下面介绍画分层数据流图的步骤。

1. 画出系统的输入和输出

系统的输入和输出用顶层图来描述,即描述系统从外部的哪些源接收哪些输入数据流,以及系统的哪些输出数据流送往外部的哪些宿。

(1)确定源或宿

分析系统的功能说明,系统外部的人或组织有考生、阅卷站和考试中心,他们都向系统提供信息(数据流)并接收系统输出的信息(数据流),因此,他们都既是源又是宿。

(2)确定加工

顶层图只有一个加工,即软件系统,根据本例的实际含义可取名为考务处理系统。

(3)确定数据流

顶层图中的数据流就是系统的输入输出信息。分析系统的功能说明,可以确定以下输入数据流和输出数据流。

输入数据流:报名单(来自考生)、成绩清单(来自阅卷站)、合格标准(来自考试中心)。

输出数据流：准考证(送往考生)、考生名单(送往阅卷站)、考生通知书(送往考生)、统计分析表(送往考试中心)。

有经验的软件工程师还会想到,软件系统应该对输入数据进行合法性检查,以提高系统的健壮性,避免错误数据对系统造成不良的后果。例如,报名单填写得不完整,成绩清单中各小题得分超出该题得分范围等。因此系统还应增加两个输出数据流:不合格报名单(返回给考生),错误成绩清单(返回给阅卷站)。由于合格标准比较简单,这里就不返回错误的合格标准了(必要时可要求重新输入)。

这两个新增加的输出数据流都是考虑提高系统健壮性而加入的,在画顶层图时可以先不考虑,等到画 0 层图时可以发现需要添加这些属于系统的数据流,此时,再回过头来将其添加到顶层图中。

(4) 顶层图通常没有文件

根据以上分析,可画出该系统的顶层图,如图 5.5 所示。

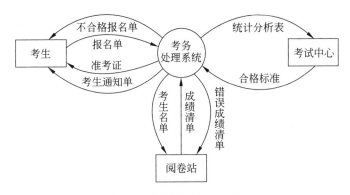

图 5.5 考务处理系统顶层图

2. 画出系统内部

将顶层图中的加工(即系统)分解成若干个子加工,并用一些新定义的数据流进行连接,使得系统的输入数据流(即顶层图的输入数据流)经过一连串的加工处理后,变换成系统的输出数据流(即顶层图的输出数据流)。这个图即为 0 层图。

下面介绍确定加工、数据流、文件、源或宿的一般方法,该方法可适用于绘制 0 层图和所有其他子图。

(1) 确定加工

这里讲的加工是指父图中某加工分解而成的子加工。通常,可以用下列两种方法来确定加工。

① 根据功能分解来确定加工

一个加工实际上反映了系统的一种功能,根据功能分解的原理,可以将一个复杂的功能分解成若干个较小的功能,每个较小的功能就是分解后的子加工。这种方法较多应用于高层 DFD 中加工的分解。

② 根据业务处理流程确定加工

分析父图中即将分解的加工的业务处理流程,业务流程中的每一步都可能是一个子加工。特别要注意在业务流程中数据流发生变化或数据流的值发生变化的地方,应该存在一个加工,该加工将原数据流(作为该加工的输入数据流)加工处理成变化后的数据流(作为该加工的输出数据流)。例如,考务处理系统中,考生提交的报名单在核准后,系统应给考生一个准考证号,并将其添加到报名单中(称为正式报名单),以使准考证号与相应的考生关联。此时在核准的报名单(合格报名单)与正式报名单之间就存在一个加工,该加工的功能是编准考证号,如图 5.6 所示。这种方法较多应用于低层 DFD 中加工的分解,它能描述父加工中输入数据流到输出数据流之间的加工细节。

(2) 确定数据流

当用户把若干数据作为一个单位来处理(即一起到达,一起加工)时,则把这些数据看作一个数据流[16]。通常,实际工作环境中的表单就是一种数据流,如报名单、日报表等。

在父图中某加工分解而成的子图中,父图中相应加工的输入输出数据流就是子图边界上的输入输出数据流。另外,在分解后的子加工之间应增添一些新的数据流,这些数据流是加工过程中的中间数据(对某子加工输入数据流的改变),它们与所有子加工一起完成了父图中相应加工的输入数据流到输出数据流的变换。如果某些中间数据需要保存,以备以后使用,那么可以表示为流向文件的数据流。

同一个源或加工可以有多个数据流流向另一个加工,如果它们不是一起到达和一起加工的,那么可以将它们分成多个数据流。例如,在银行自动取款机(ATM)上取钱,客户(源)向"读取银行卡信息"(加工)提供的信息有:与银行卡相关的数据(如卡号等,通过划卡获取)和密码(通过人工录入)。由于它们不是同时到达和同时加工的,所以应看作两个数据流,如图 5.7 所示。

图 5.6 根据数据流的变化确定加工

图 5.7 多数据流

同样,同一个加工也可以有多个数据流流向另一个加工或宿。

(3) 确定文件

在父图中某加工分解而成的子图中,如果父图中该加工存在流向文件的数据流(写文件),或者存在从文件流向该加工的数据流(读文件),则这种文件和相关的数据流都应画在子图中。

在分解的子图中,如果需要保存某些中间数据,以备以后使用,那么可以将这些数据组成一个新的文件。在自顶向下画分层数据流图时,新文件(首次出现的文件)至少应有一个加工为其写入记录(即从该加工流向文件的数据流),同时至少存在另一个加工读取该文件的记录(即从文件流向加工的数据流)。

注意,对于从父图中继承下来的文件,在子图中可能只对其读记录,或只对其写记录。

(4) 确定源和宿

通常在 0 层图和其他子图中不必画出源和宿。有时为了提高可读性,可以将顶层图中的源和宿画在 0 层图中。

当同一个外部实体(人或组织)既是系统的源,又是系统的宿时,可以用同一个图形符号来表示。为了画图的方便,避免图中线的交叉,同一个源或宿也可以重复画在 DFD 的不同位置,以增加可读性,但他们仍代表同一个实体,如图 5.4 中的"顾客"。

在考务处理系统的 0 层图中,采用功能分解方法来确定加工。分析系统的需求说明,可知系统的功能主要分为考试报名及统计成绩两大部分。其中报名工作在考试前进行,统计成绩工作在考试后进行。

为此,定义两个加工:"考试报名"和"统计成绩"。0 层图中的数据流,除了继承了顶层图中的输入数据流和输出数据流外,还应定义这两个加工之间的数据流。由于这两个加工分别在考试前后进行,并不存在直接关系,因此"考试报名"所产生的结果"考生名册"应作为文件保存,以便考试后由"统计成绩"读取。于是,该考务系统的 0 层图如图 5.8 所示。

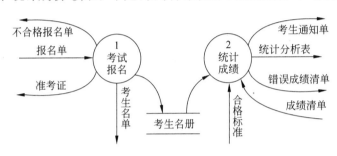

图 5.8　考务处理系统 0 层图

3. 画出加工内部

当 DFD 中存在某个比较复杂的加工时,可以将它分解成一张 DFD 子图。分解的方法是:将该加工看作一个小系统,该加工的输入输出数据流就是这个假设的小系统的输入输出数据流,然后采用画 0 层图的方法,画出该加工的子图。

下面介绍考务处理系统 0 层图中加工 1 的分解。这里根据业务处理流程来确定由加工 1 分解而成的子加工。分析考务处理系统功能需求说明和 0 层图,其中与加工 1(考试报名)相关的业务流程是:首先检查考生送来的报名单,然后编准考证号,并产生准考证,最后产生考生名单和考生名册(文件)。因此,可以将加工 1 分解成 3 个子加工:检查报名单,编准考证号,登记考生。

"检查报名单"加工的功能是,接收考生提交的"报名单",当检查未通过时产生"不合格报名单";如通过检查,则产生"合格报名单"。"编准考证号"加工的功能是,为具有合格报名单的考生编准考证号,将"准考证"发送给考生,并将准考证号添加到合格报名单中,形成"正式报名单"。"登记考生"加工的功能是,根据正式报名单制作"考生名册"文件和"考生名单"。其中"合格报名单"和"正式报名单"是新增加的内部数据流,其他数据流都是加工 1 原来就有的。

在加工 1 的分解中没有新的文件产生。

根据上述分析,可以画出加工 1 分解而成的子图,如图 5.9 所示。

图 5.9 中,虽然"报名单"、"合格报名单"和"不合格报名单"的数据组成是相同的,但它们的性质不同,所以用 3 个不同的名字。"正式报名单"是对"合格报名单"的修改(添加了"准考证号"),所以这两个数据流之间必定有一个加工(即"编准考证号")。

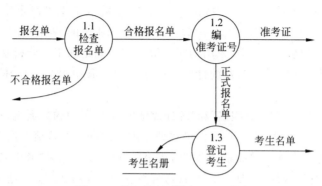

图 5.9　考务处理系统加工 1 子图

可以用同样的方法画出加工 2 分解的 DFD 子图，如图 5.10 所示。由于加工"分类统计成绩"和"分析试题难度"是在整个考试工作后期做的，所以，要将"正确成绩清单"保存为"试题得分清单"文件。

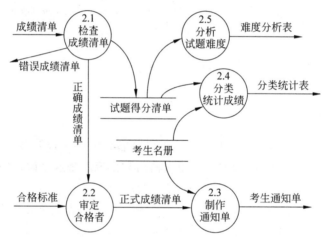

图 5.10　考务处理系统加工 2 子图

4. 重复第 3 步，直至每个尚未分解的加工都足够简单

这里假定图 5.9 和图 5.10 中的每个加工都已足够简单（即不必再分解），该考务处理系统的分层 DFD 的绘制工作结束。

5.3　分层数据流图的审查

在结构化分析过程中，构造分层 DFD 与建立数据字典的工作常常是交替进行的。在后面的介绍中可以看到组成数据流的数据不同会导致 DFD 的不同。因此，在画 DFD 时，应该同时给出每个数据流和文件的组成。有关数据流和文件组成的描述见 5.4 节。

分层数据流图画好后，应该认真检查图中是否存在错误，或不合理（不理想）的部分。本节从分层 DFD 的一致性和完整性、构造分层 DFD 时需注意的问题以及分解程度等几个方面，来说明如何审查分层 DFD 的合理性。

5.3.1 分层数据流图的一致性和完整性

分层 DFD 的一致性是指分层 DFD 中不存在矛盾和冲突。这里讲的完整性是指分层 DFD 本身的完整性，即是否有遗漏的数据流、加工等元素。所以，分层 DFD 的一致性和完整性实际上反映了图本身的正确性。

值得注意的是图本身的正确性并不意味着分析模型的正确性。分析模型的正确性要根据模型是否满足用户的需求来判断。

1. 分层数据流图的一致性

有关分层 DFD 一致性的检查主要包括以下几个方面。

（1）父图与子图平衡

父图与子图平衡是指任何一张 DFD 子图边界上的输入输出数据流必须与其父图中对应加工的输入输出数据流保持一致。

由于一张子图是被分解的加工的一种细化，所以，这张子图应该保证可以画到父图中替代被分解的加工。因此保持父图与子图平衡是理所当然的。

例如，图 5.11 所示的父图与子图是不平衡的[16]。

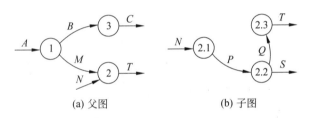

| (a) 父图 | (b) 子图 |

图 5.11　父图与子图不平衡的实例

图 5.11(b)是父图加工 2 的子图，加工 2 的输入数据流有 M 和 N，输出数据流是 T。而子图边界上的输入数据流是 N，输出数据流是 S 和 T。很显然它们是不一致的。

值得注意的是，如果父图某加工的一个数据流，对应于子图中几个数据流，而子图中组成这些数据流的数据项全体正好等于父图中的这个数据流，那么它们仍算是平衡的。图 5.12 是图 5.8 和图 5.10 的简化表示（图中只标出相关的数据流），图 5.12(b)是父图加工 2 的子图。在这对父图与子图之间，除了父图加工 2 的输出数据流"b：统计分析表"以及子图的输出数据流"b1：分类统计表"和"b2：难度分析表"外，其他输入输出数据流都是一致的。由于考务系统功能需求说明指出：统计分析表＝分类统计表＋难度分析表，即"统计分析表"由"分类统计表"和"难度分析表"组成，所以这对父图与子图仍是平衡的。这种现象实际上反映了数据流的分解，这样可以简化父图中的数据流表示。

保持父图与子图平衡是画数据流图的重要原则。自顶向下逐层分解是降低问题复杂性的有效途径。然而，如果只分别关注单张图的合理性，忽略父图与子图之间的关系，就很容易造成父图与子图不平衡的错误。

（2）数据守恒

数据守恒包括以下两种情况：

第一种情况是指一个加工所有输出数据流中的数据，必须能从该加工的输入数据流中

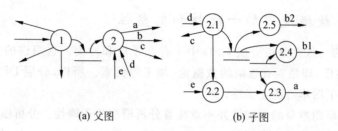

(a) 父图 (b) 子图

其中,a:考生通知单;b:统计分析表;b1:分类统计表;b2:难度分析表;
c:错误成绩清单;d:成绩清单;e:合格标准

图 5.12 父图与子图平衡的实例

直接获得,或者能通过该加工的处理而产生。

例如,图 5.10 中加工 2.3 根据"正式成绩清单"和"考生名册"产生"考生通知单"。那么,只根据"正式成绩清单"能否产生"考生通知单"(如图 5.13 所示)呢?

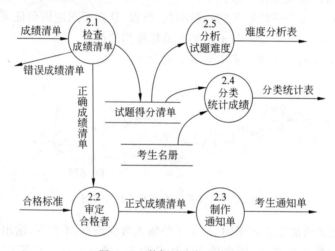

图 5.13 数据不守恒的实例

这时,就要根据数据字典,分析相关的数据流是否满足数据守恒的原则。如果"正式成绩清单"和"考生通知单"的数据组成如下:

正式成绩清单 = 准考证号 + 考试级别 + 考试成绩 + 合格标志

考生通知单 = 准考证号 + 姓名 + 通信地址 + 考试级别 + 考试成绩 + 合格标志

由于"正式成绩清单"中缺少"考生通知单"中的姓名、通信地址等数据,这些数据也无法由加工 2.3 自己产生,因此,图 5.13 的加工 2.3 不满足数据守恒的条件。而"考生名册"中包含了"报名单"的所有信息,因此,要产生"考生通知单",加工 2.3 必须读"考生名册"文件,如图 5.10 所示。

那么是否可以在"正式成绩清单"中增加姓名和通信地址等数据呢?这当然是可以的。但是如何使"正式成绩清单"包含这些数据呢?向前可追溯到:阅卷站根据"考生名单"和"考生成绩"产生"成绩清单",再经过加工 2.1,2.2,形成"正式成绩清单"。因此,为了使正式成绩清单中包含姓名和通信地址,上述一系列的数据流中都必须包含这些数据,而这些数据对阅卷工作是无任何意义的,只会造成存储空间的浪费。

这个例子说明了数据流的组成对 DFD 是有影响的,如果不分析数据流的组成,是难以发现图 5.13 的错误的。同时,也说明构建 DFD 与建立数据字典应交替进行,以便于对分层 DFD 的校验。

第二种情况是加工未使用其输入数据流中的某些数据项。这表明这些未用到的数据项是多余的,可以从输入数据流中删去。当然这不一定就是一种错误,只表示存在一些无用的数据。这在使用以表单形式出现的输入数据流或者使用一个文件记录时常会遇到这种情况。然而,这种无用的数据常常隐含着一些潜在的错误,如加工的功能描述不完整,遗漏或不完整的输出数据流等。因此在检查数据守恒时,不应忽视对这种情况的检查。

(3) 局部文件

这里讨论分层数据流图中一个文件应画在哪些 DFD 中,而不该画在哪些 DFD 中。图 5.14 是图 5.8 和图 5.10 的另一种简化表示(只注明相关的文件)。其中图 5.14(b)是图 5.14(a)加工 2 的子图。为何在父图中未画出文件"试题得分清单"呢(如图 5.14(c))?这是因为"试题得分清单"文件对加工 2 来说是它的一个局部文件,即只与加工 2 的内部逻辑相关。根据抽象的原则,不应该将这类表示加工细节的局部文件画在其父图中。

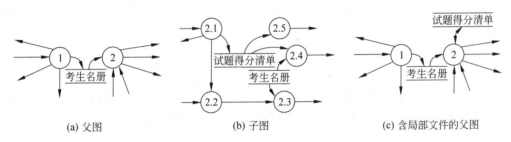

(a) 父图   (b) 子图   (c) 含局部文件的父图

图 5.14   局部文件

在一套完整的分层 DFD 中,任何一个文件都应有写该文件的数据流,又有读该文件的数据流,否则这个文件就没有存在的必要。除非这个文件的建立是为另一个软件系统使用的,或者这个文件是由另一个软件系统产生和维护的。对于这种由其他软件系统产生或使用文件的情况,应在需求说明中加以特别说明。

在自顶向下逐层分解加工的过程中,如果某个加工需要保存一些数据(写文件),同时在该加工的同一张 DFD 上,至少存在另一个加工需要读此文件,那么,该文件应在这张 DFD 上画出。也就是在一张 DFD 中,当一个文件作为多个加工之间的交界面(一个加工写文件,另一个加工读文件)时,该文件应画出。如果在一张 DFD 中,一个文件仅与一个加工进行读写操作,并且在该 DFD 的父(祖先)图中未出现过该文件,如图 5.14(c)中的"试题得分清单",那么该文件只是相应加工的内部文件,在这张 DFD 中不应画出。

然而值得注意的是,一个文件一旦在某张 DFD 中画出,那么在它的子孙图中应根据父图与子图平衡的原则,画出该文件。尽管在子孙图中,这个文件可能仅与一个加工相关,或者只有读文件没有写文件,或者只有写文件没有读文件,这个文件仍应画出,以保持父图与子图的平衡。

(4) 一个加工的输出数据流不能与该加工的输入数据流同名

同一个加工的输出数据流和输入数据流,即使它们的组成成分相同,仍应对它们取不同的名字,以表示它们是不同的数据流。例如,"报名单"和"合格报名单"。但是允许一个加工有两个相同的数据流分别流向两个不同的加工。

2. 分层数据流图的完整性

有关分层DFD完整性的检查主要包括以下4个方面:

① 每个加工至少有一个输入数据流和一个输出数据流。

一个没有输入数据流或者没有输出数据流的加工通常是没有意义的。出现这种情况时,常常意味着可能遗漏了某些输入数据流或输出数据流。

② 在整套分层数据流图中,每个文件应至少有一个加工读该文件,有另一个加工写该文件。

如果一个文件只写不读,那么建立这个文件通常是没有意义的,除非建立这个文件的目的是被另一个软件系统使用的。例如,图书采购系统中的"书库"文件就可能是只写不读的。如果一个文件只读不写,那么这个文件的数据从何而来呢?除非这个文件是由另一个软件系统建立的,当前系统只是使用它。例如,图书借书系统中的"书库"文件就可能是只读不写的。

注意,上述对文件的只写不读或只读不写的讨论是对一个系统整套DFD而言的,对某一张DFD来说,可以只写不读或只读不写。

③ 分层数据流图中的每个数据流和文件都必须命名(除了流入或流出文件的数据流),并保持与数据字典一致。

分层DFD与数据字典一致是指:分层DFD中的数据流和文件与数据字典中的数据流条目和文件条目存在一一对应关系。如果遗漏了某个数据流或文件的命名,那么在数据字典中也常常遗漏相应的条目。

值得注意的是,当修改分层数据流图时,应同步更新数据字典,以保持两者的一致性。使用相关的软件工具将有助于保持分层DFD与数据字典的一致性。

④ 分层DFD中的每个基本加工(即不再分解子图的加工)都应有一个加工规约。

加工规约,也称加工小说明,用来描述加工的功能及其处理流程(或称加工逻辑),以帮助理解DFD所完成的功能,详见5.5节。

5.3.2 构造分层DFD时需要注意的问题

在构造分层DFD时,除了要确保分层DFD的一致性和完整性外,还有以下值得注意的问题。

1. 适当命名

DFD中的每个数据流、加工、文件、源和宿都应被适当地命名,名字应符合被命名对象的实际含义。通常,数据流名可用名词或形容词加名词来描述,实际业务中的表单名称往往是比较好的数据流名,如"取款单"、"合格的报名单"等。加工名可以用动词或及物动词加宾语来描述,如"计算工资"、"统计成绩"等。文件名可用名词来描述,如"学生名册"。源或宿可以用实际的人员身份(或角色)或组织的名称来命名,如"学生"、"教师"、"培训中心"等。

命名时应注意以下问题[16]:

① 名字应反映整个对象(如数据流、加工),而不是仅反映它的某一部分。

② 避免使用空洞的、含义不清的名字,如"数据"、"信息"、"处理"、"统计"等。

③ 如果发现某个数据流或加工难以命名时,往往是 DFD 分解不当的征兆,此时应考虑重新分解。

2. 画数据流而不是画控制流

数据流图强调的是数据流,而不是控制流。在 DFD 中一般不能明显地看出其执行的顺序。为了区分数据流和控制流,可以简单地回答下列问题:"这条线上是否有数据流过"?如果有,则表示是数据流;如果没有,则表示是控制流[16]。

3. 避免一个加工有过多的数据流

当一个加工存在许多数据流时,意味着这个加工特别复杂,这往往是分解不合理的一种表现。解决的办法是重新分解,其步骤如下[16]:

① 把需要重新分解的某张图(含有该复杂加工的图)的所有子图连接成一张图。

② 把连接后的图重新划分成几个部分,使各部分之间的联系最小。

③ 重新定义父图,即第②步中的每个部分作为父图中的一个加工。

④ 重新建立各子图,即第②步中的每个部分都是一张子图。

⑤ 为所有的加工重新命名并编号。

例如,图 5.15(a)的加工 2 有 9 条数据流,图 5.15(b)是它的子图。图 5.15(c)是它们合并后的图,图中的虚线框指出了对连接后的图的重新划分,图 5.15(d)是重新划分后的父图[8]。

4. 分解尽可能均匀

理想的分解是将一个问题(加工)分解成大小均匀的若干个子问题(子加工)。也就是说,对于任何一张 DFD,其中的任何两个加工的分解层数之差不超过 1。但是这点是很难做到的。如果在同一张图中,某些加工已是基本加工(即不再分解成子图),而另一些加工仍需分解若干层,那么,这张图就是分解不均匀的[16]。

虽然理想的分解难以实现,但应尽可能使分解均匀。对于分解不均匀的情况,应重新分解。

5. 先考虑稳定状态,忽略琐碎的枝节

在构建 DFD 时,应集中精力先考虑稳定状态下的各种问题,暂时不考虑系统如何启动、如何结束、出错处理以及性能等问题,这些问题可以在分析阶段的后期,在需求规约中加以说明。

6. 随时准备重画

对于一个复杂的软件系统,其分层 DFD 很难一次开发成功。往往要经过反复多次的重画和修改,才能构造出完整、合理、满足用户需求的分层 DFD。应该清楚地认识到,分析阶段遗漏下来的一个错误,到开发后期要花费几十到几百倍的代价来纠正。因此在分析阶段为了获得正确清楚的需求模型,重画几张图是值得的。

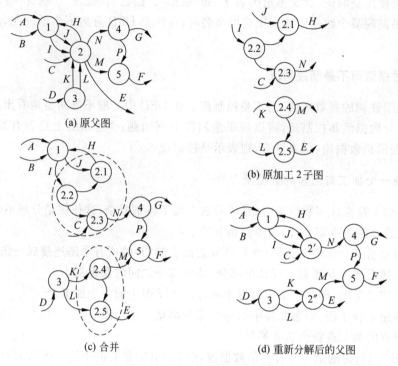

图 5.15 数据流图的重新分解

5.3.3 分解的程度

在自顶向下画数据流图时,为了便于对分解层数的把握,可以参照以下几条与分解有关的原则[16]:

- 7 加减 2。
- 分解应自然,概念上合理、清晰。
- 只要不影响 DFD 的易理解性,可适当增加子加工数量,以减少层数。
- 一般说来,上层分解得快些(即多分解几个加工),下层分解得慢些(即少分解几个加工)。
- 分解要均匀。

5.4 数 据 字 典

从前面的描述中可以看到数据流图与数据字典是密不可分的,两者结合起来构成软件的逻辑模型(分析模型)。

5.4.1 字典条目的种类及描述符号

数据字典由字典条目组成,每个条目描述 DFD 中的一个元素。

1. 字典条目的种类

字典条目可分成如下 5 类：数据流、文件、数据项（组成数据流和文件的数据）、加工、源或宿。其中，有关加工逻辑的详细说明可以用"小说明"来描述（见 5.5 节）。数据字典可以按上述的种类进行分类组织。

2. 数据字典使用的描述符号

为了方便描述数据流的组成和文件的组成，定义下列描述符号，如表 5.1 所示。

表 5.1 数据字典使用的描述符号

符 号	名 称	举 例
$=$	定义为	$x=\cdots$ 表示 x 由$\cdots$组成
$+$	与	$a+b$ 表示 a 和 b
$[\cdots,\cdots]$	或	$[a,b]$ 表示 a 或 b
$[\cdots \mid \cdots]$	或	$[a \mid b]$ 表示 a 或 b
$\{\cdots\}$	重复	$\{a\}$ 表示 a 重复 0 或多次
$\{\cdots\}_m^n$	重复	$\{a\}_3^8$ 表示 a 重复 3 到 8 次
$(\cdots)$	可选	(a) 表示 a 重复 0 或 1 次
"$\cdots$"	基本数据元素	"a" 表示 a 是基本数据

5.4.2 字典条目

DFD 中的每个元素（数据流、文件、加工、源或宿等）都对应于一个数据字典条目的描述，不同种类的条目有不同的描述内容。对于同一种类的条目，不同的开发组织或团队也可以根据项目的需要定义不同的描述内容。字典条目中的描述内容主要包括：DFD 元素的基本信息（名称、别名、简述、注解）、定义（数据类型、数据组成）、使用特点（取值范围、使用频率、激发条件）、控制信息（来源、去向、访问权限）等[8]。

本书在下面给出一组详细的描述内容，这组描述中包含了 DFD 中各元素的各种信息，包括与 DFD 相关的信息。这里要强调的是，并不要求每个开发者的字典条目都采用全部描述内容，开发组织或团队可根据项目的需要对这些内容进行筛选或补充。本书给出的描述内容中包含了与 DFD 相关的一些信息，这些信息实际上对字典本身来讲可能是多余的（因为在 DFD 中已存在这些信息），也不能要求由开发者来填写这些多余信息。事实上，在支持结构化分析方法的软件工具中，可以在辅助绘制 DFD 的过程中自动产生这些与 DFD 相关的信息。使用软件工具可以方便地维持 DFD 与数据字典的一致性，同时，利用这些信息还能自动实现 DFD 的一致性和完整性检查。

在下面条目描述中，用下划线指出该条目必须描述的内容，其他内容供开发者选用。

字典条目的填写可以分几次完成。例如，在画 DFD 时填写名称、数据组成，在数据建模时填写数据量、数据类型、文件组织等信息。

另外需要说明的是，下面给出的字典条目描述形式是数据字典的组织方式，在书写时可以采用开发者习惯的简化方式。

1. 数据流条目

数据流条目的描述内容如下。

- 名称：数据流名(可以是中文名或英文名)。
- 别名：名称的另一个名字。
- 简述：对数据流的简单说明。
- <u>数据流组成</u>：描述数据流由哪些数据项组成。
- 数据流来源：描述数据流从哪个加工或源流出。
- 数据流去向：描述数据流流入哪个加工或宿。
- 数据量：系统中该数据流的总量,如考务处理系统中"报名单"的总量是 100 000 张; 或者单位时间处理的数据流数量,如 80 000 张/天。
- 峰值：某时段处理的最大数量,如每天上午 9:00～11:00 处理 60 000 张表单。
- 注解：对该数据流的其他补充说明。

其中,

① 别名给出描述对象的另一个名字。通常人们不希望对同一个实体赋予两个不同的名字,这容易引起混淆。但实际开发中,别名也经常出现。例如,当名称用中文表示时,常常将其对应的英文名作为别名;当名称用英文表示时,常常用英文缩写作为别名。还有一种情况,在旧系统的改造过程中,对某个实体名称重新命名,这时旧系统的名称就是新系统中名符其实的别名。对这种情况在必要时可以在数据字典中增加一个"别名条目"。

② 数据流的来源和去向描述了该数据流从哪个加工或源流向哪个加工或宿。

③ 峰值是一个与性能相关的信息,例如,对一个每天处理 80 000 张表单的软件来说,并不意味着每小时处理 10 000 张(以一天工作 8 小时计),可能在每天上午 9:00～11:00 要处理 60 000 张,在这个时间段里平均每小时要处理 30 000 张。因此该软件应以 30 000 张/小时的处理速度设计系统。

④ 数据流组成是数据流条目的核心,它列出组成该数据流的各数据项。现实生活中的数据流是多种多样的,可以用表 5.1 给出的描述符号来描述数据流的组成。例如：

$$培训报名单＝姓名＋单位＋课程$$

表示数据流"培训报名单"由姓名、单位、课程等数据项组成。

$$运动员报名单＝队名＋姓名＋性别＋\{参赛项目\}_1^3$$

表示数据流"运动员报名单"由队名、姓名、性别以及 1 至 3 个参赛项目组成。

当一个数据流的组成比较复杂时,可以将其分解成几个数据流。例如：

$$课程＝课程名＋任课教师＋教材＋时间地点$$
$$时间地点＝\{星期几＋第几节＋教室\}$$

如果数据流 A 的组成成分包含了数据流 B 的所有数据项,可以在数据流 A 的组成中用数据流 B 代替这些数据项,以简化 A 的书写。例如：

$$合格报名单＝姓名＋性别＋年龄＋文化程度＋职业＋考试级别＋通信地址$$
$$正式报名单＝准考证号＋合格报名单$$

图 5.16 给出一张发票的示意图,其中,营业员可有可无,一张发票中最多描述 5 件商品的购买记录。数据流"发票"的简化描述如下：

发票＝单位名称＋{商品名＋数量＋单价＋金额}$_1^5$＋总金额＋日期＋(营业员)

单位名称			
商品名	数量	单价	金额
总金额			
日期		营业员	

图 5.16　发票示意图

2. 文件条目

文件条目的描述内容如下。

- 名称：文件名。
- 别名：同数据流条目。
- 简述：对文件的简单说明。
- 文件组成：描述文件的记录由哪些数据项组成。
- 写文件的加工：描述哪些加工写文件。
- 读文件的加工：描述哪些加工读文件。
- 文件组织：描述文件的存储方式(顺序、索引)，排序的关键字。
- 使用权限：描述各类用户对文件读、写、修改的使用权限。
- 数据量：文件的最大记录个数。
- 存取频率：描述对该文件的读写频率。
- 注解：对该文件的其他补充说明。

其中，文件组成的描述与数据流条目相同。

例如，文件名：试题得分清单

　　　　　文件组成：准考证号＋考试级别

　　　　　　　　　　＋{试题号＋{小分序号＋小分}$_1^5$＋试题分}$_1^8$＋总分

文件组织：顺序文件，按第一关键字总分降序，第二关键字准考证号升序排序。

注解：每道试题的"小分"之和等于"试题分"，"试题分"之和等于"总分"。

3. 数据项条目

数据项条目的描述内容如下。

- 名称：数据项名。

- 别名：同数据流条目。
- 简述：对数据项的简单描述。
- 数据类型：描述数据项的类型，如整型、实型、字符串等。
- 计量单位：指明数据项值的计量单位，如公斤、吨等。
- 取值范围：描述数据项允许的值域，如 1..100。
- 编辑方式：描述该数据项外部表示的编辑方式，如 23,345.67。
- 与其他数据项的关系：描述该数据项与数据字典中其他数据项的关系。
- 注解：对数据项的其他补充说明。

其中，"与其他数据项的关系"可用于对数据的校验，例如，"发票"中的数据(数量、单价、金额)必须满足下列条件：数量×单价＝金额。数据项条目可以采用开发者熟悉的或约定的简写形式。例如：

$$账号＝00000..99999$$

表示"账号"数据由 5 位无符号整数组成，其取值范围是 00000..99999。

$$颜色＝\{红|黄|绿\}$$

表示"颜色"数据的值只能是红或黄或绿。

4. 加工条目

加工条目的描述内容如下。

- 名称：加工名。
- 别名：同数据流条目。
- 加工号：加工在 DFD 中的编号。
- 简述：对加工功能的简要说明。
- 输入数据流：描述加工的输入数据流，包括读哪些文件。
- 输出数据流：描述加工的输出数据流，包括写哪些文件。
- 加工逻辑：简要描述加工逻辑，或者对加工规约的索引。
- 异常处理：描述加工处理过程中可能出现的异常情况，及其处理方式。
- 加工激发条件：描述执行加工的条件，如"身份认证正确"、"收到报名单"。
- 执行频率：描述加工的执行频率，如每月执行一次、每天 0 点执行。
- 注解：对加工的其他补充说明。

其中，加工逻辑是加工描述的核心。加工分为基本加工(无 DFD 子图的加工)和非基本加工(有 DFD 子图的加工)，基本加工的加工逻辑用小说明描述(见 5.5 节)，在加工条目中可填写对加工规约的索引。非基本加工分解而成的 DFD 子图已反映了它的加工逻辑，不必书写小说明，可在加工条目中对加工逻辑作简要介绍。

5. 源或宿条目

由于源或宿表示系统外的人员或组织，当采用人员或组织的名称作为源或宿的名字时，源和宿的含义已经比较清楚了，因此，开发人员常常不将源或宿条目放在数据字典中。考虑到字典的完整性，以及便于对 DFD 和数据字典进行检查，在数据字典中，仍可保留源或宿条目，其描述内容如下。

- 名称：源或宿的名称(外部实体名)。
- 别名：同数据流条目。
- 简要描述：对源或宿的简要描述(包括指明该外部实体在 DFD 中是用作"源",还是"宿",还是"既是源又是宿")。
- 输入数据流：描述源向系统提供哪些输入数据流。
- 输出数据流：描述系统向宿提供哪些输出数据流。
- 注解：对源或宿的其他补充说明。

6. 别名条目

并非所有的别名都要有别名条目,只有那些有必要补充说明的别名才给出相应的别名条目。

别名条目的描述内容如下。

- 别名：别名的名字。
- 类型：指出别名属于那个种类(数据流、文件、数据、加工、源或宿)。
- 基本名：别名的正式名称(原名)。
- 简述：同正式名称的简述。
- 说明：对别名的补充说明。

例如,原始的数据项条目如下[8]。

数据项名称：开户日期。

别名：开设日期。

简述：客户建立账户的日期。

类型：日期。

注解：年≥1949。

其别名条目如下。

别名：开设日期。

类型：数据项。

基本名：开户日期。

简述：客户建立账户的日期。

说明：1986 年以后不再使用此别名。

5.4.3 字典条目实例

本节以 5.2.2 节中的考务处理系统为例,给出考务系统的主要数据流和文件的字典条目描述,以更好地理解对应的 DFD。

1. 数据流条目

报名单＝地区＋序号＋姓名＋文化程度＋职业＋考试级别＋通信地址

合格报名单＝报名单

正式报名单＝准考证号＋合格报名单

准考证＝地区＋序号＋姓名＋准考证号＋考试级别＋考场

考生名单＝{准考证号＋考试级别}

成绩清单＝准考证号＋考试级别＋考试成绩

正确成绩清单＝成绩清单

正式成绩清单＝合格标记＋正确成绩清单

考生通知单＝准考证号＋姓名＋通信地址＋考试级别＋考试成绩＋合格标志

合格标准＝{考试级别＋合格分}

统计分析表＝分类统计表＋难度分析表

2. 文件

考生名册＝正式报名单

文件组织：顺序文件，按准考证号升序排序。

试题得分清单＝准考证号＋考试级别＋{试题号＋{小分序号＋小分}$_1^5$＋试题分}$_1^8$＋总分

文件组织：顺序文件，按第一关键字准考证号升序，第二关键字试题号升序排序。

注解：每道试题的"小分"之和等于"试题分"，"试题分"之和等于"总分"。

5.4.4　数据字典的实现

我们提倡采用专用的软件工具或者常用的实用程序（如正文编辑程序、电子表格）来建立数据字典的电子文档。其好处是便于字典条目的检索，字典的管理和维护。如果数据字典由辅助绘制 DFD 的工具自动产生的话，那么还可以利用数据字典来检查 DFD 的一致性和完整性，并保持数据字典与 DFD 的一致。

如果数据字典是由人工制作的，可以为每个字典条目制作一张卡片，所有卡片按字典条目的种类（如数据流、文件、加工等）分类成册，每类卡片按某种约定排序，如按汉字的部首排序，或按英文字母顺序排序，对加工条目也可用加工号排序。必要时可制作字典目录。经分类排序后的字典易于查找，也便于字典条目的添加。

5.5　描述基本加工的小说明

DFD 中每个基本加工都用一条小说明进行描述，小说明就是基本加工的加工规约。小说明应精确地描述用户要求一个加工"做什么"，包括加工的激发条件、加工逻辑、优先级、执行频率、出错处理等，其中最基本的部分是加工逻辑。加工逻辑是指用户对这个加工的逻辑要求，即该加工的输出数据流与输入数据流之间的逻辑关系[16]。

这里要强调的是，需求分析是解决"做什么"的问题，而不是描述"怎么做"。所以加工逻辑不是对加工的设计，不涉及数据结构、算法实现、编程语言等与设计和实现有关的细节。

DFD 中的每个基本加工都有对应的小说明，每个小说明相当于一个字典条目，可以按加工名的次序或加工号的顺序将其整理成册，以利于查找。

值得注意的是，只对基本加工写小说明。对于非基本加工，它必定对应一张 DFD 子图，如果这张子图中的每个加工都是基本加工，那么，这些基本加工的小说明，再加上子图所描述的数据流、文件、加工之间的关系，就是对这个父加工（非基本加工）的加工规约描述。通过自底向上的过程,可以理解每个非基本加工的加工规约。

加工逻辑的描述方法主要有:结构化语言、判定表、判定树。下面分别对它们进行介绍。

5.5.1 结构化语言

人们习惯用自然语言来书写软件的加工规约(小说明),自然语言符合人的习惯,也容易理解。但是自然语言的描述常常不够精确,甚至含有二义性,即同一句话,不同的读者有不同的理解。

另一种描述加工规约的手段是形式语言,形式语言具有严格的数学基础,有一组固定的符号以及严密的语法和语义,所以它能精确、无歧义地描述加工规约。但是,用形式语言描述的加工规约不易被人理解。

结构化语言是介于自然语言和形式语言之间的一种半形式语言,它不如形式语言那样精确,又具有自然语言简单易懂的优点[16]。根据结构化语言中使用的自然语言语种的不同,可以有结构化英语、结构化汉语等不同的结构化语言,以适应不同国家软件人员的使用。

结构化语言没有严格的语法,用结构化语言书写的加工规约可以分为若干个段落,每个段落可分为内外两层。外层有严格的语法来描述它的控制结构,如结构化英语中可使用 if-then-else、while-do、repeat-until、for-do、case 等结构。内层可以用自然语言来描述。当然还允许使用嵌套的结构。

下面给出一个有关"计算信用度"加工逻辑的结构化英语描述[16]:

Select the case which applies:

    Case 1 (No Bounced-Checks in Customer Record):

        Write Exemplary-Customer-Citation to Annual-Summary.

    Case 2 (One Bounced-check):

        If Yearly-Average-Balance exceeds ＄1000.

            Remove Bounced-Check from Customer-Record.

        Otherwise.

            Reduce Credit-Limit by 10％.

    Case 3 (Multiple Bounced-Checks):

        For each Bounced-Check.

            Reduce Credit-Limit by 15％.

        Set Credit-Rating to Deadbeat.

        Write Scathing-Comment to Annual-Summary.

        Write Customer-Name-and-Address to IRS-Enemies-List.

在使用结构化语言书写加工规约时应该注意如下问题:

① 语句力求精炼。

② 语句必须易读、易理解、无二义。

③ 主要使用祈使句,祈使句中的动词要明确表达要执行的动作。

④ 所有名字必须是数据字典中有定义的名字。

⑤ 不使用形容词、副词等修饰语。

⑥ 不使用含义相同的动词,如"修改"、"修正"、"改变"。

⑦ 可以使用常用的算术和关系运算符。

总之,要尽可能精确、无二义、简明扼要、易理解。

5.5.2 判 定 表

在实际开发中,经常会遇到这样一类加工,这种加工逻辑包含多个条件,而不同的条件组合需做不同的动作。例如,"审批发货单"加工的说明如下:如果发货单金额超过 500 元,以前赊欠未还的天数未超过 60 天,则发出批准书和发货单;如果发货单金额超过 500 元,赊欠未还的天数超过 60 天,则发不批准通知;如果发货单未超过 500 元,则都发出批准书和发货单,并对赊欠未还天数超过 60 天的情况,加发赊欠报告。此时,适宜用判定表来描述这种加工的逻辑。

1. 判定表的组成

通常,判定表由 4 个部分组成,如表 5.2 所示。

（1）条件桩

条件桩(condition stub)列出各种条件的对象,如发货单金额、赊欠天数等,每行写一个条件对象,通常它们的先后次序是无关紧要的。

表 5.2 判定表的组成

条件桩	条件条目
动作桩	动作条目

（2）条件条目

条件条目(condition entry)列出各条件对象的取值,条件条目的每一列表示了一个可能的条件组合。如发货单金额＞500 元,赊欠情况≤60 天。

（3）动作桩

动作桩(action stub)列出所有可能采取的动作,如发出发货单等,每行写一个动作。动作的顺序没有限制,也可以从便于阅读的角度出发,对动作作适当的排列。

（4）动作条目

动作条目(action entry)列出各种条件组合下应采取的动作。

上例"审批发货单"加工逻辑的判定表如表 5.3 所示[4]。

表 5.3 "审批发货单"加工的判定表

发货单金额	＞500	＞500	≤500	≤500
赊欠天数	＞60	≤60	＞60	≤60
发不批准通知	√			
发出批准书		√	√	√
发出发货单		√	√	√
发出赊欠报告			√	

2. 判定表的简化

在构造判定表时常常会出现多种条件组合具有相同动作的情况,此时,可将其合并,以简化判定表。表 5.3 所示的判定表可简化成表 5.4。

表 5.4 "审批发货单"加工的简化判定表

发货单金额	＞500	≤500	—
赊欠天数	＞60	＞60	≤60
发不批准通知	√		
发出批准书		√	√
发出发货单		√	√
发出赊欠报告		√	

注：符号"—"表示发货单金额可取任何值。

3. 判定表的其他形式

在表 5.2 所示的判定表组成中,也可以在条件桩中列出各种条件,如发货单金额＞500、赊欠天数≤60;在条件条目中列出各条件的可能取值(真或假)。此时,表 5.3 所示的判定表可表示成表 5.5 所示的判定表。

表 5.5 "审批发货单"判定表的另一种表示形式

发货单金额≤500	0	0	1	1
发货单金额＞500	1	1	0	0
赊欠天数≤60	0	1	0	1
赊欠天数＞60	1	0	1	0
发不批准通知	√			
发出批准单		√	√	√
发出发货单		√	√	√
发出赊欠报告			√	

注：0 表示假,1 表示真。

5.5.3 判定树

判定树是判定表的变种,本质上与判定表是相同的,只是表示形式不同。"审批发货单"加工逻辑的判定树描述如图 5.17 所示。

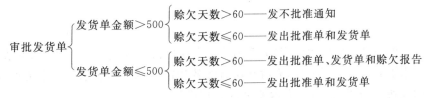

图 5.17 "审批发货单"加工逻辑的判定树

5.6 结构化设计概述

结构化设计(structured design,SD)是将结构化分析得到的数据流图映射成软件体系结构的一种设计方法,SD 强调模块化、自顶向下逐步求精、信息隐蔽、高内聚低耦合等设计准则,并最早在 Myers 以及 Yourdon 和 Constantine 的著作中给出。

在结构化方法中,软件设计分为概要设计和详细设计两个步骤。概要设计是对软件系统的总体设计,采用结构化设计方法,其任务是:将系统分解成模块,确定每个模块的功能、接口(模块间传递的数据)及其调用关系,并用模块及对模块的调用来构建软件的体系结构。详细设计是对模块实现细节的设计,采用结构化程序设计(structured programming,SP)方法。SA、SD 和 SP 构成完整的结构化方法体系。

5.6.1　结 构 图

结构化设计方法中用结构图(structure chart)来描述软件系统的体系结构,指出一个软件系统由哪些模块组成,以及模块之间的调用关系,如图 5.18 所示。

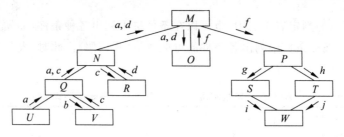

图 5.18　结构图

1. 结构图的基本成分

结构图的基本成分有:模块、调用和数据。

(1) 模块

在 SD 中,模块(module)是指具有一定功能并可以用模块名调用的一组程序语句,如函数、子程序等,它们是组成程序的基本单元。

一个模块具有其外部特征和内部特征。模块的外部特征包括:模块的接口(模块名、输入输出参数、返回值等)和模块的功能。模块的内部特征包括:模块的内部数据和完成其功能的程序代码。在 SD 中,只关注模块的外部特征,而忽略其内部特征。

在结构图中,模块用矩形框表示,每个模块有一模块名,模块名应能适当地反映该模块的功能。

(2) 调用

结构图中模块之间的调用(call)关系用从一个模块指向另一个模块的箭头来表示,其含义是前者调用了后者。为了方便,有时常用直线替代箭头,此时,表示位于上方的模块调用位于下方的模块。如图 5.19(a)表示模块 A 调用模块 B。

(3) 数据

模块调用时需传递的参数可通过在调用箭头(或直线)旁附加一个小箭头和数据名来表示,其中小箭头的方向指出相应数据的传输方向。

例如,图 5.19(a)表示模块 A 调用模块 B 时将数据 x 和 y 传递给 B,B 将数据 z 回送给 A。图 5.19(b)表示 A 将 x 和 y 传递给 B,B 将 y 和 z 回送给 A,即 B 在处理过程中对输入参数 y 作了修改。如果两个模块间传递的数据比较多时也可采用图 5.19(c)的形式[16]。

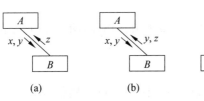 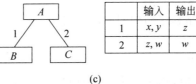

图 5.19　模块间的数据传输

2. 结构图的辅助符号

可以在结构图上附加一些辅助符号进一步描述模块间的调用关系。例如,图 5.20 描述了模块 A 有条件地调用模块 C 或 D,图 5.21 表示模块 A 循环调用模块 B 和 C,图 5.22 则描述了递归调用的情况。

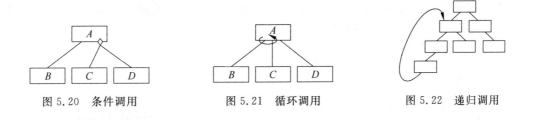

图 5.20　条件调用　　　　图 5.21　循环调用　　　　图 5.22　递归调用

3. 结构图的几个概念

结构图描述了模块之间的调用关系,一个模块可以调用另一个模块,被调用的模块还可以调用其他的模块,因此,结构图描述了模块之间调用的控制层次。这种控制的层次结构也反映了程序的结构。

有一些模块常常可以被多个模块调用,因此,结构图通常不是树形结构,如图 5.23 所示[15]。

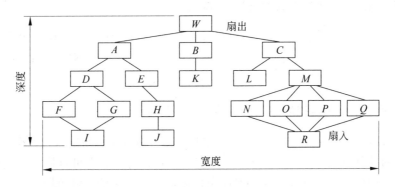

图 5.23　结构图的相关概念

下面介绍与结构图相关的几个概念。

（1）深度

深度是指程序结构图中控制的层数。例如,图 5.23 所示的结构图的深度是 5。

（2）宽度

宽度是指程序结构图中同一层次上模块总数的最大值。例如，图 5.23 所示的结构图的宽度为 7。

（3）扇出

一个模块的扇出(fan out)是指该模块直接调用的模块数目。例如，图 5.23 中模块 M 的扇出是 4，模块 A 的扇出是 2，模块 B 的扇出是 1。

（4）扇入

一个模块的扇入(fan in)是指能直接调用该模块的模块数目。例如，图 5.23 中模块 G 的扇入是 1，模块 I 的扇入是 2，模块 R 的扇入是 4。

深度和宽度在一定程度上反映了程序的规模和复杂程度。相对而言，如果程序结构图的深度和宽度较大，则说明程序的规模和复杂程度都较大。模块的扇入扇出会影响结构图的深度和宽度。例如，减少模块的扇出，可能导致宽度变小而深度增加。一个模块的扇出过大通常意味着该模块比较复杂，然而扇出太少，可能导致深度的增加。一般情况，一个模块的扇出以 3～9 为宜。一个模块的扇入表示有多少模块可直接调用它，反映了该模块的复用(reuse)程度。因此，模块的扇入越大越好。

5.6.2 启发式设计策略

在模块化的设计过程中，必须遵循第 4 章中所述的抽象与逐步求精、信息隐蔽、模块化、高内聚低耦合等软件设计原则。

为了实现有效的模块化，给出以下启发式设计策略。

1. 改造程序结构图，降低耦合度，提高内聚度

在得到初始的程序结构图后，应对其进行评估，分析模块间的耦合度和模块内的内聚度，对不符合高内聚、低耦合的模块要进行重新分解或合并，以增强模块的独立性。

2. 避免高扇出，并随着深度的增加，力求高扇入

设计结构图时应避免像图 5.24(a)那样的"平铺"形态，即大量模块在单个模块的直接控制之下。一种比较好的结构图形态是如图 5.24(b)所示的"椭圆"型，即顶层模块的扇出较大，中间层模块的扇出较小，而底层模块具有高扇入[15]。

3. 模块的影响范围应限制在该模块的控制范围内

模块的影响范围(scope of effect)是指受该模块中决策（如判定条件）影响的所有其他模块。模块的控制范围(scope of control)是指该模块自身以及它可直接或间接调用的所有模块。好的结构化设计应该使模块的影响范围限制在该模块的控制范围内。

例如，图 5.25 中带阴影的模块表示受带菱形的模块的影响。图 5.25(a)中，模块 $B2$ 的影响范围（模块 A）不在其控制范围（模块 $B2$）内，$B2$ 要将决策信息经过 B、Y 才能传送到 A，这增加了模块间的参数传递数量，而且这种耦合常常是控制耦合，所以，这种设计是不好的。图 5.25(b)中，决策控制是在顶层模块，而顶层模块的控制范围是所有模块，所以其影响范围（A、$B2$）在控制范围内，但是从决策控制模块到被控模块之间相差多个层次，从而导

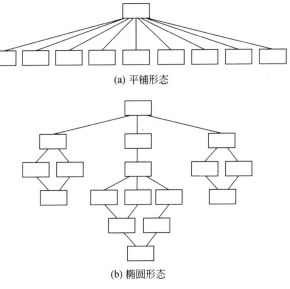

(a) 平铺形态

(b) 椭圆形态

图 5.24　结构图的形态

致决策数据要经过多个模块的传递才能到达受它控制的模块,因此,这种设计也不是很好。
而图 5.25(c)和图 5.25(d)就比较合适,特别是图 5.25(d)为最好。

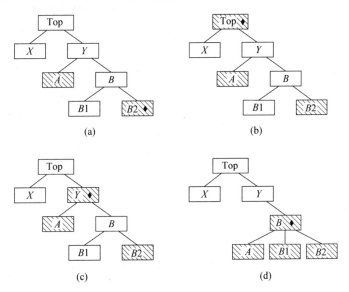

图 5.25　影响范围和控制范围

4. 降低模块接口的复杂程度和冗余程度,提高一致性

复杂的模块接口常常会导致软件错误,在结构化设计时,模块接口上应尽可能传递简单
数据,而且传递的数据应保持与模块的功能相一致,即不传递与模块功能无关的数据。

5. 模块的功能应是可预测的,避免对模块施加过多的限制

模块功能可预测是指该模块对相同的输入能产生相同的输出。当一个模块可以作为黑

盒对待时,通常是可预测的。

限制一个模块只处理单一的功能,那么,这个模块体现出高内聚。而有过多限制,如局部数据结构的大小、控制流中的选项等,则需要通过维护来消除这些限制。

6. 尽可能设计单入口和单出口的模块

单入口和单出口的模块能有效地避免内容耦合,因此在结构化设计时应尽量将模块设计成单入口和单出口。

5.6.3　结构化设计的步骤

结构化设计大致可分两步进行,第一步是建立一个满足软件需求规约的初始结构图,第二步是对结构图进行改进[16]。

1. 建立初始结构图

结构化方法本质上是一种功能分解方法。在结构化设计时,可以将整个软件看作一个大的功能模块(结构图中的根模块),通过功能分解将其分解成若干个较小的功能模块,每个较小的功能模块还可以进一步分解,直至得到一组不必再分解的模块(结构图中的底层模块)。当一个功能模块分解成若干个子功能模块时,该功能模块实际上就是根据业务流程调用相应的子功能模块,并根据其功能要求对子功能的结果进行处理,最终实现其功能要求。

功能模块的分解应满足自顶向下逐步求精、信息隐蔽、高内聚低耦合等设计准则,模块的大小应适中。通常,一个模块的大小以 50～100 行程序代码为宜,即一个模块的程序代码可写在 1～2 页纸上。

如果软件开发的分析阶段采用结构化分析方法,那么可以将 SA 所得到的数据流图映射成初始的结构图,其映射过程见 5.7 节。

下面以 5.2.2 节中的考务处理系统为例,采用功能分解方法设计结构图。

结构图的顶层模块代表整个软件,可取名为"考务处理系统"。分析考务处理系统的DFD,可以知道整个系统分为"考试报名"和"统计成绩"两个部分,而"统计成绩"中的"分析试题难度"和"分类统计成绩"是在考试后期进行的相对独立的功能,可以将它们从"统计成绩"中分离出来,成为顶层模块直接调用的模块。这样,"考务处理系统"模块可分解成"考试报名"、"统计成绩"、"分析试题难度"和"分类统计成绩"4 个模块。其中,"考试报名"由检查报名单、编准考证号和登记考生 3 个子功能组成,因此"考试报名"模块可分解为"输入并检查报名单"、"制作并打印准考证"和"登记并输出考生名单"3 个模块。同样,"统计成绩"模块可分解为"输入并校验成绩清单"、"审定合格者"和"制作并打印考生通知单"3 个模块。至此,得到的初始结构图如图 5.26 所示。

2. 对结构图的改进

初始结构图往往存在一些不合理的设计(包括不合理的模块分解)。因此,可根据设计准则和 5.6.2 节中所述的启发式设计策略,对初始结构图进行改进,这将在 5.8 节中进行讨论。

3. 书写设计文档

概要设计完成后应书写设计规格说明,特别要为每个模块书写模块的功能、接口、约束

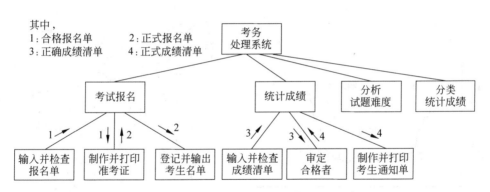

图 5.26 "考务处理系统"的结构图

和限制等,必要时可建立模块开发卷宗。

4. 设计评审

对设计结果及文档进行评审。

5.7 数据流图到软件体系结构的映射

结构化设计是将结构化分析的结果(数据流图)映射成软件的体系结构(结构图)。根据信息流的特点,可将数据流图分为变换型数据流图和事务型数据流图,其对应的映射分别称为变换分析和事务分析。

5.7.1 信息流

信息流可分为变换流和事务流。

1. 变换流

变换流类型的数据流图可明显地分成输入、变换、输出 3 个部分。信息沿着输入路径进入系统,并将输入信息的外部形式经过编辑、格式转换、合法性检查、预处理等辅助性加工后变成内部形式,内部形式的信息通过变换中心的处理,再沿着输出路径经过格式转换、组成物理块、缓冲处理等辅助性加工后变成输出信息,送到系统外。具有这种特征的信息流称为变换流,变换流如图 5.27 所示。

2. 事务流

事务流类型的数据流图具有如下特征:数据流沿着输入路径到达一个事务中心,事务中心根据输入数据的类型在若干条动作路径(action path)中选择一条来执行。具有这种特征的信息流称为事务流,事务流如图 5.28 所示。

其中,事务中心的任务是:

- 接收输入数据(即事务)。
- 分析每个事务的类型。
- 根据事务类型选择执行一条动作路径。

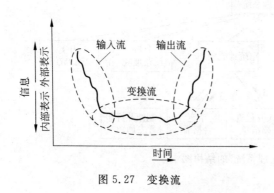

图 5.27 变换流

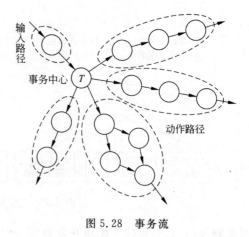

图 5.28 事务流

5.7.2 数据流图映射到结构图的步骤

从数据流图映射到结构图的步骤如下。

1. 复审和精化数据流图

首先应复审 DFD 的顶层图,确保系统的输入、输出数据流符合系统规格说明的要求。然后复审分层 DFD,以确保它符合软件的功能需求。必要时对 DFD 进行精化。

2. 确定数据流图的类型

根据 DFD 的信息流特征,确定 DFD 是变换型的还是事务型的。

3. 将 DFD 映射成初始结构图

采用变换分析或事务分析技术,将 DFD 映射成初始结构图。变换分析步骤详见 5.7.3 节,事务分析步骤详见 5.7.4 节。

4. 改进初始结构图

用变换分析或事务分析得到的初始结构图,其设计质量往往是不高的,因此要根据软件设计准则,采用启发式设计策略,对初始结构图进行改进,以改善软件质量。结构图的改进详见 5.8 节。

5.7.3 变换分析

变换分析的任务是将变换型的 DFD 映射成初始的结构图。变换分析的步骤如下。

1. 划定输入流和输出流的边界,确定变换中心

变换型 DFD 的特征是其 DFD 可明显地分成输入、变换和输出 3 个部分。因此,变换分析的第一步骤是划定输入流和输出流的边界,从而确定变换中心。

在划定输入输出边界之前,先介绍以下几个相关概念。

（1）物理输入

物理输入指系统输入端的数据流。

（2）物理输出

物理输出指系统输出端的数据流。

（3）逻辑输入

逻辑输入指变换中心的输入数据流。

（4）逻辑输出

逻辑输出指变换中心的输出数据流。

物理输入通常要经过编辑、格式转换、合法性检查、预处理等辅助性加工后变成纯粹的逻辑输入再传递给变换中心；变换中心产生的逻辑输出也要经过格式转换、组成物理块、缓冲处理等辅助性加工后才变成物理输出，再送到系统外部。

（1）确定逻辑输入

根据 DFD，从物理输入端开始，一步步向系统的中间移动，可找到离物理输入端最远的，但仍可被看作系统输入的那个（或那些）数据流，就是逻辑输入。

（2）确定逻辑输出

根据 DFD，从物理输出端开始，一步步向系统的中间移动，可找到离物理输出端最远的，但仍可被看作系统输出的那个（或那些）数据流，就是逻辑输出。

（3）确定变换中心

确定了所有的逻辑输入和逻辑输出后，位于逻辑输入和逻辑输出之间的部分就是变换中心。

值得注意的是，这种划分可能因人而异，并不唯一，但差别不会太大，并可通过以后的结构图改进进行调整。此外，有的时候物理输入无须预处理而直接用于系统的加工处理，此时，其物理输入就是逻辑输入。同样，也存在物理输出就是逻辑输出的情况。

例如，图 5.29 是考务处理系统中"统计成绩"子图经精化后的 DFD，其中的虚线指出了输入流和输出流的边界。其中，"合格标准"既是物理输入，又是逻辑输入。

2．进行第一级分解

变换分析的第一级分解是将 DFD 映射成变换型的程序结构，如图 5.30 所示。

（1）主控模块

主控模块完成整个系统的功能。

（2）输入控制模块

输入控制模块接收所有的物理输入，并将其加工成逻辑输入。

（3）变换控制模块

变换控制模块实现逻辑输入到逻辑输出的变换。

（4）输出控制模块

输出控制模块将逻辑输出加工成物理输出，并将其送到系统外部。

例如，图 5.29 经第一级分解后所得的结构图如图 5.31 所示。

对于大型的软件系统，第一级分解时可多分解几个模块，以减少最终结构图的层次数。例如，每条输入或输出路径画一个模块，每个主要变换功能各画一个模块。

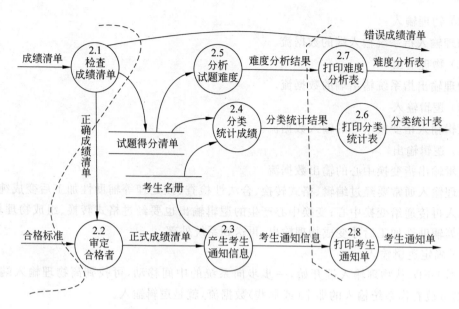

图 5.29　统计成绩子图的输入、输出流边界

图 5.30　变换型的结构图

图 5.31　"统计成绩"第一级分解的结构图

3. 进行第二级分解

这一步是将 DFD 中的加工映射成结构图中的一个适当的模块。

（1）输入控制模块的分解

从变换中心的边界开始,沿着输入路径向外移动,把输入路径上的每个加工以及对物理输入的接收映射成结构图中受输入控制模块控制的一个低层模块。

（2）输出控制模块的分解

从变换中心的边界开始,沿着输出路径向外移动,把输出路径上的每个加工以及对物理输出的发送映射成结构图中受输出控制模块控制的一个低层模块。

（3）变换控制模块的分解

把变换中心的每个加工映射成结构图中受变换控制模块控制的一个低层模块。

例如，图 5.29 经第二级分解后所得到的初始结构图如图 5.32 所示。

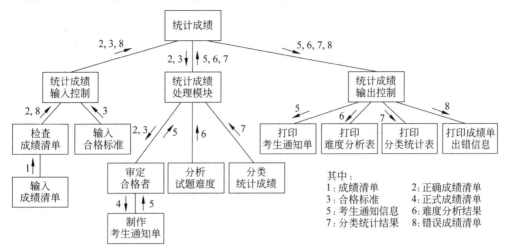

图 5.32 "统计成绩"第二级分解的结构图

4. 标注输入输出信息

第二级分解后得到软件的初始结构图。然后，根据 DFD，在初始结构图上标注模块之间传递的输入信息和输出信息，如图 5.32 所示。

5.7.4 事务分析

事务分析的任务是将事务型 DFD 映射成初始的结构图。在实际应用中经常会遇到事务处理的软件，如银行业务中有存款、取款、查询余额、开户、转账等多种事务，这种软件通常是接收一个事务，然后根据事务的类型执行一个事务处理的功能，这类软件的 DFD 就是事务型的。

下面介绍事务分析的步骤。

1. 确定事务中心

事务中心位于数条动作路径的起点，这些动作路径呈辐射状从该点流出。

2. 将 DFD 映射成事务型的结构图

事务型的结构图如图 5.33 所示，主要包括以下几个模块。

（1）主控模块

主控模块完成整个系统的功能。

（2）接收模块

接收模块接收输入数据（事务）。

（3）发送模块

发送模块根据输入事务的类型，选择调用一个动作路径控制模块。

（4）动作路径控制模块

动作路径控制模块完成相应的动作路径所执行的子功能。

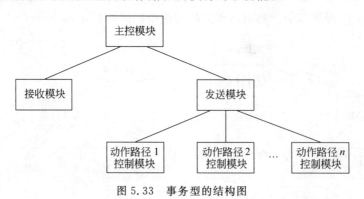

图 5.33　事务型的结构图

3．分解每条动作路径所对应的结构图

（1）接收模块的分解

从事务中心开始，沿着输入路径向外移动，把输入路径上的每个加工以及对物理输入的接收映射成结构图中受接收模块控制的一个低层模块。

（2）动作路径控制模块的分解

首先确定每条动作路径的流类型（变换流或事务流），然后，运用变换分析或事务分析，将每条动作路径映射成与其流特性相对应的以动作路径控制模块为根模块的结构图。

5.7.5　分层 DFD 的映射

对于分层数据流图，0 层图常常反映了系统由哪些子系统组成，此时可先将 0 层图映射成图 5.34 的结构图。0 层图每个加工的 DFD 子图可映射成以相应模块为根模块的结构子图。如果 DFD 子图中的加工还可分解成一张子图，则再将其映射成以相应模块为根模块的结构子图，依次一层一层分解下去，可得到最终的初始结构图。如果初始结构图太大，也可以将它组织成分层的结构图。

图 5.34　0 层图映射的结构图

例如，5.2.2 节中考务处理系统的分层 DFD，其映射的初始结构图如图 5.35 所示。

复杂的 DFD 图可能既包含变换流，又包含事务流。此时，根据自顶向下逐层分解的原则，可以先分析外层（把局部的变换流或事务流看作单个加工）的流特性，并将其映射成外层流特性的结构图，然后再根据内层（局部的）流特性，将其映射成以相应模块为根模块的结构子图。

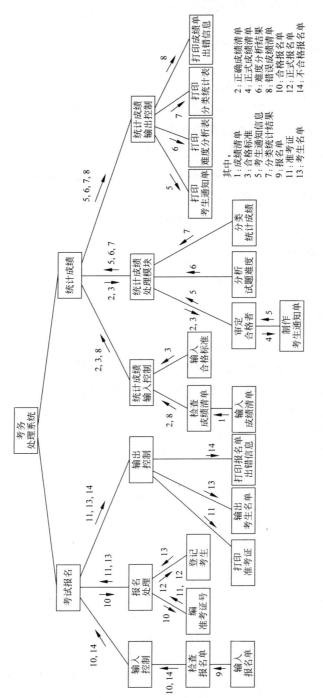

图 5.35 "考务处理系统"的初始结构图

5.8 初始结构图的改进

用变换分析和事务分析得到的初始结构图是比较差的,必须对初始结构图进行改进,以优化设计。

对结构图改进的依据就是观察这种改进是否符合软件设计的准则和启发式设计策略。因此结构图的改进没有明显的步骤,也很难说改进到什么程度可以终止。凡是设计者认为不合理的地方都可以改进,但改进后的结果应该比改进前好。

必须强调的是,一次改进常常使某些设计质量变好了,而使另一些设计质量变坏了。例如,提取了多个模块中的相同功能,可以提高模块的独立性和复用程度,但会增加模块间的联系。因此在改进时要进行折衷。此外,改进往往不是一次完成的,需要进行多次的反复,有时可提出多个改进方案,然后,从中选取一个较优的方案。

5.8.1 结构图改进实例

本节以图5.35为例,介绍对结构图的改进。

1."考试报名"部分的改进

① "考试报名"部分的结构图中,"输入报名单"模块比较简单,可以和"检查报名单"合并。另外,"检查报名单"模块在发现报名单有错时,其错误信息要经过一连串的参数传递送到"打印报名单出错信息"模块,其耦合度比较大。如果将"打印报名单出错信息"模块也合并到"检查报名单"模块,那么,在发现报名单有错时,立即输出错误信息,这样图中相关参数的传递都可省去,从而降低了模块间的耦合度。"输入报名单"、"检查报名单"和"打印报名单出错信息"3个模块合并后取名为"输入并检查报名单",如图5.36所示。

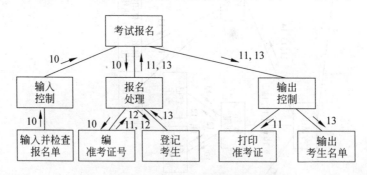

图5.36 "考试报名"结构图的第一次改进

② 同样道理,准考证在"编准考证号"模块产生,一直要到"打印准考证"模块才使用,而其他模块都不使用此信息。因此可以将这两个模块合并成"编制并打印准考证"。另外,"登记考生"和"输出考生名单"也可合并成"登记并输出考生名单",如图5.37所示。

③ 图5.35中,"输出控制"模块的作用是调用下面的3个输出模块,而这3个输出模块在图5.37中都已并入其他模块,因此,"输出控制"也可以删去了。

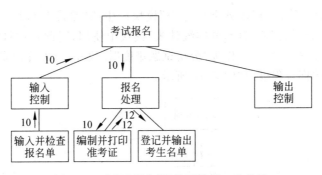

图 5.37 "考试报名"结构图的第二次改进

④ 对于"输入控制模块"和"报名处理"模块,它们除了调用低层模块并传递参数外,没有其他实质性的工作,这种模块称为管道模块,可以将其删除,其低层模块改由其上层模块调用,如图 5.38 所示。

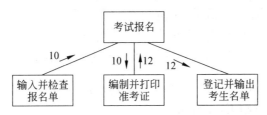

图 5.38 "考试报名"结构图的第三次改进

2. "统计成绩"部分的改进

① 与"考试报名"结构图的改进一样,先将一些比较简单的模块合并到与其功能相一致的模块中,以减少耦合度。例如,将"输入成绩清单"、"检查成绩清单"、"打印成绩单出错信息"合并成"输入并检查成绩清单";将"输入合格标准"与"审定合格者"合并,仍取名"审定合格者",但它包含读入合格标准功能;将"制作考生通知单"与"打印考生通知单"合并成"制作并打印考生通知单",如图 5.39 所示。

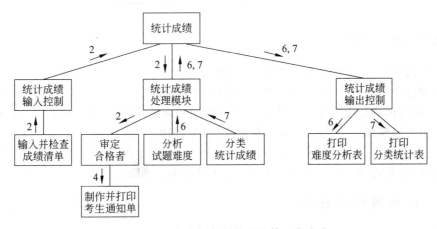

图 5.39 "统计成绩"结构图的第一次改进

② "分析试题难度"和"打印分类统计表"模块产生的"难度分析结果"和"分类统计结果"只在"打印难度分析表"和"打印分类统计表"模块中使用,因此,将"打印难度分析表"模块和"打印分类统计表"模块分别作为"分析试题难度"模块和"分类统计成绩"模块的下属模块,可降低模块间的耦合程度,如图 5.40 所示。

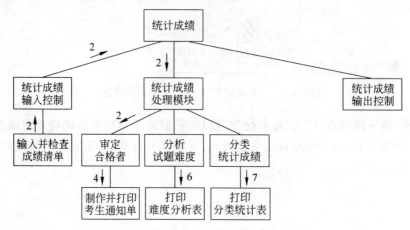

图 5.40 "统计成绩"结构图的第二次改进

③ 至此,"统计成绩输出控制"可删去,"统计成绩输入控制"模块和"统计成绩处理模块"均为"管道"模块,也可删去,如图 5.41 所示。

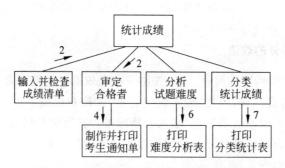

图 5.41 "统计成绩"结构图的第三次改进

3. 整个结构图改进

经过上述改进后,整个结构图如图 5.42 所示。

考虑到分析试题难度和分类统计成绩是属于后处理的一些工作,是对这一次考试的总结,为下一次考试命题作准备的。同时,它们是相对独立的功能,由考试中心发布启动命令,因此可以将它们移到主控模块"考务处理系统"之下,如图 5.43 所示。

图 5.43 中,"考试报名"模块和"统计成绩"模块也像是管道模块,但如果将它们删去,则主控模块"考务处理系统"的扇出就比较大,因此可不予删除。

5.8.2 结构图改进技巧

本节将 5.8.1 节使用的结构图改进技巧作一总结,并补充一些其他的改进技巧[16]。

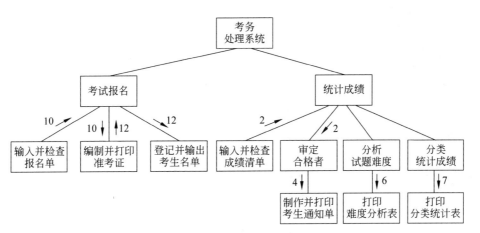

图 5.42 改进后的"考务处理系统"结构图

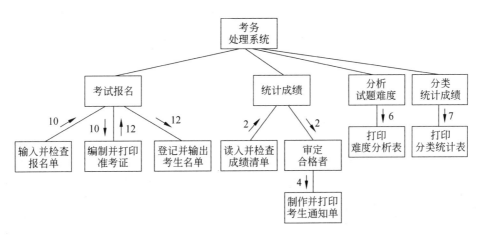

图 5.43 "考务处理系统"结构图的进一步改进

1. 减少模块间的耦合度

可以通过将功能简单的模块合并到与其关系密切的模块中,或调整模块的位置,来减少模块间的参数传递,或避免参数长距离传输,以降低耦合度。

2. 消除重复功能

如果两个模块中存在某一相同的功能,应将这个功能分离出来,作为一个独立的模块被二者调用。

3. 消除"管道"模块

"管道"模块通常是应该删除的,除非删除后上层模块的扇出太大。

4. 模块的大小适中

如果一个模块太大,要考虑将它分成两个模块;如果一个模块太小,可考虑将它合并到与它功能密切相关的模块中。通常一个模块的大小,以其实现代码可书写在1~2页纸(约

50～100 行)为宜。

5. 避免高扇出

一个模块的扇出不宜过大,一般希望控制在 7±2 范围内。当一个模块的扇出较大时,应考虑重新分解,如图 5.44 所示[16]。

6. 考虑全局

应尽可能研究整张结构图,而不是只考虑其中的一部分。

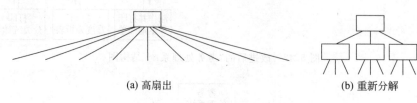

(a) 高扇出   (b) 重新分解

图 5.44   高扇出时重新分解

5.9   小   结

结构化方法是一种传统的面向数据流的开发方法,以数据流为中心构建软件的分析模型和设计模型。在结构化分析方面,本章介绍结构化分析的基本思想和分析过程,详细介绍了分层数据流图的画法,分层数据流图的审查,数据字典各条目的描述内容以及基本加工小说明的描述方法。在结构化设计方面,本章介绍如何将分析的结果(DFD)映射成初始的程序结构图,包括变换分析和事务分析,并介绍对初始结构图的优化。本章还通过一个实例对分析建模和设计建模过程进行了阐述,以加深对结构化方法的理解。

习   题

5.1   简述数据流图的主要思想,概述使用数据流图进行需求分析的过程。

5.2   如何判断数据流图的一致性和完整性? 可否用 CASE 工具自动或半自动地完成这两类检查? 如果可以,请给出相应的软件实现途径。

5.3   在数据流图中,可否将两个加工用一个数据流相连? 可否将两个源用一个数据流相连? 为什么?

5.4   试设计一个用于支持数据流分析的 CASE 工具原型,该 CASE 工具应帮助分析人员对数据流图和数据字典进行构造、查询和一致性检查。请给出该 CASE 工具的主要功能、用户界面及软件结构,并在计算机上进行原型实现。

5.5   一个大城市的公共工作部门决定开发一个基于 Web 的坑洼跟踪和修复系统(PHTRS),描述如下。

市民可以登录网站并报告坑洼的位置和严重程度。当坑洼被报告时,它们被登记到"公共工作部门修复系统",被赋予一个标识号,并根据街道地址、大小(1～10)、位置(路中或路边等)、区域(由街道地址确定)和修复的优先级(由坑洼的大小决定)储存起来。工单数据被关联到每个坑洼,其中包括位置和大小、修理队标识号、修理队的人数、被分配的设备、修复所用的时间、坑洼状况(正在工作、已被修理、临时修理、未修理)、使用填料的数量和修理的开销(由使用的时间、人数、使用的材料的装备计算得到),最后,产生一个损害文件,包含关于坑洼的被报告的损害的信息,并包括市民的姓名、地点、电话号码、损害的类型和损害的钱数。PHTRS 是一个联机系统,所有查询可以交互式地进行。

使用结构化的分析符号体系,为 PHTRS 开发完整的分析模型。

5.6 采用结构化分析方法写出书店管理系统的需求文档,包括数据流图及数据字典。

书店 JS 是一家从事图书销售的传统公司,对系统的要求如下:

(1)记录每本图书的库存。

(2)实现图书的零售(包括打折),实行开架售书。

(3)可每日统计销售情况。

(4)实现图书的采购、退货及结算,实现与供货商的销售及结算关系。

(5)遵守出版行业的行规:在书店到书后,若在 3 个月内未实现销售,可全部或部分退货,在发书后 3 个月内给予发票,书店在 3 个月后可部分或全部付款,该项规则对采购或批发均有效。

(6)该书店还可将该产品批发给其他书店。

(7)在供应商、书店、其他书店、零售客户之间的结算采用码洋折扣方式进行,即,如果图书的实价为 X,则图书码洋为 X,而以 7 折给书店,则图书实洋就为 $0.7X$,供应商、书店等以相对固定的折扣进行交易。

(8)管理人员可随时查看库存、采购、销售、付款、到款情况,并能提供日/月销售报表、应付/付款情况分析表、应收/到款情况分析表。

由于销售商品是图书,图书除有书名、作者、出版社外,还有版次、印次、出版日期以及 ISBN 号、条码、定价;由于出版领域的特殊性,一种图书(如软件工程)只有一个 ISBN 号以及一个条码,而该图书依据不同的版次、印次,可有不同的定价,这给条码扫描(销售及入/出货时)确定一本图书带来了一定的困难。

5.7 用结构化语言描述下列问题的加工逻辑:输入任意长度的一段正文(text),列表输出其中的单字(word)和每个字的出现频度。

5.8 用结构化语言描述解决梵塔问题的加工逻辑。

5.9 完成习题 5.6 中的书店管理系统的结构化设计,给出其程序结构图,并进行适当的优化。

第 **6** 章

面向数据结构的分析与设计

除了第 5 章所述的面向数据流的需求分析与设计方法外,还有一些在特定领域具有一定优势的方法,例如,本章介绍的面向数据结构的需求分析与设计方法,其典型方法有 Jackson 方法和 Warnier 方法。

20 世纪 70 年代初期,英国的 M. Jackson 提出了 Jackson 结构化程序设计方法,简称 JSP 方法。在当时,该方法主要是总结了 COBOL 事务处理程序中的开发方法而发展起来的,其重点不是自顶向下逐步求精,而是在数据结构的基础上进行构造,是根据输入输出的数据结构建立程序结构。由 Jackson 提出的这种构造性的程序设计方法在欧洲较为流行,特别适合设计企业业务管理一类的数据处理系统。在此,构造是把设计方法分成不同的步,只需按部就班地正确地执行每一步,而且在执行时不必考虑设计者尚未执行的其他步的结果,这在逐步求精方法中是很难做到的,该技术方法可有机地把人的主观直觉与现实世界的客观性结合起来。当然,因为 Jackson 方法还没有完全达到以上要求,还不能说是纯构造性的,只能说是倾向于构造性的。JSP 方法在 20 世纪 70 年代末又被 Jackson 扩充为 Jackson 系统开发方法(Jackson system development),简称 JSD 方法。本章将分别对 JSP 及 JSD 方法进行介绍。

6.1 JSP 方 法

JSP 方法的目标是获得简单清晰的设计方案,其设计原则是: 使程序结构与问题结构(数据结构)相对应。

对一般的数据处理系统而言,大多数系统处理的是具有层次结构的数据,因而其问题结构可以用它所处理的数据结构来表示。如数据结构为文件,该文件由记录组成,记录又由数据项组成,该结构可以用如图 6.1(a)的结构图进行表示。对应于该数据结构,可建立其模块的层次结构。如处理文件的模块要调用处理记录的模块,处理记录的模块又要调用处理数据项的模块,其程序结构可以用如图 6.1(b)的模块图进行表示[16]。

6.1.1 数据结构与程序结构的表示

JSP 方法中采用 Jackson 图来表示数据结构和程序结构,如图 6.1 所示,数据结构图中方框表示数据;在程序结构图中方框表示模块(过程或函数)。结构图是一种从左到右阅读的树状层次结构图。树状图底部的叶子结点称为基本元素,在底部枝干以上的结点称为结构元素。在 JSP 中还提供了结构正文的表示形式,这种结构正文又称为伪码。

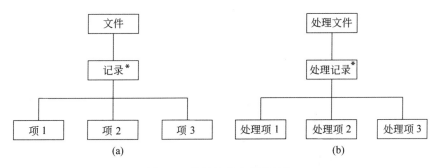

图 6.1　数据结构和程序结构

1. 结构图的元素类型

数据结构与程序结构共有以下 3 种元素类型。

（1）顺序元素

一个顺序元素由一个或多个从左到右的元素组成,其中每个组成的元素只出现一次。在图 6.2 中,元素 D 是由元素 A、元素 B 及元素 C 顺序组成的序列。

（2）选择元素

一个选择元素包括两个或两个以上的子元素,使用选择元素时根据指定的条件从这些子元素中选择一个子元素。供选择的子元素用右上角标以小圆的矩形表示,如图 6.3 所示,元素 D 或者是元素 A、或者是元素 B、或者是元素 C,其中 S 是选择条件。注意,父元素 D 必须包含选择的逻辑条件 S。选择是 If Then Else 或 Case 的结构,而且必须有两个或多个元素。如果需要一个 If S Then X Else do nothing,那么就需要加入一个空元素。空元素用一个标有连字符的矩形表示,如图 6.4 所示。

图 6.2　顺序元素　　　　　　　　　　图 6.3　选择元素

（3）重复元素

重复元素仅由一个子元素构成,表示重复元素由子元素重复 0 次或多次组成。子元素用右上角标以星号的矩形表示。图 6.5 表示元素 D 由元素 A 重复 0 次或多次组成,其中 I 是重复条件。

2. 结构正文

结构正文与 Jackson 图相对应,其形式如下。

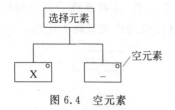

图 6.4　空元素

图 6.5　重复元素

（1）顺序结构正文

D Seq	顺序
A；	元素 D 是由一个元素 A
B；	跟随一个元素 B
C；	跟随一个元素 C 组成
D END	元素 D 是元素 A、元素 B、元素 C 的序列

（2）选择结构正文

D Select cond1　　　　选择

A　　　　　　　　　元素 D 或是由一个元素 A

Or cond2

B　　　　　　　　　或是由一个元素 B

Or cond3

C　　　　　　　　　或是由一个元素 C 组成

D END　　　　　　　cond1、cond2、cond3 分别是选择 A，B，C 的条件

（3）重复结构正文

D Iter until cond　　　重复

A；　　　　　　　　元素 D 是由 1 个或多个元素 A 组成

D END　　　　　　　元素 D 是元素 A 的重复

或

D Iter while cond

A；　　　　　　　　元素 D 是由 0 至多个元素 A 组成

D END　　　　　　　cond 为循环条件

以下给出实例来说明数据结构与程序结构之间的类型及关系。

例 6.1　设计一个打印××学校人员一览表的程序,要求表格形式如图 6.6 所示。这里,类别可以是教师、学生两种。打印状态这一项时,如果类别是教师,则打印出他的工龄;如果类别是学生,则打印出他的年级。

本例中表格是由表头、表体及表尾组成,表体由若干行组成。每一行有 4 列,分别为姓名、年龄、类别和状态。表格的数据结构可用图 6.7(a)来表示,这是系统的输出数据结构。对应的程序结构应为:产生表格的程序模块由产生表头的程序模块、产生表体的程序模块和产生表尾的程序模块顺序组成,而产生表体的程序模块可重复调用产生行的程序模块,产生行的程序模块则由产生姓名的程序模块、产生年龄的程序模块、产生类别的程序模块和产生状态的程序模块顺序组成,而产生状态的程序模块是在产生工龄的程序模块和产生年

××高校人员一览表

姓　　名	年　　龄	类　　别	状　　态

打印日期：××××年××月××日

图 6.6　表格形式

级的程序模块之间选择执行，参见图 6.7(b)。

　　本例中说明了数据结构的 3 种类型及其相对应的 3 种程序结构。

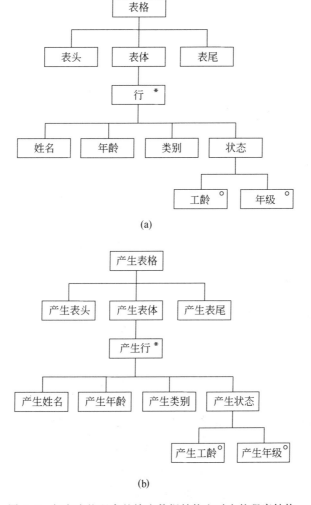

(a)

(b)

图 6.7　打印表格程序的输出数据结构和对应的程序结构

6.1.2 JSP 方法的分析和设计步骤

以下结合例 6.2 讲述 JSP 的分析和设计步骤。

例 6.2 一个正文文件由若干个记录组成,每个记录是一个字符串,要求统计每个记录中空格的个数,以及文件中空格的总数。要求输出的格式是:每复制一行输入字符串后,另起一行输出该字符串中的空格数,最后输出文件空格的总数。

JSP 方法共包含以下 5 个顺序执行的步骤。

1. 分析并确定输入和输出数据结构的逻辑结构,并用 Jackson 图画出

由题意可知,输入数据结构如图 6.8(a)所示。

输出格式为如下的形式:

$$
\left.\begin{array}{l}\text{字符串 1}\\ \text{空格数 1}\end{array}\right\}\text{串信息 1}
$$

$$
\left.\begin{array}{l}\text{字符串 2}\\ \text{空格数 2}\end{array}\right\}\text{串信息 2}
$$

$$
\vdots \qquad \vdots
$$

$$
\left.\begin{array}{l}\text{字符串 } n\\ \text{空格数 } n\end{array}\right\}\text{串信息 } n
$$

$$
\text{空格总数}
$$

对应的输出数据结构如图 6.8(b)所示。

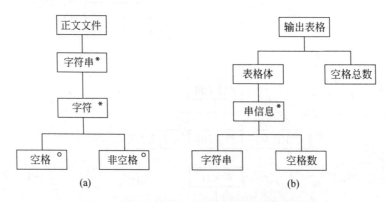

图 6.8 例 6.2 的输入数据结构及输出数据结构

2. 找出输入数据结构与输出数据结构中有对应关系的数据元素

所谓有对应关系是指有直接的因果关系,即在程序中可以同时处理的数据元素。对于表示"重复"的数据元素,只有其重复次数和次序都相同时才有对应关系。由于输出数据总是通过对输入数据的处理而得到的,因此,输入输出数据结构最高层次的两个数据元素总是有对应关系的。

显然,在图 6.8 中层次最高的数据元素"正文文件"和"输出表格"存在对应关系。输入数据结构中的"字符串"与输出数据结构中的"串信息"在重复次数和次序上都相同,所以它们之间也存在对应关系。除此之外,其余的数据元素不存在对应关系。这些对应关系如图 6.9 中的虚线箭头所示。

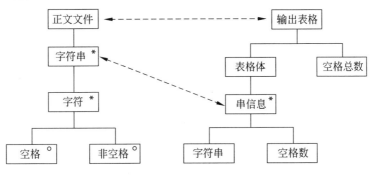

图 6.9　例 6.2 的输入输出的对应关系

3. 从描述数据结构的 Jackson 图导出描述程序结构的 Jackson 图

导出规则如下:

① 对于有对应关系的数据元素,按照它们在数据结构图中的层次,在程序结构图的相应层次上画一个处理框。如果这对数据元素在输入数据结构图和输出数据结构图中所处的层次不同,那么程序结构图中与之对应的处理框的层次与它们在数据结构图中层次较低的那个对应。

② 为输入数据结构图中剩余的每个数据元素,在程序结构图的相应层次上画一个处理框,在模块名称上增加"分析"或"处理"或另取一个具有实际含义的名称。

③ 为输出数据结构图中剩余的每个数据元素,在程序结构图的相应层次上画上一个处理框,在模块名称上增加一个表示输出的动词(如"打印")。

按步骤 2 的对应关系(参见图 6.9),"正文文件"与"输出表格"有对应关系,可以设定程序结构图的顶层模块为"统计空格",同样,由于输入数据结构中的"字符串"与输出数据结构中的"串信息"有对应关系,而"字符串"在输入数据结构中为第二层,"串信息"为第三层,那么其对应的模块"处理字符串"应在程序结构图的第三层;对输入数据结构中未处理的剩余元素,"字符"、"空格"、"非空格"各加入"分析"或"处理"填入程序结构中,得到了"分析字符"、"处理空格"、"处理非空格"模块。同理,输出数据结构"输出表格"下的"表格体"和"空格总数","串信息"下的"字符串"和"空格数",加入到程序结构图中就成为"程序体"、"印空格总数"、"印字符串"、"印空格数"。由于 Jackson 图中顺序元素中不包含重复元素,所以在"处理字符串"和"分析字符"之间增加了一个"分析字符串"模块。此时程序结构图如图 6.10 所示。

4. 列出所有操作和条件,并将它们分配到程序结构图的适当位置

可先列出产生输出的基本操作。首先从输出操作开始,再回到输入操作,再加入必需的与条件有关的操作。最后,把每个操作都分配到程序结构中去。

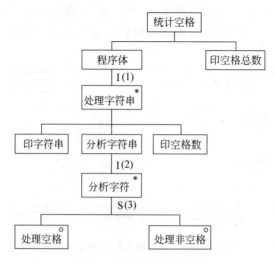

图 6.10　程序结构图

设变量 sum 存放一行字符串中的空格数；totalsum 存放空格总数；pointer 用来指示当前分析的字符在字符串中的位置,可以列出其所有操作,并对其进行如下编号。

① 停止。

② 打开文件。

③ 关闭文件。

④ 打印字符串。

⑤ 打印空格数。

⑥ 打印空格总数。

⑦ sum:=sum+1。

⑧ totalsum:=totalsum+1。

⑨ 读入字符串。

⑩ sum:=0。

⑪ totalsum:=0。

⑫ pointer:=1。

⑬ pointer:=pointer+1。

下面为条件列表。

I(1)：文件结束。

I(2)：字符串结束。

S(3)：字符是空格。

将①～⑬操作按次序与相应的模块进行关联,按从左至右决定先后顺序,关联后的程序结构图如图 6.11 所示。

5. 用伪码表示

把带有操作的程序结构图转换成结构正文,同时加入选择及重复条件。

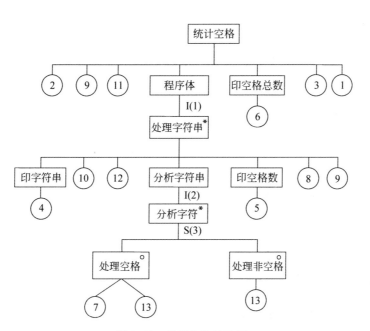

图 6.11　带操作的结构图

针对图 6.11 采用等价的伪码表示，如图 6.12 所示。

统计空格 seq
　　　　打开文件
　　　　读入字符串
　　　　totalsum:=0
　　　　程序体 iter until 文件结束
　　　　　　处理字符串 seq
　　　　　　　　印字符串 seq
　　　　　　　　　　打印字符串
　　　　　　　　印字符串 end
　　　　　　　　sum:=0
　　　　　　　　pointer:=1
　　　　　　　　分析字符串 iter until 字符串结束
　　　　　　　　　　分析字符 select 字符是空格
　　　　　　　　　　　　处理空格 seq
　　　　　　　　　　　　　　sum:=sum+1
　　　　　　　　　　　　　　pointer:=pointer+1
　　　　　　　　　　　　处理空格 end
　　　　　　　　　　分析字符 or 字符不是空格
　　　　　　　　　　　　处理非空格 seq
　　　　　　　　　　　　　　pointer:=pointer+1
　　　　　　　　　　　　处理非空格 end
　　　　　　　　　　分析字符 end
　　　　　　　　分析字符串 end

图 6.12　程序伪码

<u>印空格数</u> seq
　　打印空格数
<u>印空格数</u> end
totalsum := totalsum＋1
　　读入字符串
　　<u>处理字符串</u> end
　<u>程序体</u> end
　<u>印空格总数</u> seq
　　　打印空格总数
　<u>印空格总数</u> end
　关闭文件
　停止
<u>统计空格</u> end

图 6.12 （续）

JSP 方法具有如下特点：

- 简单、易学、形象直观、可读性好。
- 便于表示层次结构。
- 适用于小型数据处理系统。

6.2　JSD 方法简介

JSP 方法广泛使用 10 多年后，Jackson 对它进行了扩充，不再局限于中小规模范围的问题及顺序范围，新的开发方法称为 JSD。

JSD 方法覆盖了整个系统的分析到实现，其本质是：先建立一个现实模型，然后加入功能性处理。在最后阶段，逻辑系统才转换为实际设计，共分为以下 6 个步骤。

1. 标识实体与行为

建立现实的模型，列出与系统有关的实体表及活动表。

2. 生成实体结构图

分析实体表中实体之间的关系，形成实体结构图。

3. 创建软件系统模型

根据现实世界，对实体与行为的组合建立进程模型。

4. 扩充功能性过程

说明系统输出的功能，必要时在规格说明中加入附加的处理。

5. 施加时间控制

开发者考虑进程调度的某些特征，这些特征可能影响系统功能所输出的结果的正确性及时间关系。

6. 实现

开发者考虑运行系统的软硬件方面的问题,采用变换技术、调度技术、数据库定义技术等,以使系统能有效地运行。

在每个步骤中,每个阶段都有一组明显的开始和结束标志。限于篇幅,在此不作展开,有兴趣的读者可参考相关文献。

6.3 小   结

面向数据结构的分析和设计方法的主要特点是以数据结构为中心,从输入输出的数据结构导出程序结构。由于这种方法在国内应用得比较少,因此本书只对其作简单的介绍,主要是通过一个实例来介绍 JSP 方法,使读者对这种方法有一个大致的了解。

习   题

6.1 简述面向数据结构方法的特点。

6.2 采用 Jackson 图表示下面的文件结构:

```
type persons＝record
    no：string[6];                    /＊工号＊/
    name：string[20];                 /＊姓名＊/
    Address：string[60];              /＊地址＊/
    case t of
        1：factory;                   /＊工厂＊/
        2：office;                    /＊办公室＊/
        3：administration;            /＊管理员＊/
    end
end;
var
    thefile：file of persons;
```

6.3 假设要求设计一个书店库存管理软件,书店中除图书外还销售磁带/光盘等音像制品,需给各类商品建立一个信息表,图书应有书名、书号、出版社、版次、印次、出版年月、图书定价、图书进价、图书零售价、图书批发价、库存数量,音像制品有制品名称、音像制品出版社、出版年月、制品进价、制品批发价及库存数量,店长应随时能根据系统中的信息,按出版社、出版年月、进价索要分类清单,请完善需求并设计相应的数据结构。

6.4 仓库中存放了多种零件(如 $p_1, p_2, p_3, \cdots$),每种零件的每次变动(收到或发出)都有卡片作为记录。库存管理系统每月根据这样一叠卡片打印一张月报表,表中每行列出某种零件本月库存的净变化。假定卡片已按零件号排序(按递增次序),且同一零件号的卡片集中在一起。采用 JSP 方法给出输入输出数据结构、程序结构图及伪码。

第 7 章

面向对象方法基础

面向对象方法是一种把面向对象的思想应用于软件开发过程中,指导开发活动的系统方法,是建立在对象概念(对象、类和继承)基础上的方法,简称 OO 方法。20 世纪 60 年代后期出现了面向对象的编程语言 Simula-67,在该语言中引入了类和对象的概念。20 世纪 70 年代初 Xerox 公司推出了 Smalltalk 语言,奠定了面向对象程序设计的基础,1980 年出现的 Smalltalk-80 标志着面向对象程序设计进入了实用阶段。自 20 世纪 80 年代中期起,人们注重于面向对象分析和设计的研究,逐步形成了面向对象方法学。典型的方法有 P. Coad 和 E. Yourdon 的面向对象分析(OOA)和面向对象设计(OOD),G. Booch 的面向对象开发方法,J. Rumbaugh 等人提出的对象建模技术(OMT),Jacobson 的面向对象软件工程(OOSE)等。20 世纪 90 年代中期,由 G. Booch、J. Rumbaugh、Jacobson 等人发起,在 Booch 方法、OMT 方法和 OOSE 方法的基础上推出了统一的建模语言(UML),1997 年被国际对象管理组织(OMG)确定作为标准的建模语言。

面向对象方法的出现很快受到计算机软件界的青睐,并成为 20 世纪 90 年代的主流开发方法,可以从下列几个方面来分析其原因。

(1) 从认知学的角度来看,面向对象方法符合人们对客观世界的认识规律

很长一段时间里,人们分析、设计、实现一个软件系统的过程与认识一个系统的过程存在着差异。例如,结构化方法分析的结果是数据流图,设计的结果是模块结构图,实现的结果是由程序模块组成的源程序。这些图中的成分或程序模块不能直接映射到客观世界中系统的实体上,也就是说,解空间的结构与问题空间的结构是不一致的。当用户需求有一些小的改变时,这种不一致性将导致分析、设计的较大变化。而面向对象方法则以客观世界中系统的实体为基础,将客观实体的属性及其操作封装成对象。在分析阶段,识别系统中的对象以及它们之间的关系;在设计阶段,仍沿用分析的结果,并根据实现的需要增加、删除或合并某些对象,或在某些对象中添加相关的属性和操作,同时设计实现这些操作的方法;在实现阶段,则用程序设计语言来描述这些对象以及它们之间的联系。因此,面向对象方法的分析、设计、实现的结果能直接映射到客观世界中系统的实体上,也就是说,解空间的结构与问题空间的结构是一致的。分析、设计、实现一个系统的过程与认识这个问题的过程是一致的。由于面向对象的分析和设计采用同样的图形表示形式,分析、设计和实现都以对象为基础,因此,面向对象开发的各阶段之间具有很好的无缝连接。当用户的需求有所改变时,由

于客观世界中的实体是不变的,实体之间的联系也是基本不变的,因此,面向对象的总体结构也相对比较稳定,所引起的变化大多集中在对象的属性与操作及对象之间的消息通信上。总之,面向对象方法符合人们对客观世界的认识规律,所开发的系统相对比较稳定。

(2) 面向对象方法开发的软件系统易于维护,其体系结构易于理解、扩充和修改

面向对象方法开发的软件系统由对象类组成,对象的封装性很好地体现了抽象和信息隐蔽的特征。对象以属性及操作为接口,使用者只可通过接口访问对象(请求其服务),对象的具体实现细节对外是不可见的。这些特征使得软件系统的体系结构是模块化的,这种体系结构易于理解、扩充和修改。当对象的接口确定以后,实现细节的修改不会影响其他对象,易于维护。同时也便于分配给不同的开发人员去实现,依据规定的接口能方便地组装成系统。

(3) 面向对象方法中的继承机制有力支持软件的复用

在同一应用领域的不同应用系统中,往往涉及许多相同或相似的实体,这些实体在不同的应用系统中存在许多相同的属性和操作,也存在一些不同的应用系统所特有的属性和操作。在开发一个新的软件系统时,可复用已有系统中的某些类,通过继承和补充形成新系统的类。在同一个应用系统中,某些类之间也存在一些公共的属性和操作,也含有它们各自私有的属性和操作,这也可以通过继承来复用公共的属性和操作。

7.1 面向对象的基本概念

Peter Coad 和 Edward Yourdon 提出用下列等式识别面向对象方法[19]:

面向对象(object oriented) = 对象(object) + 分类(classification)

+ 继承(inheritance)

+ 通过消息的通信(communication with messages)

可以说,采用这 4 个概念开发的软件系统是面向对象的。

下面介绍面向对象中的几个基本概念。

1. 对象

在现实世界中,每个实体都是对象,如大学生、汽车、电视机、空调等,都是现实世界中的对象。每个对象都有它的属性和操作,如电视机有颜色、音量、亮度、辉度、频道等属性,可以有切换频道、增大/减低音量等操作。电视机的属性值表示了电视机所处的状态,而这些属性值只能通过其提供的操作来改变。电视机的各组成部分,如显像管、印制板、开关等都封装在电视机机箱中,人们不知道也不关心电视机是如何实现这些操作的。

在计算机系统中,对象是指一组属性以及这组属性上的专用操作的封装体。属性通常是一些数据,有时也可以是另一个对象。例如,书是一个对象,它的属性可以有书名、作者、出版社、出版年份、定价等属性,其中书名、出版年份、定价是数据,作者和出版社可以是对象,它们还可以有自己的属性(在有些简单的软件系统中可能只用到作者名和出版社名,而不关心作者和出版社的其他信息,那么,它们也可以是数据)。每个对象都有自己的属性值,表示该对象的状态。对象中的属性只能通过该对象所提供的操作来存取或修改。操作也称

为方法或服务,操作规定了对象的行为,表示对象所能提供的服务。封装是一种信息隐蔽技术,用户只能看见对象封装界面上的信息,对象的内部实现对用户是隐蔽的。封装的目的是使对象的使用者和生产者分离,使对象的定义和实现分开。一个对象通常可由对象名、属性和操作 3 部分组成。

2. 类

类(class)是一组具有相同属性和相同操作的对象的集合。一个类中的每个对象都是这个类的一个实例(instance)。例如,"轿车"是一个类,"轿车"类的实例"张三的轿车"、"李四的轿车"都是对象。也就是说,对象是客观世界中的实体,而类是同一类实体的抽象描述。在分析和设计时,人们通常把注意力集中在类上,而不是具体的对象上。人们也不必为每个对象逐个定义,只需对类作出定义,而对类的属性的不同赋值即可得到该类的对象实例,如图 7.1 所示。类和对象之间的关系类似于程序设计语言中的类型(type)和变量(variable)之间的关系。

通常把一个类和这个类的所有对象称为类及对象,或称为对象类。

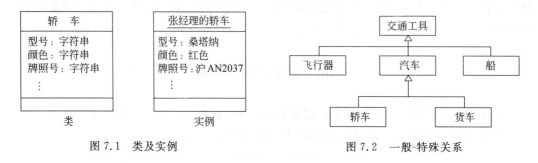

图 7.1　类及实例　　　　　　　图 7.2　一般-特殊关系

3. 继承

一个类可以定义为另一个更一般的类的特殊情况,如"轿车"类是"汽车"类的特殊情况,称一般类是特殊类的父类或超类(superclass),特殊类是一般类的子类(subclass)。例如,"汽车"类是"轿车"类的父类,"轿车"类是"汽车"类的子类。同样,"汽车"类还可以是"交通工具"类的子类,"交通工具"类是"汽车"类的父类。这样可以形成类的一种一般-特殊的层次关系,如图 7.2 所示。

在这种一般-特殊的关系中,子类可以继承其父类(或祖先类)的所有属性和操作,同时子类中还可以定义自己特有的属性和操作。所以,子类的属性和操作是子类中的定义部分和其祖先类中的定义部分的总和。

继承是类间的一种基本关系,是基于层次关系的不同类共享属性和操作的一种机制。父类中定义了其所有子类的公共属性和操作,在子类中除了定义自己特有的属性和操作外,还可以对父类(或祖先类)中的操作重新定义其实现方法,称为重载(override)。例如,矩形是多边形的子类,在多边形类中定义了属性:顶点坐标序列,定义了操作:平移、旋转、显示、计算面积等。在矩形类中,可定义它自己的属性长和宽,还可以对操作"计算面积"重新定义。

有时,人们定义一个类,这个类把另一些类组织起来,提供一些公共的行为,但并不需要使用这个类的实例,而仅使用其子类的实例。这种不能建立实例的类称为抽象类(abstract class),例如,图7.2中的交通工具就是一个抽象类。通常一个抽象类只定义这个类的抽象操作,抽象操作是指只定义操作接口,其实现部分由其子类定义。

如果一个子类只有唯一一个父类,这个继承称为单一继承。如果一个子类有一个以上的父类,这种继承称为多重继承。如图7.3所示的"水陆两栖交通工具"类既可继承"陆上交通工具"类,又可以继承"水上交通工具"类的特性。

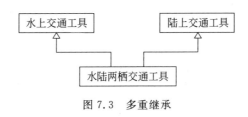

图7.3 多重继承

4. 消息

消息(message)传递是对象间通信的手段,一个对象通过向另一个对象发送消息来请求其服务。一个消息通常包括接收对象名、调用的操作名和适当的参数(如果有必要的话)。消息只告诉接收对象需要完成什么操作,但并不指示接收者怎样完成操作。消息完全由接收者解释,接收者独立决定采用什么方法完成所需的操作。

5. 多态性和动态绑定

多态性(polymorphism)是指同一个操作作用于不同的对象上可以有不同的解释,并产生不同的执行结果。例如,"画"操作,作用在"矩形"对象上则在屏幕上画一个矩形,作用在"圆"对象上则在屏幕上画一个圆。也就是说,相同操作的消息发送给不同的对象时,每个对象将根据自己所属类中定义的这个操作去执行,从而产生不同的结果。

与多态性密切相关的一个概念就是动态绑定(dynamic binding)。动态绑定是指在程序运行时才将消息所请求的操作与实现该操作的方法进行连接。传统的程序设计语言的过程调用与目标代码的连接(即调用哪个过程)放在程序运行前(编译时)进行,称为静态绑定,而动态绑定则是把这种连接推迟到运行时才进行。在一般与特殊关系中,子类是父类的一个特例,所以父类对象可以出现的地方也允许其子类对象出现。因此,在运行过程中,当一个对象发送消息请求服务时,要根据接收对象的具体情况将请求的操作与实现的方法进行连接。

例如,图7.4表示三角形类、矩形类、六边形类都继承了多边形类,其中多边形类是一个抽象类,它定义了抽象操作"计算面积"的接口,在三角形类、矩形类和六边形类中都继承了操作"计算面积",即它们与父类中的"计算面积"有相同的接口定义,并分别给出了它们各自计算面积的实现方法。

在图7.5所示的程序中,对于不同的条件,p可能是t,也可能是r,因此,当执行 area:= p. getArea 语句时,就可能计算三角形的面积,也可能计算矩形的面积。

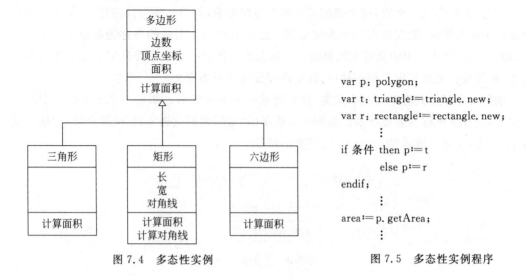

图 7.4 多态性实例

```
var p: polygon;
var t: triangle:= triangle. new;
var r: rectangle:= rectangle. new;
        ⋮
if 条件 then p:= t
        else p:= r
endif;
        ⋮
area:= p. getArea;
        ⋮
```

图 7.5 多态性实例程序

7.2 面向对象分析和设计过程

本节介绍面向对象分析和设计的一般过程。

7.2.1 面向对象分析过程

下面介绍面向对象分析的任务、一般步骤以及主要活动。

1. 面向对象分析的任务

面向对象分析(object_oriented analysis,OOA)的目标是完成对所解问题的分析,确定待建的系统要做什么,并建立系统的模型。为达到这一目标,必须完成以下任务[15]:

① 在客户和软件工程师之间沟通基本的用户需求。

② 标识类(包括定义其属性和操作)。

③ 刻画类的层次结构。

④ 表示类(对象)之间的关系。

⑤ 为对象行为建模。

⑥ 递进地重复任务①至任务⑤,直至完成建模。

其中,任务②至任务④刻画了待建系统的静态结构,任务⑤刻画了系统的动态行为。

2. 面向对象分析的步骤

面向对象分析的一般步骤如下[15]:

① 获取客户对系统的需求,包括标识场景(scenario)和用况(use case),并建造需求模型。

② 用基本的需求为指南来选择类和对象(包括属性和操作)。

③ 定义类的结构和层次。

④ 建造对象-关系模型。

⑤ 建造对象-行为模型。

⑥ 利用用况/场景来复审分析模型。

3. 分析过程

通常 OOA 可以从理解系统的使用方式开始,如果系统是人机交互的,则考虑被人使用的方式;如果系统涉及过程控制,则考虑被控制对象(如设备)使用的方式;如果系统协同并控制应用程序,则考虑应用程序的使用方式。

(1) 获取客户对系统的需求

需求获取必须让客户与开发者充分地交流,这里介绍一种采用用况来收集客户需求的技术。分析员首先标识使用该系统的不同的执行者(actor),这些执行者代表使用该系统的不同的角色。每个执行者可以叙述他如何使用系统,或者说他需要系统提供什么功能。执行者提出的每一个使用场景(或功能)都是系统的一个用况的实例,一个用况描述了系统的一种用法(或一个功能),所有执行者提出的所有用况构成系统的完整的功能需求。

注意,执行者与用户是两个不同的概念,一个用户可以扮演几个角色(执行者),一个执行者可以是用户,也可以是其他系统(应用程序或设备)。

得到的用况必须进行复审,以使需求完整。有关用况建模的细节可参见8.1节。

(2) 标识类和对象

在确定了系统的所有用况后,即可开始标识类以及类的属性和操作。8.2.2节将详细介绍一种采用 CRC(class-responsibility-collaborator)技术标识类和对象的方法。

(3) 定义类的结构和层次

在确定了系统的类后,就可定义类的结构和层次。类的结构主要有两种:一般-特殊结构和整体-部分结构。

一般-特殊(generalization-specialization)结构,是一种分类结构,反映类之间的一般与特殊的关系。例如,交通工具可分成汽车、船、飞行器。"交通工具"类就是一个一般类,"汽车"、"船"、"飞行器"等类就是特殊类,一般类与特殊类之间是一种"is a"的关系,如汽车是一种交通工具。同样,特殊类还可以分为更特殊的类,如"汽车"类还可分成"轿车"、"货车"等类。这样,可形成类的层次结构。

整体-部分(whole-part)结构反映了类之间的整体与部分关系。例如,"汽车"代表整体,而"车轮"、"发动机"、"底盘"等都是"汽车"的一部分。值得注意的是,整体-部分关系是对对象而言的,而不是对类的。整体-部分关系是一种"has a"的关系,如"汽车"有"发动机"。同样,整体-部分结构也具有层次结构。

有的面向对象方法中,把互相协作以完成一组紧密结合在一起的责任的类的集合定义为主题(subject)或子系统(subsystem)。主题和子系统都是一种抽象,从外界观察系统时,主题或子系统可看作黑盒,它有自己的一组责任和协作者,观察者不必关心其细节。观察一个主题或子系统的内部时,观察者可以把注意力集中在系统的某一个方面。因此,主题或子系统实际上是系统更高抽象层次上的一种描述。

(4) 建造对象-关系模型

对象-关系模型描述了系统的静态结构,它指出了类间的关系(relationship)。类间的关系有多种,详见 8.2.3 节。

(5) 建立对象-行为模型

对象-行为模型描述了系统的动态行为,指明系统如何响应外部的事件或激励(stimulus)。

建模的步骤如下[15]:

① 评估所有的用况,以完全理解系统中交互的序列。

② 标识驱动交互序列的事件,理解这些事件如何和特定的对象相关联。

③ 为每个用况创建事件轨迹(event trace)。

④ 为系统建造状态机图。

⑤ 复审对象-行为模型,以验证准确性和一致性。

对象-行为建模详见 8.3 节。

7.2.2 面向对象设计过程

面向对象设计(object_oriented design,OOD)是将 OOA 所创建的分析模型转化为设计模型。与传统的开发方法不同,OOD 和 OOA 采用相同的符号表示,OOD 和 OOA 没有明显的分界线,它们往往反复迭代地进行。在 OOA 时,主要考虑系统做什么,而不关心系统如何实现。在 OOD 时,主要解决系统如何做,因此,需要在 OOA 的模型中为系统的实现补充一些新的类,或在原有类中补充一些属性和操作。OOD 时应能从类中导出对象,以及这些对象如何互相关联,还要描述对象间的关系、行为以及对象间的通信如何实现。

OOD 同样应遵循抽象、信息隐蔽、功能独立、模块化等设计准则。

1. OOD 的一般步骤

以下是面向对象设计的一般步骤。

(1) 系统设计

① 将子系统分配到处理器。

② 选择实现数据管理、界面支持和任务管理的设计策略。

③ 为系统设计合适的控制机制。

④ 复审并考虑权衡。

(2) 对象设计

① 在过程级别(procedural level)设计每个操作。

② 定义内部类。

③ 为类属性设计内部数据结构。

(3) 消息设计

使用对象间的协作和对象-关系模型,设计消息模型。

(4) 复审

对设计模型进行复审,并且在需要的时候进行迭代。

2. 系统设计

与系统设计有关的活动有如下几项。

（1）将分析模型划分成子系统

在 OO 系统设计中，对分析模型进行划分，将紧密结合在一起的类、关系和行为包装成设计元素，称为子系统。

通常，子系统的所有元素共享某些公共的性质，这些元素可能都涉及完成相同的功能，可能驻留在相同的产品硬件中，或者可能管理相同的类和资源。子系统由它们的责任所刻画，即一个子系统可以通过它们提供的服务来标识。在 OOD 中，这种服务是完成特定功能的一组操作。

子系统的设计准则是[15]：

- 子系统应具有定义良好的接口，通过接口和系统的其他部分通信。
- 除了少数的"通信类"外，子系统中的类应只和该子系统中的其他类协作。
- 子系统的数量不宜太多。
- 可以在子系统内部再次划分，以降低复杂性。

可以用类似于数据流图（DFD）的图来描述子系统之间的通信和信息流，此时，DFD 中的每个加工（process）表示一个子系统。

（2）标识问题本身的并发性，并为子系统分配处理器

通过对对象-行为模型的分析，可发现系统的并发性。如果对象（或子系统）不是同时活动的，则它们不需并发处理，此时这些对象（或子系统）可以在同一个处理器上实现。反之，如果对象（或子系统）必须对一些事件同时异步地动作，则它们被视为并发的，此时可以将并发的子系统分别分配到不同的处理器，或者分配在同一个处理器，而由操作系统提供并发支持。

（3）任务管理设计

Coad 和 Yourdon 提出如下管理任务对象的设计策略：

- 确定任务的类型。
- 必要时，定义协调者任务和关联的对象。
- 将协调者任务和其他任务集成。

通常可通过了解任务是如何被启动的来确定任务的类型，如事件驱动任务，时钟驱动任务。每个任务应该定义其优先级，并识别关键任务。当有多个任务时，还可以考虑增加一个协调者任务，以控制这些任务协同工作。

（4）数据管理设计

通常数据管理设计成层次模式，其目的是将数据的物理存储及操纵与系统的业务逻辑加以分离。

数据管理的设计包括设计系统中各种数据对象的存储方式（如数据结构、文件、数据库），以及设计相应的服务，即为要储存的对象增加所需的属性和操作。

（5）资源管理设计

OO 系统可利用一系列不同的资源（如磁盘驱动器、处理器、通信线路等外部实体或数据库、对象等抽象资源），在很多情况下，子系统同时竞争这些资源，因此要设计一套控制机制和安全机制，以控制对资源的访问，避免对资源使用的冲突。

（6）人机界面设计

对多数应用系统而言，人机界面本身是一个重要的子系统。人机界面主要强调人如何命令系统，以及系统如何向人提交信息。人机界面设计包括窗口、菜单、报告的设计。

（7）子系统间的通信

子系统之间可以通过建立客户/服务器连接进行通信，也可以通过端对端（peer to peer）连接进行通信。系统设计阶段必须确定子系统间通信的合约（contract），合约提供了一个子系统和另一个子系统交互的方式。

确定合约的设计步骤如下[15]：

① 列出可以被该子系统的协作者提出的每个请求，按子系统组织这些请求，并把它们定义到一个或多个适当的合约中，务必要标记那些从父类中继承的合约。

② 对每个合约标记操作（继承的和私有的），通过这些操作来实现被该合约蕴含的责任，务必将操作和子系统内的特定类相关联。

③ 每个合约应包含合约的类型（客户机/服务器或端对端）、协作者（合约伙伴的子系统名）、类（子系统中支持合约蕴含服务的类名）、操作（类中实现服务的操作名）和消息格式（实现协作者间交互所需的消息格式）。

④ 如果子系统间的交互模式比较复杂，还可以建立子系统协作图。

3. 对象设计

对象设计是为每个类的属性和操作作出详细的设计，并设计连接类与它的协作者之间的消息规约（specification of the messages）。

（1）对象描述

对象的设计描述可以采取以下形式之一。

① 协议描述：描述对象的接口，即定义对象可以接收的消息以及当对象接收到消息后完成的相关操作。

② 实现描述：描述传送给对象的消息所蕴含的每个操作的实现细节，实现细节包括有关对象私有部分的信息，即关于描述对象属性的数据结构的内部细节和描述操作的过程细节。

对对象的使用者来说，只需要协议描述就够了。

（2）设计数据结构和算法

为对象中的属性和操作设计数据结构和实现算法。

7.2.3 设计模式

在许多面向对象系统中，存在一些类和对象的重复出现的模式。这些模式求解特定的设计问题，使面向对象设计更灵活，并最终可复用。这些模式帮助设计者复用以前成功的设计，设计者可以把这些模式应用到新的设计中。

一个设计模式（design patterns）有如下 4 个基本要素。

1. 模式名称

用于描述模式的助忆符。设计模式名应具有实际的含义,能反映模式的适用性和意图。

2. 问题

描述何时使用模式,解释设计问题以及应用模式所必需的环境和条件。

3. 解决方案

描述构成设计方案的各元素、它们之间的关系、各自的职责和协作方式。

4. 效果(consequences)

描述模式应用的效果以及使用模式时的折中问题。

在《设计模式》[27]一书中介绍了 23 种设计模式,按照模式的目的(完成什么工作),设计模式可分为创建型、结构型和行为型 3 类。创建型模式与对象的创建有关,结构型模式处理类或对象的组合,行为型模式描述类或对象的交互和职责分配。设计模式也可按模式的适用范围分为类模式和对象模式。类模式处理类和子类的静态关系,对象模式处理对象间的关系,这些关系在运行时可以变化,具有动态性。

常见的设计模式如下所示。

- 创建型模式:工厂方法,抽象工厂,构建器,原型,单件。
- 结构型模式:适配器,桥接,组合,装饰器,外观,享元,代理。
- 行为型模式:解释器,模板方法,职责链,命令,迭代器,中介者,备忘录,观察者,状态,策略,访问者。

其中,工厂方法模式、解释器模式、模板方法模式适用于类;适配器模式既适用于类又适用于对象;其他模式都适用于对象。

关于各种模式的详情请参见相关的参考文献。

7.3　UML 概述

目前国际上已出现了多种面向对象的方法,每种方法都有自己的表示法、过程和工具,甚至各种方法所使用的术语也不尽相同。这一现状导致开发人员经常为选择何种面向对象方法而引起争论,但是每种方法都各有短长,因此很难找到一个最佳答案。UML 的一个初始目标就是结束面向对象领域中的方法大战。

7.3.1　UML 发展历史

1994 年 Booch 和 Rumbaugh 在 Rational Software Corporation 开始了 UML 的研究工作,其目标是创建一个"统一的方法",他们把 Booch 93 和 OMT-2 统一起来,于 1995 年发布了 UM0.8。1995 年 OOSE 的创始人 Jacobson 加盟到这项工作中,他们在研究过程中认识到,由于在不同的公司和不同的文化之间,过程(或方法)的区别是很大的,要创建一个人人都能使用的标准过程(或方法)相当困难,而建立一种标准的建模语言比建立标准的过程(或方法)要简单得多。因此,他们的工作重点放在创建一种标准的建模语言,并重新命名为统一的建模语言(unified modeling language,UML)。他们以 Booch 方法、OMT 方法、OOSE方法为基础,吸收了其他流派的长处,于 1996 年 6 月、10 月以及 1997 年 1 月、11 月分别推出了 UML0.9、UML0.91、UML1.0、UML1.1。

自 1996 年起,一些机构把采用 UML 作为其商业策略,宣布支持并采用 UML,并且成立了 UML 成员协会,以完善、加强和促进 UML 的定义。1997 年 1 月的成员有:DEC、HP、I-Logix、Intellicorp、IBM、ICON Computing、MCI Systemhouse、Microsoft、Oracle、Rational Software、TI、Unisys 等。在美国,到 1996 年 10 月,UML 获得了工业界和学术界的广泛支持,已有 700 多家公司表示支持采用 UML,1996 年底,UML 已稳定地占领了85%面向对象技术市场,成为事实上的工业标准。1997 年 11 月,国际对象管理组织(Object Management Group,OMG)批准把 UML1.1 作为基于面向对象技术的标准建模语言。之后,UML 进行了持续的修订和改进,先后推出 UML1.2、1.3、1.4、1.5 版本,到 2004 年推出了 UML2.0,UML2.0 对 UML1.x 进行了重大的修改。

下面主要基于《统一建模语言参考手册(第 2 版)》[18] 来介绍面向对象的分析和建模技术。

方法与建模语言是不同的。一个方法告诉用户做什么,怎么做,什么时候做,为什么做(特定活动的目的)。方法包括模型,这些模型用来描述某些内容,并传达使用一个方法的结果。模型用建模语言来表达,建模语言由记号(模型中使用的符号)和一组如何使用它的规则(语法、语义和语用)组成。方法与建模语言之间的主要差别是建模语言缺少一个过程,或者说缺少对做什么、怎么做、什么时候做、为什么做的指示。

7.3.2　UML 简介

一个系统往往可以从不同的角度进行观察,从一个角度观察到的系统,构成系统的一个视图(view),每个视图是整个系统描述的一个投影,说明了系统的一个特殊侧面。若干个不同的视图可以完整地描述所建造的系统。视图并不是一种图表(graph),是由若干幅图(diagram)组成的一种抽象。每种视图用若干幅图来描述,一幅图包含了系统某一特殊方面的信息,阐明了系统的一个特定部分或方面。一幅图由若干个模型元素组成,模型元素表示图中的概念,如类、对象、用况、结点(node)、接口(interface)、包(package)、注解(note)、构件(component)等都是模型元素。用于表示模型元素之间相互连接的关系也是模型元素,如关联(association)、泛化(generalization)、依赖(dependency)、实现(realization)等。

图 7.6 给出了部分模型元素的图形符号。还有其他一些模型元素,将在后续章节中介绍。

UML1.X 中包括如下 8 种视图:静态视图、用况视图、实现视图、部署视图、状态机视图、活动视图、交互视图和模型管理视图,以及如下 10 种图:类图、对象图、用况图、构件图、部署图、状态机图、活动图、顺序图、协作图和包图[26]。在 UML2.0 中做了修改和扩充,见表 7.1。

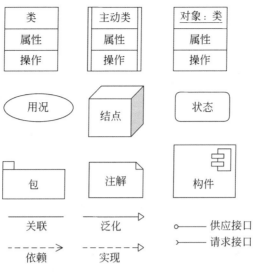

图 7.6　部分模型元素

表 7.1　UML2.0 的视图和图

主　题　域	视　　图（view）	图（diagram）
结构化 structural	静态视图（static view）	类图（class diagram）
	设计视图（design view）	内部结构（internal structure）
		协作图（collaboration diagram）
		构件图（component diagram）
	用况视图（use case view）	用况图（use case diagram）
动态的 dynamic	状态机视图（state machine view）	状态机图（state machine diagram）
	活动视图（activity view）	活动图（activity diagram）
	交互视图（interaction view）	顺序图（sequence diagram）
		通信图（communication diagram）
物理的 physical	部署视图（deployment view）	部署图（deployment diagram）
模型管理 model management	模型管理视图（model management view）	包图（package diagram）
	剖面（profile）	包图（package diagram）

7.3.3　视图

UML2.0 把视图划分成 4 个主题域：结构化域、动态域、物理域和模型管理域。结构化域描述了系统中的结构成员及其相互关系，包括静态视图、设计视图和用况视图。动态域描述了系统的行为或其他随时间变化的行为，包括状态机视图、活动视图和交互视图。物理域描述了系统中的计算资源及其总体结构上的部署，包括部署视图。模型管理域描述层次结构中模型自身的组织（包是模型通常的组织单元），包括模型管理视图和剖面（profile）。

1. 静态视图

静态视图对应用领域中的概念以及与系统实现有关的内部概念建模,主要由类以及类之间的相互关系组成,在静态视图中不描述依赖于时间的系统行为。静态视图用类图来展示。

2. 设计视图

设计视图对应用自身的设计结构建模,例如,将设计结构扩展成结构化类元(classifier)、为实现功能所需的协作和良定义接口的构件的组装。设计视图由内部结构图、协作图和构件图实现。

3. 用况视图

用况视图对被称为执行者的外部代理(与特定视点的主题交互)所感受到的主题(如系统)功能建模。用况视图的意图是列出系统中的用况和执行者,并显示哪个执行者参与了哪个用况的执行。用况的行为用动态视图,特别是交互视图来表示。用况视图用用况图来展示。

4. 状态机视图

状态机视图对一个类的对象的可能生命历程建模。一个状态机包括用迁移连接的状态,每个状态对一个对象在其生命期中满足某种条件的一个时间段建模。当一个事件发生时,会导致触发对象的一个状态向另一个新状态的迁移,附加在迁移上的动作或活动也同时被执行。状态机视图用状态机图来展示。

5. 活动视图

活动展示了包含在执行计算或工作流中的计算活动的控制流。一个动作是一个基本的计算步,一个活动结点是一组动作或子活动,一个活动可描述顺序的和并发的计算。活动视图用活动图来展示。

6. 交互视图

交互视图描述系统各部分中消息交换的顺序。交互视图提供了系统中行为的整体视图,也就是展示了多个对象间交叉的控制流。交互视图用顺序图和通信图来展示。

7. 部署视图

部署视图描述了运行时结点上制品的分布。制品是一个物理实现单元,如一个文件,制品也可以表示一或多个构件的实现(一种表现形式)。结点是运行时表示计算资源的物理对象,如计算机、设备。部署视图允许对分配的结果和资源分配进行评估。部署视图用部署图来展示。

8. 模型管理视图

模型管理视图对模型自身的组织建模。一个模型由一组保存模型元素（如类、状态机、用况）的包组成。包还可以包含其他的包，因此，一个模型从一个间接包含所有模型内容的根包（root package）开始。包是操纵模型内容的单元，也是访问控制和配置控制的单元。每个模型元素可以被一个包或另一个元素拥有。模型管理信息通常展示在包图中，包图是类图的一种变种。

9. 剖面

UML 是用一个元模型（meta-model）定义的，元模型是指描述建模语言自身的模型。通常元模型的改变是复杂的，也是危险的。剖面机制允许在不修改基础元模型的前提下对 UML 进行有限的变化。UML 包含 3 个主要的可扩展结构：约束（constraints）、版型（stereotypes）和标签值（tagged values）。

约束是以自然语言或特定形式语言的正文表示的语义条件或限制，约束写在花括号中，如{value≥0},{or}。版型是在基于现有各类模型元素的外形中定义模型元素的新类型，它本质上是一种新元类（metaclass）。版型可以扩展语义，但不能扩展原元模型类的结构。用《 》标记版型，如《signal》。标签值是贴在任何模型元素上的被命名的信息片。图 7.7 给出了版型和标签值的应用实例。

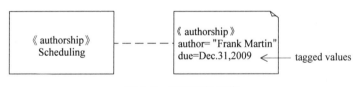

图 7.7 版型和标签值

7.3.4 图

本节对 UML2.0 中的各种图进行简单介绍。

1. 类图

类图展示了系统中类的静态结构，即类与类之间的相互联系。类之间有多种联系方式，如关联（相互连接）、依赖（一个类依赖或使用另一个类）、泛化（一个类是另一个类的特殊情况）等。一个系统可以有多幅类图，一个类也可以出现在几幅类图中。

对象图（object diagram）是类图的实例，对象图展示了系统执行在某一时间点上的一个可能的快照。对象使用与类相同的符号，只是在对象名下面加下划线，对象图还显示了对象间的实例链接（link）关系。

2. 内部结构图

内部结构图展示了类的分解，给出了组成一个结构化类元的相互连接的部分、端口和连接器。图 7.8 显示了售票系统中售票处类的内部结构图。其中，小方块表示端口，端口间的连线表示连接器。

3. 协作图

协作图展示了协作的定义,是一种合成的结构图。协作是为了完成某一目的而一起工作的一组对象间的上下文关系。图7.9给出了剧院售票系统的协作图。

4. 构件图

构件图展示了系统中的构件(即来自应用的软件单元),构件间通过接口的连接,以及构件之间的依赖关系。构件是一种结构化类元,可以用内部结构图来定义它的内部结构。

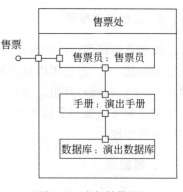

图7.8 内部结构图

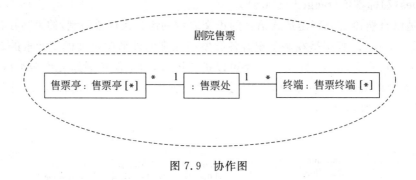

图7.9 协作图

5. 用况图

用况图展示了各类外部执行者与系统所提供的用况之间的连接。一个用况是系统所提供的一个功能(也可以说是系统提供的某一特定用法)的描述,执行者是指那些可能使用这些用况的人或外部系统,执行者与用况的连接表示该执行者使用了那个用况。用况图给出了用户所感受到的系统行为,但不描述系统如何实现该功能。用况通常用普通正文描述,也可以用活动图来描述。

6. 状态机图

状态机图通常是对类描述的补充,说明该类的对象所有可能的状态以及哪些事件将导致状态的改变。一个事件可以是另一个对象向它发送的一条消息,或者是满足了某些条件。状态的改变称为迁移(transition)。一个状态迁移还可以有与之相关的动作,该动作指出状态迁移时应做什么。

并不是所有的类都要画状态机图,有些类有一些意义明确的状态,并且其行为受不同的状态所影响和改变,这些类才需要画状态机图。

7. 活动图

活动图展示了连续的活动流。活动图通常用来描述完成一个操作所需要的活动。当然它还能用于描述其他活动流,如描述用况。活动图由动作状态组成,包含完成一个动作的活动的规约(即规格说明)。当一个动作完成时,将离开该动作状态。活动图中的动作部分还可包括消息发送和接收的规约。

8. 顺序图

顺序图展示了几个对象之间的动态交互关系,主要用来显示对象之间发送消息的顺序,还显示了对象之间的交互,即系统执行的某一特定点所发生的事。

9. 通信图

通信图描述了交互作用中的角色,显示了有协作关系的角色之间的交互。通信图明确地显示元素之间的协作关系,而不显示作为独立维的时间,消息的顺序和并发线程必须由顺序号确定。

10. 部署图

部署图展示了运行时处理结点和在结点上生存的制品的配置。结点是运行时的计算资源,制品是物理实体,如构件、文件。

部署图中显示部署在结点上的制品和它们之间的关系,以及结点之间的连接和通信方式。

11. 包图

包图是由包和它们间的关系组成的结构图。

模型是在某一视点给定的精度上对系统的完整描述,一个系统可以根据不同的视点存在多个模型,如分析模型、设计模型。一个模型可看作一个特定类型的包,通常仅显示包就足够了(不必显示包内部的细节)。图 7.10 给出了剧院系统所细分成的包以及它们之间的依赖关系。

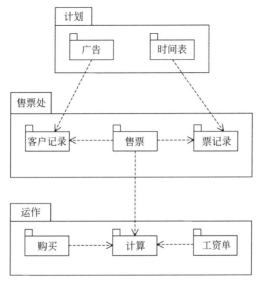

图 7.10　包图

7.4 小　结

面向对象方法已成为主流的软件开发方法,受到软件人员的广泛重视。本章介绍了面向对象的基本概念、面向对象分析和设计的一般过程以及 UML2.0 的图和视图。关于面向对象的建模技术和 UML 的细节将在第8章介绍。

习　　题

7.1　什么是对象? 什么是类? 它们之间是什么关系?

7.2　什么是继承?

7.3　什么是多态性? 什么是动态绑定?

7.4　简述面向对象的分析过程。

7.5　简述面向对象的设计过程。

7.6　UML 有哪些视图?

7.7　UML 有哪些图?

第 **8** 章

面向对象建模

目前,面向对象方法已成为主流的软件开发方法,UML 也成为主流的面向对象建模语言。在面向对象的开发过程中会从不同的视角建立多种不同的模型。本章针对软件系统的用况模型、静态模型、动态模型、物理体系结构模型,介绍使用 UML 的建模技术。

8.1 用况建模

用况建模是用于描述一个系统应该做什么的建模技术,用况建模不仅用于新系统的需求获取,还可用于已有系统的升级。通过开发者和客户之间为导出需求规约而进行的交互过程来建立用况模型。用况模型的主要成分有用况、执行者和系统。系统被视为一个提供用况的黑盒,系统如何做、用况如何实现、内部它们如何工作,这些对用况建模都是不重要的。系统的边界定义了系统所具有的功能。功能用用况来表示,每个用况指明了一个完整的功能。用况的主要目标如下:

- 确定和描述系统的功能要求。
- 给出清晰和一致的关于系统做什么的描述。
- 为验证系统所需要的测试提供基准。
- 提供从功能需求到系统的实际类和操作的跟踪能力。

人们可以通过更改用况模型,然后跟踪用况所影响到的系统设计和实现,使系统的修改和扩充简单化。

任何一个涉及系统功能活动的人都会用到用况模型。对客户而言,用况模型指明了系统的功能,描述了系统能如何使用。用况建模时客户的积极参与是十分重要的,客户的参与使模型能反映客户所希望的细节,并用客户的语言和术语来描述用况。对开发者而言,用况模型帮助他们理解系统要做什么,同时为以后的其他模型建模、结构设计、实现等提供依据。集成测试和系统测试人员根据用况来测试系统,以验证系统是否完成了用况指定的功能。

8.1.1 用况建模步骤

创建用况模型的步骤如下:

① 定义系统。

② 确定执行者。

③ 确定用况。

④ 描述用况。

⑤ 定义用况间的关系。

⑥ 确认模型。

用况模型由用况图组成,用况图展示了执行者、用况以及它们之间的关系。用况通常用正文形式来描述。

一个用况模型由若干幅用况图组成。一幅用况图包含的模型元素有系统、执行者、用况,以及它们间的关系(如关联、扩展、包含、泛化等)。

图 8.1 给出了某电话订购系统的用况图。图中的方框代表系统,椭圆代表用况,线条人代表执行者,连接线表示关系。

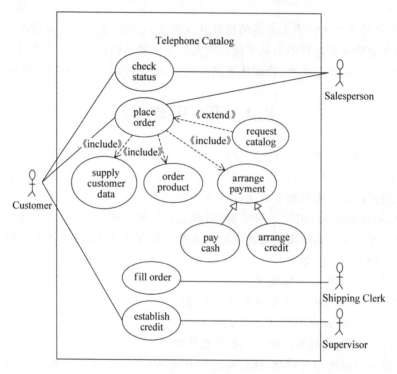

图 8.1　电话订购系统用况图

方框的边线表示系统的边界,用于划分系统的功能范围。描述该系统功能的用况置于方框内,描述外部实体的执行者置于其外。同时,编辑一个包含合适的术语及其定义的重要概念(实体)目录也是十分重要的,目录描述系统或业务模型的用词,以后可用这些术语描述用况。

8.1.2　确定执行者

在确定系统的执行者之前,首先要明确执行者的含义。

1. 执行者

执行者是指与系统交互的人或其他系统。"与系统交互"是指执行者向系统发送消息,或从系统那里接收消息,或与系统交换信息。简单地说,执行者执行用况。

执行者代表一种角色,而不是具体的某个人。例如,张三要向保险公司投保,要创建的是投保人这个角色,而不是张三这个人。一个人在系统中可以扮演几个不同的执行者,即表示他担任了几个角色。一个人担任的角色应该是有限制的,如他不能既提交合同又审批合同。

执行者可分为主执行者(primary actor)和副执行者(supporting actor)。主执行者使用系统的主要功能,例如,保险系统中主执行者处理保险的注册和管理。副执行者处理系统的辅助功能,如管理数据库、通信、备份以及其他管理等系统维护。这两类执行者都要建模,以保证描述系统完整的功能特性。

执行者还可分以为主动执行者和被动执行者。主动执行者启动一个用况,而被动执行者从不启动用况,只是参与一个或多个用况。

2. 寻找执行者

可以通过回答下列问题来确定执行者[28]:

① 谁使用系统的主要功能(主执行者)?

② 谁需要从系统中得到对他们日常工作的支持?

③ 谁需要维护、管理和维持系统的日常运行(副执行者)?

④ 系统需要控制哪些硬件设备?

⑤ 系统需要与哪些其他系统交互?

⑥ 哪些人或哪些系统对系统产生的结果(值)感兴趣?

8.1.3 确定用况

一个用况表示被执行者感受到的一个完整的功能。在 UML 中,用况是动作序列的规格说明,执行这些动作即可提供一种有价值的服务。用况通过关联与执行者连接,关联指出一个用况与哪些执行者交互,这种交互是双向的。

1. 用况的特征

用况有如下特征:

- 用况总是被执行者启动的(initiated),执行者必须直接或间接地指示系统去执行用况。
- 用况向执行者提供值,这些值必须是可识别的。
- 用况是完整的,一个用况必须是一个完整的描述。

一种不适当的用法是把一个用况分成几个小的用况,这些小的用况象程序设计语言中的函数一样相互调用。而事实上,在最终的值产生前,这些小的用况是不完整的。

类似于对象是类的实例,用况的实例称为场景(scenario)。例如,用况"签署保险合同"的一个实例是"张三为他刚买的桑塔纳汽车签署一份保险合同"。

2. 寻找用况

可以通过让每个执行者回答以下问题来寻找用况[28]：

① 执行者需要系统提供哪些功能？执行者需要系统做什么？

② 执行者是否需要读、创建、删除、修改或储存系统中的某类信息？

③ 执行者是否需要被系统中的事件提醒，或者执行者是否需要提醒系统中某些事情？从功能观点看，这些事件表示什么？

④ 执行者的日常工作是否因为系统的新功能（尤其是目前尚未自动化的功能）而被简化或提高了效率？

另外，还有一些不是目前的执行者回答的问题：

① 系统需要哪些输入输出？谁从系统获取信息？谁为系统提供信息？

② 与当前系统（可能是人工系统而不是自动化系统）的实现有关的主要问题是什么？

上述这两个问题并不意味着所标识的用况没有执行者，而是通过先标识用况，然后识别出执行者。用况最终至少与一个执行者连接。

值得注意的是，对同一个项目，不同的开发者选取的用况数是不一样的。例如，一个 10 个人年规模的项目，有人选取了 20 个用况，而在一个类似的项目中，有人选用了 100 个用况。似乎 20 个太少，而 100 个太多，希望在项目规模和用况数之间保持均衡。

8.1.4 用况描述

用况通常用正文（text）来描述，正文是一份关于执行者与用况如何交互的简明和一致的规约。正文着眼于系统的外部行为，而忽略系统内部的实现。描述中使用客户所使用的语言和术语。

1. 用况的简单描述

执行者和用况可以作如下简要的描述。

（1）执行者的简要描述

例如，客户：向公司订购商品的人。

　　　客户代表：公司处理客户请求的雇员。

　　　库存系统：记录公司库存的软件。

（2）用况的简要描述

例如，订购货物：客户创建一个新的请求商品的订单，并为那些商品付费。

　　　取消订单：客户取消一个已经存在的订单。

2. 用况的详细描述

为了进行后续的开发，用况通常还要进行更详细的描述。

用况的正文描述应该包括以下内容。

① 用况的目的：用况的最终目的是什么？它试图达到什么？

② 用况是如何启动（initiate）的：哪个执行者在什么情况下启动用况的执行？

③ 执行者和用况之间的消息流：用况与执行者之间交换什么消息或事件来通知对方改变或恢复信息，并帮助对方作出决定？描述系统与执行者之间的主消息流是什么？以及系统中哪些实体被使用或修改？

④ 用况中可供选择的流：用况中的活动可根据条件或异常（exception）有选择地执行。

⑤ 如何通过给执行者一个值来结束用况：描述何时可认为用况已结束。

下面给出一种用况详细描述的模板，包括用况名称、参与的执行者、前置条件、后置条件、事件流（flow of events）等。前置条件和后置条件分别表示用况开始和结束的条件，事件流是从执行者的角度，列出用况的各个步骤。用况描述中可以包含条件、分支和循环等。

例如，订购货物用况的详细描述如图 8.2 所示[22]。

用况名称：订购货物
参与的执行者：客户、客户代表
前置条件：一个合法的客户已经登录到这个系统
事件流：

 1. 当客户选择订购货物时，用况开始

 2. 客户输入他的姓名和地址

 3. 如果客户只输入邮编，系统将给出州和城市名

 4. 当客户输入产品代码

  a. 系统给出产品描述和价格

  b. 系统往客户订单中添加该物品的价格

  循环结束

 5. 客户输入信用卡支付信息

 6. 客户选择提交

 7. 系统检验输入的信息，把该订单作为未完成的交易保存，同时向记账系统转发支付信息。如果客户提交的信息不正确，系统将提示客户修改

 8. 当支付确认后，订单就被标记上已经确认，同时返回给客户一个订单 ID，用况也就结束了。如果支付没有被确认，系统将提示客户改正支付信息或者取消。如果客户选择修改信息，就回到第 5 步；如果选择取消，用况结束

后置条件：如果订单没有被取消，将保存在系统中，并做标记

图 8.2 订购货物用况的详细描述

在用况描述中还可包含其他一些特殊需求，这些需求常常是非功能性需求，如易用性、安全保密性、可维护性、负载、性能、自动防故障、数据需求等。例如，订购货物用况中可以增加如下特殊需求：

特殊需求：系统必须在一秒内响应客户的输入

用况也可用活动图来描述。活动图描述了活动的顺序，以及可选择的路径。用况模型必须被用户理解，不必过于形式化，详见 8.1.7 节。

可以给出一些用况实例的真实场景（scenario）作为用况描述的补充。这些场景图示了一些特殊的情况，其中执行者和用况都以实例形式出现。当用多个实例的场景描述系统的行为时，客户能更好地理解一个复杂的用况。但是，场景描述只是一种补充，不能替代用况

描述。

　　事件流可分为基本路径和可选路径两部分：基本路径是运转正常时的路径，是一系列没有分支和选择的简单陈述句；可选路径是指不同于基本路径而允许不同的事件序列的路径。对于明显有可能随时发生的事情来说，可选路径非常有效。

　　例如，在订购货物用况中，客户可以在提交订单前随时取消订单，则其基本路径和可选路径如图 8.3 所示。

事件流：

基本路径：

    1. 当客户选择订购货物时，用况开始

    2. 客户输入他的姓名和地址

    3. 当客户输入产品代码时

        a. 系统给出产品描述和价格

        b. 系统往客户订单中添加该物品的价格

        循环结束

    4. 客户输入信用卡支付信息

    5. 客户选择提交

    6. 系统检验输入的信息，把该订单作为未完成的交易保存，同时向记账系统转发支付信息

    7. 当支付确认后，订单就被标记上已经确认，同时返回给客户一个订单 ID，用况结束

可选路径：

    • 在选择提交前的任何时候，客户都可以选择 cancel。这次订购没有被保存，用况结束

    • 在基本路径第 6 步，如果有任何不正确的信息，系统提示客户去修改这些信息

    • 在基本路径第 7 步，如果支付没有被确认，系统将提示客户改正支付信息或者取消。如果客户选择修改信息，就回到基本路径第 4 步；如果选择取消，用况结束

图 8.3　订购货物用况的基本路径和可选路径

8.1.5　用况图中的关系

　　UML 用况图中的关系主要有关联(association)、扩展(extend)、包含(include)和用况泛化(use case generalization)，其含义见表 8.1。

表 8.1　用况图中的关系

关　系	说　　明	记　号
关联	执行者与他所参与的一个用况之间的通信路径	——
扩展	扩展的用况到基本用况的一种关系，指出扩展的用况所定义的行为如何插入到基本用况所定义的行为中。扩展的用况通过模块化方式(modular way)增量地修改基本用况	《extend》 ------>

续表

关 系	说 明	记 号
包含	从基本用况到另一个用况(称为包含用况,inclusion use case)的一种关系,指出包含用况定义的行为被包含在基本用况所定义的行为中。基本用况能看到包含用况,并依赖于执行包含用况后的结果,但两者相互间不能访问其他属性	《include》 ------>
用况泛化	一个一般用况与一个更特殊的用况之间的关系,特殊用况可继承一般用况的特征	------▷

8.1.6　案例说明

面向对象软件开发通常采用统一建模语言 UML,整个开发过程会建立软件系统的用况模型、静态模型、动态模型和物理模型。本章将通过一个网上购物系统案例,介绍用况建模、静态建模、动态建模的建模过程和方法。本节是对网上购物系统案例的说明,考虑到篇幅有限,本书对网上购物系统进行了很大的简化。

网上购物系统的案例说明如下。

客户通过相应的网址访问网上购物系统,进入系统后,客户即可通过多级分类目录逐级浏览商品的名称、规格、单价、图片等信息,直至浏览某个商品的详细技术指标。浏览过程中,客户可随时将需要的商品放到购物车内,系统可显示购物车内已选购的商品、单价、数量及价格,客户还可随时删去购物车内尚未结账的任何商品。当客户选择好所需的商品后,可要求结账,此时,系统首先要求客户注册/登录(对新客户需先注册,填写客户信息,然后登录;对老客户只需通过用户名和密码直接进行登录即可),然后根据购物车中所选的商品形成初始的订单,同时选择支付方式,填写相关的派送信息,如送货地址、建议的送货时间段等,此时即可提交订单,系统向客户返回一个订单号。系统提供网上在线支付和货到现金支付两种支付方式。网上在线支付方式由专门的网上支付系统实现在线支付,需根据网上支付系统的要求填写相关的账户信息,如账号、密码等,并进行扣款,网上在线支付的结果或者是付款成功,或者是付款失败。货到现金支付方式由送货员在送达商品时向客户收取现金。客户还可通过订单号查询自己订单的当前状态,如已提交未付款、已发货已付款等,并允许取消尚未发货的订单。

系统业务员将客户提交的订单交由物流系统或快递公司向客户发货,又称派送,物流系统或快递公司送达商品后对未付款的客户收款,并将客户签收单返回给系统业务员,系统业务员负责更新订单的状态,以便跟踪和了解订单的执行情况。

出于简化系统的考虑,本案例作如下假定:

- 客户所订的商品不存在缺货的情况。
- 物流系统或快递公司向客户送货、收款(只对未付款的客户),以及向系统业务员返回客户签收单都不属于本案例的网上购物系统。
- 不能取消已发货的订单。
- 本案例中不包括对商品信息、客户信息的创建和维护。
- 本案例中不考虑客户拒收的情况。
- 假定系统业务员不能取消客户的订单。

- 假定在提交订单时只确定了支付方式,并未实际付款。在提交订单后,当客户选择
  网上付款操作时才由系统链接相关的网上支付系统实现真正的支付。

8.1.7 用况建模实例

针对8.1.6节的案例说明,其用况建模的步骤如下。

1. 识别执行者

执行者是指与系统交互的人或其他外部系统。在8.1.6节的描述中,使用网上购物系统的人有客户和系统业务员,与网上购物系统交互的其他外部系统有实现网上在线支付功能的网上支付系统、创建和维护客户信息的客户信息管理系统、创建和维护商品信息的商品信息管理系统,这些人和外部系统都是网上购物系统的执行者。

网上购物系统的执行者及其简要描述如下。

- 客户:使用该系统在网上购物的人。
- 系统业务员:完成订单状态更新的人。
- 网上支付系统:实现网上在线支付的软件系统。
- 客户信息管理系统:创建和维护客户信息的软件系统。
- 商品信息管理系统:创建和维护商品信息的软件系统。

2. 识别用况

通过分析执行者使用系统的哪些功能可识别用况。在8.1.6节的描述中,客户主要使用网上购物系统的商品信息浏览、网上在线订购、订单查询、注册/登录、支付等功能,系统业务员主要使用系统的订单状态更新等功能。这些功能都可以标识为用况。下面进一步说明用况的识别。

- 由于注册/登录具有相对独立性,又可以被多个用况引用,因此,将其作为一个独立的用况。
- 客户订购过程中会多次在购物车中添加商品、删除商品、显示购物车内的商品,可以将其合并成一个购物车管理的用况。
- 由于商品信息有不同的详细程度,可以有多种多级分类目录的浏览方案,商品信息浏览功能相对独立,因此将其作为一个用况,称为商品信息浏览。
- 网上在线订购是网上购物系统的主要功能,显然是一个用况。由于选购商品时都需要浏览商品信息,并在购物车中添加、删除商品,所以网上在线订购用况包含了购物车管理用况和商品信息浏览用况。
- 本案例中有网上在线支付和货到现金支付两种支付方式,通常可以标识出支付、网上在线支付和货到现金支付3个用况,后两个用况都继承支付用况。考虑到本案例对货到现金支付方式的处理比较简单,可以取消"货到现金支付"用况,此时,将上述3个用况简化成一个主要实现网上在线支付的用况"支付"。
- 本案例的订单管理只包括订单查询、订单状态更新、取消订单等简单功能,可将其合并成一个用况,称为订单管理。如果订单管理还包括其他更多的功能,也可将其拆

分成几个用况。

- 由于选择支付方式和填写送货信息都比较简单,不作为独立的用况。

综合上述分析,可确定网上购物系统的用况及其简要描述如下。

- 注册/登录:对新客户需先注册,即填写客户信息,然后进行登录;对老客户或系统业务员需登录,即输入用户名和密码,并经校验合格即可。
- 网上在线订购:在线订购商品,包括商品浏览、购物车管理、选择支付方式、填写送货信息等。
- 商品信息浏览:显示商品信息。
- 购物车管理:在购物车中添加商品、删除商品、显示购物车内的商品。
- 支付:分为网上在线支付和货到现金支付,在采用网上在线支付时,调用网上支付系统,输入且确认账户信息,并进行扣款,网上支付系统返回付款成功或付款失败信息,供系统下一步决策使用。
- 订单管理:订单查询、订单状态更新、取消订单等。

3. 网上购物系统的用况图

本案例规定客户只能查询或取消自己的订单,所以客户在查询或取消订单前必须先登录,以确定其身份。而修改订单状态是一件应该由授权系统业务员进行的操作,所以,系统业务员也必须登录后才可修改订单状态。另外,网上在线订购在要求结账时,需注册/登录,因此,网上在线订购用况和订单管理用况都使用了注册/登录用况。

网上购物系统的用况图如图 8.4 所示。

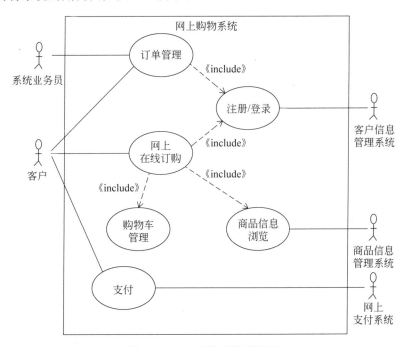

图 8.4　网上购物系统用况图

4. 用况的描述

（1）网上在线订购用况的描述

根据 8.1.6 节的案例说明和网上购物的实际流程,网上在线订购用况的详细描述如图 8.5 所示。客户进入网上购物系统时,默认系统自动为客户提供了一辆购物车。图 8.5 的第 3 步表示客户可以以合理的次序和次数重复执行浏览、添加、删除、显示商品等操作,其中,第 3.a 步指未细化的"商品信息浏览"用况,第 3.b、3.c、3.d 步是对"购物车管理"用况的描述。以上操作直至客户选择了结账。此时,首先进行登录(对于新客户需先进行注册),登录成功后系统自动根据购物车的内容生成初始的订单,然后,客户选择支付方式,填写派送信息等。最后提交订单,系统返回一个订单号,并结束用况。客户也可通过退出网上购物来结束用况,此时订单不被保存。

用况名称:网上在线订购

参与的执行者:客户

前置条件:一个客户已进入网上购物系统

事件流:

基本路径:

1. 当客户进入网上购物系统时,用况开始

2. 显示商品目录

3. 以任意次数和合理的次序重复如下事件流,直至出现结账事件流

    a. 浏览商品信息

    b. 订购商品

        b.1　将商品和数量添加到购物车

        b.2　显示购物车中每个商品的名称、型号、数量、单价、金额,以及总价

    c. 删除商品

        c.1　删除购物车中的商品

        c.2　显示购物车中每个商品的名称、型号、数量、单价、金额,以及总价

    d. 显示购物车中的商品

    循环结束

4. 结账

5. 注册/登录

6. 根据购物车中已选的商品,创建订单

7. 设置支付方式

8. 填写派送信息

9. 提交订单或退出

    a. 提交订单,同时返回给客户一个订单 ID,用况结束

    b. 退出订购,订单未被保存,用况结束

可选路径:

    在选择提交订单前的任何时候,客户都可以退出系统,这次订购没有被保存,用况结束

后置条件:如果订单提交成功,订单将保存在系统中,并标记为已提交未付款状态

图 8.5　网上在线订购用况的详细描述

（2）订单管理用况的活动图描述

订单管理用况的活动图描述如图 8.6 所示。

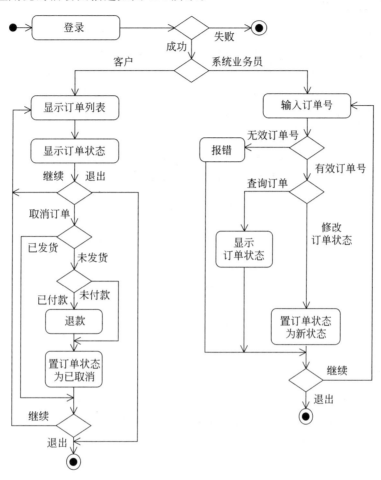

图 8.6　订单管理用况的活动图

客户在成功登录后系统自动显示该客户的订单列表。客户可选择列表中的订单号,查看该订单的信息和执行状态。客户也可在查看某订单的信息和状态后,执行取消该订单的操作。本案例规定只能取消未发货的订单,对已付款的订单,还应给予退款。为避免客户误操作,通常在处理取消订单操作时应提醒客户确认,图 8.6 的活动图中省略了确认步骤。

系统业务员在成功登录后可以由系统自动显示所有的订单列表,然后选择列表中的订单号,查看该订单的信息并修改其状态;也可以由系统业务员输入需查询或修改状态的订单的号码,如果订单库中存在与该订单号匹配的订单,则认为是有效订单号,允许进行查询或修改状态操作。图 8.6 的活动图给出的是后一种处理方式。

8.2　静 态 建 模

静态模型描述系统中包含的类以及类之间的关系,展示了软件系统的静态结构。之所以称其为"静态"是因为它不描述与时间有关的系统行为。静态模型可以用 UML 的类图和对象图表示,基本的模型元素有类、对象以及它们之间的关系。

8.2.1 类图和对象图

类图由系统中使用的类以及它们之间的关系组成。类之间的关系有关联、依赖、泛化、实现(见8.2.3节)等。类图是一种静态模型,是其他图的基础。一个系统可以有多幅类图,一个类也可出现在几幅类图中。

对象图是类图的一个实例,描述某一时刻类图中类的特定实例以及这些实例之间的特定链接。对象使用了与类相同的符号,只是在对象名下附加下划线,对象名后可以接冒号和类名,即object-name:class-name。

图8.7给出了类图和对象图中的图形符号,图8.8给出了类图和对象图的例子,其中,图8.8(a)描述了两个类(三角形和点)之间的关系,图8.8(b)描述图8.8(a)的一个对象图实例。

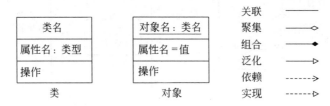

图8.7 类图和对象图的图形符号

8.2.2 CRC技术

这里介绍一种标识类的技术,称为类-责任-协作者(class-responsibility-collaborator,CRC)技术。CRC实际上是一组表示类的索引卡片,每张卡片分成3个部分,分别描述类名、类的责任和类的协作者,如图8.9所示。

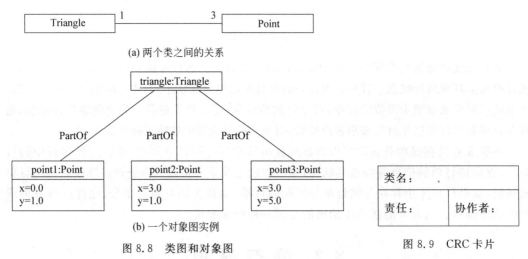

图8.8 类图和对象图

图8.9 CRC卡片

1. 标识类

一组具有相同属性和操作的对象可以定义成一个类,因此标识类和标识对象是一致的。

标识类的过程可分为标识候选对象和筛选候选对象两步进行。

（1）标识候选对象

标识系统中的对象可以从问题陈述或用况描述着手，通常，问题陈述中的名词或名词短语是可能的候选对象，对象通常以如下不同的形式展示出来[2]。

- 外部实体（如其他系统、设备、人员）：外部实体生产或消费计算机系统所使用的信息。
- 物件（things）（如报告、显示、信函、信号）：物件是问题信息域的一部分。
- 发生的事情或事件（如性能改变或完成一系列机器人移动动作）：它们出现在系统运行的环境中。
- 角色（如管理者、工程师、销售员）：角色由与系统交互的人扮演。
- 组织单位（如部门、小组、小队）：组织单位与一个应用有关。
- 场所（如制造场所、装载码头）：场所建立问题和系统所有功能的环境。
- 构造物（如四轮交通工具、计算机）：构造物定义一类对象，或者定义对象的相关类。

可以通过回答下列问题来标识候选对象：

① 是否有要储存、转换、分析或处理的信息？ 如果有，那么它可能是候选的类。这些信息可能是系统中经常要寄存（registered）的内容，或者可能是在特定时刻发生的事件或事物。

② 是否有外部系统？外部系统可视为系统中包含的或要与它交互的类。

③ 是否有模式（pattern）、类库和构件等？ 如果有已开发成功的类似软件，或由同事、制造商提供的模式、类库或构件，那么其中常常含有待开发系统的候选类。

④ 是否有系统必须处理的设备？ 连接到系统的任何技术设备都可能成为处理这些设备的候选类。

⑤ 是否有组织部分（organizational parts）？ 可以用类表示一个组织。

⑥ 业务中的执行者扮演什么角色？ 这些角色可以看作类，如客户、操作员等。

（2）筛选候选对象

通过上述分析，可以得到一些候选的对象，但并非所有的候选对象都会成为系统最终的对象。可以用以下选择特征对候选对象进行筛选，以确定最终的对象[2]。

- 保留的信息：仅当必须记住有关候选对象的信息，系统才能运作时，则该候选对象在分析阶段是有用的。
- 需要的服务：候选对象必须拥有一组可标识的操作，这些操作可以按某种方式修改对象属性的值。
- 多个属性：在分析阶段，关注点应该是"较大的"信息（仅具有单个属性的对象在设计时可能有用，但在分析阶段，最好把它表示为另一对象的属性）。
- 公共属性：可以为候选的类定义一组属性，这些属性适用于该类的所有实例。
- 公共操作：可以为候选的类定义一组操作，这些操作适用于该类的所有实例。
- 必要的需求：出现在问题空间中的外部实体以及对系统的任何解决方案的实施都是必要的生产或消费信息，它们几乎总是定义为需求模型中的类。

（3）对象的分类

对象和类还可以按以下特征进行分类[15]。

- 确切性(tangibility)：类表示了确切的事物(如键盘或传感器)，还是表示了抽象的信息(如预期的输出)？
- 包含性(inclusiveness)：类是原子的(即不包含任何其他类)，还是聚合的(至少包含一个嵌套的对象)？
- 顺序性(sequentiality)：类是并发的(即拥有自己的控制线程)，还是顺序的(被外部的资源控制)？
- 持久性(persistence)：类是短暂的(即在程序运行期间被创建和删除)、临时的(在程序运行期间被创建，在程序终止时被删除)、还是永久的(存放在数据库中)？
- 完整性(integrity)：类是易被侵害的(该类不防卫其资源受外界的影响)，还是受保护的(该类强制控制对其资源的访问)。

基于上述分类，CRC卡的内容可以扩充，以包含类的类型和特征，如图8.10所示。

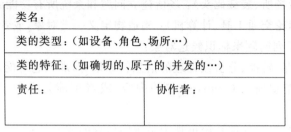

图 8.10   扩充的 CRC 卡片

2. 标识责任

责任是与类相关的属性和操作。简单地说，责任是类所知道的或要做的任何事情。

（1）标识属性

属性用来描述类的特征。从本质上讲，属性定义了对象，阐明了问题空间中的这个对象意味着什么。属性表示类的稳定特征，即为了完成客户规定的目标所必须保存的类的信息，一般可以从问题陈述中提取出属性或通过对类的理解而辨识出属性。分析员可以再次研究问题陈述，选择那些应属于该对象的内容，同时对每个对象回答下列问题："在当前的问题范围内，什么数据项(复合的和/或基本的)完整地定义了该对象？"

UML2.0中，描述一个属性的语法如下：

visibility$_{opt}$/$_{opt}$ attribute-name $\lfloor$: type $\rfloor_{opt}$ multiplicity$_{opt}\lfloor$= initial-value $\rfloor_{opt}\lfloor${property-string}$\rfloor_{opt}$

其中，带下标 opt 或$\lfloor \rfloor_{opt}$的部分表示该部分是任选的。

visibility(可见性)：表示该属性在哪个范围内可见(即可使用)，如表8.2所示。

表 8.2   可见性

符　号	种　　类	语　　义
＋	Public(公共的)	任何能看到这个类的类都能看到该属性
♯	Protected(受保护的)	这个类或者它的任何子孙类都能看到该属性
－	Private(私有的)	只有这个类自身能看到该属性
～	Package(包的)	在同一个包中的任何类能看到该属性

attribute-name：表示属性名。

type(类型)：用来指明属性值的类型。

multiplicity(重数)：用来指出该属性的值的个数以及它们的排列次序和唯一性。值的个数写在方括号([ ])中，其形式是：[minimum..maximum]。maximum 可以是 *，表示"无限"。当值的个数是单一值(如值的个数是 3)时，可写成[3..3]或简写成[3]。典型的写法有：[0..1]，[1](表示[1..1])，[*](表示[0..*])，[1..*]，[1..3]。当重数缺省时，隐含表示重数为 1。当一个属性有多个值时，可在值的个数后面指明值元素的排列次序和唯一性，排列次序和唯一性写在花括号{ }中，可使用的关键字如表 8.3 所示，其默认值是 set，即无序且值元素唯一。

表 8.3 排列次序和唯一性的关键字

关 键 字	排列次序和唯一性	关 键 字	排列次序和唯一性
set	无序，值元素唯一	ordered set	有序，值元素唯一
bag	无序，值元素不唯一	list(or sequence)	有序，值元素不唯一

例如，[*]{bag}，[1..5]{set}。

initial-value(初值)：在创建一个类的实例对象时，应对其属性赋值，如果类中对某属性定义了初值，那么该初值可作为创建对象时该属性的默认值。

property-string(特征字符串)：用来明确地指明该属性可能的候选值，如{红，黄，绿}指出该属性可枚举的值只能是红、黄、绿。

属性还可以定义为类属性(class attribute)，表示这个类的所有实例对象共享该属性的值。类属性用下划线来指明。

图 8.11 给出了一个类的属性定义实例。

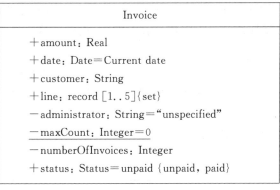

图 8.11 "发票"类的属性

(2) 定义操作

操作定义了对象的行为并以某种方式修改对象的属性值。操作可以通过对系统的过程叙述的分析提取出来，通常叙述中的动词可作为候选的操作。类所选择的每个操作展示了类的某种行为。

操作可以分为如下 3 种：

① 以某种方式操纵数据的操作(如增加、删除、重新格式化、选择)。

② 完成某种计算的操作。

③ 为控制事件的发生而监控对象的操作。

操作用来操纵属性或完成其他动作,操作通常称为函数。类中的操作描述了该类能做什么,即它提供哪些服务。UML 中描述一个操作的语法如下:

visibility$_{opt}$ operating-name(parameter-list)⌊: return-type ⌋$_{opt}$ ⌊{ property-string }⌋$_{opt}$

操作可见性的含义与属性中的含义相同。参数表是用逗号分隔的形式参数序列,描述一个参数的语法如下:

direction$_{opt}$ parameter-name : type ⌊multiplicity ⌋$_{opt}$ ⌊= default-value ⌋$_{opt}$

其中,direction(方向)用来指明参数信息流的方向,其取值见表 8.4。

表 8.4 方向的取值

关 键 字	语 义
in	传递值的输入参数,该参数的改变对调用者是无效的
out	输出参数,没有输入值,其最终值对调用者是有效的
inout	一个可以修改的输入参数,其最终值对调用者是有效的
return	调用的返回值,该值对调用者是有效的,语义上与 out 参数没有不同,但在一串表达式中使用时,return 是有效的

type 和 multiplicity 的含义与属性中的含义相同,default-value(默认值)是在操作的调用者未提供实在参数时,用它作为该参数的值。

操作是类的接口的一部分,操作的实现称为方法(method)。操作可以用前置条件、后置条件和算法来指定。前置条件是在操作前必须为真的条件,后置条件是在操作后必须为真的条件。后置条件表示该操作在前置条件成立的情况下,执行了相应的算法后,使后置条件成立。如果操作改变了对象的状态,可能还要记录在案。所有这些说明都用操作的"特征字符串"来描述。这些特性通常不直接展示在类图中,而由工具软件获得(如单击某操作,显示它所有的特征)。

与类属性一样,类也可以定义类操作(class operation)。通常操作是在该类的对象实例上被调用的,而类操作可以在没有对象实例的情况下被调用,但此时只允许访问类属性。通常把一些通用的操作定义为类操作,如创建对象。

图 8.12 给出了类的操作定义的例子。

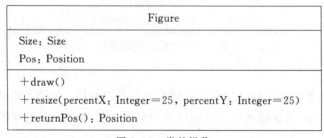

图 8.12 类的操作

3. 标识协作者

一个类可以用自己的操作去操纵自己的属性,从而完成某一特定的责任,一个类也可和其他类协作来完成某个责任。如果一个对象为了完成某个责任需要向其他对象发送消息,则称该对象和另一对象协作。协作实际上标识了类间的关系。

一个类的协作可以通过确定该类是否能自己完成每个责任来标识,如果不能,则它需要与另一个类交互,从而可标识一个协作。

为了帮助标识协作者,可以检索类间的类属关系。如果两个类具有整体与部分关系(一个对象是另一个对象的一部分),或者一个类必须从另一个类获取信息,或者一个类依赖于(depends-upon)另一个类,则它们之间往往有协作关系。

4. 复审 CRC 卡

在填好所有 CRC 卡后,应对它们进行复审。复审应由客户和软件分析员参加,复审方法如下:

① 参加复审的人,每人拿 CRC 卡片的一个子集。注意,有协作关系的卡片要分开,即没有一个人持有两张有协作关系的卡片。

② 将所有用况/场景分类。

③ 复审负责人仔细阅读用况,当读到一个命名的对象时,将令牌(token)传送给持有对应类卡片的人员。

④ 收到令牌的类卡片持有者要描述卡片上记录的责任,复审小组将确定该类的一个或多个责任是否满足用况的需求。当某个责任需要协作时,将令牌传给协作者,并重复步骤④。

⑤ 如果卡片上的责任和协作不能适应用况,则需对卡片进行修改,这可能导致定义新的类,或者在现有的卡片上刻画新的或修正的责任及协作者。

这种做法持续至所有的用况都完成为止。

8.2.3 类之间的关系

类图中的关系有关联、依赖、泛化、实现等,如表 8.5 所示。

表 8.5 类间的关系

关 系	功 能	符 号
关联	类实例间连接的描述	———
依赖	二个模型元素之间的一种关系	------>
泛化	更特殊描述与更一般描述之间的一种关系,用于继承和多态性类型声明	———▷
实现	规约(specification)与它的实现之间的关系	------▷

1. 关联

关联描述了系统中对象或其他实例的连接。关联的种类主要有二元关联、多元关联、受限关联、聚集(aggregation)和组合(composition)。

(1) 二元关联

二元关联描述两个类之间的关联,用两个类之间的一条直线来表示,直线上可写上关联名。关联通常是双向的,因此可以有两个关联名,可以用一个实心的三角来指明关联名所指的方向。图 8.13 给出了公司类和员工类之间关联,该关联指出公司雇佣了员工,或者说员工工作于公司。关联符号与类符号的连接点称为关联端点,与关联有关的信息(如角色名、可见性、重数等)可附加到端点上。在一个类的关联端点附加的重数表示这个类的多少个实例对象可以与另一个类(该关联的另一端)的一个实例相关。重数(multiplicity)的写法与属性描述中的重数写法相同,其默认值是 1。图 8.13(a)表示一个公司可以有多个员工,而一个员工只能为一家公司工作。而图 8.13(b)则表示一个公司可以有多个员工,而一个员工可以为多家公司工作。

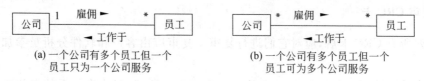

(a) 一个公司有多个员工但一个　　　　　(b) 一个公司有多个员工但一个
　　员工只为一个公司服务　　　　　　　　　员工可为多个公司服务

图 8.13　二元关联

关联端点上还可以附加角色名,表示类的实例对象在这个关联中扮演的角色,如图 8.14 所示。UML 中还允许一个类与它自身关联。图 8.15 表示在公司员工中有一位老板和多名工人,老板与工人之间存在管理关系。

图 8.14　关联中的角色　　　　　　　　　　图 8.15　自身关联

关联的实例是链(link),链由对象元组(tuple)组成(有序表),二元关联的链就是由一对对象组成的表。例如,图 8.15 所示的"雇佣"关联的链(部分)如图 8.16 所示。

(2) 多元关联

多元关联是指 3 个或 3 个以上类之间的关联。多元关联由一个菱形以及由菱形引出的通向各个相关类的直线组成,关联名(如有的话)可标在菱形的旁边,在关联的端点也可以标上重数等信息。图 8.17 是一个三元关联,图中的链表示哪个程序员用哪种程序语言开发了哪个项目。

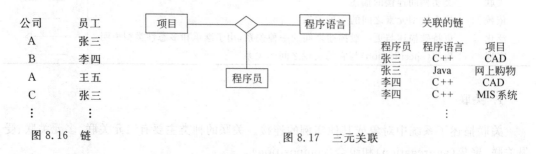

图 8.16　链　　　　　　　　　　　　　　　图 8.17　三元关联

（3）受限关联

受限关联用于一对多或多对多的关联。如果关联时希望从多端的多个对象中指定唯一的一个对象时，可以通过一个限定符（qualifier）来指定一个特定的对象。图 8.18（a）表示一个目录中可以有多个文件，图 8.18（b）通过限定符"文件名"能唯一指定这些文件中的某一个文件。

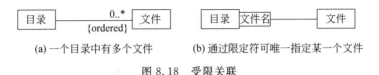

(a) 一个目录中有多个文件   (b) 通过限定符可唯一指定某一个文件

图 8.18　受限关联

（4）聚集和组合

聚集是表示整体-部分关系的一种关联，它的"部分"对象可以是任意"整体"对象的一部分。聚集表示成一个空心的菱形，被贴到代表整体的聚集类的关联端点处，如图 8.19 所示。

组合是一种更强形式的关联，代表整体的组合对象有管理它的部分对象的特有责任，如部分对象的分配和解除分配。组合关联具有强的物主身份，即"整体"对象拥有"部分"对象，"部分"对象生存在"整体"对象中，组合表示成一个实心的菱形，被贴到组合类（整体）的关联端点。虽然每个表示部分的类与表示整体的类之间有单独的关联关系，但为了方便起见，常常把它们的连线合在一起，看起来像一棵树，如图 8.20 所示。

图 8.19　聚集   图 8.20　组合

（5）关联类

如果一个关联既是关联又是一个类时，可把它定义成一个关联类（association class），该关联的每个链都是这个关联类的实例。关联类也可以有自己的属性和操作。图 8.21 给出了用户与工作站之间的授权关联的关联类表示，该关联类的实例对象记录了某用户在某工作站上的权限。

（6）导航性（navigability）

在图 8.13 所示的关联中，公司与员工之间可以有一对多关系或多对多关系，这个关联的链是一组（公司对象，员工对象）对组成的元组。如果想知道某个公司有哪些员工，或者某个员工在哪几家公司工作，那么就需遍历该链的所有元组。UML 通过在关联端点加一个箭头来表示导航性，导航能从该链的所有元组中得到给定的元组。例如，图 8.22（a）给出学生和课程之间的选课关系（多对多），其导航性表示，当指定一门课程时，就能直接导航出选这门课程的所有学生（不用遍历全部元组），但当指定一个学生时，不能直接导航出该学生所选的所有课程，只能通过遍历全部元组才能得到结果。事实上，其实现是通过在课程类中定义一个学生名单的属性（数组），以保留所有选该课程的学生。同样，图 8.22（b）给出了学生到课程的导航,即当指定一个学生时就能直接导航出该学生所选的所有课程。其实现是通过在学生类中定义一个所选课程的属性(数组),保存该学生所选的所有课程。图 8.22(c)则表示学生与课程之间的双向导航,其实现是在课程类和学生类中都定义了相关的属性(数组)。

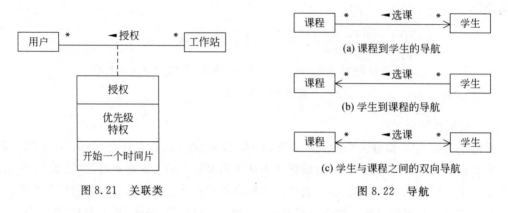

图 8.21　关联类　　　　　　　　　图 8.22　导航

UML2.0 中表示导航性的记号及其含义如表 8.6 所示。

表 8.6　导航

符　号	明确的含义	隐含的含义
——————	未指明	双向可导航
————→	右边可导航,左边未指明	只有右边可导航
×———→	只有右边可导航	只有右边可导航
×———→	右边未指明,左边不可导航	只有右边可导航
←———→	双向可导航	双向可导航
×——→×	双向不可导航	双向不可导航

导航主要在设计阶段使用,当关联具有双向可导航性时,可以省略指示导航性的箭头。此时隐指双向可导航。表示导航性的箭头用来明确指明可导航的方向,×用来明确指明不可导航。

2. 泛化

泛化关系指出了类之间的一般-特殊关系,是更一般描述与更特殊描述之间的一种分类学关系,特殊描述建立在一般描述的基础上,并对它进行扩展。

例如,交通工具与汽车之间就是一般-特殊关系,汽车是特殊类,交通工具是一般类。一般类是特殊类的父类(或称超类),特殊类是一般类的子类。一个特殊类还可以是另一个更特殊类的一般类,如汽车与轿车之间也是一般-特殊关系,从而形成类的分层结构。

在面向对象的分析和设计时,可以把一些类(特殊类)的公共部分(包括属性和操作)抽取出来,定义在它们的一个父类(一般类)中。子类(或子孙类)可以继承父类(或祖先类)中定义的所有属性和操作,同时子类中还可定义自己独有的属性和操作。父类中声明的属性,在继承它的子类中不能再次声明。父类中声明的操作,在其子类中可以不再声明,即继承此操作;也可以重新定义父类中的操作(称为方法重载),子类中使用此操作时,引用子类定义的实现方法,但重定义的操作必须与父类定义的操作具有相同的接口(操作名、参数、回送类型)。泛化使多态性操作成为可能,即在父类中定义一个抽象操作(只声明操作的接口,不定义其实现的方法),在继承它的多个子类中定义该操作的不同的实现方法,不同的实现方法就是该操作的不同变体,如图8.23所示。其中,多边形类中的操作"显示"是一个抽象操作,在子类三角形、四边形、六边形中分别定义它的实现方法。在四边形和矩形中都定义了计算面积的方法,由于矩形的面积计算比较简单,所以在矩形中重新定义它的实现方法(重载)。

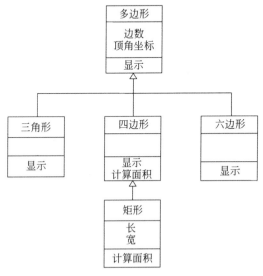

图 8.23 泛化和继承

泛化是一种分类学关系,一个一般类可以从不同的维或方面将其特化(specialization)成不同的特殊类集合,用一个类元(用作分类符)来表示一个维度或方面,代表一个维度的一组泛化称为泛化集(generalization set),泛化集中所有泛化的父元素必须是相同的。在泛化集中可对其元素应用约束,在 UML 中提供以下约束,如表 8.7 所示。

表 8.7 泛化集的约束

符　　号	含　　义
disjoint(不相交)	泛化集中的类元是互斥的
overlapping(交迭)	泛化集中的类元不是互斥的
complete(完全的)	泛化集中的类元完全覆盖特化的维
incomplete(不完全的)	泛化集中的类元不完全覆盖特化的维

在图 8.24 中,按类元"性别",人可分为男人和女人,该分类覆盖了人的所有性别(说明是"完全的"),并且是互斥的(说明是"不相交"的)。按类元"职业",人又可以分为教师、医生、工人,该分类并未覆盖人的所有职业(说明是"不完全的"),而且允许一个人有多个职业,如医科大学的教师也可以是医生(说明是"交迭"的)。

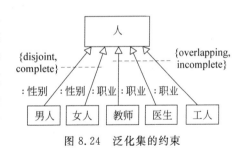

图 8.24 泛化集的约束

3. 实现

实现关系将一个模型元素(如类)连接到另一个模型元素(如接口),后者(如接口)是行为的规约,而不是结构,前者(如类)必须至少支持(通过继承或直接声明)后者的所有操作。可以认为前者是后者的实现。

泛化和实现都可以将一般描述与具体描述联系起来。其区别是,泛化是同一语义层上的元素之间的连接,通常在同一模型内;而实现是不同语义层中的元素之间的连接,通常建立在不同的模型内,如设计类到分析类是一种实现关系。图 8.25 展示了实现关系。

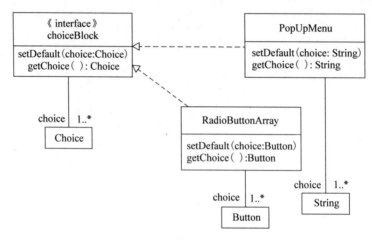

图 8.25　实现关系

4. 依赖

依赖指出两个或多个模型元素之间语义上的关系,表示被依赖元素的变化会要求或指示依赖元素的改变。在 UML2.0 中的依赖种类如表 8.8 所示。

表 8.8　依赖的种类

依　赖	功　　能	关　键　词
访问	导入另一个包的内容	access
绑定	把值赋给一个模板的参数,以生成新的模型元素	bind
调用	陈述一个类的方法调用另一个类的操作	call
创建	陈述一个类创建另一个类的实例	create
派生	陈述一个实例能从另一个实例计算得到	derive
实例化	陈述一个类的方法创建另一个类的实例	instantiate
允许	允许一个元素使用另一个元素的内容	permit
实现	一个规约与它的实现之间的映射	realize
精化	陈述在两个不同语义层上的元素之间存在一个映射	refine
发送	一个信号的发送者与该信号的接收者之间的关系	send

依　赖	功　　能	关　键　词
替换	陈述源类支持目标类的接口和契约(contract),并且可以替换它	substitute
追踪依赖	陈述不同模型中的元素之间存在某种连接,但不如映射精确	trace
使用	陈述一个元素为了正确地行使职责(包括调用、创建、实例化、发送等),要求另一个元素存在	use

依赖关系用一个虚线箭头表示,箭头上可附加含关键字的版型,关键字用来指明依赖的种类,如图 8.26 所示。

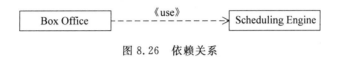

图 8.26　依赖关系

5. 约束和派生

约束是用自然语言或特定的形式语言正文表示的语义条件或限制,用"{正文字符串}"形式表示。约束可以附加到任何模型元素上,如前面有关泛化的约束有:不相交、交迭、完全的、不完全的。图 8.27 给出了几种约束的实例。

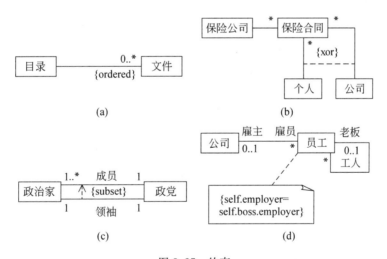

图 8.27　约束

图 8.27(a)中约束{ordered}指出一个目录下的多个文件是有序的。图 8.27(b)描述了一个人可以有多份保险合同,一家公司也可以有多份保险合同,而约束{xor}指明这两个关联之间存在异或关系,即一份保险合同要么属于个人,要么属于公司,不能同时属于二者。图 8.27(c)描述了政党与政治家之间的关系,一个政党中有多个成员是政治家,而其中只有一位政治家是该政党的领袖,约束{subset}指明领袖是成员的子集,即一个政党的领袖必须是该政党成员。图 8.27(d)描述了公司与员工以及老板与工人之间的关系,其约束{self.employer=self.boss.employer}指明老板的雇主就是他自己。

派生(derivation)是一个元素与另一个元素之间的关系,前者能通过后者计算得到,计算派生元素的公式可以用约束给出。派生元素用元素名前加斜线(/)表示,如图8.28所示。

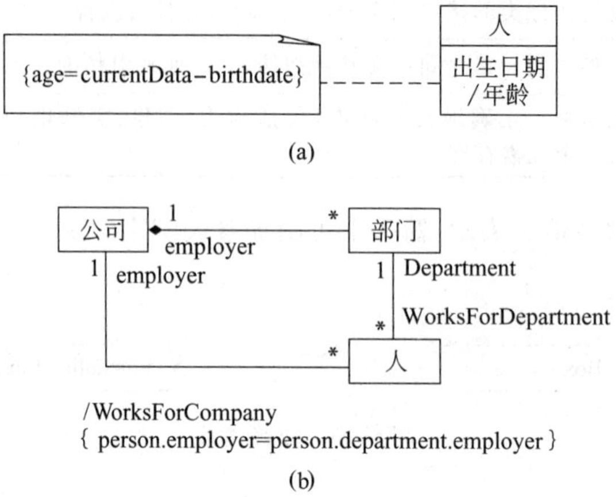

图8.28(a)指出年龄是一个派生属性,可以通过当前日期计算得到。图8.28(b)指示 WorksForCompany 是一个派生关联,可以由 WorksForDepartment 和 employer 组合计算得出。

6. 模板

模板(template)是一个参数化的模型元素,使用它时参数必须在建模时绑定到实际值。模板的同义词是参数化元素。

模板类不是一个直接可用的类,因为它有未绑定的参数,必须将它的参数绑定到实际值,以生成实际的类。

模板可应用于许多场合,如类、协作、包、操作等。本书以类为例作简单说明。

图8.29(a)展示了类模板,其中 Array 类右上角的虚线框指出模板的参数表,每个参数的形式是:参数名:类型=默认值。当类型缺省时表示该参数的类型是类。图8.29(a)表示模板 Array 有两个参数,T 是一个类名,n 是一个整型表达式,其默认值为2。模板中间的 element:T[n]描述了这个模板是一个由 n 个类组成的一维数组。使用模板生成实际类的

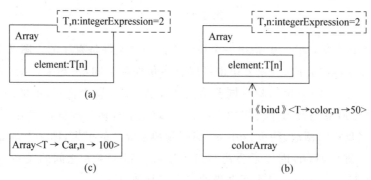

图8.29 模板

方法有两种。图 8.29(b)表示通过显式的绑定《bind》<T→color,n→50>生成一个实际类 colorArray。图 8.29(c)表示通过在类中标记绑定 Araay<T→car,n→100>生成一个匿名的实际类。

一个模板类可以是一个一般类的子类,这意味着由绑定该模板而形成的所有类都是给定类(一般类)的子类,如图 8.30 所示。

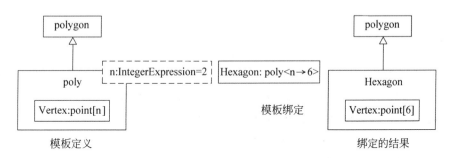

图 8.30　作为子类的模板

在使用模板生成实际类时,还可在绑定的类中附加特征(feature)。在图 8.31 中,绑定所生成的实际类 TopTenList 中增加了两个属性 show:Date 和 host:person。

有关模板的更详细说明参见 UML2.0 参考手册。

8.2.4　静态建模实例

静态建模主要是构建类图,其步骤如下所示。

1. 标识候选对象

根据 8.2.2 节标识候选对象的方法,对照 8.1.6 节对案例的描述,可发现如下候选对象:

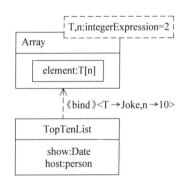

图 8.31　对绑定的类添加属性

- 外部实体有客户、系统业务员、网上购物系统、物流系统、网上支付系统、客户信息管理系统、商品信息管理系统。这些外部实体都是候选对象。
- 需要存储、处理的信息有商品的名称、规格、单价,购物车中的物件,订单的订单项(即选购的商品)、支付信息、送货信息。由此可导出候选对象是商品、购物车、订单。

2. 筛选候选对象

在外部实体中,物流系统未出现在 8.1.7 节的用况图中,所以它不属于本系统。根据 8.1.6 节对案例的假设,网上支付系统仅作为外部执行者完成网上在线支付功能,客户信息管理系统和商品信息管理系统只是作为外部执行者参与创建和维护客户信息和商品信息,本案例并不关心这些外部系统的具体细节,因此可以从候选对象中删除。系统业务员在本案例中主要作为修改订单状态的输入者,其自身没有属性,因此也可以从候选对象中删除。

网上购物系统实际上是代表了本案例的完整系统,所有信息的显示、操作界面等都由网上购物系统来展示,因此,可将其确定为最终所需的对象,称为“网上商城”。

客户、商品、购物车、订单等候选对象都有明确的属性和操作,显然应该成为最终的对象。

考虑到一份订单可以由多个订单项组成,一辆购物车可以放多件物品,因此增加订单项和物件两个对象。

综合上述分析,最终得到网上购物系统包含以下类:网上商城、客户、商品、购物车、订单、订单项和物件。

3. 标识属性和操作

根据 8.2.2 节标识属性和操作的方法,对照 8.1.6 节对案例的描述,确定网上购物系统的类及其属性和操作如表 8.9 所示。其中,"订单项"对象中的属性"金额"是派生属性,可通过"单价"和"数量"计算得到。"订单"对象中的属性"总金额"也是派生属性,可通过对各订单项"金额"的累加得到。同样,"物件"对象中的属性"金额"和"购物车"对象中的属性"总金额"也是派生属性。由于客户类主要用于客户信息管理系统,本节未给出其所有操作。

表 8.9 网上购物系统的类及其属性和操作

类名	网上商城	客户	购物车	订单	商品	订单项	物件
属性		客户名 密码 通信地址 电子邮箱 电话	物件[ ] /总金额	订单号 订单时间 客户名 订单项[ ] /总金额 送货地址 电话 执行状态	货号 名称 单价 型号 规格 产地	商品名称 型号 单价 数量 /金额	商品名称 型号 单价 数量 /金额
操作	注册/登录 退出商城 浏览商品 显示商城首页	显示客户	添加商品 删除商品 显示购物车 结账	设置支付方式 设置订单状态 填写派送信息 显示订单 取消订单 提交订单 退出订购	显示商品 查询货号	显示订单项	显示物件

4. 确定类之间的关系

分析案例描述以及实际的网上购物场景可知,网上商城拥有多件商品和购物车,并能从网上商城查到所有的商品信息。任意多个客户可以到网上商城订购商品,网上商城能查到所有的注册客户信息。一个客户可以拥有多份订单,客户可以查看自己的全部未到货订单。一份订单由多个订单项组成。在购物时,一个客户只有一辆购物车。一辆购物车可以放多件物件,从购物车可以查到车内所有的物件。一个订单项或物件对应一个商品,但一个商品可对应多个订单项或购物车中的多个物件。

网上购物系统的类图如图 8.32 所示。

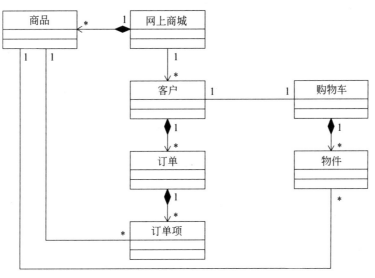

图 8.32 网上购物系统的类图

8.3 动态建模

动态模型用来描述系统的动态行为,显示对象在系统运行期间不同时刻的动态交互。UML 中用状态机图、活动图、顺序图、通信图和协作图来建立动态模型。

8.3.1 状态机图

状态机图(state machine diagram)通常是对类描述的补充,说明该类的对象所有可能的状态,以及哪些事件将导致状态的改变。状态机图描述了对象的动态行为,是一种对象生存周期的模型。

本节首先介绍画状态机图的步骤,然后介绍状态机图的各种图形符号。

1. 画状态机图的步骤

画状态机图的步骤如下。

(1) 列出对象具有的所有状态

状态分为起始状态、结束状态和中间状态。起始状态表示激活一个对象,开始对象生存周期的状态;结束状态表示对象完成了状态转换历程中的所有活动,结束对象生存周期的状态;中间状态表示对象处于生存周期某一时刻的状态。一幅状态机图可以有一个起始状态和若干个(可以为 0)结束状态。

(2) 标识导致状态转换的事件

当一个对象接收到某个事件时,会导致该对象从一个状态转换到另一个状态,称为状态迁移(transition),在状态机图中,状态迁移用连接两个状态之间的箭头表示,在箭头上标上引起这一迁移的事件。

导致状态迁移的事件主要有:接收到另一对象发来的调用或信号、某个条件为真(如余额小于零)或经过了一段指定的时间(如超时)。

(3) 为状态和迁移定义状态变量和动作

在状态迁移和/或处于某个状态中时,都可能需要执行一些相应的动作,综合这些动作,使得对象完成相应的功能。必要时可定义一些状态变量,如用于计时的时间计数器等。

状态机图的基本符号如图 8.33 所示。图 8.34 描述了一个电梯对象的状态机图。

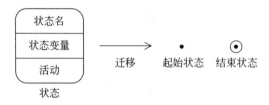

图 8.33　状态机图的基本符号

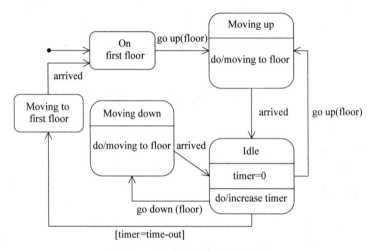

图 8.34　电梯升降的状态机图

2. 状态

每个对象都有状态,一个状态表示该对象执行了以前活动后的结果。如发票(对象)已付清(状态),轿车(对象)停着(状态),张三(对象)已结婚(状态)等。

一个状态由状态名、状态变量和活动 3 个部分组成,其中状态变量和活动是任选的。状态变量可以是状态机图所显示的类的属性,有时它还可以是临时变量,如计数器等。活动部分列出了处于该状态时要执行的事件和动作。在活动区中可使用 3 个标准事件:entry,exit 和 do。entry 事件用于指明进入该状态时的特定动作,exit 事件用于指明退出该状态时的特定动作,do 事件用于指明处于该状态中时执行的动作。活动区中事件的形式化语法如下:

event-name $_{opt}$ ⌊(argument list)⌋$_{opt}$⌊[guard-condition]⌋$_{opt}$⌊/activity-expression⌋$_{opt}$

其中,事件名可以是包括 3 个标准事件(entry、exit、do)在内的任何事件,参数表表示该事件所需的参数,警戒条件是一个布尔表达式,动作表达式表明将被执行的动作(如操作调用、增加属性值等）。例如，自动售货机在 collecting money 状态时，要对投入的硬币进行累加，此时在该状态中定义如下事件：

coins in（amount）/add to balance

但 3 种标准事件没有参数和警戒条件。图 8.35 给出了一个 login 状态的实例。

login
login time=current time
entry/type "login" do/get use-name do/get password help/display help exit/login(use-name,password)

图 8.35 login 状态

3. 状态迁移

一个对象的状态可以因某种原因而改变，一个对象从一个状态改变成另一个状态称为状态迁移，在状态机图中用连接这两个状态的箭头来表示。引起状态迁移的原因通常有两种，一是当出现某一事件时会引起状态的迁移，在状态机图中把这种引起状态迁移的事件标在该迁移的箭头上。此时，首先执行引起迁移的事件中的动作（如果有），然后迁移到新的状态，执行新状态中的内部动作（包括 entry、exit、do 以及用户定义的动作）。在执行 do 或者用户定义的动作时，还可以被外部的事件中断，这意味着一个导致该状态迁移的事件可以中断正在执行的内部的 do 或者用户定义的动作。然而，entry 动作和 exit 动作是不能被中断的，它们总是要执行完的，也就是说，即使状态中的某个 do 或者用户定义的动作被中断，仍要执行完 exit 动作后再迁移状态。

状态迁移的另一种情况是在状态机图中相应的迁移上未指明事件，这表示，当位于迁移箭头源头的状态中的内部动作（包括 entry、exit、do 以及用户定义的动作）全部执行完后，该状态迁移被自动触发。

状态迁移的形式化语法如下：

event-name $_{opt}$ $\lfloor$ (parameter-list) $\rfloor_{opt}$ $\lfloor$ [guard-condition] $\rfloor_{opt}$ $\lfloor$ /effect-list $\rfloor_{opt}$

其中，event_name 为事件名，parameter-list 的说明与 8.2.2 节中关于操作的语法定义中的说明相同。警戒条件 guard_condition 是一个布尔表达式。如果状态迁移中既有事件特征（signature）又有警戒条件，则表示仅当这个事件发生并且警戒条件为真时相应的状态迁移才被触发。如果状态迁移上只有警戒条件时，表示在该条件变为真时，触发状态迁移。例如，[timer=time-out]，[temp＜target temp and season switch in Heat]。效果列表 effect-list 是当该迁移触发时执行的过程表达式，即动作表达式。表达式中可引用相应对象中的属性、操作，或者事件特征（signature）中的参数。动作可以包括调用、发送和其他种类的动作。一个状态迁移上可以有多个用/符号分隔的动作表达式，它们按从左到右的次序依次执行。不允许有嵌套的或递归的动作表达式。例如，[timer = time out]/go down（first floor），increase()/n：= n+1/m：=m+1。

4. 事件

事件是指已发生并可能引发某种活动的一件事。如图 8.36 给出了数字手表类及其状态机图，数字手表类有 3 个状态：展示时间的正常显示状态、设置小时状态和设置分钟状态。该图展示了状态机图中的什么事件与类中的操作相关，类中的 mode_button 操作和 inc 操作分别与状态机图中的 mode_button 事件和 inc 事件相关（即表示这些事件调用类

Digital_watch 的相应操作),这些事件导致状态的迁移,同时 inc 事件还导致小时或分钟加 1。

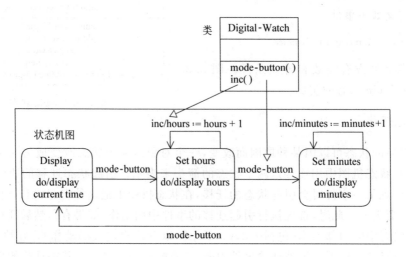

图 8.36　数字手表类及其状态机图

UML 中有 4 类事件,如表 8.10 所示。

表 8.10　事件的种类

事 件 类 型	描　　　述
调用事件 call event	收到一条被一个对象外部同步调用的请求
改变事件 change event	布尔表达式值的改变
信号事件 signal event	收到供对象间异步通信用的一个外部的、被命名的信号(实体)
时间事件 time event	到达一个绝对时间或经过一段相对的时间量

此外,出错情况也是一类事件,UML 并没有给出错事件提供明确的支持,但可以采用如下格式:《error》error-name,例如,《error》out_of_memory。

当一个状态迁移上的事件出现,但该状态迁移上的警戒条件为假时,这个事件被忽略,即使当以后警戒条件变成真时,这个状态仍不被迁移。

一个类可以接受或发送消息,即接受或发送操作调用或信号(signal)。这两者在状态迁移上的事件特征中都能使用。当调用一个操作时,执行该操作并产生结果。当发送一个信号对象时,接受方获取该对象并使用它。信号是一个普通的类,但它仅用于发送信号,表示系统中对象之间发送的个体。信号类固定使用《signal》版型,表示它们只能用作信号。可以构造支持多态性的信号层次,因此,当状态迁移有一个指明特定信号的事件特征时,接受方可接受使用同样规约(接口描述)的任一子信号(subsignal)。在图 8.37 的例子中,事件特征 Input 是一个信号,图的左边是信号类 Input 的层次结构,因此,这个信号可以是下列类中的一个对象:Keyboard, Left Mouse Button, Right Mouse Button, Voice Recognition。

5. 状态机图之间发送的消息

一幅状态机图反映了一个对象的状态迁移情况,状态机图之间发送消息实际上就是状

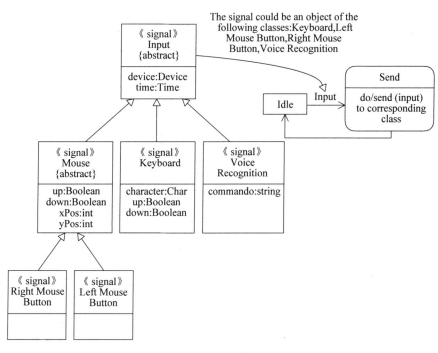

图 8.37　信号类层次

态机图所代表的对象之间的消息发送。图 8.38 给出了"遥控器对象"向"CD 放映机"对象发送消息的状态机图。图中五边形的符号代表发送消息，虚线箭头指向接收对象的状态机图，五边形符号中间的文字表示接收对象的名称以及所需的操作，必要时还可以附带参数。接收对象的状态机图中必须有一捕获该消息的相应迁移，以触发接收对象的状态迁移。

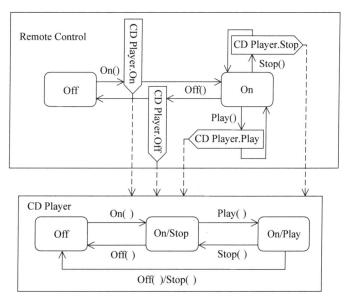

图 8.38　状态机图之间的消息发送

6. 组合状态

一个简单状态没有子结构,一个组合状态被分解成区域,每个区域中包含一个或多个直接子状态。表 8.11 给出了 UML 中的主要状态种类。

表 8.11 状态的种类

状 态 类 型	描　　　述	记　号
简单状态	一个没有子结构的状态	S
正交状态(并发)	一个被分成多个区域的状态,当该状态活跃时,每个区域中的一个直接子状态并发地活跃	S
非正交状态(非并发)	一个包含一或多个直接子状态的组合状态,当该组合状态活跃时,在同一时刻组合状态中只有一个子状态是活跃的	S
初始状态	当嵌套状态被调用时,表示开始状态的伪状态	•
终结状态	一个特定的状态,它的激活表示嵌套状态已完成了活动	⊙
终止	一个特定的状态,它的激活将终止拥有该状态机的对象的执行	×
选择	一个伪状态,实现单个运行到完成(run-to-completion)迁移中的动态分支	◇
历史状态	一个伪状态,它的激活将还原到组合状态中先前活跃的状态	Ⓗ
入口点	一个状态机中外部可见的伪状态,标识作为目标的内部状态	a → T
出口点	一个状态机中外部可见的伪状态,标识作为源的内部状态	U ⊗ b →

（1）非正交状态

一个状态可以有嵌套的子状态,一个非正交的组合状态可以拥有一个或多个直接子状态,当该组合状态活跃时,该组合状态在同一时刻中只有一个子状态是活跃的。例如,汽车中的变速器有中间状态、前进状态和倒退状态,前进状态又有 3 个排挡子状态:第一、第二、第三,在任一时刻,这 3 个子状态同时只有一个是活跃的,所以前进状态是"非正交"组合状态,如图 8.39 所示。图中·表示进入状态 Forward 时的入口,还可以用⊙表示出口。

（2）正交状态

一个正交状态被分成多个区域,当该状态活跃时,每个区域中都有一个直接子状态(并发地)活跃。用虚线分隔的每个区域是一个并发的子状态机图,每个区域可以有一个名字(任选)。图 8.40 给出了一个(三局二胜制)决赛的正交组合状态,它有两个并发的子状态机图,分别表示参赛者 A 或 B 一局未胜(称为无局)还是已胜一局(称为有局)。所以,某个时刻比赛的状态是这两个并发子状态机图中各取一个状态组合而成的,即可以是 A 无局 B 无局,或 A 无局 B 有局,或 A 有局 B 无局,或 A 有局 B 有局。

如果某些对象是另一些对象的组合对象,则这些代表"部分"对象的状态机图通常是并发的,它们都是组合对象的并发子状态机图。例如,"汽车"对象是"点火"、"变速器"、"刹车"、"油

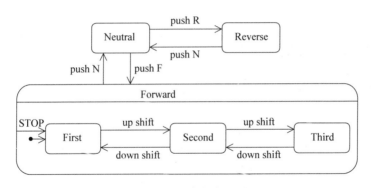

图 8.39 嵌套状态机图

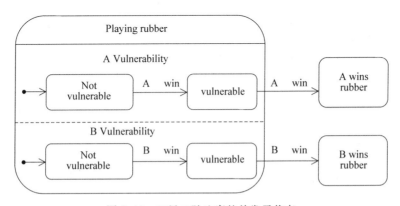

图 8.40 三局二胜比赛的并发子状态

门"等对象的组合对象,则"汽车"对象的状态机图如图 8.41 所示。4 个并发子状态机图能并行地进行状态迁移,任一时刻每个并发子状态机图中都只能有一个子状态是活跃的,4 个并发子状态机图中活跃的子状态组成汽车对象的当前状态。如"点火"为 on,"变速器"为 Forward (First),"油门"为 on,"刹车"为 off,表示汽车目前正以第一排挡的速度向前行驶。

7. 复杂迁移

还可以用复杂迁移(complex transition)来表示并发的状态迁移。一个复杂迁移可以有多个源状态或目标状态,可以把控制分解为并行运行的并发线程,或者将多个并发线程合并成单个线程。一个复杂迁移用一个短而粗的垂直条(bar)表示,可以从一个或多个状态(称为源状态)用实线箭头指向 bar,bar 还可以用一个或多个实线箭头指向其他状态(称为目标状态)。迁移的警戒条件可写在 bar 的旁边。只有当对象处于所有的源状态中,并且迁移的警戒条件为真时,迁移才被触发,意味着并发执行的开始或结束。因此,bar 实际上在并发活动中起同步的作用。图 8.42 给出一个自动取款机"发放"状态的复杂迁移例子,表示在交易结束时发放现金并退回信用卡,当持卡人取走现金和信用卡后,才迁移到 Ready to reset 状态。

8. 历史指示器

历史指示器用来记忆内部的状态,用里面标有 H 字母的圆圈表示,如图 8.43 所示。历史指示器作用于标有它的状态区域,如果指向历史指示器的迁移被触发,对象就会恢复到该

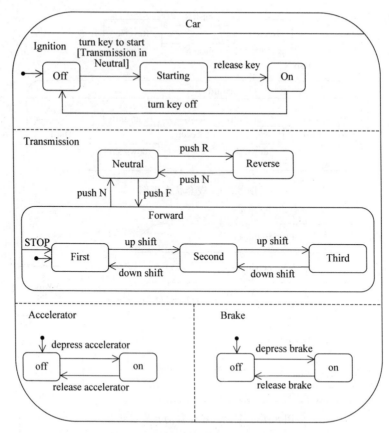

图 8.41 汽车状态的并发状态机图

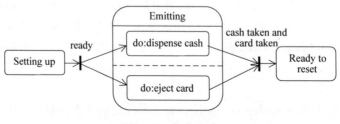

图 8.42 复杂迁移

状态区域先前活跃的状态。历史指示器使得对象能在活动被中断或需要逆行时回到先前活跃的状态。历史指示器可以有几个进入它的状态迁移,但没有离开它的状态迁移。

8.3.2 活动图

活动是展示整个计算步骤控制流的结点和流程的图。执行的步骤可以是并发的和顺序的。活动定义被展示在活动图中。

1. 活动图

活动图可看作一种特殊形式的状态机图,用于对计算流程和工作流建模。活动图的状

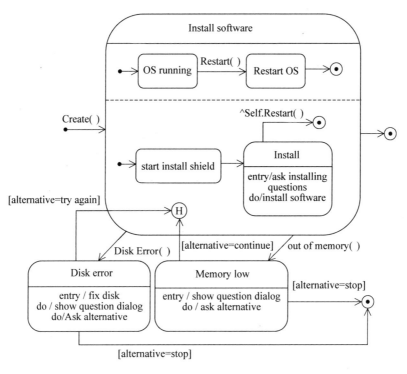

图 8.43　历史指示器

态表示计算过程中所处的各种状态。

　　活动图使用状态机图的符号表示,有与状态机图相同的开始结点和结束结点,活动图中的状态称为动作状态,用圆角矩形表示,动作状态之间的迁移用箭头表示,迁移上可以附加警戒条件、发送子句和动作表达式。活动图是状态机图的变形,根据对象状态的变化捕获动作(所完成的工作和活动)和它们的结果,表示了各个动作及其间的关系。

　　与状态机图不同的是,活动图中动作状态之间的迁移不是靠事件触发的,当动作状态中的活动完成时迁移就被触发。在活动图中,事件只能附加到开始结点到第一个动作状态之间的迁移上。在活动图中,还可以画判定(decision)符号(菱形符号)。判定符号可以有两个或两个以上携带警戒条件的输出迁移,当其中的某个警戒条件为真时,该迁移被触发,如图 8.44 所示。此外,活动图中还使用了泳道。

2. 泳道

　　一幅活动图可划分成若干个矩形区,每个矩形区为一个泳道(swimlane),泳道名放在矩形区的顶端。通常根据责任把活动组织到不同的泳道中,它能清楚地表明动作在哪里执行(在哪个对象中),或者表明一个组织的哪部分工作(一个动作)被执行,如图 8.45 所示。

3. 动作迁移的分解和合并

　　一个动作迁移可以分解成两个或多个导致并行动作的迁移,若干个来自并行活动的迁移也可以合并成一个迁移,值得注意的是,在合并之前并行迁移上的活动必须全部完成。在活动图中用一条黑体线来表示迁移的分解和合并,如图 8.45 所示。

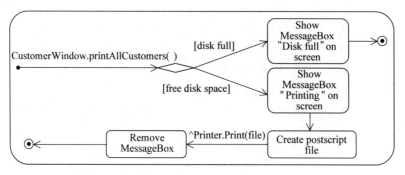

图 8.44　活动图实例

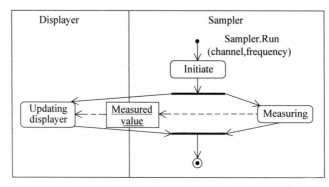

图 8.45　泳道

4. 活动图中的对象

活动图中可以表示对象,对象用对象符号(矩形)表示,可作为活动的输入或输出(用虚线箭头连接),也可展示一个对象受一特定动作的影响(用动作和对象之间的虚线表示),如图 8.45 所示。

5. 描述用况的活动图

活动图除了可以描述系统的动态行为外,还可以用来描述用况。例如,某"订货"用况的正文描述如下:接收顾客的订单,确认订单是否已付款。若未付款,则取消并退回订单;若已付款,则检查每个订单项。对有货的订单项更新库存,向顾客发放提货单;对缺货的订单项则向顾客发放缺货单,同时向采购员发放采购单。描述该用况的活动图如图 8.46 所示。

8.3.3　顺序图

顺序图(sequence diagram)用来描述对象间的交互行为,顺序图关注于消息的顺序,即对象间消息的发送和接收的顺序。顺序图还揭示了一个特定场景的交互,即系统执行期间发生在某时间点的对象之间的特定交互。顺序图适合于描述实时系统中的时间特性和时间约束。

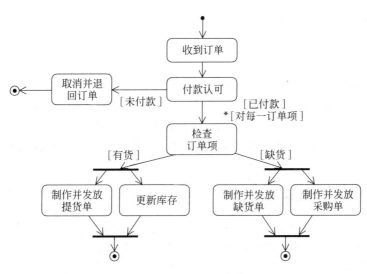

图 8.46 描述用况的活动图

1. 概述

顺序图有两个坐标,垂直坐标表示时间(从上到下),水平坐标表示一组对象。顺序图中所包含的每个对象用一个对象框表示,对象名须带下划线,对象框下可画虚线,称为该对象的生命线(lifeline),表示该对象存在,用来指出该对象执行期间的时序。对象之间的消息发送和接收用两个对象生命线之间的消息箭头(见图 8.47)表示。当一个对象接收到一个消息时,该对象开始活动,称为激活(activation)。激活展示了某时间点哪个对象在执行。激活画成对象生存线上的一个长方形框。一个激活的对象要么在执行自己的代码,要么在等待另一对象的返回。按垂直坐标从上到下的次序读顺序图,可以观察到随时间的前进消息通信的顺序。

在顺序图中,不同的消息表示对象间不同类型的通信。简单消息表示消息类型未知或与类型无关,或是一个同步消息的返回。同步消息表示发送对象必须等接收对象完成消息的处理后才能继续执行。异步消息表示发送对象在消息发送后立即继续执行,而不必等待接收对象的返回。传送延迟可用倾斜的箭头表示,意思是消息发送后需经历一段延迟时间才被接收(可以注明最大延迟时间)。

顺序图有两种形式:一般形式和实例形式。实例形式详细描述一个特定的场景,它说明一次可能的交互,因此实例形式的顺序图中没有任何条件、分支和循环。一般形式描述一个场景中所有可能的选择,因此它可以包含条件、分支和循环。

2. 顺序图中的消息

顺序图中描述消息的语法如下:

$\lfloor$ attribute $=\rfloor_{\text{opt}}$ name $\lfloor$ (argument-list) $\rfloor_{\text{opt}} \lfloor$: return-value $\rfloor_{\text{opt}}$

其中,attribute 是属于该生命线的属性,用以存储返回值;name 是消息名(信号或操作名);argument-list 是一个参数值的表,每个参数值可有下列形式之一:

argument-value

parameter-name＝argument-value

—

当参数值是—时,表示任何参数值都是与模型一致的。

name⌊(argument-list)⌋$_{opt}$可以用 * 替代,此时,表示任何消息都是与模型一致的。

顺序图中,开放的箭头代表简单消息,表示消息类型未知,或与消息类型无关,或是一个同步消息的返回。实心的箭头代表同步消息,表示发送对象必须等接收对象完成消息的处理后才能继续执行。

3. 带条件和分支的顺序图

消息有一个消息名并可带一个参数表。对象间发送的消息上可附加条件,当条件为真时消息才被发送或接收,条件可用于描述分支,当几个消息箭头上的条件互斥时,表示某一时刻只有一个消息被发送(见图 8.47)。如果条件不是互斥的,则消息会并行地发出。

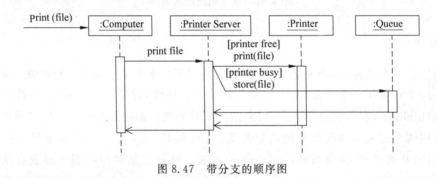

图 8.47　带分支的顺序图

4. 定义循环和约束的标记

顺序图中可以用标记来定义循环和约束。标记可以是任何类型的,如时间标记(见图 8.48 中的 a、b、b'),时间约束(见图 8.48 中的{b−a<5 sec}、{b'−b<1 sec}),循环标记(见图 8.49)等。图 8.48 中的{b−a<5 sec}给出了两个消息之间的最长间隔时间,{b−b'<1 sec}给出了消息传递延迟的最长时间。

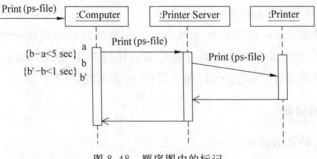

图 8.48　顺序图中的标记

顺序图中还可出现递归,即一个对象发消息给自身,这种消息通常是同步的,如图 8.49 中的 op4()。

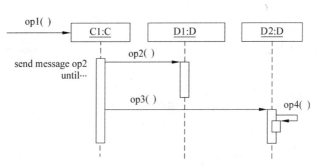

图 8.49　顺序图中的循环标记

5. 创建对象和对象的消亡

一个对象可以通过一条消息创建另一个对象,被创建的对象可在创建它的地方(垂直时间轴上)画一个对象符号。当对象消亡(destroying)时,在图中用一个×符号表示。此时对象的生命线到消亡的点为止,如图 8.50 所示。创建或消亡一个对象的消息通常是同步消息。

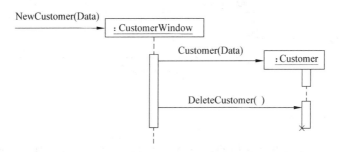

图 8.50　创建对象和删除对象

6. 结构化控制结构

前面的顺序图中描述的都是顺序的控制流,对于复杂的控制流可以用组合片段(combined fragment)来表示。一个组合片段有一个关键字和一个或多个子片段(subfragment),关键字指明操作符,子片段指出操作对象。表 8.12 给出了部分关键字及其含义。图 8.51 给出了一个结构化控制结构的实例。

表 8.12　片段中的关键字及其含义

关 键 字	含　　义
ref(引用)	对另一交互的引用
loop(循环)	有一个子片段,当循环的警戒条件为真时执行子片段
alt(选择)	有两个或多个子片段,每个子片段有一个初始的警戒条件,当某子片段的警戒条件为真时,执行该子片段。如果有多个子片段的警戒条件为真,则无确定性地选择它们中的一个执行。如果没有一个子片段的警戒条件为真,则不执行
opt(任选)	带单个子片段的特殊情况,即警戒条件为假时省略该子片段
par(并发)	有两个或多个子片段,处于此片段时,所有子片段都并发地执行,在不同片段中消息的相关顺序是不确定的,当所有子片段完整地并发执行后,控制流又连接到一起成为单一的流

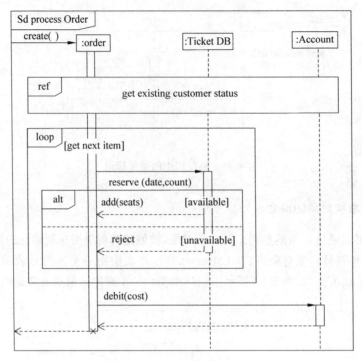

图 8.51　结构化控制结构

8.3.4　通信图

通信图展示了围绕着组合结构的各部分或协作的各角色而组织的一种交互。通信图与顺序图都展示了交互,但它们强调不同的方面。顺序图清晰地展示了时间顺序,但不明确显示对象之间的关系;通信图清晰地展示了对象间的关系,但消息顺序和并发线程必须通过顺序号来指明。

通信图对包含在交互中的角色和链(link)建模,角色与对象绑定,链与对象间的关联绑定,用附加到关联上的箭头表示角色之间的消息通信。同一进程中的所有消息是顺序排列的,不同进程中的消息可以是并发的,也可以是顺序的。

1. 通信图中的消息

通信图中描述消息的语法如下:

sequence-expression$_{\text{opt}}$ message

其中,message 与顺序图中消息的语法相同。sequence-expression 的语法如下:

integer iteration-expression$_{\text{opt}}$

或者

name iteration-expression$_{\text{opt}}$

其中,integer 是指定消息顺序的顺序号。消息序列从消息 1 开始,消息 1.1 是消息 1 处理中的第 1 个嵌套消息,消息 1.2 是消息 1 处理中的第 2 个嵌套消息,依此类推。这种顺序号描绘了消息的顺序和嵌套关系。如果是同步消息,则嵌套地调用操作并返回。name 表示并行的控制线程,如 1.2a 和 1.2b 是并行发送的并发消息。

iteration-expression 表示有条件地或重复地执行,它有如下两种形式:

* [iteration-clause] （表示重复）

[condrtion-clause] （表示分支）

这里 iteration-clause 是重复条件(循环执行的条件),即循环执行。例如,1.1 * [x＝1..10]:dosomething()。

第二种形式中的 condition-clause 用于指定分支,例如,[x＜0],[X＞＝0],表示仅执行条件为真的分支。

图 8.52 给出了一个控制电梯运行的通信图。

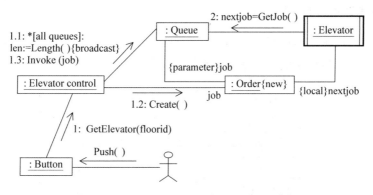

图 8.52　控制电梯运行的通信图

2. 链

链是两个对象之间关联的实例,在关联的末端可以标上角色名和约束,约束和角色均应在包含该对象的类图中指明。在链角色上附加的约束可以是 global(全局)、local(局部)、parameter(参数)、self(自身)、vote(表决)和 broadcast(广播)。

global、local、parameter 都是应用于链角色的一种约束,其相应的实例都是可见的,其中 global 表示该角色是全局的,local 表示该角色是一个操作中的局部变量,parameter 表示该角色是一个操作中的参数。self 也是应用于链角色的一种约束,指出对象可以向自身发送消息。vote 是应用于消息的一种约束(约束一个回送消息集合),指出回送值是通过对集合中所有回送值的表决(多数)来选择的。broadcast 是应用于一组消息的约束,指出这组消息不按一定的次序产生。

3. 对象的生存期

在通信图的对象框中,可用{new}或{destroyed}表示该对象在协作期间被创建或消亡。{transient}则表示对象在同一个协作期间被创建并消亡,如图 8.53 所示。

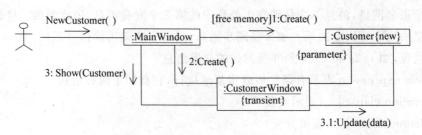

图 8.53　协作期间对象的创建或消亡

8.3.5　动态建模实例

本节介绍网上购物系统中的在线订购顺序图和订单对象的状态机图。

1. 网上在线订购的顺序图

网上在线订购的顺序图如图 8.54 所示。该图只描述了形成一张订单的消息发送顺序，省略了形成一张订单后再次购物等复杂情况。

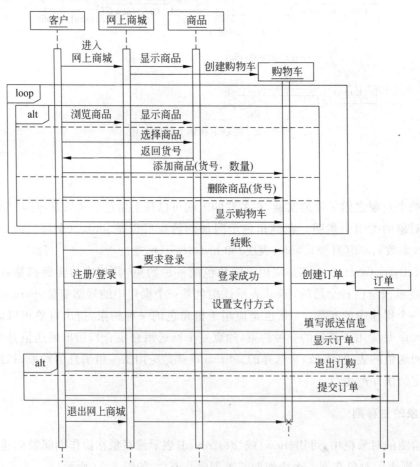

图 8.54　网上在线订购的顺序图

2. 订单对象的状态机图

分析 8.1.6 节对案例的描述和图 8.54 给出的顺序图得知,订单的执行状态有创建订单时的未提交状态、提交订单时的已提交状态、完成派送调度时的已发货状态、客户签收时的已交付状态以及取消订单时的已取消状态。订单的付款状态有未付款状态和已付款状态。二者相结合得到如下订单状态:未提交、已提交未付款、已提交已付款、已发货未付款、已发货已付款、已交付、已取消。其中,未提交状态和已取消状态一定是未付款,已交付状态一定是已付款。

订单对象的状态机图如图 8.55 所示。

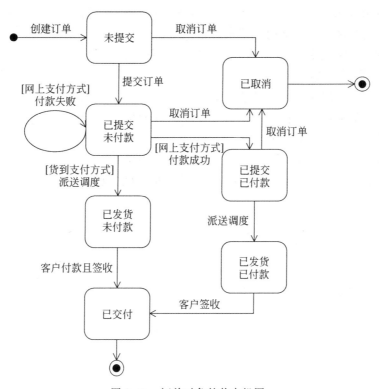

图 8.55　订单对象的状态机图

8.4　物理体系结构建模

系统的体系结构用来描述系统各部分的结构、接口以及它们用于通信的机制。

物理体系结构涉及系统的详细描述(根据系统所包含的硬件和软件),显示了硬件的结构,包括不同的结点和这些结点之间如何连接,还表示了代码模块的物理结构和依赖关系,并展示了对进程、程序、构件等软件在运行时的物理分配。

物理体系结构应该回答以下问题:

① 类和对象物理上位于哪个程序或进程?

② 程序和进程在哪台计算机上执行?

③ 系统中有哪些计算机和其他硬件设备？它们如何相互连接？

④ 不同的代码文件之间有什么依赖关系？如果一个指定的文件被改变,那么哪些其他文件要重新编译？

UML 中物理体系结构用构件图、内部结构图和部署图来描述。

8.4.1 构件图

构件图显示构件类型的定义、内部结构和依赖。构件是系统设计的模块化部分,给出一组外部的接口,而隐藏了它的实现。在系统中满足相同接口的构件可以自由地替换。

构件的接口有两种:供应接口(provided interface)和请求接口(required interface)。供应接口声明该构件为其他请求者提供某种服务,用一个小圆圈表示。请求接口声明该构件请求其他供应者为其提供某种服务,以完成其功能需求,用一个半圆表示。图 8.56 显示了构件及其接口。

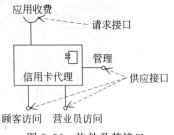

图 8.56 构件及其接口

构件的内部结构用内部结构图定义。图 8.57 给出了信用卡代理构件的内部结构图。图中有 3 个用户界面构件:顾客使用的销售亭界面构件,营业员使用的在线订购界面构件和管理员使用的询问销售情况界面构件。售票员构件接受来自销售亭和营业员的请求,并借助票构件(它包含了票信息)和信用卡收费构件完成售票活动。

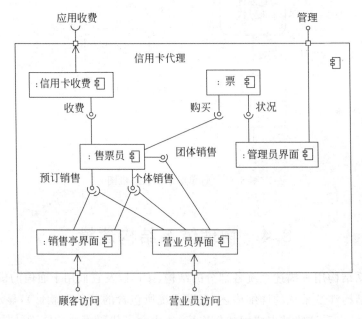

图 8.57 信用卡代理构件的内部结构图

构件图显示了系统中的构件(来自应用的软件单元)及其依赖关系,图 8.58 给出了信用卡代理构件中使用的构件及其依赖关系。

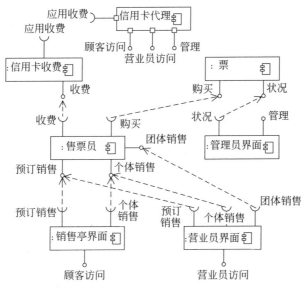

图 8.58　构件图

8.4.2　部署图

部署图展示了运行时处理结点和在结点上生存的制品的配置。

部署图描述了处理器、设备和软件构件运行时的体系结构。在这个体系结构上可以看到某个结点上在执行哪个构件，在构件中实现了哪些逻辑元素（类、对象、协作等），最终可以从这些元素追踪到系统的需求分析（用况图）。部署图的基本元素有结点、连接、构件、对象、依赖等。

1. 结点

结点是运行时的计算资源，通常计算资源至少有一个存储器和良好的处理能力，例如，计算机、设备（如打印机、读卡机、通信设备）等。结点既可视为类型，也可视为实例。结点用三维立方体表示，中间写上结点名，当结点表示实例时，名字应加下划线。结点通过版型来区分不同种类的资源，如《computer》。

结点之间的关联表示通信路径，可用版型来区分不同种类的通信路径，如《TCP/IP》。图 8.59 给出了结点之间的关联。

2. 制品

在结点中可以包含制品（artifact），制品是一个物理实现单元，如文件。可以用版型来区分不同种类的制品。如果一个制品实现了一个构件或其他类，可以从制品到实现它的构件之间画一个虚线箭头，并在箭头上附加关键词《manifest》，这种关系称为"体现"（manifestation）。图 8.60 给出了一个部署图。

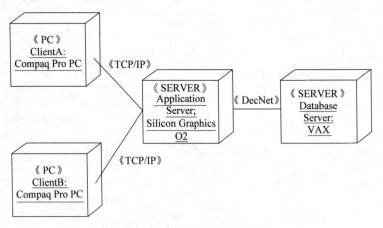

图 8.59　结点之间的通信连接

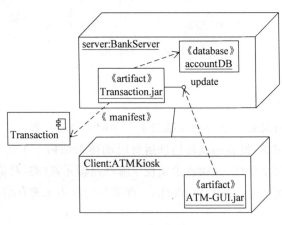

图 8.60　部署图

8.5　小　　结

　　本章给出了 UML2.0 语言中相关建模元素的图形符号及其描述规则,详细介绍了面向对象的用况建模、静态建模、动态建模和物理体系结构建模等建模技术,以及用例图、类图、状态机图、顺序图、活动图、通信图、构件图、部署图等 UML 图在模型中的应用,并通过一个实例加深对建模技术的理解。

习　　题

　　8.1　什么是用况? 什么是执行者?

　　8.2　以习题 5.6 给出的书店管理系统为例,建立用况模型。

　　8.3　以习题 5.6 给出的书店管理系统为例,建立静态模型。

　　8.4　以自动取款机(ATM)为例,画出 ATM 的状态机图。

　　8.5　某学校网上选课系统的需求描述如下:管理员从系统管理界面进入系统,通过添加、修改、删除等操作建立本学期所开设的各种课程信息,并将其保存在数据库中。课程信息包括课程编号、课程名称、课程性质、任课教师、开课时间、教室、允许选课的人数等。学生从客户机浏览器通过学号和密码进入选课界面,可进行查询可选课程,查询已选课程,选课等操作。学生的选课结果也存入数据库。

试为管理员添加课程操作,画出活动图。

8.6 以习题 8.5 为例,画出学生选课的顺序图。

8.7 以习题 8.5 为例,画出学生选课的通信图。

第 **9** 章
基于构件的软件开发

长期以来,由于多数软件都是针对某个具体的应用开发的,所以大量的软件开发都是从头开始的,即从需求分析开始,经过设计,编写每一行代码,测试,最后交付使用。从而出现了大量的同类软件(如财务软件、MIS 软件等)的重复开发,造成大量人力、财力的浪费,而且软件的质量也不高。

然而,在工业界开发一个新产品时,往往会使用许多已有的部件,而不是什么都从头开始设计。以汽车工业为例,有专门设计生产车灯、汽车音响、车轮、汽车喇叭等部件的工厂,汽车设计者在设计中选择市场上已有的合适的部件(即复用这些部件),这些部件可能原封不动地用于新设计的汽车中(如车轮、喇叭),有些部件可能要稍加修改,如修改车灯和汽车音响的外壳后才能用于新设计的汽车。这样就避免了大量的重复劳动。

根据工业产品设计生产的经验,人们希望有一些软件工厂或车间专门生产被称为构件(component,也称组件)的软部件,软件人员在开发软件时可大量复用这些构件,从而降低软件的开发和维护费用,提高软件的生产率。同时,由于这些构件往往已经过严格的测试,并经过广泛的使用,因此它们的可靠性通常比较高,从而也提高了新软件的质量。

可是,由于软件生产和硬件生产的不同,软件复用有其特殊的问题。例如,如何获取可复用的构件,如何生产、描述构件,如何检索合适的构件,如何把构件组装成应用系统等。同时,由于软件的运行依赖于软硬件平台,因此异质构件(指用不同的程序语言书写和/或运行于不同环境的构件)间如何协同计算也是必须解决的问题。这些也正是基于构件的软件开发所要研究的问题。

9.1 基于构件的软件开发概述

基于构件的软件开发(component-based software development,CBSD)是指使用可复用构件来开发应用软件。通常,也称其为基于构件的软件工程(component-based software engineering,CBSE)。

9.1.1 构件

1. 定义

目前对"构件"一词尚无统一的定义,这里给出几种典型的定义。

（1）Pressman 书中的定义

构件是某系统中有价值的、几乎独立的并可替换的一个部分（part），它在良好定义的体系结构语境内满足某种清晰的功能[2]。

（2）Brown 的定义

构件是一个独立发布的功能部分，可以通过其接口访问它的服务[33]。

（3）《计算机科学技术百科全书（第二版）》[1]中的定义

软件构件是软件系统中具有相对独立功能，可以明确标识，接口由规约指定，与语境有明显依赖关系，可独立部署，且多由第三方提供的可组装软件实体。软件构件须承载有用的功能，并遵循某种构件模型。可复用构件是指具有可复用价值的构件。

在基于构件的软件开发中经常会使用到的商用成品构件（commercial off-the-shelf，COTS），是指由第三方开发的满足一定构件标准并且可组装的软件构件。

2. 构件的要素

在 Brown 著作[33]中指出，构件具有如下 5 个要素。

（1）规格说明

规格说明建立在接口概念之上，构件应有一个关于它所提供的服务的抽象描述，作为服务提供方与客户方之间的契约。规格说明应包括定义可用的操作，特殊情况下构件的行为，约束条件，以及客户与构件的交互等。

（2）一个或多个实现

一个构件在符合规格说明的前提下，可以有一个或多个实现，例如，不同编程语言或不同算法的实现。构件的实现者可以选择任何一种合适的实现方法，但必须确保其实现是满足规格说明的。必要时，还需按某种构件标准进行包装。

（3）受约束的构件标准

由于不同的构件其实现的程序语言可能不同，运行环境也可能不同，因此，构件必须符合某种标准，才能支持异构构件间的互操作（访问服务）。目前常用的构件标准有 Microsoft 的 COM/DCOM，Sun 的 EJB 和 OMG 的 CORBA。

（4）包装方法

构件可以按不同的方式分组（称为包）来提供一套可替换的服务。通常从第三方获取的构件就是这些包，它们代表了系统中的功能单元。使用包时需要某种对包的注册机制。

（5）部署方法

一个成品构件安装在运行环境中，通过创建构件的可执行实例，并允许与它进行交互来实现部署。一个构件可以部署多个实例，而每一个实例都是独立的，并在自己的进程或线程中执行。

3. 构件描述模型

构件模型是关于构件本质特征的抽象描述。目前，学术界与产业界已经提出了许多构件模型，本节介绍 3C 模型和 REBOOT 模型。

（1）3C 模型

3C 模型是在 1989 年的 *Reuse in Practice Workshop* 中由一些系统工程领域的专家提

出的,是关于构件的一个指导性模型。该模型由构件的 3 个不同方面的描述组成,即概念(concept)、内容(content)和周境(context)(周境是指构件运行所需的周边环境,如全局变量的初值、构件所请求的服务、运行环境等)。

① 概念:概念是关于"构件做什么"的抽象描述,可以通过概念去理解构件的功能。概念包括接口规约和语义描述两部分,语义描述和每个操作相关联(例如,可以表示为前后置条件)。

② 内容:内容是概念的具体实现,描述构件如何完成概念所刻画的功能。在本质上,内容是对一般用户隐蔽的信息,只有那些企图修改构件的人才需要了解这些信息。

③ 周境:周境描述构件和外围环境在概念级和内容级的关系。周境刻画构件的应用环境,为构件的选用和适应性修改提供指导。例如,如果构件 A 使用了另一个构件 B 中描述的资源,则称构件 A 依赖于构件 B,或者说构件 A 的周境中包含了构件 B。周境可进一步分为:概念周境(conceptual context),操作周境(operational context)和实现周境(implementation context)。概念周境描述构件间接口和语义方面的关系;操作周境刻画构件中被操作数据的特征(如类型和操作);实现周境描述了构件在实现方面的依赖关系。

(2) REBOOT 模型

REBOOT(reuse based on object-oriented technology,基于面向对象技术的复用)构件模型是一种基于刻面(facet)的模型。刻面是在对领域进行分析的基础上得到的一组基本的描述特征。刻面可以描述构件实现的功能、所操作的数据、构件应用的周境或任何其他特征。通常刻面描述限制在不超过 7 或 8 个刻面。一个构件通常包括以下刻面。

① 抽象(abstraction):构件概念的抽象性描述。

② 操作(operation):构件所提供的操作的描述。

③ 操作对象(operand):描述操作的对象。

④ 依赖(dependency):描述构件与外界的依赖关系。

4. 常用的构件标准

为了将多个构件组装成一个应用系统,支持异构构件间的互操作,软件产业界出现了多种构件标准,其中最常用的构件标准有国际对象管理组织(OMG)的 CORBA,Microsoft 的COM/DCOM,Sun 公司的 EJB。

(1) CORBA

CORBA(common object request broker architecture)是 OMG 发布的公共对象请求代理体系结构。CORBA 的核心是 ORB(object request broker),ORB 定义异构环境下对象透明地发送请求和接收响应的基本机制,是建立对象之间 client/server 关系的中间件。ORB使得对象可以透明地向其他对象发出请求或接受其他对象的响应,这些对象可以位于本地,也可以位于远程机器。ORB 拦截请求调用,并负责找到可以实现请求的对象、传送参数、调用相应的方法、返回结果等。client 对象并不知道同 server 对象通信、激活或存储 server 对象的机制,也不知道 server 对象位于何处、用何种语言实现的、使用什么操作系统或其他不属于对象接口的系统成分[24]。

(2) COM/DCOM

COM(component object model)是 Microsoft 开发的一个构件对象模型,提供了在运行

于 Windows 操作系统之上的单个应用中使用不同厂商生产的对象的规约。COM 包含两个元素：COM 接口（实现为 COM 对象）和在 COM 接口间注册和传递消息的一组机制[2]。

COM 仅支持同一台计算机上构件之间的互操作，随着网络的发展，产生了 DCOM（distributed COM）。DCOM 用网络协议来代替本地进程之间的通信，并针对分布环境提供了一些新特性，如位置透明、网络安全性、跨平台调用等[29]。

随着 Windows 2000 的发布，Microsoft 推出了 COM＋。COM＋是一种中间件技术的规约，其要点是提供建立在操作系统上的、支持分布或企业级应用的"服务"[29]。

（3）EJB

Java Beans 是 Java 的客户端构件模型，是把实现的服务包装成构件的一套标准[33]。EJB（Enterprise JavaBeans）提供了让客户端使用远程的分布式对象的框架，EJB 规约规定了 EJB 构件如何与 EJB 容器进行交互。J2EE（Java 2 Platform，Enterprise Edition）是一个基于 Java 的、适合服务器端构件体系结构的、结合了 Java Enterprise API 的、完整的企业级应用开发平台[29]。而 EJB 则是 J2EE 技术体系的重要部分。

9.1.2　基于构件的软件开发过程

在 1.4.7 节中介绍过基于构件的软件开发模型，如图 9.1 所示。该模型表示 CBSD 过程由领域工程和应用系统工程两个并行的活动组成，领域工程的任务是进行领域分析，产生领域模型和领域基准体系结构，确定领域中潜在的可复用构件，然后进行构件的可变性分析，构建可复用构件，并存入构件库。在 Jacobson 等人的著作[31]中将领域工程分成应用簇工程和构件工程。应用系统工程的任务是进行应用系统分析，设计应用系统的体系结构，然后使用可复用构件开发应用系统，同时，对构件的复用情况进行评价，以补充和改进构件库。

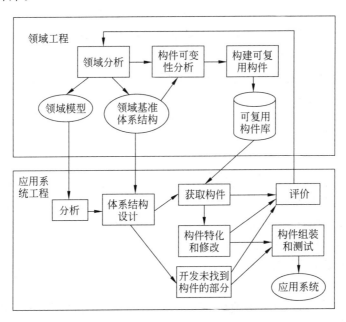

图 9.1　一种基于构件的开发模型

1. 领域工程的步骤

领域工程的步骤如下：

① 领域分析。首先要进行领域分析,收集领域中有代表性的应用样本,分析应用中的公共部分或相似部分,抽取该领域的体系结构。

② 建立领域特定的基准体系结构模型。在领域分析的基础上,构造该领域的基准体系结构,这个基准体系结构应是可以裁剪和扩充的,以供该领域内的应用复用。

③ 标识候选构件。在领域分析和领域基准体系结构模型的基础上标识该领域的候选构件。

④ 泛化(generalization)和可变性(variability)分析。由于候选构件可能来自某个特定的应用样本,因此候选构件具有一定的特殊性。为使之能被广泛复用,应将其泛化,提高其通用性。同时应寻找候选构件在不同应用中可能修改的部分——即变化点(variation point),通过设置参数、继承或其他手段,使可变部分局部化。

⑤ 构件重构。在泛化和可变性分析的基础上,对构件进行重构,使它成为可复用构件。

⑥ 构件的测试。对重构的可复用的构件要严格测试,以提高其可靠性。所使用的测试用例可跟随可复用构件一起被复用。

⑦ 构件的包装。应根据构件库的要求,对经测试的构件进行包装,以便构件库对该构件分类储存和检索。

⑧ 构件入库。包装后的构件即可存入构件库。

2. 应用系统工程的步骤

应用系统工程的步骤如下：

① 建立应用系统的体系结构模型。开发一个应用系统,首先要建立该应用的体系结构模型。该模型可以使用领域工程提供的领域特定的基准体系结构,经裁剪和/或扩充而获得。

② 寻找候选构件。根据应用系统的体系结构模型,从构件库或其他可利用的构件源(如遗产软件或构件供应商)中寻找待开发软件的候选构件。

③ 评价和选择合适的构件。评价候选构件,以判断它是否适合于待开发的软件。当有多个候选构件同时满足新软件的同一需求时,可根据复用代价、构件质量等因素的优劣加以选择。

④ 构件的修改(modify)和特化(specialize)。由于可复用构件具有通用性,因此在复用时应对其特化,以满足特定应用的需要。如果构件中含有变化点,则要选择合适的变体(variant)(可能要另编)链接到变化点上。有时所选择的候选构件不能完全满足待开发软件的需要,可能要对它作部分修改。

⑤ 开发未被复用的部分。通常一个新软件不可能全部由可复用构件组成,因此对新系统中未采用复用的部分仍需专门开发。

⑥ 构件的组装。将特化和修改后的可复用构件和新开发的部分组装成一个新的软件系统。

⑦ 集成测试。对组装后的软件系统进行集成测试。

⑧ 评价被复用的构件,并推荐可能的新构件。在基于复用的软件开发活动结束后,应对所使用的可复用构件作出评价,提出修改或改进意见,以提高它以后的可复用性。同时还可根据新开发的部分,向企业构件库推荐可能的可复用构件,以不断扩充和完善构件库。

9.1.3 CBSD 对质量、生产率和成本的影响

据产业界对一些开发实例的研究结果表明,软件复用在商业效益、产品质量、开发生产率以及整体成本等方面可获得实质性的改善。

1. 软件复用对质量的影响

可复用构件在生产过程中都已经过严格的测试,虽然测试并不能发现可复用构件的所有错误,但在复用过程中,可复用构件中的错误不断地被发现和排除,因此随着复用次数的不断增加,可复用构件可看成几乎是无错误的。

有关研究报告表明,被复用代码中的错误率大约为每千行 0.9 个错误,而新开发代码中的错误率大约是每千行 4.1 个错误。对于一个包含 60% 复用代码的应用程序,错误率大约是每千行 2.1 个错误,比无复用的应用程序错误率大约减少了 50%。虽然不同的研究报告得到的统计数据不同,但复用对提高软件的质量和可靠性确实是十分有效的。

2. 软件复用对生产率的影响

软件复用应该渗透到软件开发的各个阶段,在开发的各个阶段都有可复用的软件制品,复用这些软件制品都能提高相应工作的生产率。然而,影响软件生产率的因素很多,如应用领域、问题的复杂性、开发队伍的结构和大小、方案的时效性、可应用的技术等。由于不同的应用中影响其生产率的因素不同,所以复用对生产率的提高程度也不同。一般来说,大约 30%~50% 的复用可使生产率提高 25%~40%。

3. 软件复用对成本的影响

假设不采用软件复用技术开发一个软件系统所需的成本为 C_s,采用软件复用技术开发同一个软件所需的成本为 C_d,那么采用软件复用技术所节省的成本不能简单地用 C_s 减去 C_d 来估算。节省的成本还应扣除与复用相关的成本。

与复用相关的成本包括以下内容:

- 领域分析和建模。
- 领域体系结构开发。
- 为促进复用所增加的文档量。
- 可复用软件制品的维护和改进。
- 从外部获取构件时的购买费用。
- 可复用构件库的创建(或获取)和操作。
- 对生产和消费构件人员的培训。

当然与复用相关的成本应由多个采用复用技术的项目来分担,通常要经过 2~3 个采用复用的生产周期(大约 3 年左右),复用才能带来显著的效益。

9.2 建造可复用构件

建造构件的目的是为了以后复用构件,所以正确地说应是为复用而建造构件。在建造构件时仍应遵循抽象、逐步求精、信息隐蔽、功能独立、结构化程序设计等思想和原则。由于面向对象方法具有封装性、继承等特点,能有力地支持复用,所以应尽可能考虑采用面向对象方法开发构件。

9.2.1 对可复用构件的要求

生产可复用构件的目的就是能被广泛地复用,一个构件的复用次数越多,其价值也越大。为使构件能具有较高的可复用性,可复用构件应满足以下条件。

1. 构件设计应具有较高的通用性

构件的可复用程度是指该构件在开发其他软件时可被复用的机会。构件越一般化(即通用),则其可复用程度也越高;构件越具体(即专用),则其可复用度越低。因此为提高构件的可复用度,应尽量使构件泛化,使其能在更多的待开发软件中得到复用。

2. 构件应易于定制

虽然构件通常具有较高的通用性,然而,在特定的应用中复用该构件时还必须对构件进行特化,以用于具体的复用环境。因此,必须提供软件构件的特化机制和定制机制,使复用构件时易于定制。

3. 构件应易于组装

通常生产出来的构件存放在构件库中,构件库中的构件是由许多人开发的,这些构件的实现语言和运行环境可能完全不同。在开发一个特定应用时,首先需要从构件库中选出若干个合适的构件,经特化后进行组装。构件的组装包括同质构件的组装(即具有相同软硬件运行平台的构件之间的组装)和异质构件的组装(即具有不同软硬件运行平台的构件之间的组装)。构件组装的难易程度将直接影响软件的复用。为了使构件易于组装,构件应具有良好的封装性和良好定义的接口,构件间应具有松散的耦合,同时还应提供便于组装的机制。

4. 构件必须具有可检索性

构件必须具有合适的描述机制,以便开发人员能从构件库中检索到所需的构件。显然,如果构件没有很好的可检索性,那么被复用的概率将会很低。

5. 构件必须经过充分的测试

由于构件要被广泛地复用,如果构件中存在许多缺陷,开发人员就不愿复用它。因此构件在入库前必须经过充分的测试,尽可能多地发现并纠正构件中的缺陷,在复用过程中,当发现构件中潜在的缺陷时,要及时更正,以使构件中的缺陷数降到最低。

9.2.2 创建领域构件的设计框架

在建造构件时,除应遵循已有的设计概念和原则外,还必须考虑应用领域的特征。Binder 建议在设计时考虑以下关键问题。

1. 标准数据

应该研究应用领域,并标识出标准的全局数据结构(如文件结构或完整的数据库)。于是所有设计的构件都可以用这些标准数据结构来刻画。

2. 标准接口协议

应该建立 3 个层次的接口协议:构件内接口、构件外接口以及人机接口。

3. 程序模板

程序的结构模型可以作为新程序的体系结构设计的模板。

一旦建立了应用领域的标准数据、标准接口协议和程序模板,设计者就有了一个可在其中创建设计的框架,符合这个框架设计出来的新构件在以后该领域的复用中将会有更高的复用概率。

9.2.3 可变性分析

为使构件能较为广泛地被复用,构件应具有较强的通用性和可变性(variability)。当一个构件被不同的应用复用时,构件的某些部分可能要修改。为此,在构件复用时可能发生变化的一个或多个位置上标识变化点(variation point),同时为变化点附加一个或多个变体(variant),这样就形成了一个抽象的构件。当该构件被复用时,可根据不同的应用指定不同的变体,使抽象构件实例化,以适应特定应用的需要。这样建造的构件就具有较强的通用性和可变性。

例如,对于金融领域的账户管理构件来说,不同的国家有不同的账户编码规则,如在美国 WFB-6912-182267 是合法的号码,而在瑞典则是 2340-667987-4 这样的格式。此外,不同类型的账户有不同的透支处理策略。

这两个可变特征在账户管理构件中表示为两个变化点 VP_1 和 VP_2,如图 9.2 所示,它们将在具体的复用语境中进行特化。

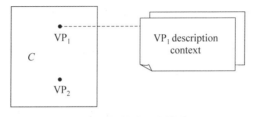

图 9.2　构件中的变化点

构件系统在提供构件的同时,可对构件的变化点附加若干个变体供复用者选用。图 9.3 指出变化点 VP_1 和 VP_3 分别与预定义变体 (V_1, V_2, V_3) 和 (V_4, V_5) 关联,而变化点 VP_2 仅定义变化点,没有提供预定义变体。每个变化点和变体可以与相应的文档关联,文档解释如何使用及如何选择变体。

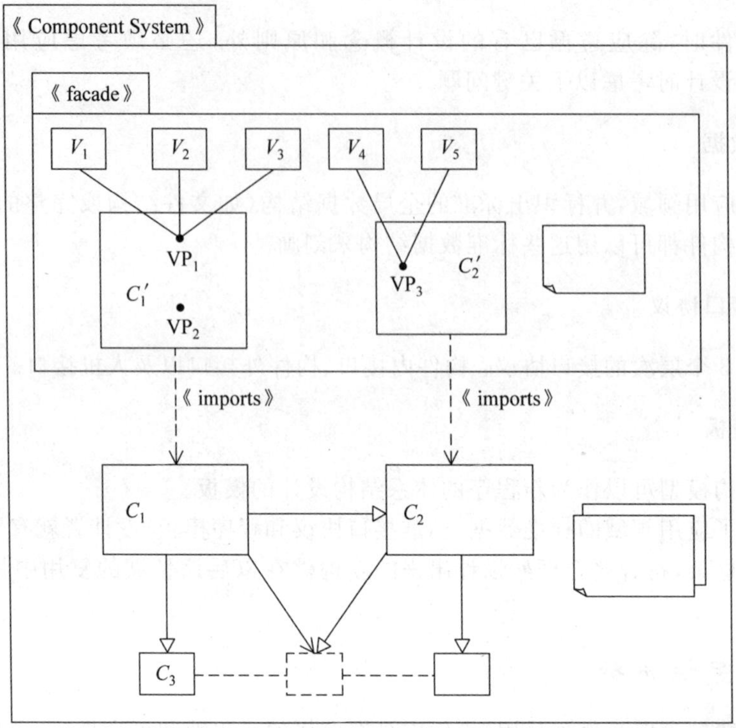

图 9.3 构件系统中的门面和变体

9.2.4 可变性机制

实现构件可变性的机制很多。

1. 典型的可变性机制

典型的可变性机制有：继承、扩展和参数化。

（1）继承（inheritance）

在变化点上创建指定抽象类型或抽象类的子类型或子类。

（2）扩展和扩展点（extensions and extension points）

可以在用况和对象构件中的变化点（或扩展点）上附加变体（或扩展）。

（3）参数化（parameterization）

用于模板（templates）、框架（frames）和宏（macros）的类型和类。

2. 使用可变性机制

下面分别对继承、扩展和参数化的使用进行介绍。

（1）使用继承

继承的确切语义依赖于建模语言或程序设计语言。不同的程序设计语言通常允许继承不同性质的类型。如 C++ 中只可继承公共的和受保护的操作。

设计级的继承更有用，可以在抽象类的接口中定义抽象操作及其规约，在继承它的子类中重新定义抽象操作的实现方法,用此方法可实现类的可变性。但是要注意的是,继承降低了类的封装性,它向子类公开了父类的内部实现机制。如果子类的设计者滥用父类的属性和操作,可能会导致意想不到的错误或设计缺陷。

(2) 使用扩展

通过对一个用况类型或对象类型或类扩展新的责任或行为,将其扩展成另一个用况类型或对象类型或类。扩展是一个变体,它被附加到扩展点上。当有若干个变体需附加到一个变化点上时扩展显得更有效。

一个扩展通常是一个不被自己使用的小的类型或类,只作为附属物与另一个类型或类在扩展点上相关。每一个用况或类都可以有扩展点,即类型或类中可以插入扩展的位置。扩展可用来改善类型、类或系统的结构,还可用来对扩展的类型或类增加附加的行为、关联和属性。

(3) 使用参数化

参数化是简单而强有力的技术,能用来表示构件的可变性。构件的参数化是在构件中适当的变化点上插入参数和宏表达式。参数化可用于用况的描述,也可用于操作定义或方法体内的类型或类的名字。参数化的构件以后能通过用实在参数值对参数绑定或宏展开来实现特化。

例如,一个 Account 类定义如下:

Account
+ Identify:{Type};//Account type implemented as parameter
　　current Balance:Money;
　　　　if Current Balance<={Limit} then No Interest Added
+ Transfer(amount:Float,Destination:Account)
# Virtual Overdraft(transaction:Transaction Type)
# Virtual Exception(transaction:Transaction Type)

其中,{Type}和{Limit}是参数,Limit 规定了对这个账户类需要的最小余额。图 9.4 显示,通过对参数化的 Account 构件的特化,即绑定参数值{Type="loan",Limit=$300}来创建一个 loan Account 类型(或类)。

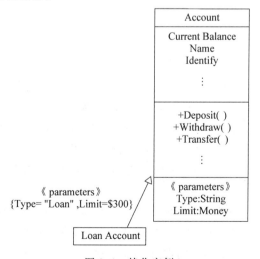

图 9.4　特化实例

当变体较小(例如,比一个语句小——经常是一个数值、短语或表达式)时参数化是最合适的可变性机制。当相同的构件内部或分布在若干个构件内部的多个地方使用相同的变化点时,参数化将显示出它的优越性。一个参数能控制多个位置中的一致的选择。参数还能在使用条件表达式的不同实现中用来作出选择。

9.3 应用系统工程

应用系统工程的任务是使用可复用构件组装应用系统,其步骤参见 9.1.2 节。本节主要介绍基于 CBSD 的应用系统分析和设计,以及构件的鉴定、特化和组装。

9.3.1 基于 CBSD 的应用系统分析和设计

在 CBSD 中,构件是组成应用系统的基本单元,根据系统的体系结构,将构件组装成应用系统。因此,在基于 CBSD 的应用系统分析和设计时,注重体系结构和构件接口的分析和设计,忽略构件内部实现的设计。

1. 关注接口的设计

接口是构件描述其行为的机制,并提供了对其服务的访问[33]。一个接口可以有多种实现,接口实现对使用者是隐蔽的。这样,在 CBSD 中,构件的接口描述就成为构件使用者能依赖的所有信息,因此构件接口描述的表达能力和完整性是 CBSD 方法主要关注的问题之一。

构件的接口可分为供应接口(provided interface)和请求接口(required interface)。供应接口描述构件所提供的服务,可以被其他构件访问。请求接口描述构件为完成其功能(服务)需请求其他构件为其提供的服务。

通常,应在构件的规格说明中给出接口的定义,说明构件提供的服务,构件使用者如何请求(访问)该服务,以及构件与其他构件之间的协作,构件在提供哪个服务时需请求哪些构件服务协作。

2. 关注基于构件的体系结构

任何一个应用系统都有其体系结构,基于构件的体系结构也称为构件构架(component architecture)。基于构件的应用系统体系结构描述了组成应用系统的构件,构件之间的组织结构、交互、约束和关系,是对系统的组成、结构以及系统如何工作的宏观描述。

接口和基于接口的设计提供了以构件组装观点来实现软件解决方案所需的技术。在基于构件的世界里,应用程序由一组构件组成,这些构件协同工作以满足更广泛的业务需求[33]。因此,基于构件的应用系统体系结构是 CBSD 分析和设计的另一个重点关注的问题。

如果在领域工程中已开发了领域的基准体系结构(reference architecture),则可以在基准体系结构基础上进行剪裁和/或扩充,使其成为具体应用系统的体系结构。

Brown 的著作[33]从"逻辑"和"物理"两个层次讨论了基于构件的体系结构。

逻辑体系结构以接口形式对每组服务进行描述,并描述了这些包(package)怎样交互来满足通常的用户使用场景。逻辑体系结构展示了系统设计的蓝图,可用于验证系统是否提供了适当的功能,并能在系统功能需求变化时方便地改变系统的设计。

物理体系结构描述系统的物理设计,包括硬件及其拓扑结构、网络和通信协议、基础设施(如运行平台、中间件、数据库管理系统等),以及软件系统的部署。物理体系结构展示了系统的实现构架,有助于理解系统的许多非功能属性,如性能、吞吐量、服务的可用性等。

3. 基于构件的应用系统开发方法

在 Brown 的著作[33]中介绍了基于构件的应用系统开发方法。

(1) Rational 统一过程(Rational's unified process,RUP)

RUP 是一个关于软件开发的广泛的过程框架,覆盖了整个软件生存周期。RUP 使用 UML 进行分析和设计建模,鼓励使用 CBSD 方法。

(2) Sterling 软件公司的企业级构件化开发方法

该方法鼓励使用 UML 的扩展形式把构件的规格说明和实现分离,允许制作技术中立的规格说明,然后再使用不同的实现技术来实现规格说明。

这两种方法的许多细节是不同的,但其共同点是关注构件库中的构件、接口的设计和基于构件构架的应用程序组装。

9.3.2 构件的鉴定、特化和组装

在得到应用系统的体系结构以后,就要从构件库中获取所需的构件,或者向构件供应商购买 COTS 构件,然后对这些获取的构件进行鉴定和特化,最后组装成应用系统。

1. 构件鉴定

构件鉴定(qualification)的目的是确保获得的构件(无论来自构件库,还是构件供应商)将完成所需的功能,能被集成在系统中并能正确地与系统中的其他构件交互。

鉴定构件的主要依据是构件的接口描述和相关的规格说明,但这些信息往往还不足以确保构件能成功地集成到系统中。

为了充分地鉴定构件,Pressman 在他的著作[2]中给出如下构件认证中需考虑的因素:应用编程接口(application programming interface,API);该构件所需的开发和集成工具;运行时需求,包括使用的资源(如内存或存储器)、时间或速度以及网络协议;服务需求,包括操作系统接口和来自其他构件的支持;安全特征,包括访问控制和身份验证协议;嵌入式设计假定,包括特定的数值或非数值算法的使用;异常处理。

对于企业自己开发的构件,可使用上述各种因素对构件进行鉴定。然而,由供应商提供的成品构件往往只给出接口描述,因此难以对上述各种因素作出回答。有的供应商提供了构件的测试版本,使用者可通过运行构件测试版来鉴定成品构件。

2. 构件特化

在构造构件时,为了使构件能被广泛地复用,因此,要对构件进行泛化和可变性分析。当构件组装到具体的应用系统中时,应根据应用系统的具体情况对其进行特化,对变化点配置特定的变体,必要时要自行开发变体。实现可变性的机制主要有:继承、扩展、参数化等,

详见 9.2.4 节。

如果所选的构件不能完全满足应用系统的功能需求,还需对构件作适当的修改。但是,第三方开发的 COTS 构件常常是难以对其修改的。

如果所选的构件未按构件标准开发(如遗产系统中抽取的构件)时,还需按某种构件标准对其进行包装。

3. 构件组装

构件经过鉴定和特化后,可将其组装成应用系统。这里提倡使用构件组装工具来组装应用系统,其好处是能检查接口匹配中的错误,实现组装的自动化或半自动化。

9.4 构件的管理

开发的构件应存放在构件库中,这就需要相应的构件库管理系统以及构件的分类存储机制支持,以满足应用系统工程对构件检索的要求。

9.4.1 构件的分类描述

可复用构件应存放在构件库中,一个构件库可能包含成千上万个构件,对构件库中构件的合理分类和组织,将有助于软件开发人员从构件库中找到所需要的构件。目前,大多数的研究都建议使用图书馆科学索引方法进行构件分类。图 9.5 给出了一种源于图书馆科学索引方法的构件分类法。其中受控的索引词汇(controlled indexing vocabularies)限制了可以用于分类对象(构件)的术语和语法。不受控的索引词汇(uncontrolled indexing vocabularies)则对描述的性质没有限制。

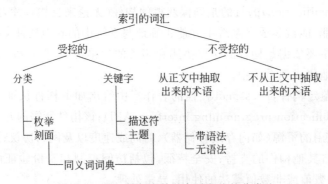

图 9.5 源于图书馆科学索引方法的分类法

大多数的构件分类模式可以归结为 3 类:枚举分类、刻面分类和属性-值分类。

1. 枚举分类

枚举分类(enumerated classification)模式将构件组织成分类层次结构,构件库中的构件按某些性质分成若干大类,每个大类又分成若干较小的类,经过若干次分解,形成构件分类的层次结构,实际的构件位于层次结构的最底层,其他层次则表示构件的类或子类。

枚举分类模式的分层结构易于理解和检索,但是,在建立层次结构之前,必须进行领域分析,寻找合适的供分类的性质。

2. 刻面分类

刻面分类(faceted classification)模式根据一组刻面对构件分类,每个刻面从不同的侧面对构件库中的构件进行分类,并根据重要性设置刻面的优先级。每个刻面由一组术语(term)构成,称之为术语空间(term space),这些术语通常是描述性的关键词。

构件库中每个构件的刻面赋予了相应的术语(值),用户通过指定一组刻面的术语值进行构件检索。为了解决用户指定的术语与库中构件所对应的术语之间的不一致问题,可利用软件工具分析同义词词典(thesaurus),以提高检索率。

刻面分类模式具有较好的灵活性,易于加入新的刻面值。因此刻面分类模式比枚举分类模式易于扩展和修改。

3. 属性-值分类

属性-值分类(attribute-value classification)方法为所有构件定义一组属性,每个构件都具有一组属性值,开发人员通过指定一组属性值对构件库检索。属性-值分类方法与刻面分类方法非常类似,不同的是:属性-值分类方法对可使用的属性数量没有限制;属性没有优先级且不使用同义词功能。

9.4.2 构件库管理系统

构件库管理系统主要用于构件的存储、检索、浏览和管理。

1. 构件库管理系统的功能

下面介绍构件库管理系统的主要功能。
- 构件的分类存储:根据构件库的分类模型将入库的构件储存在构件库中,并保存构件的描述信息。
- 构件检索:从构件库中检索出满足用户要求或接近用户要求的构件。
- 构件库浏览:浏览库中的全部或部分构件。
- 删除构件:将不再使用的构件从构件库中删去。
- 构件使用情况评价:根据用户使用和检索构件的反馈意见,对构件作出评价,为进一步的改进提供依据。

如果构件库采用刻面分类方法,则还要提供刻面和术语空间的创建和维护功能,即根据需要对术语空间进行创建、增加、删除、修改等操作。通常仅在建库时才创建和修改刻面的定义。

2. 构件检索方法

构件的描述和检索是构件库管理系统的两个最主要的关键技术,它们将直接影响到构件库检索的查准率(precision)、查全率(recall)和效率。下面简单介绍几种常用的构件检索方法。

(1) 规约匹配

基于有序的谓词逻辑的匹配,通过谓词演算公式进行精确匹配,通过逻辑连接符和逻辑量词进行部分精确匹配。

(2) 型构(signature)匹配

通过接口的定义进行匹配,适用于函数之类的构件。

(3) 术语轮廓匹配

基于构件编目描述语言的匹配,将每一个构件的编目描述作为该构件的一个特征矢量,通过测算矢量的距离进行匹配。

(4) 行为采样

基于构件测试的匹配,根据测试结果相同的概率进行匹配。

9.5　小　　结

基于构件的软件开发(CBSD)是 20 世纪 90 年代开始流行的开发方法,由于该方法支持软件复用,能有效提高软件的开发效率和质量,降低开发和维护成本,因此受到人们的关注。作为一种新的技术,本章只作简单介绍,包括基于构件的软件开发的概念、领域工程过程和应用系统工程过程、可复用构件的建造、基于 CBSD 的应用系统分析和设计以及构件的管理。

习　　题

9.1　什么是构件?

9.2　简述基于构件的软件开发过程。

9.3　结合自己所熟悉的某个应用实例设计一个包含变化点的构件。

9.4　运用继承、扩展和参数化等机制,对习题 9.3 所得到的构件进行特化,并配置相应的变体。

9.5　选择 CORBA、EJB 或 COM+中的一种,包装习题 9.4 所得到的构件。

第 **10** 章

敏捷软件开发

从 20 世纪 90 年代开始,多种轻量级的方法在软件开发方法领域逐渐流行起来。这些方法具有一些共同的特征,都强调软件开发的灵活性,后来它们被统称为"敏捷软件开发方法"。本章将首先介绍敏捷开发方法产生的历史背景和核心思想,然后介绍影响最广泛的 3 种敏捷开发方法:Scrum、极限编程(extreme programming,XP)和看板(kanban)方法。

10.1 敏捷软件开发方法概述

本节介绍敏捷软件开发方法的起源和主要思想,并对具有较广泛影响的敏捷开发方法进行综述。

10.1.1 敏捷宣言

在敏捷软件开发产生之前,软件开发过程更多地强调可预测性。但是,随着对软件开发认识的进一步深入,人们逐渐意识到,软件项目中的可预测性是非常难以达成的。Martin Fowler 在文献[71]中列举了以下软件开发的 3 个特征:

① 提前预测需求是困难的。同样,对项目进行过程中客户需求优先级的变更进行预测也很困难。

② 对很多项目来说,软件设计和构建是交错进行的。也就是说,设计需要通过实施构建来获得验证,而在构建的过程中新获得的知识又可以帮助设计。

③ 从制定计划的角度来看,分析、设计、构建和测试活动并不容易预测。

因此,面对难以预测的、变化的需求和开发问题,存在两种思路:要么提高项目的可预测性,要么增强项目的适应性。敏捷软件开发更多地强调适应性,而不是可预测性。这是敏捷软件开发相对于传统软件开发方法的主要区别。在经典软件开发方法中,软件过程的目标之一是通过控制变化来实现软件开发的可预测性。但是,敏捷软件开发认为变化是不可避免的,应该通过改善管理实践和工程实践来更好地适应变化。

敏捷软件开发的另一个重要观点是关于人的态度。敏捷软件开发认为人不是可以互相替换的"编程部件",而是具有创造力的个体,成功的软件开发活动依赖于人的主观能动性。

这些关于敏捷软件开发的思想是在开发社区中逐渐产生的,一开始只是孤立地出现了很多"轻量级"的开发方法,当时还没有"敏捷"这个统一的术语。在 2001 年 2 月,17 位敏捷方法的先驱在美国犹他州召开了为期两天的会议,试图总结这些方法之间的共同点。这次会议的成果是发布了"敏捷宣言"。

敏捷宣言包括价值观和实践两个部分。敏捷宣言陈述的价值观[72]如下:

敏 捷 宣 言

我们正通过亲身或协助他人进行软件开发实践来
探索更好的软件开发方法。
基于此,我们建立了如下的价值观:

个体和交互 重于 过程和工具
工作的软件 重于 详尽的文档
客户合作 重于 合同谈判
响应变化 重于 遵循计划

也就是说,尽管右项有其价值,
我们更重视左项的价值。

敏捷宣言强调了敏捷软件开发方法是从实践中产生的这一事实。敏捷宣言并不否认过程和工具、文档、合同谈判或者计划的重要性。但是,敏捷宣言更加重视与其相关的另外 4 个重要方面:

① 个体和交互是软件开发的最重要因素。个体既包括开发者,也包括客户。从敏捷的观点来看,过程和工具显然是有价值的,但是其价值恰恰在于提高生产率,改善人和人的交互。

② 可以工作的软件是开发团队和客户共同追求的目标。完成软件开发才是真正的目的,编写任何文档都是为了支持软件开发,在过程中片面强调文档是不可取的。需要注意的是,文档和代码不同,其缺乏真正意义上的客户验证,所以容易隐藏开发中的问题,但是代码却是客观的,能够更准确地度量软件的进度和质量。

③ 客户合作强调开发团队和客户应该拥有共同的目标。只有软件开发团队满足了客户的需求,才能为客户带来最高价值。如果软件开发团队倾向于拒绝客户的需求变化,很容易带来客户和开发团队的目标冲突。例如,如果开发团队经常拒绝变化,客户很可能会过早提出一些并不很有把握的需求,以避免后期加入功能的困难。从这个角度看这种结果对于客户和开发团队都是不利的。

④ 响应变化这一价值观尊重这样的事实:随着软件开发的进行,人们掌握的信息越来越多。因此,早期计划阶段对分析、设计、构建和测试活动的预测可能并不准确。当变化发生的时候,尽快进行调整以遵循变化的情况,而不是简单地遵循已经过时的计划是一种明智的行为。

敏捷宣言还包括 12 条原则[73],这些原则是对于 4 条价值观在软件开发领域的具体实现策略。敏捷宣言遵循的 12 条原则如下:

① 我们的最高优先级是持续不断地、及早地交付有价值的软件来使客户满意。

② 拥抱变化,即使是在项目开发的后期。敏捷过程愿意为了客户的竞争优势而接纳

变化。

③ 经常地交付可工作的软件,相隔几星期或一两个月,倾向于采取较短的周期。

④ 业务人员和开发人员必须在项目的整个阶段紧密合作。

⑤ 围绕着被激励的个体构建项目。为个体提供所需的环境和支持,给予信任,从而达成目标。

⑥ 在团队内和团队间沟通信息的最有效和最高效的方式是面对面的交流。

⑦ 可工作的软件是进度的首要度量标准。

⑧ 敏捷过程倡导可持续开发。项目发起者、开发人员和用户应该维持一个可持续的步调。

⑨ 持续地追求技术卓越和良好设计,可以提高敏捷性。

⑩ 以简洁为本,它是减少不必要工作的艺术。

⑪ 最好的架构、需求和设计是从自组织的团队中涌现出来的。

⑫ 团队定期地反思如何变得更加高效,并且相应地调整自身的行为。

10.1.2 精益思想

敏捷软件开发的另外一个思想来自于精益思想[74]。精益思想起源于丰田生产系统(Toyota production system,TPS),价值是精益思想的基本出发点。在精益的定义中,价值是从最终客户的角度定义的。如果一个活动对于最终客户价值而言是增值的,那么该活动就是有意义的活动,否则就是一种浪费。这种对于价值和浪费的观点和传统的定义方式是截然不同的。例如,传统的效益观点认为应该尽量让工厂的设备全速运转,才能避免由于设备闲置造成的浪费。但是精益思想认为,如果仅仅出于避免设备闲置的目的而大量加工某些零件,这才是更大的浪费。这是因为这些零件无法及时组装为产品,将会形成大量的库存。精益思想认为,设备闲置是一个信号,提示在当前的工作流中存在问题,应该致力于识别和解决工作流中存在的问题,而不仅仅是让闲置设备忙碌起来。

据此,精益思想定义了下面 5 条原则。

1. 识别价值

价值是客户愿意购买产品的原因,也是产品开发的根本价值所在。例如,在软件系统中,客户会为了正确运行的软件付费,但是并不会为一个只有完备的产品开发文档、却不具备价值的软件而付费。"是否有助于增加价值"是精益方法衡量过程活动的准则。

2. 定义价值流

价值流描述了组织为了交付价值所采取的一系列有增值的活动。已有的工作过程中的无增值活动就属于浪费。

3. 保持价值流的流动

价值流的存在并不代表价值可以快速流动,仍然可能存在等待、拥塞等问题。因此,良好的系统应该让价值迅速流动,从而用较低的成本生产出正确的产品。

4. 拉动系统

拉动和推动是相对的概念。在推动系统中,制造商预测未来一段时间的商品销量,然后据此制定生产计划,最后试图将该商品销售出去。在这种场景下,制造商会面临库存和市场环境变化的较大风险。而拉动系统是基于当前客户的需求,从而向生产环节逐级反馈,每个环节都基于下一个环节的需求而进行生产。

5. 持续改善

持续改善是精益思想的最重要支柱。精益思想认为上述 4 个方面并不是静态的,总是存在可以改善的空间。精益思想的核心就是不断进行改善,从而使价值最大化。

Mary Poppendieck 和 Tom Poppendieck 夫妇最早将生产系统的精益思想引入到了软件开发领域[75]。事实上,敏捷宣言和精益思想的大多数实践都能够互相呼应。例如,敏捷宣言强调人和人的交互是软件开发中最重要的因素,而精益思想的支柱之一就是"尊重人"。敏捷宣言强调"团队定期地反思如何能提高成效,并据此改善自身的工作方式",而精益思想的另一个支柱就是"持续改善"。

精益思想中关于浪费的观点也可以映射到软件开发领域。精益思想的创始人大野耐一给出了在生产系统中的七大浪费:需要纠正的错误、生产了没有需求的产品、库存、不必要的工序、不必要的工人移动、不必要的货物搬运、下道工序等待上道工序完成。而软件开发过程中也存在着相似的浪费,例如,软件开发中存在错误、开发了不需要的功能、部分完成的制品(如没有通过测试的代码)等。

精益思想在软件开发中的应用产生了一个新的方法:精益软件开发(LSD)[75]。而看板方法则是精益思想的一个系统化的实践。本书 10.4 节将介绍看板方法。

10.1.3　敏捷方法综述

从 20 世纪 90 年代开始,逐渐产生了一大批敏捷软件开发方法。其中比较有影响的包括:极限编程、Scrum、看板方法、精益软件开发方法、水晶软件开发方法(crystal)[76]、自适应软件开发(adaptive software development,ASD)[77]、动态系统开发方法(dynamic system development method,DSDM)[78]等。本书 10.2 节将介绍 Scrum 方法,10.3 节将介绍极限编程方法,10.4 节将介绍看板方法。关心其他方法的读者请阅读相应的参考文献。

敏捷软件开发方法具有以下一些共同的特征。

1. 致力于降低变化的成本

敏捷方法提倡软件开发的适应性,这就意味着能够通过软件过程和方法来降低变更带来的代价。Kent Beck 认为,可以通过诸如增量和迭代、测试驱动开发、重构、简单设计等手段,"抚平"变更成本的曲线,如图 10.1 所示。

2. 强调价值

敏捷软件开发关注客户价值,并且强调快速的交付。通过增量和迭代的开发,敏捷软件开发方法可以在早期就交付最有价值、最重要的功能,而不必等到所有的开发完成。

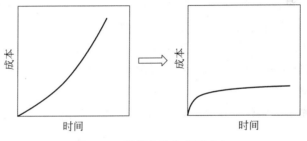

图 10.1　敏捷方法和变更成本

同时,敏捷软件开发基于价值来衡量工作流的各个环节,尽量消除不必要的文档和环节,从而消除开发过程中的浪费。

3. 强调人的作用

敏捷方法不仅仅强调适应性,更强调"人的因素"在成功的软件开发中的重要性。软件开发从本质上是一种创造性的活动,只有充分激发每个人的能动性,才能更好地实现软件开发的目标。而经典的过程模型忽略人和人的差异,这对于充分发挥个人的价值是不利的。敏捷软件开发方法中重视给予团队相应的授权、信任,帮助建立自组织的团队。

4. 使用增量和迭代的开发方法

迭代和增量并不是敏捷软件开发方法的发明。一直以来就存在很多增量和迭代的软件开发模型。但是,敏捷软件开发强调每个迭代都产生真正可以运行的软件,这样更容易获得客户的反馈,便于做出及时的、正确的适应性改变。同时,由于使用增量和迭代的方法,可以在很短的时间间隔内交付软件增量,能够更快地满足客户的需求。

10.2　Scrum 方法

Scrum 是一种增量和迭代的开发管理框架,广泛应用于软件开发领域。Scrum 为软件组织的开发管理活动提供了一个模型,使得软件组织可以定制符合本组织上下文的敏捷软件开发过程。

10.2.1　Scrum 简介

Scrum 的思想最早不是产生于软件研发领域,而是来自新产品研发领域。1986 年,日本的两位学者竹内弘高和野中郁次郎在《哈佛商业评论》上发表了一篇文章《新的新产品开发方式》[80]。在这篇文章中,他们介绍了一种新的方法框架。在文章中,作者使用橄榄球运动作为这种方法的比拟,因为二者都具有如下的共同特征:没有显著的、彼此分离的阶段,而整个开发过程都是由一个跨职能的团队共同完成的。通过对汽车、照相机、计算机和打印机等产业的案例研究,该方法能够显著地提高新产品开发的速度和灵活性。

1993 年,Jeffery Sutherland 基于该文章的思想,结合自己多年的软件开发经验,开发了一套软件开发方法,取名为 Scrum。同时,Ken Schwaber 通过从工业过程控制方面的研究,对项目的类型有了新的理解。他认为软件项目的本质是一种探索和尝试,所以在开发过程中充满了不确定性。对含有较多的不确定性的项目,细微的变化也有可能产生重大的影响。因此,需要及时对项目进行监控,及时做出调整。1995 年,Jeffery Sutherland 和 Ken Schwaber 在 OOPSLA 大会上发表了一篇论文[81],正式发布了 Scrum。Scrum 的核心思想是,尽量在早期暴露软件开发中的问题,进行及时调整,从而使得软件开发团队在充满不确定的研发领域成功地工作。

Scrum 是一个简明的软件研发管理框架,其核心概念如图 10.2 所示。

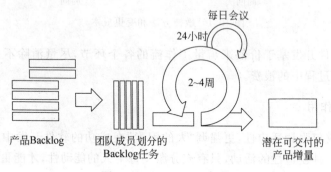

图 10.2　Scrum 过程框架

Scrum 包括以下要素[82]。

1. 时间盒

时间盒(time-box)是一个固定的时间段,为软件开发提供了一个节奏。时间盒在 Scrum 中称为 Sprint。在每个 Sprint 中,都包含完整的需求分析、计划、开发、测试等环节。一般情况下,每个 Sprint 都应该产生可发布的产品增量。每个 Sprint 的开发时间是固定的,一般是一个月或者更短的时间。

2. Scrum 团队

Scrum 团队是自组织、跨职能部门的,其核心目标是提高灵活性和生产能力。每个 Scrum 团队都包括 3 种角色:Scrum Master、产品负责人和开发团队。其中,Scrum Master 负责保证 Scrum 团队的成员理解并且遵循 Scrum 框架;产品负责人指明团队的开发方向,最大化 Scrum 团队的工作价值;而开发团队负责具体的开发工作,在每个 Sprint 结束之前将产品负责人的需求转化成为潜在可交付的产品增量。

3. 制品

Scrum 中最核心的制品是潜在可交付的产品增量。在每个 Sprint 的结束,Scrum 团队都应该能够产生一个新的、可交付的产品增量,这部分和既有的已开发产品一起形成一个整体,随时准备交付给客户。此外,Scrum 中的制品还包括产品的 Backlog、Sprint 的 Backlog 等。产品的 Backlog 代表了产品负责人对软件开发团队的需求的列表,而 Sprint 的 Backlog 是开发团队成员为了实现一个 Sprint 的开发目标而定义的开发任务。

4. 规则

为了保证产品持续稳步的开发,Scrum 非常强调纪律性。例如,Scrum 的规则要求开发团队在每个 Sprint 的交付物都应该达到"完成"(done)标准。该"完成"标准由开发团队定义,并且进行了清晰的描述。只有达到了"完成"标准,开发团队在 Sprint 的输出才能被看做是合格的交付物,才可以声称完成了某个产品增量。

Jeffery Sutherland 和 Ken Schwaber 认为,Scrum 通过如下 3 个重要的支柱[82],提高了产品开发的可预见性:

第一个支柱是高透明度。高透明度保证了让关心结果的人能清晰地看到影响结果的各种因素。例如,Scrum 要求团队严格执行 Sprint 的交付标准,忠实记录项目的执行过程,从而充分了解所观察到的问题。

第二大支柱是检验。Scrum 团队需要经常检测开发过程中的各个方面,以确保及时发现过程中的重大偏差。

第三大支柱是适应。如果 Scrum 团队发现所产生的制品或者所使用的工作方法是不合适的,那么团队就应该及时对过程、方法或者软件制品进行调整,减少或消除进一步的偏差。

10.2.2 Scrum 团队

在 Scrum 框架中,Scrum 团队是自组织的。这意味着团队为了达成开发目标,需要自己决定做哪些事情以及如何做。因此,一个清晰的团队目标和共同遵守的工作方法对于成功的 Scrum 团队是必需的。这还要求团队考虑当前的具体上下文,根据具体情形作出灵活的调整。

Scrum Master 是 Scrum 团队中的重要角色。需要注意的是,Scrum Master 并不是项目经理。由于 Scrum 团队是自组织的,Scrum Master 不是一个管理者,不负责分配团队成员的任务。Scrum Master 要为团队负责,其目标是确保团队能够在最有效和最高效的方式下工作,为团队排除障碍,屏蔽外部的干扰,从而能够保证开发任务顺利进行。

开发团队通常由 5~9 个开发人员组成。过大的开发团队不利于团队的自组织。团队成员应该是跨职能的,例如,有人擅长设计、有人擅长测试、有人擅长数据库,这样才能保证整个团队可以在每个 Sprint 中交付一个真正的产品增量。虽然团队中的每个人的特长可能是不同的,但 Scrum 也鼓励团队成员互相学习彼此的技能,这样在某些情况下,团队成员之间能够互补。例如,如果某些时刻团队的测试任务比较繁重,影响了团队的交付,这时候具有测试技能的开发人员也可以帮助测试,帮助团队更好地达成目标。

产品负责人负责管理产品 Backlog 的内容、排列优先级。产品负责人对产品的成败负责,因此需要关心产品的投资回报率、产品策略等。为了保证团队能够服务于产品的最终目标,产品负责人需要和软件开发团队紧密协作。

10.2.3 需求管理

Scrum 使用产品 Backlog 来管理需求。和传统的软件开发方法不同,Scrum 不赞同在项目初期定义出所有精细的产品功能。这是基于如下两方面的考虑:一是软件的需求可能会发生变化,过早的、精细定义的需求可能会发生变更,从而导致浪费;二是 Scrum 关注于尽量早地交付客户价值,只要定义足够的需求不影响当前的价值交付就可以了,更多的时间应该留给当前待开发的需求,而不是花费时间到很久之后才可以实现的需求上。

为了能够支持迭代和增量的开发,Backlog 中的条目(product backlog item,PBI)应该是良好分割的。表 10.1 是一个项目中的产品 Backlog 示例。

表 10.1　产品 Backlog 示例

条　　目	估算	优先级
用户能够注册姓名和送货地址信息	1	1
用户能够将商品放到购物车,在购物结束时能够购买其中的商品	2	2
用户能够使用 VISA 信用卡支付	2	3
在订单完成之前,用户能够删除购物车中的商品	1	4
管理员能够在网站上增加新商品	1	5
管理员能够调整商品的价格	1	6
用户能够取消尚未支付的订单	2	7

在表 10.1 中,第 1 列是每个 Backlog 条目的内容。在实际的 Scrum 实施中,大多数团队都选择了使用极限编程的用户故事来作为 Backlog 的条目,10.3.3 节将讨论用户故事。第 2 列是对该条目的大小的估算(在本例中估算的单位是故事点),10.3.3 节也将讨论估算问题。第 3 列是每个条目的优先级,优先级决定了 Scrum 团队开发的次序。

产品负责人对 Backlog 中的内容和优先级负责,但不是说应该由产品负责人来撰写所有的 Backlog 条目。推荐的做法是由产品负责人和开发团队在首轮迭代中共同写下主要的 Backlog 条目。然后,根据获得的反馈,在开发过程中对产品 Backlog 不断地进行调整和扩充。产品负责人负责按照优先级对产品 Backlog 中的条目进行排序。同时,随着开发过程中获得的新的信息,其优先级顺序也可以进行调整。Scrum 建议在每个 Sprint 中保留5%～10%的时间,来共同精化产品 Backlog,并且为后续 1～2 个 Sprint 中待开发的条目做好准备。

由于 Scrum 中的团队成员是相对稳定的,而且每个 Sprint 的时间也是相同的,显然每个 Sprint 的产出能够保持在一个稳定的速率(velocity)。同时,由于对产品 Backlog 中的每个条目都有了估算,人们就可以预测某个功能大概在什么时间可以进行发布。

10.2.4　基于时间盒的迭代

Scrum 的基本迭代单元是 Sprint,即一个固定的时间周期。在每个 Sprint 中,Scrum 团队都要致力于交付潜在可交付的产品增量。每个 Sprint 中的活动都是类似的,包括 Sprint 计划、每日例会和 Sprint 演示等。

1. Sprint 计划

Sprint 计划会议发生在每个 Sprint 的开始。Sprint 计划的目的有两个:第一,在本Sprint 中,团队准备交付哪些内容;第二,为了达成这个目标,团队应该做哪些事情。基于团队的不同情况,Sprint 计划会议一般从 1～2 个小时到一天不等。出席 Sprint 计划会议的主要成员是 Scrum 团队,即产品负责人、Scrum Master 和开发团队成员。如果需要,其他人员如管理人员、客户代表等也可以参加计划会议。

Sprint 计划会议分成两个部分。第一部分,产品负责人介绍当前的产品 Backlog 中的高优先级的条目。然后,团队从高到低按照优先级选择将要开发的条目。团队选择的 Backlog 的条目数量取决于团队的历史速率。如果团队使用故事点做估算,历史速率就是团队在过去几个 Sprint 中平均每个 Sprint 完成的故事点数。第二部分主要是开发团队的活动:团队需要分析第一部分选择的条目,然后结合 Sprint 的交付标准,讨论需要完成哪些工作。在第二部分,产品负责人可以不参加,但是必须保持和团队的联系,以便在团队需要的时候能够及时地给予支持。

在 Sprint 计划过程中,一个常见的实践是采用任务墙和燃尽图来记录 Sprint 计划的结果,并且在后续的开发阶段使用它们来保持对团队状态的跟踪。虽然有很多电子工具可以使用,但是许多 Scrum 团队使用真实的物理墙面、卡片、白板等来构建任务墙和燃尽图。这是因为,相对于电子的工具,真实的物理媒介更新更快捷,信息同步更及时,更能够促进团队的沟通和协作。只有在不可能使用物理媒介的时候(如远程协作的团队),才会使用电子工具。

一个初始的任务墙和燃尽图如图 10.3 所示。在图 10.3(a)的任务墙中,最左侧是当前 Sprint 要完成的产品 Backlog 条目。在待开始一栏中,是团队为了完成客户功能所计划的工作。每个任务卡片右下角的数字代表了团队对该任务所估计的大概完成时间。需要注意,和传统的项目计划不同,计划阶段每个任务并不分配给团队成员。只有在 Sprint 的开发阶段,一个任务从“待开始”移动到“进行中”的时候,才会决定由哪个团队成员来完成,任务的分配通常由团队成员自我选择实现。这既是 Scrum 中自组织团队的一种体现,背后也体现了“延迟决策”、“排队理论”等思想。由于篇幅原因,本书不对其原因进行展开,有兴趣的读者可以阅读参考文献[83]。

燃尽图是一种常见的、可视化的项目管理工具,用于描述当前工作的进展情况。燃尽图有一个 Y 轴(剩余工作)和 X 轴(时间)。理想情况下,该图表是一个向下的曲线,随着剩余工作的完成,“燃尽”至零,如图 10.3(b)所示。需要注意的是,燃尽图的重点在于关心剩余的工作量,而不是所完成的工作流。

尽管任务墙和燃尽图并不是 Scrum 中的标准工具,但是大多数 Scrum 团队都会使用这类工具来及时记录和跟踪团队的状态和提供反馈。

2. 每日例会

每日例会是 Scrum 团队每天召开的短会,通常不超过 15 分钟。该例会的目的并不是取代 Scrum 团队每天的正常沟通,而是保证团队能够了解和分享全局的项目信息。

每日例会的参加者是开发团队成员和 Scrum Master,产品负责人可以根据需要决定是否参加。除此之外,其他人(如管理人员、其他团队的成员等)也可以旁听每日例会的内容,但是不得在每日例会上发言。

典型的,团队成员在每日例会上回答 3 个问题:

• 上次例会后做了什么?

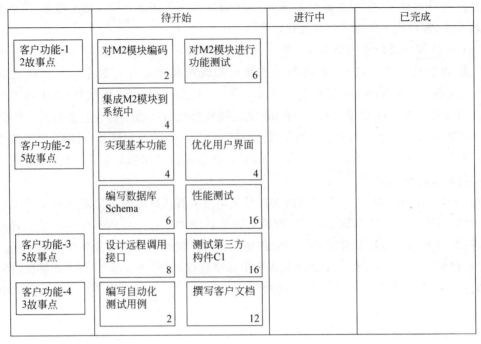

(a) 任务墙

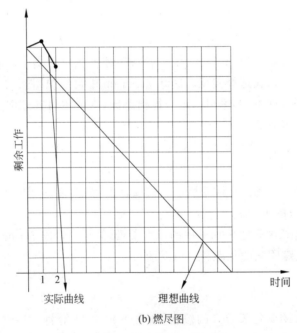

(b) 燃尽图

图 10.3　任务墙和燃尽图

- 遇到了哪些困难？
- 计划在下次例会前做些什么？

　　Scrum 会议帮助团队尽早发现潜在的问题。通过很小的代价，团队成员可以就项目的整体状态和关键问题快速交换意见，换取较大的回报。为了避免每日例会花费团队的过多时间,确保团队成员仅讨论最重要的、共同关心的问题,很多团队要求参加者站着开会,因此每日例会也被称为"每日站立会议"。

3. Sprint 评审

在 Scrum 中,每个 Sprint 都要发布一个"潜在可交付的产品增量"。因此,在每个 Sprint 结束时,团队都会发布一部分已经通过测试的、可供交付使用的功能。为了能够获得更好的反馈,从而为后续的开发活动提供输入,便于改善和调整,Scrum 要求开发团队在每个 Sprint 结束时都对本 Sprint 完成的功能进行演示。

Scrum 鼓励各种各样的角色参加演示,而不仅仅局限于客户、产品负责人和开发团队成员。这是因为演示也是一种组织学习的机会。不同的角色都有可能从演示中发现新的信息或者知识,甚至能够帮助开发团队提出有价值的参考意见。

Scrum 建议 Sprint 评审尽量使用非正式的方式进行,例如,不要使用幻灯片,也不应该花费过长的时间准备。Sprint 评审会议不是一种干扰或者负担,应该是 Sprint 中的一个富有成效的反馈环节。

10.2.5 回顾会议

敏捷宣言的 12 条原则的最后一条是"团队定期地反思如何变得更加高效,并且相应地调整自身的行为"。Sprint 结束时是团队进行改进的最佳时机。在每个 Sprint 的结束时,Scrum 都要求团队成员共同对刚刚结束的 Sprint 进行回顾,从而发现哪些地方需要进一步改善,并确定什么样的具体调整可以使得后续的 Sprint 能够更加高效地工作。

回顾会议的参加者是 Scrum 团队的成员,包括开发团队、产品负责人和 Scrum Master,一般不邀请团队以外的人参加。Scrum Master 负责协调回顾会议,保证会议的有效性。一个好的回顾会议能够协助 Scrum 团队发现并保持当前过程中的有效部分,发现潜在的问题,通过不断地尝试来改进实践与想法。如果会议缺乏有效的组织,则很容易流于形式,无法发现真正的问题,或者虽然发现了问题,但是问题得不到及时的跟踪和解决。因此,Scrum Master 和开发团队需要进行充分的准备和良好的协调技巧。

一般建议按照下面 5 个阶段来组织回顾会议。

① 准备阶段:在准备阶段设定目标以及议程,调动参与者的积极性,并且就该回顾会议的工作方式达成共识。

② 数据收集阶段:从多个视角收集信息,为后续的问题分析准备数据。

③ 问题分析阶段:参与者一起分析收集到的信息,试图发现深层次的问题。

④ 确定方案阶段:确定需要优先解决的问题集合,然后针对这些问题寻找解决方案。解决方案应该是切实可行的。需要注意,由于 Sprint 的周期并不很长,Scrum 团队应该仅选择具有高优先级的、具有较高重要性的问题加以解决,而不是试图在一个 Sprint 中解决所有的问题。

⑤ 结束阶段:在结束时 Scrum 团队可以就如何更有效地召开回顾会议进行回顾。

除了上述 5 个阶段的回顾,团队也可以采取其他方式的回顾,以保持回顾会议的活力。例如,增加感谢环节等。

10.3 极限编程方法

极限编程是一种敏捷软件开发方法。虽然极限编程由于结对编程、测试驱动开发等技术实践广为人知,但是极限编程并不仅仅是技术实践。极限编程的发明人 Kent Beck 认为,极限编程是一种软件开发的哲学、一组实践、一套互补的原则和一个社区[85]。

10.3.1 极限编程简介

1996 年,Kent Beck 等人在 Chrysler 的 C3 项目的开发过程中逐步产生了极限编程的基本概念。在 1999 年,Kent Beck 撰写了《解析极限编程:拥抱变化》,对极限编程的价值观、原则和实践进行了阐述。所谓"极限",表明了 Kent Beck 对一系列软件开发实践的追求卓越的态度,例如:

- 如果认为代码评审是好的,那么就把代码评审推向极致,两个程序员以搭档的方式工作,最大化团队成员之间的交流,同时确保代码在第一时间得到有效的评审。这就是"结对编程"。
- 如果认为对代码进行测试是好的,那么就把对代码的测试推向极致,在实际代码编写之前就编写用于自动测试的测试代码。这就是"测试驱动开发"。
- 如果认为集成是重要的,那么就把集成活动推向极致,每当有新的代码产生就立即集成,这就是"持续集成"。
- 如果认为和客户的沟通是重要的,那么就把和客户的沟通推向极致,每天都保证客户和团队在一起工作,这就是"现场客户"。

极限编程是一种迭代、增量的开发方法。一般将极限编程的开发阶段分为探索、计划、迭代到发布、产品化以及维护阶段。图 10.4 描述了极限编程的开发过程。

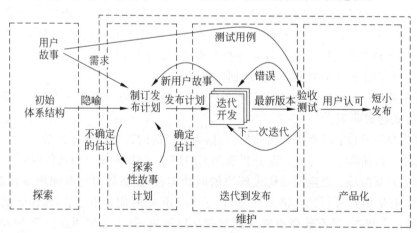

图 10.4 极限编程的开发过程

采用极限编程方法的项目的第一个阶段是探索阶段。在探索阶段,用户和开发团队紧密协作,例如,通过工作坊(workshop)的形式,理解系统的高层需求,发现系统中的风险要素。在探索阶段有两个关键的活动:产生用户故事列表的初始版本,发现对系统实现影响重大的体系结构决策。

经过最初的探索阶段之后,项目团队需要制定软件产品的发布计划。需求和初步的体系结构是产品发布计划的输入。基于这些输入,项目团队可以做出估算并据此做出发布计划。如果估算出现问题,往往隐含着需求和体系结构存在模糊性,这时可以采取某些探索性的活动,例如通过构建快速原型来澄清其中的模糊性,从而获得更合理的估算。

迭代到发布阶段完成主要的开发工作,例如建模、编码、测试和集成。在开发阶段,随着认识的深入,可以产生新的用户故事。同时,可以依据用户故事开发相应的测试用例,从而对开发的新版本进行验收测试。如果验收测试发现错误,则回到开发阶段;否则,开始新一轮的迭代,继续完成待开发的用户故事。

经过验收测试的版本进入产品化阶段,在用户认可之后成为一个新的可发布的版本增量。

XP 认为维护是极限编程的常态。维护意味着一方面保持现有系统的正常运行,另一方面要开发新功能。维护既包括如前所述的添加新的用户需求,也包括开发团队为了获得更好的体系结构进行的重构等。

10.3.2　价值观和原则

极限编程的方法体系由"价值观—原则—实践"构成。Kent Beck 认为,短期的、个人的目标常常与长期的、社会的目标相抵触。或者即使没有抵触,在涉众之间的差异也会导致软件项目的不必要的麻烦和浪费。例如,如果一个团队成员倾向于在项目估算时故意放大估算结果,很可能是由于管理者倾向于按照估算结果进行资源分配,并且拒绝在资源不足时减少工作或者增加资源,甚至以项目前期的估算的准确性来评估开发人员的工作。这显然会将管理者和开发人员置于对立的位置,从而影响涉众之间的有效协作。公共的价值观在有效协作中起到至关重要的作用。例如,在上述例子中,管理者和开发人员如果能够就"估算仅仅是一种力所能及的预测"达成共识,管理者也认同开发人员并没有怠工,就会在发现估算不足时及时进行调整,也就避免了开发人员蓄意放大估算的行为。因此,为了能够保证涉众间的有效协作,涉众之间应该对"什么是最重要的"有明确的共识。这就是"价值观"。Kent Beck 在《极限编程:拥抱变化》的第 1 版中列出了 4 个价值观,分别是沟通、简单、反馈和勇气。在第 2 版中,Kent Beck 加入了第 5 个价值观:尊重。

1. 沟通

成功的软件开发的关键要素既不是撰写文档,也不是编写代码,而是是否掌握了正确的信息。例如,如果客户需求不能准确地沟通,就会导致开发人员不能充分理解需求,从而无法产生正确的软件。同样,如果模型和设计的变化在开发者之间不能及时地同步,则就会导致不一致的实现和集成问题。在极限编程的实践中,使用了许多实践来最大化团队成员之间、团队和客户之间的沟通,例如,强调真实客户的参与、开发人员之间结对编程等。

2. 简单

简单原则要求团队在任何时刻仅做当前最必要的工作,类似于制造行业的 JIT(Just In Time)。所以,仅应该使用最必要的过程、撰写最必需的文档、编写最必要的代码。简单这一价值观确保了团队不产生额外的浪费,而且通过避免预测未来和减少对未来的不必要投资,最大程度地减少由于未来的变化造成的影响。以极限编程中的"简单设计"这一实践为例,极限编程要求软件设计不要过分预测未来,而是保证当前设计的可扩展性。如果在未来有新的需求,由于已有设计的可扩展性做得足够好,实现新功能并不困难。相反,如果在当前的设计中为未来的功能编写了过多的代码,万一将来的功能发生了修改,则当前的代码会变得混乱、难以维护。

简单和沟通是互补的原则。越复杂的设计,所需要的沟通成本就越大。而通过加强沟通,可以发现那些当前不需要的需求、不必要的设计,从而最大程度地增强简单性。

3. 反馈

Kent Beck 说:"盲目乐观是设计的敌人,而反馈是避免盲目乐观的药方。"极限编程鼓励团队利用每一个可能的机会来发现开发中的问题并作出调整。在极限编程的实践中,充满了大量的反馈回路,而且尽可能缩短反馈的周期。例如,通过结对编程发现设计中的问题、通过现场客户发现需求的问题、首先编写测试来反映设计意图和发现实现问题等。通过构建反馈回路,极限编程在客户和团队之间、团队成员之间、设计意图和已经实现的软件之间迅速同步,避免设计中的浪费。

4. 勇气

软件开发面对的是一个不确定的世界,在不确定的世界中做出正确的决策是困难的。勇气使得团队倾向于做正确的决策——即使是困难的决策,而不是选择看似容易、实际上是错误的决策。例如,如果项目的状态不如预期,团队应该有勇气如实告知投资者和客户。同样,如果在项目的中间阶段发现了前期设计的重大失误,虽然修复失误会带来额外的成本,团队仍然应该勇于承认这个问题并且予以修复。极限编程鼓励做正确的事,而在很多场景下做正确的事都是需要勇气的。

勇气不是鲁莽。勇气需要和极限编程的其他价值观相结合,例如,沟通、简单、反馈。当团队有勇气承认个人或者团队的不足时,更有助于建立彼此信任和沟通的氛围。勇气帮助建立关于事实真相的反馈,也有助于产生更简单的工作方式、更简单的设计和更简单的代码。

5. 尊重

尊重是在极限编程 2.0 中新出现的价值观。Kent Beck 认为,沟通、简单、反馈和勇气都和尊重相关。在实际的项目团队中,认可团队中的每个人的专业技能和价值,如实反映和他人利益相关的情况,构建整个团队的共同目标,都体现尊重这一价值观。

原则是对价值的具体应用。极限编程 2.0 中的原则包括人性化、经济性、互惠、自相似、改善、多样性、反省、机遇、流动、失败、冗余、质量、小步骤和接受责任[85]。

10.3.3 实践

实践是在具体的项目中可以实施的、行之有效的工作方法。实践是价值观和原则的具体体现。在极限编程 1.0 中共有 13 条实践,而在极限编程 2.0 中包括 14 条基本实践和 11

条扩展实践。实践是随着对软件开发的本质的进一步认识和技术环境的变化而不断更新的。极限编程强调的并不是具体的实践方式,而是其背后的哲学基础和思维方法。当然,对于刚刚开始使用极限编程方法的团队,从已经被证明的、行之有效的极限编程实践开始,是了解极限编程的哲学基础和思维方法的便捷方式。本书将介绍在实际的软件开发工作中传播最广、应用最广泛的一些极限编程实践。

1. 故事

故事描述待开发软件的必要特征和功能,是对产品应该包括的功能的陈述。故事是以用户为中心的,因此有时候又称为"用户故事"。用户故事显然应该从用户的角度描述,最理想的方式是让用户自己来描述。最常见的误区是使用开发人员的术语来描述用户故事,例如,"为系统增加一个硬件适配层"就不是一个合格的用户故事。极限编程通过故事来体现价值观中的"沟通"的原则。好的用户故事应该能够触发客户和开发团队之间的沟通。

在实际操作中,一般建议使用故事卡片来描述故事。故事卡片是一种物理的索引卡片,通过使用这种可以触摸、移动的物理卡片,可以很容易地帮助开发人员和业务人员一起澄清需求、排列优先级、进行沟通和讨论。

故事的另外一个用途是确认。作为和客户的良好沟通的成果,故事拥有清楚的完成标准。一种常见的策略是,从用户的角度描述一组验收测试用例,开发团队使用该验收测试用例来验证是否已经完成了某个故事。

2. 估算

估算是极限编程中隐含的实践,很多应用极限编程的团队使用估算来帮助沟通、制定迭代和发布计划[79]。一个常见的估算方式是采用故事点进行估算,而不是通过传统的人年、人月为单位的估算。特别在 Scrum 团队等基于固定的迭代周期的团队中,使用故事点估算有着特别的优越性。

故事点是一种估算故事工作量的相对值方法。首先,选择一个基准故事,一般是工作量比较小的故事,把它定为 1 点。然后,把其他故事和基准点进行比较,如果工作量近似是基准点的 2 倍,就是 2 点;同理,如果是基准点的 3 倍,就是 3 点。虽然有些人认为故事点可以和传统的"理想人天"等同[79],但是故事点强调的是其工作量的本质特征,而"理想人天"关心的是工作需要多少人多少天完成,容易受到人的技能、每周可利用的时间等的影响。在固定迭代周期的团队中,人的技能、每周的时间等因素在每个迭代周期中都是统计相似的,所以如果知道了每个迭代周期能够完成的故事点数,自然就可以很容易地计算出完成一定数量故事点的故事需要的迭代周期和开发者数量。

极限编程的估算采取团队估算的方式。一个常见的估算工具是计划扑克。团队每个成员手中都拥有一组扑克牌,数量可以是 1、2、3、5、8、13 等。一般采取"斐波那契"数列来作为扑克牌上的数值,这样体现了估算对于较大的数值具有较大的容忍度的特征。估算的步骤如下:

① 团队坐在一起。

② 由客户(在 Scrum 中是产品负责人)对一个故事进行讲解。

③ 团队就该故事需要做的工作进行讨论。

④ 每个人独立选取一个认为恰当的估算数值。

⑤ 团队成员一起亮出自己选择的数值的扑克牌。

⑥ 如果数值相同或类似,对该故事的估算结束。

⑦ 如果数值差距较大,选取的数值最大的和最小的成员讲解他们的原因。然后,重复第④到第⑦步。

从以上的估算步骤可以看出,估算不仅仅是帮助确定故事的规模,更重要的是通过对故事点的讨论,团队可以发现需求或实现中可能存在的问题。这对于澄清故事是有价值的。

3. 简单设计

简单设计贯彻了极限编程的"简单"原则。简单设计的标准是:完成了定义的功能,能通过所有的测试;该设计描述了程序员的重要意图,便于理解和沟通;设计和实现没有冗余、没有重复的逻辑;在满足以上条件的前提下,没有多余的类和方法。简单设计通过强调当前设计的简洁性,为未来的设计的可扩展性留下了空间。

简单设计并不是简陋的设计。简单设计需要对于所工作的领域的深刻理解。而人们在一开始开发软件的时候往往对所工作的领域并未充分了解,所以应该随着理解的加深,及时地对软件进行调整。也就是说,简单设计往往是持续重构的结果。

4. 重构

重构是在不改变代码的外部行为的情况下,通过调整内部的结构,来持续保持代码的可理解、可维护特征。

重构需要开发人员敏锐地感知到代码中存在的问题。Martin Fowler 的经典书籍《重构:改善既有代码的设计》[86]描述了 22 种代码的坏味道,例如,重复的代码、过长的函数、过大的类、数据泥团等。他还推荐了 60 多种重构的手法,来改善既有代码的设计。

重构并不是重写。在极限编程中,并不推荐开发人员在所有的代码编写完成之后进行大规模的重构,因为大规模的重构往往意味着较大的风险。重构应该是在代码刚刚出现"味道"的时候,及时地对代码的结构进行调整,所以重构是一个持续不断的行为。即使是小规模的重构,也应该在自动化测试的保证下进行,从而确保不破坏既有的功能。

5. 测试驱动开发

测试驱动开发是一种和传统开发方式有明显区别的方法。极限编程倡导程序员首先编写测试,然后编写代码。测试驱动开发由如下 3 个快速循环的简单步骤构成:

① 编写一个测试,该测试试图发现代码中有一处功能没有实现,或者代码中存在一个需要修复的问题。

② 编写代码,使用尽可能快的方式编写产品代码,使这个测试得以通过。

③ 对代码进行重构。

以上 3 个步骤构成了一个微循环,体现了极限编程的快速反馈的价值观。通过首先编写测试,促使开发人员在编码前对要实现什么功能进行周密的思考,从而更加专注于代码的外部行为,更容易保证代码的可测试性。同时,测试驱动开发有一个很好的副产品,就是在产品代码完成的同时,就已经获得了一份可以自动化执行的测试代码,从而为将来的代码重构建立了保证。

6. 结对编程

顾名思义,结对编程就是两个程序员坐在一台计算机前一起编程。即在同一个时刻,一个程序员关注于当前的具体实现(称为驾驶员),另一个程序员负责检查程序的正确性、进行下一步的策略思考和提出建议(称为领航员)。结对时的分工和结对的伙伴都是动态调整的,被称为"流动的结对"。可能在下一个时刻,原来的领航员切换为驾驶员,而原来的驾驶员切换为领航员。在完成一个用户故事之后,本组的结对可以和另外一组结对的某个程序员互换,形成新的结对。结对编程提高了设计的可靠性和质量,因为在做任何设计的时候都有两个程序员一起思考,可以汇集两个程序员的设计思想,在代码编写完成的时候同时也通过了代码审查。这种方式有助于减少程序中的错误,降低测试时间和测试成本。此外,由于结对编程,更好地促进了开发团队对代码的理解,减少了由于人员流动等因素对项目进展造成的影响。

7. 持续集成

在传统的软件开发模式中,一般会基于模块和专业技能划分开发任务。例如,将一个大的系统划分为若干个模块的设计任务。然后分别设计这些模块,直到模块设计、实现完成之后,通过模块的测试,最后集成为一个大的系统。这种开发方式隐含着两个方面的风险:

- 接口问题。如果模块和模块的接口设计存在不一致,则往往是在基于错误的假设进行了数月的开发之后,在集成阶段才能发现这种不一致问题。这种外部接口的不一致可能对已经完成的模块实现造成较大的影响。
- 模块内部问题。如果模块的内部存在实现方面的错误而在模块测试时并没有发现,则会影响集成的进度。本来集成仅仅需要解决模块间的协作问题,而这时还不得不解决模块内部的问题。而且,由于集成阶段涉及的模块数量较多,可能会导致问题相互缠绕,从而进一步加大问题的解决难度。

基于模块的分解只是持续集成解决问题的一个方面。除此之外,较大规模的软件团队还存在另外一种工作分解方式,就是在不同的分支上进行并行开发。分支是一种常见的配置管理策略,其最初的目的是为了支持并行开发。但是,分支独立演化的周期往往很长,所以多个分支在合并时很可能已经有了很大的差异,这些分支在合并时会遇到较大的困难。

因此,在传统的开发模式中,集成阶段是一个非常困难的阶段。持续集成采取了一种不同的思路。持续集成的目标是,始终保持一个可以工作的系统。持续集成要求开发人员每当完成一部分功能,就立即将其集成到系统中,并通过各种测试来保证集成的质量。当通过测试之后,才能进行后续的开发与集成。这是一种每次只引入细小变化、缓慢的但稳健的保持系统增长的开发哲学。使用持续集成的开发组织仅使用有限的分支(最好是唯一的主线),每天都会有多次集成。

持续集成需要自动化支持。图 10.5 给出了一个典型的持续集成环境。在持续集成中,构建状态是一个非常关键的概念。构建不仅仅指编译,它还包括软件开发组织为了保证软件质量而进行的所有相关活动,例如,单元测试、系统测试、代码质量检查等。由于持续集成需要每天运行很多次构建,所以构建必须是自动化的。构建的结果会发布到信息指示器中。

构建失败是持续集成中的最重要的事件。一旦构建失败,必须立即修复问题。

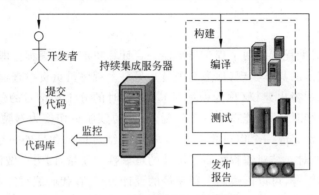

图 10.5　持续集成环境示例

　　虽然持续集成系统是自动化运行的,但是持续集成并不仅仅是一个自动化的工具。持续集成最根本的要素是快速反馈。在持续集成环境中,开发者需要遵循如下步骤:

　　① 在开始工作前首先检查构建的状态。如果当前构建状态是成功的,则可以从版本库中取出最新的代码作为基线开始新的开发;如果构建是失败的(属于例外情形),修复构建是最高优先级的任务。

　　② 完成一部分开发任务。

　　③ 在本地执行和持续集成服务器上相同的构建。这一步是为了在提交代码前发现问题,尽量避免造成持续集成服务器的构建失败。

　　④ 如果构建失败,回到第②步。如果本地构建成功,检查主线上是否还有其他人已经做了更改。如果其他人有更改,转到第⑤步;否则,转到第⑥步。

　　⑤ 合并其他人的更改,重新运行本地构建。如果失败,回到第②步。

　　⑥ 将代码提交到代码库。持续集成服务器发现新的代码提交,开始执行构建过程。

　　⑦ 开发者等待持续集成服务器发布构建状态。如果状态失败,应该及时修复构建。或者如果不能快速修复,回滚本次代码提交。

　　从以上过程可以看到,持续集成本质上是一个反馈系统,以最快的速度发现新编写的代码的问题,避免错误累积。保证持续集成有效反馈的方式,就是始终保持一个正确的系统基线。这样在任何时刻,只要有新的错误发现,可以仅调查最近的代码提交。

　　持续集成系统的反馈周期和反馈质量,直接与构建的速度和构建的质量相关。所以,持续集成的正确运行需要如下的基本前提:

- 有一个版本管理系统。
- 开发者工作在相同的分支上。
- 构建速度足够快,以便能够及时提供反馈。
- 构建能够提供高质量的反馈,例如,包含有效的自动化测试,能够及时发现质量问题。

　　上述前提条件是持续集成能够运行的基础。

　　通过持续集成,软件开发组织始终在一个具有交付质量的代码主线上工作,这就允许随时交付有价值的软件。基于此,持续集成的概念也得到了更多的发展,包括更进一步地贯穿从需求到交付的全过程,这就是"持续交付"[88]。此外,由于持续集成要求开发者工作在相同的分支上,拥有足够快的构建速度和高质量的反馈,很多组织使用持续集成协助发现组织中的问题,然后加以改善。限于篇幅,本文不再对这些内容做更多的介绍。

8. 其他实践

极限编程中包括了丰富的实践,涵盖了从组织、团队到开发者个人的方方面面。极限编程也是一个完整的体系,包括协作、计划、开发、发布等软件开发的不同活动。这些实践包括计划博弈、短小发布、隐喻、代码集体所有(也称为代码共享)、可持续的步调、整体团队、编码标准等。关于这些实践更详细的内容,请读者参考文献[84]和[85]。

10.4　看板方法

看板是敏捷软件开发的精益方法。通过使用看板方法,可以发现软件开发系统中的问题并加以逐步改善,从而实现高效的软件开发。

10.4.1　看板方法简介

"看板"一词来源于日语,本意是"可视卡片"。在生产系统中,人们使用看板来发布生产指令。例如,在丰田生产系统中,后一个生产环节如果需要上游提供某些部件,则可以使用看板发出指令。丰田通过看板的方式,实现了对"在制品"(work-in-progress,WIP)数量的限制,继而实现了一个有效的拉动系统。WIP是一个精益的概念,指正在加工的产品或者准备加工的原料或半成品。由于WIP占用了资金和资源而不能立即交付给客户,在精益生产中被看做是一种浪费。在丰田,看板专指将整个精益生产系统连接在一起的可视化物理信号系统[90]。

软件开发中的看板方法的定义和精益生产中的定义是类似的。David J. Anderson将看板方法定义为[89]:

> "看板是一种增量的、演进的改变技术开发和组织运作的方法。看板通过限制WIP的数量,形成了一个以拉动系统为核心的机制,暴露系统中的问题,激发协作来改善系统。"

基于David J. Anderson的定义,看板方法的本质是一种改善系统的方式,这和精益思想追求持续改善的思路也是一致的。David J. Anderson认为应用看板方法有以下3个基本原则。

① 从组织的现状开始。看板方法首先认可组织当前的现状,不寻求激烈的改变。

② 形成以渐进的、演化的方式来改善系统的共识。使用看板方法的团队理解并且愿意为了改善系统而实施逐步的改善。由于看板方法的本质是持续改善,缺乏这种共识的团队显然是无法成功的。

③ 看板方法尊重当前的过程定义、角色、职责或头衔。首先,看板方法认可当前组织现状的合理性因素。同时,David J. Anderson认为,如果希望追求成功的变革,就应该消除那些影响变革的恐惧因素。尊重当前的过程定义、角色、职责或头衔可以部分消除这方面的

恐惧。

10.4.2 看板方法的规则

看板方法仅仅包括 5 条非常简单的规则。下面对这些规则逐条加以解释。

1. 可视化工作流

工作流反映了组织的工作现状。为了能够发现可以改善的问题,首先需要了解当前的工作流。创建可视化工作流,需要首先列出日常工作中的所有活动。然后,将这些活动进行归类,将活动按照它们之间的依赖关系串行化,再将当前的工作在工作流上的现状用图表呈现出来。在这个过程中,团队的紧密协作是非常重要的。一个可视化的工作流如图 10.6 所示。图中的每个列代表了工作流的一个步骤,而每张卡片代表了一项工作(在本例中是一个可交付的功能)。卡片所处的列代表该工作所处的开发步骤,其中需求清单列中是尚未开始开发的需求。

需求清单	开发准备		实现		系统测试		客户确认	上线
	分析	完成	进行中	完成	进行中	完成		
	M	K	J	G	F	D	C	A
		L		H		E		B
N								
O								
P								
Q								

图 10.6 可视化工作流

工作流和精益概念的"价值流"有细微的差别。David J. Anderson 提倡使用"工作流"而不是"价值流",以体现看板方法的"尊重现状"原则。

2. 限制 WIP 的数量

限制 WIP 数量是精益方法的重要手段。例如,在图 10.6 中,开发准备、实现、系统测试、客户确认阶段的制品显然都属于 WIP。如果将客户确认的 WIP 限制为 1,而系统测试的 WIP 限制为 3,那么如果客户确认阶段的 WIP 已经有了一个,即使系统测试中已经完成了新的功能,也不能将该功能移动到客户确认阶段。这将导致系统测试阶段达到 WIP 的限制数量,从而进一步阻止实现阶段开发更多的新功能。依次类推,每个阶段都仅仅能够在下一个阶段有需求的时候才能够继续开发,这就实现了从后端往前端的拉动系统。

3. 度量并管理周期时间

周期时间是一个需求在整个开发环节流动的时间。显然,周期时间越短,意味着对客户的响应越迅速,因此周期时间的长短是创建价值的重要指标。通过度量周期时间,软件开发组织能够了解当前的现状,并且为下一步的改善设定目标。

4. 明确过程准则

以图 10.6 中的工作流为例。如果缺乏明确定义的准则,软件团队可能会产生困惑。例如,开发准备阶段应该做到什么程度算是完成? 实现阶段是否应该包含代码质量检查? 是否应该编写自动化单元测试? 如果没有这些准则,软件团队就无法准确了解项目的当前状态,也无法进行进一步的改善。所以,应该就工作流中的每一步定义明确的过程准则,从而在整个软件开发团队达成共识。

5. 通过科学的方法改善工作流

WIP 的限制以及对周期时间的度量能够很容易暴露软件开发过程中的问题。例如,如果工作流总是在系统测试处发生拥塞,这将对开发团队给出提示:"系统测试方面可能是人员不足。"看板方法并不会告诉软件团队应该如何做,但是它会要求软件团队就这个问题进行讨论,然后提出解决方案。解决方案可能是增加测试人员、提高该阶段 WIP 限制的数量,或者如果仅仅是暂时性的问题,团队也可以选择什么都不做。对软件组织所做的改善也有可能影响到软件组织的工作方式,因此,看板中的工作流并不是一成不变的,软件团队会在实践中逐步发现更好的工作流。

10.4.3 看板方法和 Scrum 的比较

看板方法和 Scrum 都关注于软件开发的管理,并不关心软件开发技术本身。这两种方法具有一定程度的相似性,而且实施看板方法的组织在一些情形下能够演化为 Scrum 方法[90]。看板方法同样遵循了 Scrum 的三大支柱:高透明度、检验和适应。例如,看板方法通过可视化工作流,创建了软件开发过程的透明度。通过限制 WIP 的数量,创建了关于工作流是否存在问题的透明度。通过度量周期时间,创建了软件开发团队交付客户价值的响应速度的透明度。通过保持高透明度,推动团队进行改善。

看板是一种面向改善的方法,旨在改善软件开发过程中的价值流,促使价值流更快地流动,从而实现更快的价值交付。看板关注改善过程,但并不对软件开发组织的最终形态进行约束。Scrum 旨在通过迭代和增量来增强软件开发团队在变化的业务环境中的适应性与变革能力,给出了一个组织和项目开发方法的框架。

虽然看板强调价值流的改善,看板也使用了增量和迭代的解决方案来促进改善。在看板中,也常常使用用户故事作为工作项。但是,看板没有明确定义的时间盒,也就是没有迭代周期的概念。当然,也就无须在一个固定的时间节点进行迭代计划和迭代的评审。但是,采用看板方法的组织也经常采用每日例会和回顾会议的形式,来定期沟通和改善团队的工作方式。

从对软件组织的要求上看,看板方法比 Scrum 要宽松得多。Scrum 的角色和职责定义是确定的,并不考虑组织当前的管理形式。对于一个从传统的管理方式向 Scrum 转型的组织,它要求组织做出更大程度的承诺,包括愿意为此调整组织的结构。而看板方式首先尊重组织的现状,然后逐渐对组织进行改变。这种区别也是一个软件开发团队在选择开发模型时需要考虑的重要因素。

10.5 小 结

本章介绍了敏捷软件开发的思想起源、核心概念和常见的实践。与传统的软件开发方法相比,敏捷软件开发更加强调软件开发中的适应能力,强调人在软件开发中的核心地位,强调软件开发过程和方法的改善。本章还介绍了精益思想。精益思想来源于丰田生产系统的实践,为持续改善定义了一组经过实践检验的基本原则。敏捷软件开发涵盖了丰富的实践方法,本章介绍了 Scrum、极限编程和看板方法。其中,Scrum 是一个项目管理的框架,不仅仅适用于软件开发,也适用于难以精确预测的其他项目。和 Scrum 相比,极限编程的涵盖范围更为广泛,包括价值观、原则和一组实践方式。看板方法则从"改善"入手,强调价值、关注价值流的快速流动。值得指出的是,敏捷软件开发方法的核心是其价值观和原则,实践是这些价值观和原则的体现。敏捷软件开发的实践是不断发展的。可以相信,随着人们对软件开发方法的进一步理解,还会有更多、更好的实践方法不断涌现出来。

习 题

10.1 敏捷软件开发方法具有哪些共同的特征?

10.2 简述敏捷软件开发的价值观。

10.3 简述敏捷软件开发的原则。

10.4 简述精益思想的 5 条基本原则。

10.5 列出 Scrum 的主要实践,并说明它们分别体现了敏捷宣言中的哪些原则。

10.6 为什么极限编程不仅仅是一套技术实践?

10.7 看板方法有哪 5 条规则?

10.8 通过查阅资料,选择一个本章中没有提到的敏捷开发实践,并写出关于该实践的简介。

10.9 寻找一个实践项目,在项目中尝试应用本章中的敏捷实践,体验敏捷方法的价值观和原则并写出体会。

第 11 章

人机界面设计

接口设计包括 3 个方面：①软件部件间接口的设计；②模块和其他非人的信息生产者或消费者（如其他外部实体）接口的设计；③人和计算机之间接口的设计。本章介绍的是第三种接口设计范畴——人机界面（human computer interface）设计。人机界面有时也称为用户界面，是人与计算机之间传递和交换信息的媒介，包括硬件界面和软件界面，是计算机科学与心理学、设计艺术学、认知科学和人机工程学的交叉研究领域。人机界面影响用户对软件的感觉，因此，随着计算机应用的不断深入，人机界面设计的好坏已成为人们衡量软件可用性的标准之一，良好的人机界面也成为软件设计的一个重要方面。本章将介绍人机界面中人的因素、人机界面风格、人机界面设计过程、实现工具以及人机界面设计评估。

11.1　人　的　因　素

设计人机界面要充分考虑人的因素，如用户的特点、用户如何学习与系统交互、用户怎样理解系统产生的输出信息、用户对系统有哪些期望等。

由于用户通过界面与程序（系统）进行交互，因此只有充分考虑了人的因素，对话才能和谐、流畅，否则系统内部无论设计得多么合理，整个系统也将表现得不够友善。

11.1.1　人对感知过程的认识

人通过感觉器官认识客观世界，因此设计用户界面时要充分考虑人的视觉、触觉、听觉的作用。这样才能使用户有效地从系统获取信息，并保存在人的记忆中，然后用归纳和演绎的方法进行推理。

人机界面是在可视介质上实现的，如正文、图形、图表等。人们根据显示内容的体积、形状、颜色等种种表征来理解所获取的可视信息。因此，字体、大小、位置、颜色、形状等因素都会直接影响信息提取的难易程度。很好地表示可视信息是设计友好界面的关键。

用户从界面提取到的信息需要保存在人的记忆中，供以后回忆和使用。此外，用户不得不记住诸如命令、操作顺序、出错现场等信息。人的记忆能力是有限的。在设计人机界面时不能要求用户记住复杂的操作顺序。

大多数人遇到问题时不进行形式的演绎和归纳推理，而是使用一组启发式策略，这组策略是以往对类似问题的处理中逐渐获得的。因此，设计人机界面时应便于用户积累有关交互工作的经验,同时要注意启发式策略的一致性,不宜受特殊交互的影响。如 undo、exit 等要有统一的含义、位置和表示。

11.1.2 用户的技能和行为方式

除了感知这个基本因素外,用户本身的技能,个性上的差异,行为方式的不同,都可能对人机界面造成影响,一个为工程师所接受的界面对普通用户可能就完全不合适,甚至两个受教育和背景情况相似的人因个性的差异也可能对同一界面产生不同的评价。所以,终端用户的技能直接影响他们从人机界面上获取信息的能力,影响交互过程中对系统作出反应的能力,以及使用启发式策略与系统和谐地交互的能力,应根据用户的特点设计人机界面。

有些分类方法将用户分成偶然型、生疏型、熟练型和专家型用户。偶然型是第一次使用系统的或者是极少使用系统的用户。这样的用户对系统完全没有记忆,每次使用都要经历一次重新学习的过程。对于这类用户,人机界面的功能必须简单,所有的操作必须能预防错误,能及时给予用户提示和反馈信息。生疏型是对系统有些了解,但是很少使用的用户。这样的用户能理解系统功能,但是如何操作没有记忆。对这样的用户,界面设计必须给予简单的提示,并且设计一套符合常规的操作序列,帮助这类用户进行工作。熟练型用户经常使用系统的某些功能,为这些用户设计人机界面,可以为其经常使用的功能设置快捷方式或定义宏操作,提高用户的使用效率。专家型用户通晓系统的各个方面和各种操作,但这类用户需要系统高效率的工作,为这样的用户设计人机界面,必须保证高效和及时的反馈结果信息。

很多情况下必须同时为几个不同类型的用户设计人机界面。可以使用分类递进的策略。为偶然型用户提供最少的功能而忽略对性能的要求,但是为其提供最好的健壮性。为高级的用户提供更多的功能,更好的性能,同时界面的操作出错率会增加。

例如,图 11.1 所示 Windows XP 控制面板的向导功能适合不太熟练的用户。

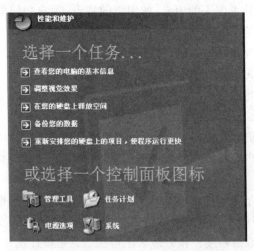

图 11.1　Windows XP 性能维护向导

11.1.3　人体测量学对设计的影响

人具有多样性,人机界面设计必须符合使用该系统的用户特点。人的多样性包括:身体能力的多样性,工作环境的多样性,认知能力的多样性,个性的多样性和文化的多样性。人的身体有各种特征,人体测量学能表述这些特征诸如性别、年龄、人种、体重、身高等。所有的这些特征必须在设计时予以考虑,为不同的用户设计不同的方案。如键盘的设计,必须考虑按键距离、按键大小、按键力度等,目前的键盘经过不断改进设计,已经能够为多数人习惯使用。现在的人机界面设计越来越多地使用了新的多媒体技术,对于这些感觉特征的应用也非常重要。

不同的用户在使用软件系统时所处的环境也不同,而工作环境对于用户的使用也有很大的影响。不合适的环境会增加系统的出错概率,降低用户的工作效率。在设计软件系统时要考虑用户集合的工作环境,做出相应的调整。

不同用户的认知能力差异很大。对人机界面设计者来说,对用户的认知能力的理解非常重要。认知能力是人认识世界,处理事物的能力,而人机界面主要是以人具有很高的认知能力为基础进行设计的。不同的人机界面都假定用户能依靠自己的认知能力理解计算机的反馈和功能,并进行工作。设计人机界面必须考虑到不同用户的认知能力,控制系统的复杂度和学习开销。

个性差异体现在很多方面。例如,男性和女性个性差异就是一种基本的个性差异。在开发游戏软件方面,需要考虑到用户的个性特点。对于女性用户也许需要一些色彩柔和,有较多对话交互的界面,而对于男性用户更重要的是动作交互的界面。这方面并没有统一的标准和测量方法,但越来越多的实践表明,对于不同个性的用户调查针对其使用习惯进行设计是必要的。

文化差异体现在民族、语言等用户文化背景的差异,不同地区的设计者对于其他地区的文化缺少了解。为了解决文化差异,需要将软件系统国际化和本地化,人机界面也必须支持国际化和本地化设计。例如,Windows XP 操作系统的区域和语言选项对本地化的一些标准和格式进行了设计,如图 11.2 所示。

在人机界面设计中,对于每个用户和任务来说,测量那些可测量的目标可以对设计者、使用者、管理者进行更好的指导。

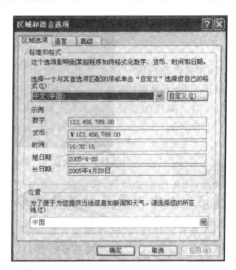

图 11.2　Windows XP 操作系统区域和语言选项

下面介绍主要的可测的人性因素。

(1) 用户时间

在系统面向的使用者集合中,选择一些具有代表性的典型用户,统计其使用系统完成一系列特定任务所需要使用的时间。

(2) 基准时间

统计系统正确完成基准任务需要的时间。

(3) 基准出错率

统计典型用户在完成基准任务时所犯错误的情况。

（4）任务出错率

统计典型用户使用系统完成一系列特定任务时所犯的错误情况。

（5）学习能力

统计典型用户学习使用系统所花费的时间。

（6）记忆能力

统计典型用户在使用系统后的记忆保持时间。

（7）主观看法

统计典型用户使用系统后的主观满意情况。

以上几种可测量的人性因素并不是每种都能在设计中保持最佳状态，在设计时，必须根据实际情况进行取舍。如果要维持比较低的出错率，那么系统的效率可能就要变差；如果要保证系统的效率，那么用户的学习时间就要增加，记忆时间也会减少。这样，在进行人机界面设计时，就要针对系统的用户集合和任务集合对设计目标进行论证或折衷。

当前的软件系统中，一些关键系统需要有非常高的可靠性和高效性。例如，飞机航线控制、消防调度、医疗器械等。针对这些系统，在保持系统高效性的同时，必须以牺牲用户学习时间为代价，保持非常低的用户出错率。这样也就能保证使用这些系统的用户在紧张状态下依然能够使用系统进行有效的并且正确的操作。对于这样的系统也可以无视用户主观看法，因为长时间、重复、高强度的学习过程，会使用户更专注于系统的效率而不是系统的使用习惯问题。

另一些系统，例如，工商业系统的开发，必须适当考虑到用户使用的主观看法。工商业系统的开发必须考虑到系统的成本，不能为每个用户维持比较高昂的培训费用，必须减少用户的学习时间。但是由于系统特定任务的使用频率比较高，系统的效率必须在设计时予以考虑。例如，自动取款机终端系统，如果每次每个用户进行事务处理的时间能减少，那对于整个取款系统的开销也将会减少。要减少每个用户每项事务的处理时间，首要的是减少系统的基准时间和用户时间的开销，其次必须减少学习时间和增加记忆时间。

相对于前两种系统，一些个人系统的设计开发遵循着不同的原则，对这些系统来说，容易学习，出错率低和主观满意度高是重要的评价标准。例如，家庭娱乐系统，使用的用户从孩子到老人，学习能力差异很大，要使这些学习能力不同的家庭成员都能使用系统，就不得不牺牲系统效率而增加系统的学习功能。

11.2　人机界面风格

在计算机出现的半个多世纪的时间里，人机交互技术以及人机界面的风格经历了巨大的变化。不论从何种角度看，人机交互发展的趋势体现了对人的因素的不断重视，使人机交互更接近于自然的形式，使用户利用日常的自然技能就能进行人机交互，而不需经过特别的努力和学习，从而降低了认知负荷，提高了工作效率。这种"以人为中心"的思想特别是自20世纪80年代以来，在人机交互技术的研究中得到明显的体现。就用户界面的具体形式而言，过去经历了批处理、联机终端（命令接口）、文本菜单、多通道-多媒体用户界面和虚拟现实系统；就用户界面中信息载体类型而言，经历了以文本为主的字符用户界面（command user interface，CUI）、以二维图形为主的图形用户界面（graphics user interface，GUI）和多媒体用户界面;就计算机输出信息的形式而言,经历了以符号为主的字符命令语言、以视觉感知为主的图形用户界面、兼顾听觉感知的多媒体用户界面和综合运用多种感官(包括触觉等)的虚拟现实系统。在符号阶段,用户面对的只有单一的文本符号,虽然离不开视觉的参与,但视觉信息是非本质的,本质的东西只有符号和概念。在视觉阶段,借助计算机图形学技术使人机交互能够大量利用颜色、形状等视觉信息,发挥人的形象感知和形象思维的潜能,提高了信息传递的效率。早期的计算机系统只有单调的蜂鸣声,虽然多媒体技术将声频形式和视频形式同时带进人机交互,但仍缺少听觉交互手段,即人处于被动收听状态,声音缺少位置和方向的变化,交互输入方面仍沿用图形用户界面所采用的键盘和鼠标器等交互设备。当前,在人机交互中结合进视觉的、听觉的以及更多的通道是必然趋势,特别是将听觉通道作为补充的或替换的信息通道已显示出重要性和优越性;就人机界面中的信息维度而言,经历了一维信息(主要指文本流,如早期电传式终端)、二维信息(主要是二维图形技术,利用了色彩、形状、纹理等维度信息)、三维信息(主要是三维图形技术,但显示技术仍利用二维平面为主)和多维信息(多通道的多维信息)空间。

随着人机交互技术的发展,人机界面也进行了一系列的改变。人机界面可以分为:语言界面、图形用户界面、直接操纵(direct manipulation)用户界面、多媒体用户界面和多通道用户界面。

1. 语言界面

根据语言的特点,命令语言界面可分为以下几种。

(1)形式语言

这是一种人工语言,特点是简洁、严密、高效,不仅是操纵计算机的语言,而且是处理语言的语言。

(2)自然语言

自然语言的特点是具有多义性、微妙、丰富。

(3)类自然语言

这是计算机语言的一种特例。

命令语言的典型形式是动词后面接一个名词宾语,即"动词+宾语",二者都可带有限定词或量词。命令语言可以具有非常简单的形式,也可以有非常复杂的语法。

命令语言要求惊人的记忆和大量的训练,并且容易出错,使入门者望而生畏,但比较灵活和高效,适合于专业人员使用。

2. 图形用户界面

图形用户界面是当前用户界面的主流,广泛应用于各档台式微机和图形工作站。比较成熟的商品化系统有 Apple 的 Macintosh、IBM 的 PM(presentation manager)、Microsoft 的 Windows 和运行于 UNIX 环境的 X-Window、OpenLook 和 OSF/Motif 等。当前各类图形用户界面的共同特点是以窗口管理系统为核心,使用键盘和鼠标器作为输入设备。窗口管理系统除基于可重叠多窗口管理技术外,广泛采用的另一核心技术是事件驱动(event-driven)技术。图形用户界面和人机交互过程极大地依赖视觉和手动控制的参与,因此具有强烈的直接操作特点。

226

虽然菜单与图形用户界面并没有必然的联系,但图形用户界面中菜单的表现形式比字符用户界面更为丰富,在菜单项中可以显示不同的字体、图标甚至产生三维效果。菜单界面与命令语言界面相比,用户只需确认而不需回忆系统命令,从而大大降低了记忆负荷。但菜单的缺点是灵活性和效率较差,可能不十分适合于专家用户。图形用户界面的优点是具有一定的文化和语言独立性,并可提高视觉目标搜索的效率。图形用户界面的主要缺点是需要占用较多的屏幕空间,并且难以表达和支持非空间性的抽象信息的交互。

3. 直接操纵用户界面

直接操纵(direct manipulation)用户界面是 Shneiderman 首先提出的概念,直接操纵用户界面更多地借助物理的、空间的或形象的表示,而不是单纯的文字或数字的表示。前者已被心理学家证明有利于"问题解决"和"学习"。视觉的、形象的(艺术的、右脑的、整体的、直觉的)用户界面对于逻辑的、直接性的、面向文本的、左脑的、强迫性的、推理的用户界面是一个挑战。直接操纵用户界面的操纵模式与命令界面不同,用户最终关心的是自己欲控制和操作的对象,用户只关心任务语义,而不用过多为计算机语义和句法而分心。对于大量物理的、几何空间的以及形象的任务,直接操纵已表现出巨大的优越性,然而在抽象的、复杂的应用中,直接操纵用户界面可能会表现出其局限性。

从用户界面设计者角度看:

① 设计图形比较困难,需大量的测试和实验。

② 表示复杂语义、抽象语义比较困难。

③ 不容易使用户界面与应用程序分开独立设计。

总之,直接操纵用户界面不具备命令语言界面的某些优点。

4. 多媒体用户界面

多媒体用户界面被认为是在智能用户界面和自然交互技术取得突破之前的一种过渡技术。在多媒体用户界面出现之前,用户界面已经经过了从文本向图形的过渡,此时用户界面中只有两种媒体:文本和图形(图像),都是静态的媒体。多媒体技术引入了动画、音频、视频等动态媒体,特别是引入了音频媒体,从而大大丰富了计算机表现信息的形式,拓宽了计算机输出的带宽,提高了用户接受信息的效率。

多媒体用户界面丰富了信息的表现形式,但基本上限于信息的存储和传输方面,并没有理解媒体信息的含义,这是其不足之处,从而也限制了它的应用场合。多媒体与人工智能技术结合起来而进行的媒体理解和推理的研究将改变这种现状。另一方面,多通道用户界面研究的兴起,将进一步提高计算机的信息识别、理解能力,提高人机交互的效率和用户友好性,将人机交互技术和用户界面设计引向更高境界。

5. 多通道用户界面

20 世纪 80 年代后期以来,多通道用户界面(multimodal user interface)成为人机交互技术研究的崭新领域,在国际上受到高度重视。多通道用户界面综合采用视线、语音、手势等新的交互通道、设备和交互技术,使用户利用多个通道以自然、并行、协作的方式进行人机对话,通过整合来自多个通道的精确的和不精确的输入来捕捉用户的交互意图,提高人机交互的自然性和高效性。

11.3　人机界面分析与建模

在设计一个解决方案之前,需要对问题有充分的理解,这是所有软件工程过程建模的一个原则。在人机界面的设计活动中,需要了解如下内容[2]:

① 通过界面和系统交互的最终用户。

② 最终用户需要执行的任务。

③ 处理任务的环境。

④ 作为界面而显示的内容。

本节将介绍人机界面的设计过程、任务分析方法,以及分析和设计人机界面时需要考虑的模型。

11.3.1　人机界面设计过程

人机界面的设计过程是迭代的。可以用类似于第 1 章中讨论过的螺旋模型表示,包括以下 4 个不同的框架活动[61]（如图 11.3 所示）:

① 用户、任务和环境分析及建模。

② 界面设计。

③ 界面构造。

④ 界面确认。

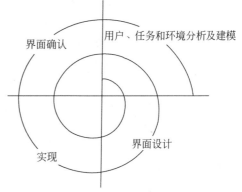

图 11.3　人机界面设计过程

设计人员首先分析将与系统交互的用户的特点。记录技能级别、业务理解以及对新系统的一般感悟,并定义不同的用户类别。对每一个用户类别,进行需求获取。软件工程师试图去理解每类用户的系统感觉。

一旦定义好一般需求,将进行更详细的任务分析。标识、描述和精化那些用户为了达到系统目标而执行的任务。

用户环境分析关注系统物理工作环境,通常问如下问题:

① 界面物理上位于何处?

② 用户是否坐着、站着或完成其他和该界面无关的任务?

③ 界面硬件是否适应空间、光线或噪音的约束?

④ 是否需要考虑特殊的由环境因素驱动的人的因素?

界面设计的目标是定义一组界面对象和动作(以及它们的屏幕表示)。设计完成后,软件工程师根据设计方案,使用实现工具完成界面的构造。

界面确认关注以下问题:

① 界面正确地实现每个用户任务的程度、适应所有任务变更的能力以及达到所有一般用户需求的能力。

② 界面容易使用和学习的程度。

③ 用户接受界面作为工作中有用工具的程度。

整个过程迭代进行。通常,在人机界面实现初期,设计师先把注意力集中在关键屏幕画面的原型上,这个原型把系统的主要的导航路径合并在一起,把预想设计的系统呈现给用户,促进用户的早期参与。用户的参与可以使设计者获得有关任务的更准确的信息;可以使设计缺陷尽快暴露;可以使最终的产品更易被用户所接受。例如,曾经有一个自动注射器被研出来后,其原型被送到医院让医护人员试用。很快人们发现了界面上有一个潜在的非常严重的缺陷:剂量是通过数字小键盘按键输入的。这样,只要一个意外的按键动作就可能导致剂量相差至少 10 倍。最后的产品修改了数字输入方式,每位数字的输入由加减按钮完成,如图 11.4 所示。

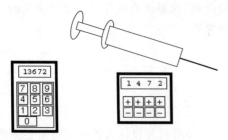

图 11.4 注射器剂量输入界面

(左图为调整前界面,右图为调整后界面)

11.3.2 人机界面设计中涉及的模型

人机界面设计中涉及以下模型。

软件工程师创建的设计模型(design model):整个系统设计模型包括对软件的数据结构、体系结构、界面和过程的表示。界面设计往往是设计模型的附带结果。

人机界面设计工程师创建的用户模型(user model):用户模型描述系统终端用户的特点。设计前,应对用户分类,了解用户的特点,包括年龄、性别、实际能力(physical abilities)、教育、文化和种族背景、动机、目的以及个性。

终端用户在脑海里对界面产生的映像,称为用户的模型(user's model)或系统感觉(system perception):系统感觉是终端用户主观想象的系统映像,描述了期望的系统能提供的操作,其描述的精确程度依赖于终端用户对软件的熟悉程度。

系统实现者创建的系统映像(system image):系统映像包括基于计算机系统的外在表示(界面的观感)和用来描述系统语法和语义的支撑信息(书、手册、录像带、帮助文件)。如果系统映像和系统感觉是一致的,用户就会对软件感到很舒服,使用起来就很有效。

为了融合这些模型,设计模型必须适应包含在用户模型中的信息,并且,系统映像必须准确反映接口的语法和语义信息。

11.3.3 任务分析的途径与方法

进行任务分析有两种途径:一是剖析原有应用系统(可能是手工的或是半手工方式)的工作步骤,将其映射到人机界面上执行的一组任务;二是通过对系统需求规格说明的分析,导出与设计模型、用户模型和系统感觉相协调的一组任务。

无论通过什么渠道进行任务分析,软件工程师必须首先定义任务并对任务分类,进行任务分析可以采用逐步精化的方法和面向对象的方法。例如,一个小软件公司想要为室内设计人员建立一个计算机辅助设计系统。采用逐步精化的方法,通过设计人员观察,了解到室内设计主要包括以下活动:家具布局、材料选择、墙和窗的涂料选择、对用户的展示、商定价格和购买。可以将每项任务细分成子任务。例如,家具布局可分为:①基于房间格局画出楼层平面图；②将门窗放在适当位置；③用家具模板在平面图上画出家具轮廓；④将家具轮廓放到最合适的位置；⑤标记出所有家具轮廓；⑥画出尺寸以确定位置；⑦画出客户的视图。对于其他的每个主要任务也可以进行类似的划分[2]。

这7个子任务还可以进一步细分，前6个子任务的完成可以通过用户界面操纵信息和执行动作来进行，第7个子任务则由软件自动完成，基本不需要用户干预。界面的设计模型应该以一种与用户模型（"典型的"室内设计人员的视图）和系统感觉（室内设计人员对软件系统的期望）一致的方式适应这些任务。

另一种任务分析方法采用了面向对象的观点。软件工程师观察室内设计人员使用的物理对象以及施加在每个对象上的动作，例如，家具模板应是这种任务分析方法中的一个对象，室内设计人员可以"选择"适当的家具模板，将其"移动"到合适的位置，"画出"家具模板的轮廓等。界面的设计模型不必描述每个动作的实现细节，但必须定义出完成最后结果的用户任务（本例中即是"在平面图中画出家具轮廓"）。

11.4　界面设计活动

在完成了人机界面的需求分析后，便可以开始界面的设计活动。进行人机界面设计时会遇到一些普遍存在的问题，这些问题需要在设计初期就加以考虑，以免导致不必要的反复和项目拖延。本节将介绍界面设计活动的主要步骤、设计活动中需要特别注意的常见问题，以及人机界面设计实践中的黄金原则。

11.4.1　定义界面对象和动作

任务定义清楚后可以开始进行界面设计。界面设计过程可以按照以下步骤进行[2,63]：

① 建立任务的目标和意图。
② 将每个目标或意图映射为一系列特定的动作。
③ 按在界面上执行的方式说明这些动作的顺序。
④ 指明系统状态，即执行动作时的界面表现。
⑤ 定义控制机制，即用户可用的改变系统状态的设备和动作。
⑥ 指明控制机制如何影响系统状态。
⑦ 指明用户如何通过界面上的信息解释系统状态。

界面设计中的一个重要步骤是定义界面对象和作用于它们之上的动作[2]。为了完成此目标，需要分析用户场景，也就是，写下一个用户场景的描述，将名词（对象）和动词（动作）分离出来，形成对象和动作的列表。

当设计者认为所有的重要对象和动作已经被定义好，就可以开始进行屏幕布局，进行图符的图形设计和放置、屏幕文字的定义、窗口的规约和命名以及各种菜单项的定义。如果该场景对应一个真实世界的界面（如存折），则最好按照用户熟悉的界面组织布局。

制定一份指导工作的文档通常是设计的关键。在设计的初期就应该不断完善这份文档。指导文档必须是动态的，这样才能适应设计的不断变化和完善。每一个项目都有不同的目标，但是指导文档通常需要包括如表11.1所示的内容。

表 11.1　设计阶段指导文档的主要内容

文字和图标	术语、缩略语
	字符集、字体、字体大小和样式
	图标、图形和线的粗细度
	色彩、背景、突出显示和闪烁的使用
屏幕布局问题	菜单选择、表格填充和对话框格式
	提示用语、反馈和出错消息
	对齐方式、空白区和边缘空白
	数据项的输入显示方式、表格的输入显示方式
	页眉和页脚的使用和内容
输入输出设备	键盘、显示器、鼠标和其他指定设备
	声音探测、声音反馈、触摸式输入和其他特殊设备
	各种人物的响应时间
行为顺序	图形界面的单击、拖动等输入行为
	命令的语法、语义、优先级
	功能键定义
	错误处理和恢复
培训	在线帮助
	培训和参考资料

11.4.2　设计问题

设计人员在进行人机界面设计时经常遇到下列问题。

1. 系统响应时间

系统响应时间指从用户执行某个控制动作(如按回车键或单击鼠标)到软件作出响应(期望的输出或动作)的时间。系统响应时间长会使用户感到不安和沮丧。稳定的响应时间(如 1 秒)比不稳定的响应时间(如 0.1~2.5 秒)要好。

2. 用户求助设施

用户求助设施(user help facilities)是指使用交互系统的用户都希望得到联机帮助,用户可以不离开界面就解决问题。联机系统有两类:一类是集成的。集成的求助设施是一开始就设计在软件中的,通常是语境相关的,用户可以直接选择与所要执行的操作相关的主题。另一类是附加的。附加的求助设施是在系统建好以后再加进去的,用户必须自己在成百上千条主题中查找所需的主题,为此不得不浏览大量无关的信息。

关于求助设施,在设计时需要考虑如下问题:

① 在系统交互时,是否总能得到各种系统功能的帮助? 是提供部分功能的帮助还是提供全部功能的帮助?

② 用户怎样请求帮助? 是使用帮助菜单、特殊功能键还是 HELP 命令?

③ 怎样表示帮助? 在另一个窗口中指出参考某个文档(不是理想的方法)还是在屏幕特定位置的简单提示?

④ 用户怎样回到正常的交互方式? 可做的选择有屏幕上显示返回键、功能键或控制序列。

⑤ 怎样构造帮助信息? 是平面式(所有信息均通过关键字来访问)、分层式(用户可以进一步查询得到更详细的信息)还是超文本式?

3. 错误信息处理

出错消息和警告是指出现问题时系统给出的"报错信息"。做得不好,出错消息和警告会给出无用或误导的信息。如下面这条信息,会让用户不知道系统到底出了什么错误:

SEVERE SYSTEM FAILURE—14A

交互系统给出的出错消息和警告应具备以下特征:
- 消息以用户可以理解的术语描述问题。
- 消息应提供如何从错误中恢复的建议性意见。
- 消息应指出错误可能导致哪些不良后果(如破坏数据),以便用户检查是否出现了这些情况或帮助用户进行改正。
- 消息应伴随着视觉或听觉上的提示,也就是说,显示消息时应该伴随警告声或者消息用闪耀方式,或明显表示错误的颜色显示。
- 消息应是"非批评性的"(nonjudgmental),即不能指责用户。

出现问题时有效的出错消息能提高交互式系统的质量,减少用户的沮丧感。

4. 命令标记

命令行曾经是用户与系统交互的主要方式,虽然现在已有许多更好的交互方式(如鼠标点击),但许多高级用户仍喜欢命令方式。在提供命令交互方式时,必须考虑以下问题:

① 每一个菜单选项是否都有对应的命令?

② 以何种方式提供命令? 控制序列(如 Alt+P)、功能键还是键入命令。

③ 学习和记忆命令的难度有多大? 命令忘了怎么办?

④ 用户是否可以定制和缩写命令?

11.4.3 黄金原则

人机界面设计的基本原则是从实践中总结出来的一些设计规则。Theo Mandel 在他的界面设计著作中提出 3 条"黄金规则"[61]。

1. 让用户拥有控制权

用户希望控制计算机,而不是被计算机控制,因此在设计人机界面时要遵循以下原则。

(1) 交互模式的定义不能强迫用户进入不必要的或不希望的动作的方式

例如,如果在字处理菜单中选择拼写检查,则软件将转移到拼写检查模式。如果用户希望在这种模式下进行一些文本编辑,则没有理由强迫用户停留在拼写检查模式,用户应该能够几乎不需要做任何动作就进入或退出该模式。

(2) 提供灵活的交互

如允许用户通过键盘命令、鼠标移动、语音识别命令等方式进行交互,以适应不同用户的偏好。

(3) 允许用户交互可以被中断和撤销

在设计人机界面时,允许用户交互可以被中断和撤销。

(4) 当技能级别增长时可以使交互流水化并允许定制交互

用户经常发现他们重复地完成相同的交互序列。设计"宏"机制,使高级用户能定制界面,以方便交互。

(5) 使用户隔离内部技术细节

设计应允许用户与出现在屏幕上的对象直接交互。例如,某应用界面允许用户直接操纵屏幕上的某对象(如"拉伸"其尺寸)。

2. 减少用户的记忆负担

要求用户记住的东西越多,与系统交互时出错的可能也越大,因此好的用户界面设计不应加重用户的记忆负担。下面是减少用户记忆负担的设计原则。

(1) 减少对短期记忆的要求

当用户涉及复杂的任务时,要求很多的短期记忆。界面设计应设法减少需要记住的过去的动作和结果。例如,可以通过提供可视的提示,使用户能识别过去的动作。

(2) 建立有意义的默认值

允许用户根据个人的偏爱,定义初始的默认值。例如,设置 Reset 选项,让用户重定义初始的默认值。

(3) 定义直觉性的捷径

当使用助忆符来完成某系统功能时(如用 Alt+P 激活打印功能),助忆符应以容易记忆的方式(如使用将被激活的任务的第一个字母)联系到相关的动作。

(4) 界面的视觉布局应该基于真实世界的隐喻

例如,一个账单支付系统应该使用支票本和支票登记隐喻来指导用户的账单支付过程。这使得用户能依赖已经很好理解的可视提示,而不是记住复杂难懂的交互序列。

(5) 以不断进展的方式揭示信息

层次式地组织界面,通过点击感兴趣的界面对象,逐层展开其详细信息。

3. 保持界面一致

用户应该以一致的方式展示和获取信息,这意味着:所有可视信息的组织遵循统一的设计标准,所有屏幕显示都遵守该标准。输入机制被约束到有限的集合内,在整个软件系统中被一致地使用,同时从任务到任务的导航机制也被一致地定义和实现。保持界面一致性的设计原则包括以下内容。

（1）允许用户将当前任务放在有意义的语境中

很多界面使用数十个屏幕图像来实现复杂的交互层次，提供指示器（如窗口题目、图形图符、一致的颜色）使用户能知道目前工作的语境。此外，用户应该能确定该任务来自何处以及到某新任务的变迁存在什么选择。

（2）在应用系列内保持一致性

一组应用应该统一实现相同的设计规则，以保持所有交互的一致性。

（3）不要改变用户已经熟悉的用户交互模型

除非有不得已的理由，一旦一个特殊的交互序列已经变成一个事实上的标准（如使用 Alt＋S 来存储文件），则用户在其遇到的每个应用中均是如此期望的。改变其含义将导致混淆，让用户不知所措。

11.5　实　现　工　具

创建设计模型后，通常可使用相关的工具开发界面原型，由用户检查，然后根据用户的意见进行修改。这些工具被称为用户界面工具箱或用户界面开发系统（UIDS），它们把一般应用程序定义界面时所必需的界面元素，例如，窗口、菜单、窗口中的控件（如命令按钮、对话框等）预定义为对象，并预测每个对象可能需要作出的响应事件（如单击鼠标或按键等），将这些预定义的对象组织成构件库，每个对象有自己的属性、方法和事件过程。同时，UIDS 提供以下内建（built-in）机制：

- 管理输入设备（如鼠标和键盘）。
- 确认用户输入。
- 处理错误和显示出错消息。
- 提供反馈（如自动的输入响应）。
- 提供帮助和提示。
- 处理窗口、域（field）和窗口内的滚动。
- 建立应用软件和界面间的连接。
- 将应用程序与界面管理功能分离。
- 允许用户定制界面。

传统地在 DOS 上开发应用程序，必须自己生成用户界面，即通过编写代码实现窗口、菜单、对话框以及其大小、位置等属性的设定。使用 UIDS 软件工程师可以不必一点一滴琐碎地编写界面，而把主要精力集中在要解决的问题上，同时，在同一平台上开发的应用程序能有一致的界面风格，相似的任务总在相似的外貌的界面上运行，使用户在操作应用程序时感到得心应手，并对其结果有信心。

11.6　设　计　评　估

一旦建立好操作性用户界面原型，必须对其进行评估，以确定是否满足用户的需求。对任何一个应用系统，评估计划必须包含长期持续测试的方法，以便对界面在整个生存周期里出现的各种问题进行不断的评估和修正。对于关键系统的界面设计，例如，核反应堆等系统的人机界面,需要开发出特别的评估计划。

有效的设计评估包括专家评审和可用性测试。

1. 专家评审

正式的专家评审需要依托专家作为支柱或者顾问,这些专家往往具有丰富的应用领域或者用户界面领域的专业知识。专家评审可以在设计阶段的前期或者后期进行。对于评审的结果,可以由进行评审的专家出一份正式的报告,其中包含评审中所发现的问题以及对其修改的建议,或者由这些专家与设计人员或者管理人员直接进行面对面的讨论。

专家评审的方法包括启发式评审、指导文档评审、一致性检查、认知尝试和正式的可用性评审。

(1)启发式评审

评审人员对界面进行评判,以便使其与一系列的设计启发规则相符合,如果评审人员熟悉这些规则并能够理解应用,那将对评审非常有利。

(2)指导文档评审

检查所涉及的界面与组织内的指导文档或者其他的一些指导文档是否相符。

(3)一致性检查

检查所有同类界面的一致性,检查内容包括实际界面中的术语、颜色、布局、输入输出格式等与培训材料或者在线帮助是否一致。

(4)认知尝试

专家模仿用户使用界面执行典型的任务。以执行频率高的任务作为起点进行尝试,但执行较少的关键性任务,如错误恢复等也都要尝试到。

(5)正式的可用性评审

专家们组织一场讨论,整个设计小组的成员也参与其中,仲裁设计的利弊。

专家评审可能出现以下问题:专家对任务或用户缺乏足够的理解,且对项目目标有不同的意见,所以必须选择熟悉项目、经验丰富的专家组成专家小组。

2. 可用性测试

可用性指的是产品的使用效率、易学性和舒适程度。对界面进行可用性测试和评价是确保产品可用性的重要手段,通过各种可用性测试及早发现界面存在的可用性问题,不仅可以节约开发成本,提高产品的品质,还可以降低用户使用产品的心理负荷,减少操作错误,提高工作效率以及对产品的认可度和满意度。在进行可用性测试前,设计者需要制定出具体详细的测试计划,包括任务列表、主观满意标准以及所要询问的相关问题。同时,必须确定参与测试的用户数目、类型和来源。

可用性测试可以要求用户完成一系列任务,对用户的完成过程进行记录,再对记录进行评审。这可以给设计人员很大的启发,及时发现缺陷并改正。

虽然可用性测试有很多好处,但也至少存在两种局限性。首先,它强调的是首次使用的情况,其次只能涉及部分界面。因为可用性测试不能延续太长时间,很难确定长时间使用后的情况。

例如,Microsoft 公司的 Msn Messenger 产品的"用户帮助改进计划"就是相当庞大的一个可用性测试计划。当然,虽然问题可能会不断地出现,但在适当的时候,必须果断地完成原型测试并交付产品。

11.7 小　　结

人机界面是软件系统与人进行交流的接口,设计要充分考虑人的因素,人对感知过程的认识,用户的技能和行为方式以及人体测量学对设计的影响。在人机界面设计过程中,首先要分析用户、任务和环境,并对其建立模型,然后定义界面对象和动作,在设计界面时,要充分考虑可能出现的问题,并采用黄金原则等经验性方法进行设计,一旦建立好操作性用户界面原型,必须对其进行评估,以确定是否满足用户的需求。

习　　题

11.1　使用本章介绍的知识,尝试完成一个软件工程教学软件的人机界面设计。

11.2　举几个由于人机界面设计的缺陷可能导致非常严重后果的例子。

第 **12** 章

程序设计语言和编码

编码阶段的任务是根据详细设计说明书编写程序,程序设计语言的特性和程序设计风格会深刻地影响软件的质量和可维护性。为了保证程序编码的质量,程序员必须深刻理解、熟练掌握并正确地运用程序设计语言的特性。此外,还要求源程序具有良好的结构性和良好的程序设计风格。本章讲述程序设计语言的基本概念,以及程序设计的相关内容。

12.1　程序设计语言

徐家福教授在《计算机科学技术百科全书》[1]中指出,程序设计语言是指用于书写计算机程序的语言,是一种实现性的软件语言。程序设计语言包含 3 个方面,即语法、语义和语用。

语法(syntax)用来表示构成语言的各个记号之间的组合规则,是构成语言结构正确成分所需遵循的规则集合。例如,C 语言中 for 语句的构成规则是:

for(表达式 1;表达式 2;表达式 3)语句

语法中不涉及这些记号的含义,也不涉及使用者。

语义(semantic)用来表示按照各种表示方式所表示的各个记号的特定含义,但不涉及到使用者。如上述 for 语句中:表达式 1 表示对循环相关变量赋初值;表达式 2 表示循环条件;表达式 3 表示循环相关变量的增值;语句为循环体。整个语句的语义是:

① 计算表达式 1。

② 计算表达式 2,若计算结果为 0,则终止循环;否则,转③。

③ 执行循环体。

④ 计算表达式 3。

⑤ 转向②。

语用(pragmatic)用来表示构成语言的各个记号和使用者的关系。例如,语言是否允许递归? 是否要规定递归层数的上界? 这种上界如何确定? 这些都属于语用上的问题。

12.1.1　程序设计语言的基本成分

程序设计语言种类繁多,但是其基本成分都可归纳为 4 种:数据成分、运算成分、控制成分、传输成分[1]。

数据成分指明该语言能接受的数据,用来描述程序中所涉及的数据,如各种类型的变量、数组、指针、记录等。作为程序操作的对象,数据成分具有名称、类型和作用域等特征。使用前要对数据的这些特征加以说明。数据名称由用户通过标识符命名,类型说明数据需占用多少存储单元和存放形式,作用域说明数据可被使用的范围。以某语言为例,其数据构造方式可分为基本类型和构造类型,如图 12.1 所示。

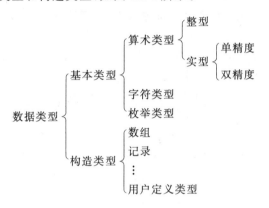

图 12.1　某语言数据类型

运算成分指明该语言允许执行的运算,用来描述程序中所需进行的运算。如＋、－、＊、／等。

例如,某语言的运算符可分为以下几类:

- 算术运算符,用于各类数值运算。
- 关系运算符,用于比较运算。
- 逻辑运算符,用于逻辑运算。
- 位操作运算符,参与运算的数据按二进制位进行运算。
- 赋值运算符,用于赋值运算。
- 条件运算符,这是一个三目运算符,用于条件求值。
- 逗号运算符,用于把若干表达式组合成一个表达式。
- 指针运算符,用于取内容和取地址两种运算。
- 求字节数运算符,用于计算数据类型所占的字节数。
- 特殊运算符,有括号( )、下标[ ]、成员(→和.)等几种。

控制成分指明该语言允许的控制结构,人们可以利用这些控制成分来构造程序中的控制逻辑。基本的控制成分包括顺序结构、条件选择结构和循环结构,如图 12.2 所示。

(1) 顺序结构

用来表示一个计算操作(或语句)的序列。从操作序列的第一个操作开始,顺序执行序列后续的操作,直至序列的最后一个操作。

(2) 条件选择结构

条件选择结构由一个条件(P)和两个供选择的操作 A 和 B 组成。在执行中,先计算条件表达式 P 的值,如果 P 的值为真,则执行操作 A;否则执行操作 B。当条件选择结构中的 A 或 B 又由条件选择结构组成时,就呈现嵌套的条件选择结构形式。

238

（3）循环结构

循环结构为程序描述循环计算过程提供控制手段，循环结构有多种形式，最基本的形式为 while 型循环结构。

传输成分指明该语言允许的数据传输方式，在程序中可用它进行数据传输。例如，Turbo C 语言标准库提供了两个控制格式化输入输出的函数 printf() 和 scanf()，这两个函数可以在标准输入输出设备上以各种不同的格式读写数据。printf() 函数用来向标准输出设备（屏幕等）写数据，scanf() 函数用来从标准输入设备（键盘等）上读数据。

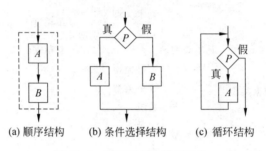

(a) 顺序结构　　　(b) 条件选择结构　　　(c) 循环结构

图 12.2　程序语言的控制机构

12.1.2　程序设计语言的特性

编码的过程是把详细设计翻译成可执行代码的过程，也是借助编程语言与计算机进行通信的过程。编程语言的种种特性必将影响到编码的效率和质量，因此选择程序设计语言必须考虑程序员的心理特性以及工程特性。

1. 心理特性

从设计到编码的转换基本上是人的活动，因此，语言的性能将对程序员从设计到编码的转换产生重大的心理影响。在维持现有机器的效率、容量和其他硬件限制条件的前提下，程序员总希望选择简单易学、使用方便的语言，以减少程序出错率，提高软件可靠性，从而提高用户对软件质量的可信度。

程序语言的一致性、二义性、紧致性、线性等都会对程序员的心理产生影响。其中，一致性是指语言采用的标记法（使用的符号）协调一致的程度。例如，一符多用容易导致错误。这里所说的二义性是指人们在理解程序语句时可能产生的二义性。例如，if C1 then S1 if C2 then S2 else S3 语句或者 x：＝a**b**c 语句，不同的人可能会有不同的理解，在编码时应通过添加括号来避免这种理解上的二义性。紧致性是指程序员必须记忆的与编码有关的信息总量，通常可以用对结构化部件的支持程度、关键字和缩写的种类、算术及逻辑操作符的数目、预定义函数的个数等来评价语言的紧致性。线性是人们所习惯的理解程序的次序，程序中多层的嵌套分支和多重循环、随意的 goto 语句都会破坏程序的线性次序。

2. 工程特性

程序设计语言的特性影响人们思考程序的方式，从而也限制了人们与计算机进行通信的方式。为满足软件工程的需要，程序设计语言还应该考虑：将设计翻译成代码的便利程度、编译器的效率、源代码的可移植性、配套的开发工具、软件的可复用性和可维护性。

（1）将设计翻译成代码的便利程度

语言若直接支持结构化部件、复杂的数据结构、特殊的 I/O 处理、按位操作和 OO 方法，则便于将设计转换成代码。

（2）编译器的效率

编译器应生成效率高的代码。

（3）源代码的可移植性

语言的标准化有助于提高程序代码的可移植性，源程序中应尽量不用标准文本以外的语句。

（4）配套的开发工具

CASE 工具可减少编码时间，提高代码质量。尽可能使用工具和程序设计支撑环境。

（5）可复用性

可复用性是指编程语言能否提供可复用的软件成分，复用时需要修改调整的程度。

（6）可维护性

可维护性包括可理解性、可测试性、可修改性。源程序的可读性和文档化特性是影响可维护性的重要因素。

3. 应用特性

不同的程序设计语言满足不同的技术特性，可以对应于不同的应用。例如，PROLOG 语言适用于人工智能领域、SQL 语言适用于关系数据库。语言的技术特性对软件工程各阶段有一定的影响，特别是确定了软件需求之后，程序设计语言的特性就更重要了，要根据不同项目的特性选择相应特性的语言。

12.1.3　程序设计语言的分类

目前，用于软件开发的程序设计语言已经有数百种之多，对这些程序设计语言的分类有不少争议。同一种语言可以归到不同的类中。按语言级别可以分为低级语言和高级语言；按应用范围可以分为通用语言和专用语言；按用户要求可以分为过程式语言和非过程式语言；按语言所含的成分可以分为顺序语言、并发语言和分布式语言，详见 1.1.4 节。

从软件工程的角度，根据程序设计语言发展的历程，可以把它们分为 4 类。

1. 从属于机器的语言（第一代语言）

机器语言是由机器指令代码组成的语言。对于不同的机器就有相应的一套机器语言。用这种语言编写的程序，都是二进制代码的形式，且所有的地址分配都是以绝对地址的形式处理。存储空间的安排，寄存器、变址的使用都由程序员自己计划。因此使用机器语言编写的程序很不直观。机器语言程序在计算机内的运行效率很高，但开发和维护机器语言程序相当困难。

2. 汇编语言（第二代语言）

汇编语言比机器语言直观，它的每一条符号指令与相应的机器指令有对应关系，同时又增加了一些诸如宏、符号地址等功能。存储空间的安排可由机器解决。不同指令集的处理器系统都有自己相应的汇编语言。从软件工程的角度来看,汇编语言只是在高级语言无法满足设计要求时,或者不具备支持某种特定功能(如特殊的输入输出)的技术性能时,才被使用。

3. 高级程序设计语言(第三代语言)

为了提高程序员的效率,从关注计算机硬件本身转向关注要解决的问题,导致了高级语言的发展。

高级语言适合于许多不同的计算机,使程序员能够将精力集中在应用程序上,而不是计算机的复杂性上。高级语言的设计目标就是使程序员摆脱汇编语言繁琐的细节。高级语言通常必须先转化为机器语言,然后才被执行。这个转化过程被称为编译。

从 20 世纪 50 年代中期开始,各种应用于不同领域的高级语言相继问世,如主要用于数值计算的 FORTRAN 语言在 20 世纪 50 年代中期推出。随后发展起来的语言中,最著名的有 BASIC、COBOL、ALGOL、PASCAL、ADA、C、C++、Java、C♯、LISP 和 PROLOG 等。

4. 第四代语言(4GL)

这类语言出现于 20 世纪 70 年代,其目的是为了提高程序开发速度,以及让非专业用户能直接编制计算机程序。第四代语言具有如下特点。

- 对用户友善,一般用类自然语言、图形或表格等描述方式,普通用户很容易掌握。
- 多数与数据库系统相结合,可直接对数据库进行操作。
- 对许多应用功能均有默认的假设,用户不必详细说明每一件事情的做法。
- 程序码长度及获得结果的时间与使用 COBOL 语言相比约少一个数量级。
- 支持结构化编程,易于理解和维护。

目前,第四代语言的种类繁多,尚无标准,在语法和能力上有很大差异,其中一些支持非过程式编程,更多的是既含有非过程语句,也含有过程语句。典型的 4GL 有:数据库查询语言、报表生成程序、应用生成程序、电子表格、图形语言等。多数 4GL 是面向领域的,很少是通用的。

当然,最理想的是可以使用自然语言(如英语、法语或汉语),使计算机能理解并立即执行请求。但迄今为止,自然语言理解仍然是计算机科学研究中的一个难点,尽管在实验室的研究中取得了一定的成果,但在现实中的应用仍然是相当有限。

12.1.4 程序设计语言的选择

为某个特定开发项目选择程序设计语言时,既要从技术角度、工程角度、心理学角度评价和比较各种语言的适用程度,又必须考虑现实可能性。有时需要做出某种合理的折衷。

在选择与评价语言时,通常考虑的因素有以下几种:

- 项目所属的领域。
- 算法和计算的复杂性。
- 软件执行的环境。
- 用户需求,特别是性能上的考虑与实现的条件。

- 数据结构的复杂性。
- 软件开发人员的知识水平和心理因素。
- 可用的编译器与交叉编译器。

项目所属的应用领域常常是选择的首要标准。通常，COBOL 适用于商业领域，FORTRAN 适用于工程和科学计算领域，Prolog、LISP 适用于人工智能领域，Smalltalk、C++ 适用于 OO 系统的开发，有些语言适用于多个应用领域，如 C。若有多种语言都适合于某项目的开发时，也可考虑选择开发人员比较熟悉的语言。

通常优先选择高级语言，开发和维护高级语言程序比开发和维护低级语言程序容易得多。但是高级语言程序经编译后所产生的目标程序的功效要比完成相同功能的低级语言程序低得多，所以在有些情况下会部分或全部使用低级语言，这些情况包括：①对运行时间和存储空间有过高要求的项目，如电子笔记本中的软件；②在某些不能提供高级语言编译程序的计算机上开发程序，如单片机上的软件；③大型系统中对系统执行时间起关键作用的模块等。

新的更强有力的语言，虽然对于应用有很强的吸引力，但是因为已有的语言已经积累了大量的久经使用的程序，具有完整的资料、支撑软件和软件开发工具，程序设计人员比较熟悉，而且有过类似项目的开发经验和成功的先例，由于心理因素，人们往往宁愿选用原有的语种。所以应当彻底地分析、评价、介绍新的语言，以便从原有语言过渡到新的语言。

12.2　程序设计风格

在软件生存期中，人们经常要阅读程序。特别是在软件测试阶段和维护阶段，编写程序的人与参与测试和维护的人都要阅读程序。因此，阅读程序是软件开发和维护过程中的一个重要组成部分，而且读程序的时间比写程序的时间还要多。20 世纪 70 年代初，有人提出在编写程序时，应使程序具有良好的风格，力图从编码原则的角度提高程序的可读性，改善程序质量。程序设计风格包括 4 个方面：源程序文档化、数据说明、语句结构和输入输出。

12.2.1　源程序文档化

在源程序中可包含一些内部文档，以帮助阅读和理解源程序。在源程序中的内部文档主要包括：标识符的命名、注解和程序的视觉组织。

1. 标识符的命名

标识符用于标识程序中的模块、变量、常量、子程序、函数等元素的名字。

命名标识符时，应注意以下问题：

① 这些名字应能反映它所代表的实体，应有一定的实际意义。

② 名字不是越长越好，太长会增加打字量，且易出错，给修改带来困难。所以应当选择精炼的意义明确的名字。

③ 必要时可使用缩写名字，但缩写规则要一致，并且要给每一个缩写名字加注释。

④ 不用关键字作标识符。

⑤ 同一个名字不要有多个含义。

⑥ 不用相似的名字，相似的名字容易混淆，不易发现错误。如 cm、cn、cmn、cnm、

cnn、cmm。

⑦ 名字中避免使用易混淆的字符。如数字 0 与字母 O、数字 1 与字母 I 或 l、数字 2 与字母 z 等。

2. 程序的注释

程序中的注释用来帮助人们理解程序,绝不是可有可无的。一些正规的程序文本中,注释行的数量约占整个源程序的 1/3,甚至更多。注释分为序言性注释和功能性注释。

序言性注释通常置于每个程序模块的开头部分,主要描述以下内容:

- 模块的功能。
- 模块的接口,包括调用格式、参数的解释、该模块需要调用的其他子模块名。
- 重要的局部变量,包括用途、约束和限制条件。
- 开发历史,包括模块的设计者、评审者、评审日期、修改日期以及对修改的描述。

功能性注释通常嵌在源程序体内,主要描述程序段的功能。给代码添加注释是为了对代码的作用提供容易理解的说明。注释中应当提供那些无法通过阅读代码本身获得的信息。好的注释是在对代码本身进行更高层次的抽象之后产生的。如果注释只是重复已经很明显的内容,则毫无意义,应当避免这样的注释。书写功能性注释时应注意以下问题:

- 注释要正确,错误的注释比没有注释更坏。
- 为程序段作注释,而不是为每一个语句作注释。
- 用缩进和空行,使程序与注释容易区分。
- 注释应提供一些从程序本身难以得到的信息,而不是语句的重复。

例如,下面的模块级注释描述了公共的和私有的过程(在类模块中称为"方法")、属性及其数据类型,以及如何将该类作为对象来使用的有关信息。

这个类提供的功能与创建和发送 Outlook MailItem 对象有关,还包括了处理邮件附件用的包装。

用法:从任何标准模块中,声明类型的一个 clsMailMessage 型的对象变量。用该对象变量来访问本类的方法和属性。

公共方法:

MailAddRecipient(strName As String, Optional fType As Boolean)

　　strName:要加入到邮件中的收件人名称

　　fType:Outlook MailItem Type 属性设置

SendMail(Optional blnShowMailFirst As Boolean)

　　blnShowMailFirst:发送前是否显示 Outlook 邮件信息。如果不能解析收件人的地址,让代码将它设置为 True

私有方法:

InitializeOutlook()

CreateMail()

公共属性:

MailSubject:(Write only, String)

MailMessage:(Write only, String)

MailAttachments:(Write only, String)

3. 视觉组织

通过在程序中使用空格、空行和缩进等技巧,可以帮助人们从视觉上看清程序的结构。

常用的技巧和规则如下：

① 通过缩进技巧可清晰地观察到程序的嵌套层次,同时还容易发现诸如"遗漏 end"那样的错误。

```
IF(…) THEN
   IF(…) THEN
      ⋮

   ELSE
      ⋮
   ENDIF
      ⋮
ELSE
   ⋮
ENDIF
```

② 自然的程序段之间可用空行隔开。

③ 可通过添加空格使语句成分清晰,例如,

$(A<-17)$ANDNOT$(B<=49)$ORC

可写成

$(A<-17)$ AND NOT $(B<=49)$ OR C

④ 也可以通过添加括号突出运算的优先级,避免发生运算的错误,例如,

a ∗ ∗ (b ∗ ∗ c)

⑤ 放置大括号。一般首选的方法是 K&R 方法：把左括号放在行尾,右括号放在行首。例如,

```
if (X) {
    Y
}
```

定义函数时应当把左右括号都放在行首,例如,

```
int F(int x)
{
    ⋮
}
```

注意,右括号所在的行不应当有其他语句,除非跟随着一个条件判断,也就是 do-while 语句中的 while 和 if-then-else 语句中的 else。例如,

```
do {
body of do-loop
} while (condition);
if (x==y) {
```

```
    ⋮
} else if (x > y) {
    ⋮
} else {
    ⋮
}
```

12.2.2 数据说明

为了使程序中数据说明更易于理解和维护,可采用以下风格:显式说明一切变量;数据说明的次序规范化;说明语句中变量安排有序化;使用注解说明复杂的数据结构。

1. 数据说明次序规范化

使数据属性容易查找,也有利于测试,排错和维护。原则上,数据说明的次序与语法无关,其次序是任意的。但出于阅读、理解和维护的需要,最好使其规范化,使说明的先后次序固定。例如,可按常量、变量、数组、文件次序进行数据说明。

2. 说明语句中变量安排有序化

当多个变量名在一个说明语句中说明时,可以将这些变量按字母的顺序排列,以便于查找。

3. 使用注释说明复杂的数据结构

如果设计了一个复杂的数据结构,应当使用注释来说明在程序实现时这个数据结构的固有特点。例如,用户自定义的数据类型,应当在注释中做必要的补充说明。

12.2.3 语句结构

编码阶段的主要任务就是书写程序语句。在书写语句时,首先要保证程序正确,然后才要求提高程序的运行速度。除非对效率有特殊的要求,程序编写要做到清晰第一,效率第二。不要为了追求效率而丧失程序结构的清晰性。事实上,程序效率的提高主要应通过选择高效的算法来实现。有关书写语句的原则有几十种,总起来说,希望每条语句尽可能简单明了,能直截了当地反映程序员的意图,不要为了片面追求效率而使语句复杂化。下面介绍常用的规则。

1. 一行内只写一条语句

在一行内只写一条语句,并且采取适当添加空格的办法,使程序的逻辑和功能变得更加明确。许多程序设计语言允许在一行内写多个语句,但这种方式会使程序可读性变差,因而不可取。

2. 首先考虑清晰性

程序编写首先应当考虑清晰性,不要刻意追求技巧性。

例如,有一个用 C 语句写出的程序段:

```
a[i]＝a[i]＋a[t];
a[t]＝a[i]－a[t];
a[i]＝a[i]－a[t];
```

此段程序可能不易看懂,有时还需用实际数据试验。

实际上,这段程序的功能就是交换 a[i] 和 a[t] 中的内容。目的是为了节省一个工作单元。如果修改如下:

```
work＝a[t];
a[t]＝a[i];
a[i]＝work;
```

就能让读者一目了然了。

3. 直截了当说明程序员的用意

程序编写要简单,清楚,直截了当地说明程序员的用意。例如,

```
for (i=1; i<＝n; i＋＋)
for (j=1; j<＝n; j＋＋)
v[i][j]＝(i/j) * (j/i)
```

除法运算/在除数和被除数都是整型量时,其结果只取整数部分,而得到整型量。

```
当 i<j 时, i/j＝0
当 j<i 时, j/i＝0
```

得到的数组是:

```
当 i≠j 时
    v[i][j]＝(i/j) * (j/i)＝0
当 i＝j 时
    v[i][j]＝(i/j) * (j/i)＝1
```

这样得到的结果 v 是一个单位矩阵。

若写成以下的形式,就能让读者直接了解程序编写者的意图。

```
for (i=1; i <＝n; i＋＋)
    for (j=1; j <＝n; j＋＋)
        if (i＝＝j)
            v[i][j]＝1.0;
         else
            v[i][j]＝0.0;
```

4. 其他常用规则

其他常用的规则如下:

• 让编译程序做简单的优化。

- 尽可能使用库函数。
- 避免不必要的转移。
- 尽量只采用3种基本的控制结构来编写程序。除顺序结构外,使用 if-then-else 来实现选择结构;使用 do-until 或 do-while 来实现循环结构。

12.2.4　输入和输出

输入和输出信息是与用户的使用直接相关的。输入和输出的方式和格式应当尽可能方便用户的使用。因此,在软件需求分析阶段和设计阶段,就应基本确定输入和输出的风格。系统能否被用户接受,有时就取决于输入和输出的风格。不论是批处理的输入输出方式,还是交互式的输入输出方式,在设计和程序编码时都应该考虑下列原则:

- 对所有的输入数据都进行检验,从而识别错误的输入,以保证每个输入数据的有效性。
- 检查输入项的各种重要组合的合理性,必要时报告输入状态信息。
- 使得输入的步骤和操作尽可能简单,并保持简单的输入格式。
- 输入数据时,应允许使用自由格式输入。
- 应允许默认值。
- 输入一批数据时,最好使用输入结束标志,而不要由用户指定输入数据数目。
- 在以交互式输入输出方式进行输入时,要在屏幕上使用提示符明确提示交互输入的请求,指明可使用选择项的种类和取值范围。同时,在数据输入的过程中和输入结束时,也要在屏幕上给出状态信息。
- 当程序设计语言对输入输出格式有严格要求时,应保持输入输出格式与输入输出语句的一致性。
- 给所有的输出加注解,并设计良好的输出报表格式。

输入输出风格还受到许多其他因素的影响。例如,输入输出设备(如终端等)、用户的熟练程度以及通信环境等。

12.3　小　　结

程序设计语言的特性和程序设计风格会深刻地影响软件的质量和可维护性。本章介绍了程序设计语言的基本成分、程序设计语言特性、分类及选择参考因素,在此基础上讨论了程序的质量要求,并详细介绍了程序设计风格。

习　　题

12.1　对照本章内容,对自己熟悉的一门程序设计语言,尝试分析和总结其基本成分和技术特点。并编写包括输入输出、数据运算、注释的程序,长度不小于 500 行。

12.2　对照本章程序设计风格的内容,尝试修改代码。

第 **13** 章

软件测试

经过需求分析、设计和编码等阶段的开发后,得到了源程序,开始进入到软件测试阶段。由于在测试之前的各阶段中都可能在软件产品中遗留下许多错误和缺陷,如果不及时找出这些错误和缺陷,并将其改正,这个软件产品就不能正常使用,甚至会导致巨大的损失。目前,程序的正确性证明尚未得到根本的解决,因此,软件测试仍是发现软件中错误和缺陷的主要手段。

测试是一项非常艰苦的工作,其工作量约占软件开发总工作量的 40% 以上,特别对一些关系到人的生命安全的软件(如飞行控制软件、核反应堆软件等),其测试工作量可能相当于其他开发阶段工作量总和的 3~5 倍。

13.1 软件测试基础

测试软件前,需要设计若干个测试用例(test case),一个测试用例由测试输入数据和预期结果组成,测试时通过输入数据,运行被测程序,如果运行的实际输出与预期结果不一致,则表明发现了程序中的错误。在介绍软件测试技术之前,首先要排除对测试的错误观点,明确测试的目的。

13.1.1 软件测试的目的

在人们的头脑中存在着不少对软件测试的错误观点,如有人认为"软件测试是为了证明程序是正确的",即测试能发现程序中所有的错误。事实上这是不可能的。要通过测试发现程序中的所有错误,就要穷举所有可能的输入数据。对于一个输入 3 个 16 位字长的整型数据的程序,输入数据的所有组合情况有 $2^{48} \approx 3 \times 10^{14}$,如果测试一组数据需 1ms,则即使一年 365 天每天 24 小时不停地测试,也需要约 1 万年时间。所以只能通过测试发现软件中的错误,而不能证明软件中没有错误。还有人认为"程序测试是证明程序正确地执行了预期的功能"。实际上,一个程序不仅要完成它所需完成的功能,而且不应完成它不该做的事。如不能把边长为 0、0、0 的 3 条边判断为等边三角形。

Glen Myers 在他关于软件测试的著作中给出了可以服务于测试目标的规则[15]:

- 测试是一个为了发现错误而执行程序的过程。
- 一个好的测试用例是指很可能找到迄今为止尚未发现的错误的测试用例。

- 一个成功的测试是指揭示了迄今为止尚未发现的错误的测试。

软件测试的目的是发现软件中的错误和缺陷,并加以纠正。应该排除对测试的错误观点,设计合适的测试用例,用尽可能少的测试用例,来发现尽可能多的软件错误。

13.1.2 软件测试的基本原则

Davis 提出了一组指导软件测试的基本原则[15]:

- 所有的测试都应可追溯到客户需求。测试的目的是发现错误,而最严重的错误是那些导致程序无法满足需求的错误。

- 应该在测试工作真正开始前的较长时间就进行测试计划。从现代软件工程的眼光来看,测试计划可以在需求模型完成时就开始,测试用例可以在设计模型确定后立即开始。

- Pareto 原则可应用于软件测试。即测试中发现的 80％的错误可能来自于 20％的程序代码。这表明,如果测试模块 A 时发现的错误比测试模块 B 时发现的错误多,那么模块 A 中潜藏的错误可能仍比模块 B 中潜藏的错误多,此时不能放松对模块 A 的测试。

- 测试应从"小规模"开始,逐步转向"大规模"。先测试单个模块,再测试集成的模块簇,最后测试整个系统。

- 穷举测试是不可能的。例如,测试一个包含 5 个分支的循环程序,其循环次数为 20,那么,该程序就有 5^{20} 条不同的执行路径,要穷举测试所有的路径是不可能的。

- 为了达到最有效的测试,应由独立的第三方来承担测试。"最有效"是指发现错误的可能性最高的测试。由于开发软件是一个创建软件的过程,开发者有成就感,而测试软件是一个发现软件错误的过程,测试者要千方百计从软件中找出错误,即证明软件中有错误,因此,由开发者或开发方组织来测试自己的软件,往往在心理上存在障碍,从而使测试不是最有效的。

还有以下一些其他的测试原则:

- 在设计测试用例时,应包括合理的输入条件和不合理的输入条件。大量的实践表明,用户在使用软件时,常常因为不熟练或不小心,而输入一些非法的或不合理的数据。因此应测试非法的或不合理的数据是否会导致软件的失效。

- 严格执行测试计划,排除测试的随意性。不按测试计划进行的测试,常常不能保证测试的充分性。

- 应当对每一个测试结果做全面检查。不严格检查测试结果,会遗漏经测试发现的错误,从而白白浪费测试所付出的代价。

- 妥善保存测试计划、测试用例、出错统计和最终分析报告,为维护提供方便。因为在改正错误后或维护后要进行回归测试(regression testing),即全部或部分地重复使用已做过的测试用例,以确保该修改未影响软件的其他功能。

- 检查程序是否做了应做的事仅是成功的一半,另一半是检查程序是否做了不该做的事。

- 在规划测试时不要设想程序中不会查出错误。如果在测试前就认为程序中没有错误,测试时就不会全力以赴地找错误,从而使测试不充分。

13.1.3　白盒测试和黑盒测试

测试用例的设计是软件测试的关键所在,必须设计出最有可能发现软件错误的测试用例,同时尽量避免测试用例的冗余,也就是说,希望避免使用发现错误效果相同的测试用例,设计尽可能少的测试用例来发现尽可能多的错误。测试用例的设计方法大体可分为两类:白盒测试和黑盒测试,也称白箱测试和黑箱测试。

白盒测试又称结构测试,这种方法把测试对象看作一个透明的盒子,测试人员根据程序内部的逻辑结构及有关信息设计测试用例,检查程序中所有逻辑路径是否都按预定的要求正确地工作。

白盒测试主要用于对程序模块的测试,包括[4]:

- 程序模块中的所有独立路径至少执行一次。
- 对所有逻辑判定的取值("真"与"假")都至少测试一次。
- 在上下边界及可操作范围内运行所有循环。
- 测试内部数据结构的有效性等。

黑盒测试又称行为测试,这种方法把测试对象看作一个黑盒子,测试人员完全不考虑程序内部的逻辑结构和内部特性,只依据程序的需求规格说明书,检查程序的功能是否符合它的功能需求。

黑盒测试可用于各种测试,它试图发现以下类型的错误[4]:

- 不正确或遗漏的功能。
- 接口错误,如输入输出参数的个数、类型等。
- 数据结构错误或外部信息(如外部数据库)访问错误。
- 性能错误。
- 初始化和终止错误。

13.2　白　盒　测　试

常用的白盒测试方法主要有逻辑覆盖测试、基本路径测试、数据流测试和循环测试。

13.2.1　逻辑覆盖测试

逻辑覆盖测试是一种基本的白盒测试方法,主要考察使用测试数据运行被测程序时对程序逻辑的覆盖程度。通常人们希望选择最少的测试用例来满足所需的覆盖标准。主要的覆盖标准有:语句覆盖,判定覆盖,条件覆盖,判定/条件覆盖,条件组合覆盖,路径覆盖。

例 13.1　对下列子程序进行测试。

```
procedure example(y, z:real; var x:real);
begin
    if(y>1)and(z=0)then x:=x/y;
    if(y=2)or(x>1)then x:=x+1;
end;
```

该子程序接受 x、y、z 的值,并将计算结果 x 的值返回给调用程序。与该子程序对应的流程图如图 13.1 所示。

该子程序有两个判定：a：$(y>1)$and$(z=0)$和 c：$(y=2)$or$(x>1)$。判定 a 中有两个判定条件：$y>1$ 和 $z=0$，判定 c 中有两个判定条件：$y=2$ 和 $x>1$。根据程序的执行流程不同，判定 c 中的 $x>1$ 的含义也不同：当判定 a 为"真"时，$x>1$ 实际是 $x/y>1$，即 $x>y$；当判定 a 为"假"时，$x>1$ 仍是 $x>1$。

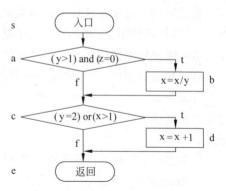

图 13.1　例 13.1 程序流程图

该子程序有 4 条可执行路径。

(1) 路径 sabcde

执行该路径的条件是 a 为 t 且 c 为 t，记为 L1。

$$L1=\{(y>1)and(z=0)\}and\{(y=2)or(x/y>1)\}$$
$$=(y>1)and(z=0)and(y=2)or(y>1)and(z=0)$$
$$and(x>y)$$
$$=(y=2)and(z=0)or(y>1)and(z=0)and(x>y)$$

(2) 路径 sace

执行该路径的条件是 a 为 f 且 c 为 f 时，记为 L2。

$$L2=not\{(y>1)and(z=0)\}and\ not\{(y=2)or(x>1)\}$$
$$=\{not(y>1)or\ not(z=0)\}and\{not(y=2)and\ not(x>1)\}$$
$$=not(y>1)and\ not(y=2)and\ not(x>1)$$
$$or\ not(z=0)and\ not(y=2)and\ not(x>1)$$
$$=(y\leqslant1)and(y\neq2)and(x\leqslant1)or(z\neq0)and(y\neq2)and(x\leqslant1)$$
$$=(y\leqslant1)and(x\leqslant1)or(z\neq0)and(y\neq2)and(x\leqslant1)$$

(3) 路径 sacde

执行该路径的条件是 a 为 f 且 c 为 t，记为 L3。

$$L3=not\{(y>1)and(z=0)\}and\{(y=2)or(x>1)\}$$
$$=\{not(y>1)or\ not(z=0)\}and\{(y=2)or(x>1)\}$$
$$=not(y>1)and(y=2)or\ not(y>1)and(x>1)$$
$$or\ not(z=0)and(y=2)or\ not(z=0)and(x>1)$$
$$=(y\leqslant1)and(y=2)or(y\leqslant1)and(x>1)$$
$$or(z\neq0)and(y=2)or(z\neq0)and(x>1)$$
$$=(y\leqslant1)and(x>1)or(z\neq0)and(y=2)or(z\neq0)and(x>1)$$

(4) 路径 sabce

执行该路径的条件是 a 为 t 且 c 为 f，记为 L4。

$$L4=\{(y>1)and(z=0)\}and\ not\{(y=2)or(x/y>1)\}$$
$$=(y>1)and(z=0)and\ not(y=2)and\ not(x>y)$$
$$=(y>1)and(z=0)and(y\neq2)and(x\leqslant y)$$

下面分别用语句覆盖、判定覆盖、条件覆盖、判定/条件覆盖、条件组合覆盖、路径覆盖等覆盖标准，介绍满足相应覆盖标准的测试用例设计。

1. 语句覆盖

语句覆盖是指选择足够的测试用例,使得运行这些测试用例时,被测程序的每个可执行语句都至少执行一次。

欲使每个语句都执行一次,只需执行路径 sabcde 即可。根据路径执行条件 L1 可知,当测试输入数据满足条件(y=2)and(z=0)或(y>1)and(z=0)and(x>y)时,程序就会按路径 sabcde 执行。这里选择条件(y=2)and(z=0),该条件中未包含 x,这意味着 x 可取任意值。满足语句覆盖标准的测试用例如表 13.1 所示。

表 13.1 满足语句覆盖标准的测试用例

测 试 数 据	预 期 结 果
x=4, y=2, z=0	x=3

2. 判定覆盖

判定覆盖(也称分支覆盖)是指选择足够的测试用例,使得运行这些测试用例时,被测程序的每个判定的所有可能结果都至少出现一次(即判定的每个分支至少经过一次)。

本例中,欲使每个分支都执行一次,只需执行路径 sacde(执行该路径的条件是 L3,即 a 为"f"且 c 为"t")和 sabce(执行该路径的条件是 L4,即 a 为"t"且 c 为"f"),或者执行路径 sabcde(执行该路径的条件是 L1,即 a 为"t"且 c 为"t")和 sace(执行该路径的条件是 L2,即 a 为"f"且 c 为"f")即可。这里我们选择路径 sacde 和 sabce 进行测试。根据路径执行条件 L3 和 L4,很容易设计满足判定覆盖标准的测试用例,如表 13.2 所示。

表 13.2 满足判定覆盖标准的测试用例

测 试 数 据	预 期 结 果	执 行 路 径	判定 a	判定 c
x=1, y=2, z=1	x=2	sacde	f	t
x=3, y=3, z=0	x=1	sabce	t	f

由于一个判定至少有"真"和"假"两个结果,所以满足判定覆盖标准的测试用例至少有两个。

由于判定覆盖要求对每个判定的每个分支都至少执行一次,所以,程序中的所有语句也必定都至少执行一次。因此,满足判定覆盖标准的测试用例也一定满足语句覆盖标准。

3. 条件覆盖

条件覆盖是指选择足够的测试用例,使得运行这些测试用例时,被测程序的每个判定中的每个条件的所有可能结果都至少出现一次。

本例中,判定 a 中各种条件的所有可能结果是:y>1,y≤1,z=0,z≠0。

判定 c 中各种条件的所有可能结果是:y=2,y≠2,x>1(或 x>y,当判定 a 为真时),x≤1(或 x≤y,当判定 a 为真时)。

选择适当的测试用例,不难覆盖上述这些条件的所有可能结果。

满足条件覆盖标准的测试用例如表 13.3 所示。

表 13.3 满足条件覆盖标准的测试用例

测 试 数 据	预 期 结 果	执 行 路 径	覆盖的条件
x=1, y=2, z=0	x=1.5	sabcde	y>1, z=0, y=2, x≤y
x=2, y=1, z=1	x=3	sacde	y≤1, z≠0, y≠2, x>1

由于一个条件至少有"真"和"假"两个结果,所以满足条件覆盖标准的测试用例也至少有两个。

条件覆盖通常比判定覆盖强,但有时虽然每个条件的所有可能结果都出现过,但判定表达式的某些可能结果并未出现。如上面的两个测试用例满足了条件覆盖标准,但判定 c 为"假"的结果并未出现。

4. 判定/条件覆盖

判定/条件覆盖是指选择足够的测试用例,使得运行这些测试用例时,被测程序的每个判定的所有可能结果都至少执行一次,并且,每个判定中的每个条件的所有可能结果都至少出现一次。

显然,满足判定/条件覆盖标准的测试用例一定也满足判定覆盖、条件覆盖、语句覆盖标准。所以很容易认为只需将满足判定覆盖标准和条件覆盖标准的测试用例合在一起(去除重复的测试用例)即可。然而这样得到的测试用例常常不是最少的(有冗余)。

前面介绍判定覆盖时,选择了路径 sacde(满足路径执行条件 L3)和 sabce(满足路径执行条件 L4)进行测试。其中 L4=(y>1)and(z=0)and(y≠2)and(x≤y)中包含了条件 y>1、z=0、y≠2 和 x≤y(即 x≤1),在剩下的 4 个条件(y≤1,z≠0,y=2,x>1)中,由于条件 y≤1 和 y=2 不能同时成立,所以至少还要设计两个测试用例来覆盖剩下的 4 个条件。

然而,如果选择路径 sabcde(满足路径执行条件 L1)和 sace(满足路径执行条件 L2)进行判定覆盖测试,在设计测试用例时,同时考虑条件覆盖,这时就可能得到满足判定/条件覆盖标准的最少的测试用例。

满足判定/条件覆盖标准的测试用例如表 13.4 所示。

表 13.4 满足判定/条件覆盖标准的测试用例

测 试 数 据	预 期 结 果	执 行 路 径	判定 a	判定 c	覆盖的条件
x=4, y=2, z=0	x=3	sabcde	t	t	y>1, z=0 y=2, x>y
x=1, y=1, z=1	x=1	sace	f	f	y≤1, z≠0 y≠2, x≤1

在本例中,满足判定覆盖、条件覆盖和判定/条件覆盖标准的测试用例的个数是相同的。值得注意的是,并非所有程序的测试都是如此。但满足判定/条件覆盖标准的测试用例个数总是大于等于满足判定覆盖标准和条件覆盖标准的测试用例个数中的最大数。

5. 条件组合覆盖

条件组合覆盖是指选择足够的测试用例,使得运行这些测试用例时,被测程序的每个判定中的条件结果的所有可能组合都至少出现一次。

必须注意的是,这里的条件组合是指每个判定中的条件结果的所有可能组合,而不是整个程序的所有条件结果的所有可能组合。

判定 a 中条件结果的所有可能组合有如下 4 种情况(①、②、③、④):

① $y>1$, $z=0$;   ② $y>1$, $z\neq0$;

③ $y\leqslant1$, $z=0$;   ④ $y\leqslant1$, $z\neq0$。

判定 c 中条件结果的所有可能组合有如下 4 种情况(⑤、⑥、⑦、⑧):

⑤ $y=2$, $x>1$(或 $x>y$);   ⑥ $y=2$, $x\leqslant1$(或 $x\leqslant y$);

⑦ $y\neq2$, $x>1$(或 $x>y$);   ⑧ $y\neq2$, $x\leqslant1$(或 $x\leqslant y$)。

满足条件组合覆盖标准的测试用例如表 13.5 所示。

表 13.5　满足条件组合覆盖标准的测试用例

测试数据	预期结果	执行路径	判定 a	判定 c	覆盖的条件
$x=4$, $y=2$, $z=0$	$x=3$	sabcde	t	t	① $y>1$, $z=0$ ⑤ $y=2$, $x>y$
$x=1$, $y=2$, $z=1$	$x=2$	sacde	f	t	② $y>1$, $z\neq0$ ⑥ $y=2$, $x\leqslant1$
$x=2$, $y=1$, $z=0$	$x=3$	sacde	f	t	③ $y\leqslant1$, $z=0$ ⑦ $y\neq2$, $x>1$
$x=1$, $y=1$, $z=1$	$x=1$	sace	f	f	④ $y\leqslant1$, $z\neq0$ ⑧ $y\neq2$, $x\leqslant1$

条件组合覆盖是上述 5 种覆盖标准中最强的一种,满足条件组合覆盖标准的测试用例一定也满足判定覆盖、条件覆盖、判定/条件覆盖、语句覆盖标准。然而,条件组合覆盖仍不能保证程序中所有可能的路径都被覆盖。本例中,满足条件组合覆盖标准的测试用例就没有经过 sabce 路径。

6. 路径覆盖

路径覆盖是指选择足够的测试用例,使得运行这些测试用例时,被测程序的每条可能执行到的路径都至少经过一次(如果程序中包含环路,则要求每条环路至少经过一次)。本例中所有可能执行的路径有:sabcde(a 为 t 且 c 为 t),sace(a 为 f 且 c 为 f),sacde(a 为 f 且 c 为 t),sabce(a 为 t 且 c 为 f)。

满足路径覆盖标准的测试用例如表 13.6 所示。

表 13.6　满足路径覆盖标准的测试用例

测试数据	预期结果	执行路径	判定 a	判定 c
$x=4$,$y=2$,$z=0$	$x=3$	sabcde	t	t
$x=3$,$y=3$,$z=0$	$x=1$	sabce	t	f
$x=2$,$y=1$,$z=0$	$x=3$	sacde	f	t
$x=1$,$y=1$,$z=1$	$x=1$	sace	f	f

路径覆盖实际上考虑了程序中各种判定结果的所有可能组合,但它未必能覆盖判定中条件结果的各种可能情况。因此,路径覆盖是一种比较强的覆盖标准,但不能替代条件覆盖、判定/条件覆盖和条件组合覆盖标准。

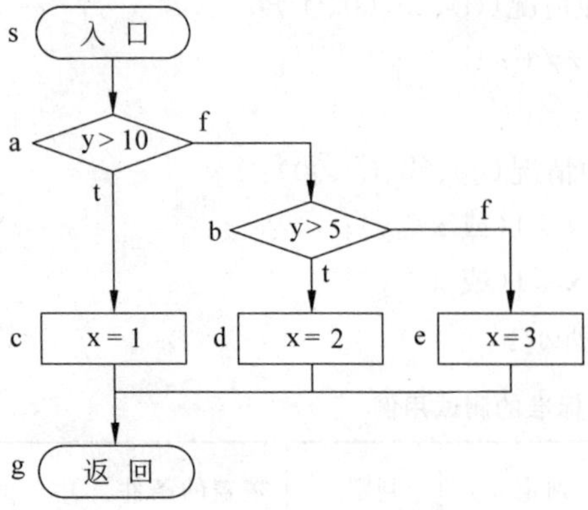

在逻辑覆盖测试时,强调"运行这些测试用例时"覆盖了被测程序的哪些判定、条件或路径。这表明在使用这些测试用例运行被测程序时,能执行到相应的判定、条件或路径。

例 13.2 测试图 13.2 所示的流程图。

当运行测试数据 y＝12 时,其执行路径是 sacg,覆盖了判定 a 为真的情况(即覆盖 y＞10)。但是由于其执行路径未经过判定 b,所以这个测试数据并不覆盖判定 b 为真的情况(即不覆盖 y＞5)。而运行测试数据 y＝8 时,其执行路径是 sabdg,所以该测试数据覆盖了判定 a 为假的情况(即覆盖 y≤10)和判定 b 为真的情况(即覆盖 y＞5)。

图 13.2　例 13.2 程序流程图

13.2.2　逻辑表达式错误敏感的测试

逻辑覆盖测试依赖于程序中的逻辑条件,这些逻辑条件由逻辑表达式组成。逻辑表达式由逻辑变量、关系表达式(由算术表达式和关系运算符组成)、逻辑运算符和括号组成。对于一个含有 n 个逻辑变量,或 n 个关系表达式的逻辑表达式,通常需要 2^n 个测试用例来覆盖其所有可能的条件组合。因此,13.2.1 节中的条件组合覆盖适用于 n 较小的场合。当 n 较大时,可以选择对发现逻辑表达式错误比较敏感的组合条件进行测试,以较少的测试用例来发现逻辑表达式中的绝大多数错误。

Tai 提出的分支与关系运算符(branch and relational operator,BRO)测试技术能用较少的测试用例发现条件中分支与关系运算符的大多数错误。采用 BRO 方法的前提条件是：条件中的每个逻辑变量和关系运算符至多出现一次,并且无公共变量[15]。

BRO 方法引入条件约束的概念,含有 n 个简单条件 C_i 的复合条件 C 的约束 D 表示为 $(D_1,D_2,\cdots,D_n)$,$D_i(0 < i \leq n)$ 刻画了简单条件 C_i 的输出(outcome)约束,它一般是某种符号。对关系表达式,其约束为＜、＞、＝;对逻辑表达式,其约束为 t(真)或 f(假)。

符合条件 C 的一次执行覆盖条件约束 D 是指,C 中出现的每个简单条件 C_i 在这次执行中都满足 D 中对应的约束 D_i。

下面分各种情况进行讨论。

1. 若逻辑表达式 C 为：B_1 and B_2

B_1、B_2 为逻辑变量,即 C_1、C_2 分别为 B_1、B_2,C 的约束具有形式 (D_1,D_2),D_1 和 D_2 为 t 或 f。例如,覆盖条件约束(f,t)表示运行测试用例时使 B_1 为假 B_2 为真。

BRO 测试策略要求逻辑表达式 B_1 and B_2 的约束集合为 {(t,t),(f,t),(t,f)},也就是说在对逻辑表达式 B_1 and B_2 测试时,不必覆盖约束条件(f,f)。这是由于测试覆盖约束(f,t)、(t,f)时,已检查了 B_1 为假或 B_2 为假(即 C 为假)的情况,而约束(f,f)(它也使 C 为假)对该逻辑表达式是不敏感的。推而广之,若逻辑表达式由 and 连接的 n 个逻辑变量组成,则其敏

感的约束有 $n+1$ 个,其中一个约束是所有变量全为真,另 n 个约束是某一个变量为假,其余 $n-1$ 个变量为真。而其他 $2^n-(n+1)$ 个约束都是不敏感的。

2. 若逻辑表达式 C 为：B_1 or B_2

B_1、B_2 为逻辑变量。同样道理,该逻辑表达式的约束集合为 $\{(f,t),(t,f),(f,f)\}$。而约束 (t,t) 对该逻辑表达式是不敏感的。推而广之,若逻辑表达式由 or 连接的 n 个逻辑变量组成,则其敏感的约束有 $n+1$ 个,其中一个约束是所有变量全为假,另 n 个约束是某一个变量为真,其余 $n-1$ 个变量为假。而其他 $2^n-(n+1)$ 个约束都是不敏感的。

3. 若逻辑表达式 C 为：B_1 and $(E_3=E_4)$

B_1 为逻辑表达式,E_3 和 E_4 为算术表达式。C 的约束具有形式 (D_1,D_2),D_1 为 t 或 f;当 $E_3=E_4$ 时 D_2 为 $=$;当 $E_3\neq E_4$ 时 D_2 为 $<$ 或 $>$。根据上述原理,使得 B_1 为假且 $E_3=E_4$ 为假的约束 $(f,<)$ 和 $(f,>)$ 对此表达式的测试是不敏感的,所以该逻辑表达式的约束集合为 $\{(t,=),(f,=),(t,<),(t,>)\}$。

4. 若逻辑表达式 C 为：$(E_1>E_2)$ and $(E_3=E_4)$

E_1、E_2、E_3、E_4 均为算术表达式。根据上述原理,该逻辑表达式的约束集合为 $\{(>,=),(=,=),(<,=),(>,<),(>,>)\}$,而约束 $(=,<)$、$(=,>)$、$(<,<)$、$(<,>)$ 对此表达式的测试是不敏感的。

对于 B_1 or $(E_3=E_4)$、$(E_1>E_2)$ or $(E_3=E_4)$ 以及多 and 或多 or 的情况,可作类似的讨论,这里不再重复。

13.2.3 基本路径测试

在实际问题中,一个不太复杂的程序,特别是包含循环的程序,其路径数可能非常大。因此测试常常难以做到覆盖程序中的所有路径,为此,人们希望把测试的程序路径数压缩到一定的范围内。基本路径测试是 Tom McCabe 提出的一种白盒测试技术,这种方法首先根据程序或设计图画出控制流图,并计算其区域数,然后确定一组独立的程序执行路径(称为基本路径),最后为每一条基本路径设计一个测试用例。

一种简单的控制流表示方法称为流图(flow graph)或程序图(program graph)。流图由结点和边组成,分别用圆和箭头表示。设计图中一组连续的处理框(对应于程序中的顺序语句)序列和一个判定框(对应于程序中的条件控制语句)映射成流图中的一个结点,设计图中的箭头(对应于程序中的控制转向)映射成流图中的一条边。对于设计图中多个箭头的交汇点可以映射成流图中的一个结点(空结点)。值得注意的是,上述映射的前提是设计图的判定中不包含复合条件。如果设计图的判定中包含了复合条件,那么必须先将其转换成等价的简单条件设计图,如图 13.3 所示。

这里把流图中由结点和边组成的闭合部分称为一个区域(region),在计算区域数时,图的外部部分也作为一个区域。例如,图 13.3(c)流图的区域数为 3。

独立路径是指程序中至少引进一个新的处理语句序列或一个新条件的任一路径,在流图中,独立路径至少包含一条在定义该路径之前未曾用到过的边。在基本路径测试时,独立路径的数目就是流图的区域数。

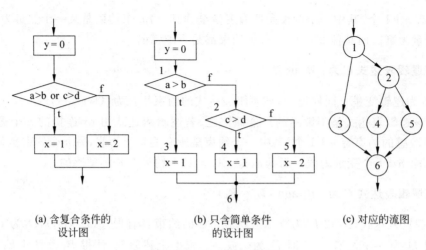

(a) 含复合条件的
设计图　　(b) 只含简单条件
的设计图　　(c) 对应的流图

图 13.3　复合条件的流图

例 13.3　对图 13.4 所示的 PDL 程序进行基本路径测试[2]。

PROCEDURE average;
　* 最多输入 N 个值(以-999 为输入结束标志),计算位于给定范围内的那些值
(称为有效输入值)的平均值,以及输入值的个数和有效值的个数 *
INTERFACE RETURNS average,total. input,total. valid;
INTERFACE ACCEPTS n,value,minimum,maximum;
　TYPE value[1, n] IS SCALAR ARRAY;
　TYPE average,total. input,total. valid,minimum,maximum,sum IS SCALAR;
　TYPE n,i IS INTEGER;
　i=1;
　total. input=total. valid=0;
　sum=0;
　DO WHILE value[i]<>-999 and total. input<n
　　increment total. input by 1;
　　IF value[i]>=minimum AND value[i]<=maximum
　　THEN
　　　increment total. valid by 1;
　　　sum=sum+value[i]
　　ELSE skip
　　ENDIF
　　increment i by 1;
　ENDDO
　IF total. valid>0
　THEN average=sum/total. valid;
　ELSE average=-999;
　ENDIF
END average

图 13.4　例 13.3 程序的 PDL 描述

该程序的流图如图 13.5 所示,其区域数为 6,选取独立路径如下:

路径 1：1—2—10—11—13
路径 2：1—2—10—12—13
路径 3：1—2—3—10—11—13
路径 4：1—2—3—4—5—8—9—2—10—12—13
路径 5：1—2—3—4—5—6—8—9—2—10—12—13
路径 6：1—2—3—4—5—6—7—8—9—2—10—11—13

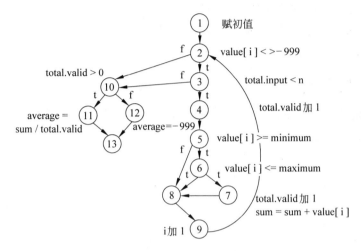

图 13.5　例 13.3 流图

由此很容易为每一条独立路径设计测试用例。假设：n＝5；minimum＝0；maximum＝100。其测试用例如表 13.7 所示。

表 13.7　例 13.3 的测试用例实例

覆 盖 路 径	测 试 数 据	预 期 结 果
路径 1	value＝[90,−999,0,0,0]	average＝90, total. input＝1, total. valid＝1
路径 2	value＝[−999,0,0,0,0]	average＝−999, total. input＝0, total. valid＝0
路径 3	value＝[−1,90,70,−1,80]	average＝80, total. input＝5, total. valid＝3
路径 4	value＝[−1,−2,−3,−4,−999]	average＝−999, total. input＝4, total. valid＝0
路径 5	value＝[120,110,101,−999,0]	average＝−999, total. input＝3, total. valid＝0
路径 6	value＝[95,90,70,65,−999]	average＝80, total. input＝4, total. valid＝4

值得注意的是，某些独立路径（如示例中的路径 1 和路径 3）不能以独立的方式进行测试，此时，这些路径必须在其他的独立路径测试中被覆盖。

13.2.4　数据流测试

在程序测试时，有时会特别关注某个或某些变量的赋值和引用，数据流测试就是根据程序中变量的定义（即赋值）和引用位置来选择测试用例，以发现变量赋值和引用方面的错误。

为了说明数据流测试方法，先介绍几个相关概念的定义。

假设程序中每个语句都赋予唯一的语句号，记为 s，x 为变量名。

① 设 DEF(s)表示 s 中定义的变量集合，USE(s)表示 s 中引用的变量集合，则：

DEF(s)={x | 语句 s 中含有对 x 的定义}

USE(s)={x | 语句 s 中含有对 x 的引用}

当 s 为分支或循环语句时，DEF(s)＝∅。

② 设变量 x 在语句 s 中被定义，如果存在一条从语句 s 到语句 s′的路径，并且在这条路径上不存在对 x 的其他定义，则称变量 x 在 s 处的定义在 s′处仍有效。

③ 定义引用链 DU 用来描述程序中变量 x 的定义和引用之间的关系，记为[x,s,s′]。

其中 s，s′为语句号，x ∈ DEF(s)∩USE(s′)，且 s 处定义的 x 在 s′处仍有效。

一种简单的数据流测试策略就是：设计测试用例使得每个 DU 链至少被覆盖一次。数据流测试适用于嵌套 IF 和多重循环程序的测试。

13.2.5　循环测试

程序中的循环大体可分为如图 13.6 所示的 4 种不同类型：简单循环、嵌套循环、串接循环和非结构循环[2]。

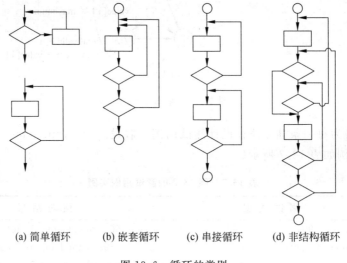

(a) 简单循环　　(b) 嵌套循环　　(c) 串接循环　　(d) 非结构循环

图 13.6　循环的类别

下面分别介绍各类循环的测试用例设计规则。

1. 简单循环

对于简单循环，可以按照下列规则设计测试用例。

- 零次循环：从循环入口到出口。
- 1 次循环：检查循环初始值。
- 2 次循环：检查多次循环。
- m 次循环：检查多次循环。
- 最大次数循环。
- 比最大次数多一次的循环。
- 比最大次数少一次的循环。

2. 嵌套循环

对于嵌套循环,可以按照下列规则设计测试用例。

- 测试最内层循环:所有外层的循环变量置为最小值,最内层按简单循环测试。
- 由里向外测试上一层循环:测试时此层以外的所有外层循环的循环变量取最小值,此层以内的所有嵌套内层循环的循环变量取"典型"值,该层按简单循环测试。
- 重复上一条规则,直到所有各层循环测试完毕。
- 对全部各层循环同时取最小循环次数,或者同时取最大循环次数。

3. 串接循环

如果串接的各个循环互相独立,则可以分别用简单循环的方法进行测试;但如果第一个循环的循环变量与第二个循环控制相关,例如,第一个循环的循环变量用作第二个循环的初值,则两个循环不独立,此时可使用测试嵌套循环的办法来处理。

4. 非结构循环

这一类循环应该先将其结构化,然后再测试。

13.3　黑　盒　测　试

黑盒测试是依据软件的需求规约,检查程序的功能是否符合需求规约的要求。主要的黑盒测试方法有:等价类划分,边界值分析,比较测试,错误猜测和因果图方法。

13.3.1　等价类划分

由于人们不能穷举所有可能的输入数据来进行测试,所以只能选取少量有代表性的输入数据,来揭露尽可能多的软件错误。等价类划分方法就是将所有可能的输入数据划分成若干个等价类,然后在每个等价类中选取一个代表性的数据作为测试数据。

等价类是指输入域的某个子集,该子集中的每个输入数据对揭露软件中的错误都是等效的,测试等价类的某个代表值就等价于对这一类其他值的测试。也就是说,如果该子集中的某个输入数据能检测出某个错误,那么该子集中的其他输入数据也能检测出同样的错误;反之,如果该子集中的某个输入数据不能检测出错误,那么该子集中的其他输入数据也不能检测出错误。

等价类可分为有效等价类和无效等价类。有效等价类是指符合规格说明要求的合理的输入数据集合,主要用来检验程序是否实现了规格说明中规定的功能。无效等价类是指不符合规格说明要求的不合理的或非法的输入数据集合,主要用来检验程序是否做了不符合规格说明的事。

在确定输入数据等价类时,常常还要分析输出数据的等价类,以便根据输出数据等价类导出输入数据等价类。

1. 等价类划分方法设计测试用例的步骤

（1）确定等价类

根据软件规格说明，对每一个输入条件（通常是规格说明中的一句话或一个短语）确定若干个有效等价类和若干个无效等价类。可记录在表13.8所示的表格中。

表13.8 等价类表

输 入 条 件	有效等价类	无效等价类

确定等价类的规则如下：

① 如果输入条件规定了取值范围，则可以确定一个有效等价类（输入值在此范围内）和两个无效等价类（输入值小于最小值和大于最大值）。

例如，规定输入的考试成绩在0～100之间，则有效等价类是"0≤成绩≤100"，无效等价类是"成绩<0"和"成绩>100"。

② 如果输入条件规定了值的个数，则可以确定一个有效等价类（输入值的个数等于规定的个数）和两个无效等价类（输入值的个数小于规定的个数和大于规定的个数）。

例如，规定输入3个数，以构成三角形的3条边，则有效等价类是"输入边数＝3"，无效等价类是"输入边数 < 3"和"输入边数 > 3"。

③ 如果输入条件规定了输入值的集合（即离散值），而且程序对不同的输入值做不同的处理，那么每个允许的值都确定为一个有效等价类，另外还有一个无效等价类（任意一个不允许的值）。

例如，规定输入的考试成绩是A、B、C、D、F，则可确定五个有效等价类："成绩 ＝ A"、"成绩 ＝ B"、"成绩 ＝ C"、"成绩 ＝ D"、"成绩 ＝ F"，和一个无效等价类"成绩≠A或B或C或D或F"。

④ 如果输入条件规定了输入值必须遵循的规则，那么可以确定一个有效等价类（符合此规则）和若干个无效等价类（从各个不同的角度违反此规则）。

例如，规定变量标识符以字母开头，那么有效等价类是"以字母开头"，无效等价类有"以数字开头"、"以标点符号开头"、"以特殊符号开头"……。

⑤ 如果输入条件规定输入数据是整型，那么可以确定3个有效等价类（正整数、零、负整数）和一个无效等价类（非整数）。

⑥ 如果输入条件规定处理的对象是表格，那么可以确定一个有效等价类（表中有一项或多项数据）和一个无效等价类（空表）。

以上只是列举了一些规则，实际情况往往是千变万化的，在遇到具体问题时，可参照上述规则的思想来划分等价类。

确定等价类后，应为每个有效等价类和无效等价类编号。

（2）利用等价类设计测试用例

利用等价类设计测试用例的规则如下：

① 设计一个新的测试用例，使其尽可能多地覆盖尚未被覆盖的有效等价类，重复这一步，直到所有的有效等价类都被覆盖为止。

② 为每个无效等价类设计一个新的测试用例。

人们在测试时，当一个测试用例发现了一个错误时，往往就不再检查这个测试用例所测试的范围内是否还存在其他什么错误。而无效等价类都是测试非正常输入数据的情况，因此，每个无效等价类都很有可能查出程序中的错误。所以要为每个无效等价类分别设计一个新的测试用例。

2. 实例

例 13.4 某编译程序的规格说明中关于标识符的规定如下：

- 标识符是由字母开头，后跟字母或数字的任意组合构成。
- 标识符的字符数为 1～8 个。
- 标识符必须先说明后使用。
- 一个说明语句中至少有一个标识符。
- 保留字不能用作变量标识符。

下面采用等价类划分方法设计测试用例，以验证该编译程序处理标识符时是否符合上述规定。

根据上述确定等价类的规则，可确定如表 13.9 所示的有效等价类和无效等价类。

表 13.9 例 13.4 的等价类表

输 入 条 件	有效等价类	无效等价类
第一个字符	字母(1)	数字(2)　非字母数字字符(3)
后跟的字符	字母(4)　数字(5)	非字母数字字符(6)　保留字(7)
字符数	1～8 个(8)	0 个(9)　＞8 个(10)
标识符的使用	先说明后使用(11)	未说明已使用(12)
标识符个数	≥1 个(13)	0 个(14)

根据表 13.9 可设计如下测试用例，见表 13.10。

表 13.10 例 13.4 的测试用例

输 入 数 据	预 期 结 果	覆盖的等价类
VAR P3t2：REAL； BEGIN P3t2 :=3.1； ... END；	正确标识符	(1),(4),(5),(8),(11),(13)
VAR 3P：REAL；	报错：不正确标识符	(2)
VAR !X：REAL；	报错：不正确标识符	(3)
VAR T#：CHAR；	报错：不正确标识符	(6)

输 入 数 据	预 期 结 果	覆盖的等价类
VAR GOTO：INTEGER；	报错：保留字作标识符	(7)
VAR X，：REAL；	报错：标识符长度为 0	(9)
VAR T12345678：REAL；	报错：标识符字符超长	(10)
VAR PAR：REAL； BEGIN　… 　　PAP ：=3.14 　　… END；	报错：未说明已使用	(12)
VAR：REAL；	报错：标识符个数为 0	(14)

13.3.2　边界值分析

大量的测试实践表明，程序在处理输入或输出范围的边界情况时出错的概率比较大，因此应设计一些测试用例，使程序运行在输入或输出范围的边界附近，这样揭露程序中的错误的可能性就更大。例如，在设计或编码时，常常会将 E1＞E2 写成 E1≥E2 或将 E1≥E2 写成 E1＞E2，此时只有选择使得 E1＝ E2 成立的边界值作为测试用例，才能发现这种错误，而选择使得 E1＞E2 成立的非边界值作为测试用例，就不能发现这种错误。

边界值分析方法通常是等价类划分方法的一种补充，在等价类划分方法中，一个等价类中的任一输入数据都可作为该等价类的代表用作测试用例，而边值分析方法则是专门挑选那些位于输入或输出范围边界附近的数据用作测试用例。

这里边界附近的数据是指正好等于或刚刚大于或刚刚小于边界的值。

由于边界值分析方法所设计的测试用例，更有可能发现程序中的错误，因此经常把边界值分析方法与其他测试用例设计方法结合起来使用。

边界值分析方法选择测试用例的规则如下：

① 如果输入条件规定了值的范围，则选择刚刚达到这个范围的边界的值以及刚刚超出这个范围的边界的值作为测试输入数据。

例如，规定输入的考试成绩在 0～100 之间，则取 0、100、—1、101 作为测试输入数据。

② 如果输入条件规定了值的个数，则分别选择最大个数、最小个数、比最大个数多 1、比最小个数少 1 的数据作为测试输入数据。

例如，规定一个运动员的参赛项目至少 1 项，最多 3 项，那么，可选择参赛项目分别是 1 项、3 项、0 项、4 项的测试输入数据。

③ 对每个输出条件使用第 1 条。

例如，输出的金额值大于等于 0 且小于 10^4，则选择使得输出金额分别为 0、9999、—1、10 000 的输入数据作为测试数据。

④ 对每个输出条件使用第②条。

例如，规定输出的一张发票上，至少有 1 行内容，至多有 5 行内容，则选择使得输出发票分别有 1 行、5 行、0 行、6 行内容的输入数据作为测试数据。

⑤ 如果程序的输入或输出是一个有序集合，例如，顺序文件、表格，则应把注意力集中

在有序集的第一个元素和最后一个元素上。

⑥ 如果程序中定义的内部数据结构有预定义的边界,例如,数组的上界和下界、栈的大小,则应选择使得正好达到该数据结构边界以及刚好超出该数据结构边界的输入数据作为测试数据。

例如,程序中数组 A 的下界是 10,上界是 20,则可选择使得 A 的下标为 10、20、9、21 的输入数据作为测试数据。

⑦ 发挥自己的智慧,找出其他可能的边界条件。

13.3.3　比较测试

在现实中,有些软件有很高的可靠性要求,特别是那些可能危及人的生命安全的软件系统,如航空航天控制软件、核电厂控制软件等,其软件可靠性绝对重要。此时,需要冗余的硬件和软件来减少错误发生的可能性。通常,可由两支软件开发队伍,根据相同的需求规格说明分别开发两个软件版本,然后,用相同的测试用例对两个版本的软件分别进行测试,比较两个版本软件的测试结果,如果测试结果相同,则可认为两个版本的软件都是正确的,如果测试结果不同,则要分析各个版本,以发现错误的所在。这种测试称为比较测试或称为背靠背测试(back-to-back testing)。大多数情况下,可用自动化工具来进行比较测试。

值得注意的是,比较测试并不能保证软件没有错误,如果规格说明本身有错,那么所有的版本都可能反映这种错误。另外,如果各个版本产生相同的但都不正确的结果,那么比较测试也无法发现这种错误。

13.3.4　错误猜测

错误猜测是一种凭直觉和经验推测某些可能存在的错误,从而针对这些可能存在的错误设计测试用例的方法。这种方法没有机械的执行步骤,主要依靠直觉和经验。

错误猜测法的基本思想是:列举出程序中所有可能的错误和容易发生错误的特殊情况,然后根据这些猜测设计测试用例。

例如,测试一个排序子程序,可以考虑如下情况:
* 输入表为空。
* 输入表只有一个元素。
* 输入表的所有元素都相同。
* 输入表已排好序。

又如,测试二分法检索子程序,可以考虑如下情况:
* 表中只有 1 个元素。
* 表长为 2^n。
* 表长为 2^n-1。
* 表长为 2^n+1。

13.3.5　因果图

在等价类划分方法和边界值方法中主要考虑各种输入条件,但未考虑输入条件的各种组合,然而,当输入条件比较多时,输入条件组合的数目会相当大。因果图方法就是一种帮助人们系统地选择一组高效测试用例的方法,既考虑了输入条件的组合关系,又考虑了输出条件对输入条件的依赖关系,即因果关系,其测试用例发现错误的效率比较高。

1. 用因果图方法设计测试用例的步骤

(1) 分割功能说明书

分析规格说明中的功能说明,将输入条件分成若干组,然后分别对每个组使用因果图,这样可减少输入条件组合的数目。如测试编译程序时,可将语言中的每个语句作为一个组。

(2) 识别"原因"和"结果",并加以编号

"原因"是指输入条件或输入条件的等价类;"结果"是指输出条件或系统变换,如更新主文件就是一种系统变换。

每个原因和结果都对应于因果图中的一个结点,当原因或结果成立(或出现)时,相应的结点的值记为1,否则记为0。

(3) 根据功能说明中规定的原因和结果之间的关系画出因果图

因果图的基本符号如图13.7所示。

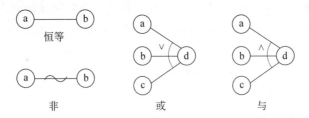

图13.7　因果图的基本符号

图中左边的结点表示原因,右边的结点表示结果。原因和结果之间的关系有恒等、非、或和与,其含义如下。

恒等:若 a=1,则 b=1;若 a=0,则 b=0。

非:若 a=1,则 b=0;若 a=0,则 b=1。

或:若 a=1 或 b=1 或 c=1,则 d=1;若 a=b=c=0,则 d=0。

与:若 a=b=c=1,则 d=1;若 a=0 或 b=0 或 c=0,则 d=0。

在画因果图时,原因在左,结果在右,由上向下排列,并根据功能说明中规定的原因和结果之间的关系,用上述符号连接起来,必要时,可在因果图中加入一些中间结点。

(4) 根据功能说明在因果图中加上约束

因果图中表示约束条件的符号如图13.8所示。

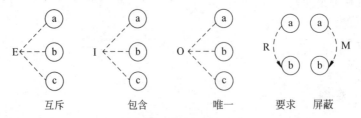

图13.8　因果图的约束符号

互斥、包含、唯一、要求是对原因的约束条件,屏蔽是对结果的约束条件,其含义如下。

互斥:表示 a、b、c 中至多只有一个为 1,即不同时为 1。

包含:表示 a、b、c 中至少有一个为 1,即不同时为 0。

唯一:表示 a、b、c 中有且仅有一个为 1。

要求:表示若 a=1,则要求 b 必须为 1,即不可出现 a=1 且 b=0 的情况。

屏蔽:表示若 a=1,则 b 必须为 0,即不可出现 a=1 且 b=1 的情况。

(5)根据因果图画出判定表

列出满足约束条件的所有原因组合,写出各种原因组合下的结果,必要时可在判定表中加上中间结点,如表 13.11 所示。

表 13.11　因果图使用的判定表

原　　因	允许的原因组合
中间结点	各种原因组合下中间结点的值
结果	各种原因组合下的结果值

(6)根据判定表设计测试用例

为上面的判定表的每一列设计一个测试用例。

2. 实例[4]

例 13.5　有一个处理单价为 5 角钱的饮料自动售货机软件,其规格说明如下:

饮料自动售货机允许投入 5 角或 1 元的硬币,用户可通过"橙汁"和"啤酒"按钮选择饮料,售货机还装有一个表示"零钱找完"的指示灯,当售货机中有零钱找时指示灯暗,当售货机中无零钱找时指示灯亮。当用户投入 5 角硬币并押下"橙汁"或"啤酒"按钮后,售货机送出相应的饮料。当用户投入 1 元硬币并押下"橙汁"或"啤酒"按钮后,如果售货机有零钱找,则送出相应的饮料,并退还 5 角硬币;如果售货机没有零钱找,则饮料不送出,并且退还 1 元硬币。

下面给出使用因果图的解答过程。

(1)分析规格说明,列出原因和结果

根据规格说明,反映原因的输入条件有:投入 1 元硬币,投入 5 角硬币,押下"橙汁"按钮,押下"啤酒"按钮。反映结果的输出条件有:退还 1 元硬币,退还 5 角硬币,送出"橙汁"饮料,送出"啤酒"饮料。由于"售货机有零钱找"是在投入 1 元硬币时判断是否能找零钱的依据,所以也可把它看作是一个输入条件,即原因。与之对应的结果是售货机指示灯亮(或暗)。因此,本例的原因和结果如下:

原因	结果
① 售货机有零钱找	㉑ 售货机"零钱找完"灯亮
② 投入 1 元硬币	㉒ 退还 1 元硬币
③ 投入 5 角硬币	㉓ 退还 5 角硬币
④ 押下"橙汁"按钮	㉔ 送出"橙汁"饮料
⑤ 押下"啤酒"按钮	㉕ 送出"啤酒"饮料

(2)所有原因结点列在左边,结果结点列在右边,画出因果图

饮料自动售货机因果图如图 13.9 所示。

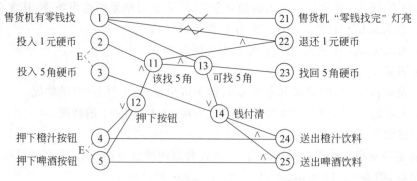

图 13.9　饮料自动售货机因果图

其中中间结点的含义如下：

结点⑪表示投入 1 元硬币且押下饮料按钮。

结点⑫表示押下"橙汁"或"啤酒"按钮。

结点⑬表示应找 5 角硬币且售货机有零钱找。

结点⑭表示钱已付清。

（3）在因果图中加上约束条件

由于原因②和③不能同时发生，原因④和⑤也不能同时发生，所以需加约束条件 E，如图 13.9 所示。

（4）根据因果图画出判定表

根据因果图画出判定表，如表 13.12 所示。

表 13.12　饮料自动售货机判定表

条件	①	1	1	1	1	1	1	1	1	1	1	1	1	1	1	1	1	0	0	0	0	0	0	0	0	0	0	0	0	0	0	0	0
	②	1	1	1	1	1	1	1	1	0	0	0	0	0	0	0	0	1	1	1	1	1	1	1	1	0	0	0	0	0	0	0	0
	③	1	1	1	1	0	0	0	0	1	1	1	1	0	0	0	0	1	1	1	1	0	0	0	0	1	1	1	1	0	0	0	0
	④	1	1	0	0	1	1	0	0	1	1	0	0	1	1	0	0	1	1	0	0	1	1	0	0	1	1	0	0	1	1	0	0
	⑤	1	0	1	0	1	0	1	0	1	0	1	0	1	0	1	0	1	0	1	0	1	0	1	0	1	0	1	0	1	0	1	0
中间结果	⑪				1	1	0			0	0	0						1	1	0			0	0	0			0	0	0			
	⑫				1	1	0			1	1	0						1	1	0			1	1	0			1	1	0			
	⑬				1	1	0			0	0	0						0	0	0			0	0	0			0	0	0			
	⑭				1	1	0			1	1	1						0	0	0			1	1	1			0	0	0			
结果	㉑				0	0	0			0	0	0						1	1	1			1	1	1			1	1				
	㉒				0	0	0			0	0	0						1	1	0			0	0	0			0	0				
	㉓				1	1	0			0	0	0						0	0	0			0	0	0			0	0				
	㉔				1	1	0			0	0	0						0	0	0			1	0	0			0	0				
	㉕				0	1	0			0	1	0						0	0	0			0	1	0			0	0				

其中阴影部分表示不可能出现的原因条件组合,此外当原因②、③、④、⑤均为 0 时,表示既没有投硬币也没有押按钮,此时表示售货机处于无人使用状态,因此也不必为它们设计测试用例。

(5) 为判定表的每个有意义的列设计一个测试用例

(略)。

13.4 测试策略

软件测试策略把软件测试用例的设计方法集成到一系列经周密计划的步骤中去,从而使软件的测试得以成功地完成。早期的测试主要关注单个模块或构件,以揭露模块或构件中数据和处理逻辑的错误。之后经测试的模块或构件需集成为完整的系统,并对其进行集成测试。最后,再执行一系列高端测试(high-order testing),以揭露与需求不符的错误。

13.4.1 V 模型

回顾软件的开发过程,最初,通过系统工程确定待开发软件的总体要求和范围,以及与之相关的硬件、支持软件的要求。然后,经需求分析,确定待开发软件的功能、性能、数据、界面等要求,再经设计和编码得到待开发软件的程序代码。所得到的程序代码必须经过严格的测试才能交付使用。一种测试策略就是将测试分为单元测试、集成测试、确认测试和系统测试。单元测试是针对程序中的模块或构件,主要揭露编码阶段产生的错误。经单元测试的模块或构件需集成为软件系统,集成测试针对集成的软件系统,主要揭露设计阶段产生的错误。而确认测试是根据软件需求规约对集成的软件进行确认,主要揭露不符合需求规约的错误。对于纯软件的系统,经确认测试后的软件就可交付使用。对于基于计算机系统中的软件,还需将它集成到基于计算机的系统中,并进行系统测试,以揭露不符合系统工程中对软件要求的错误。

软件开发各阶段与测试策略之间的对应关系如图 13.10 所示,称为 V 模型。

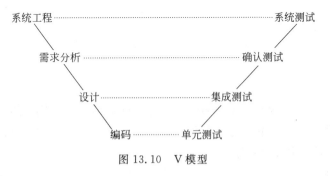

图 13.10　V 模型

Tom Gilb 指出,实现一个成功的软件测试策略必须涉及如下问题[2]:

① 在着手开始测试之前的较长时间,就要以量化的形式确定产品的需求。软件的需求中常常包含某些质量需求,如可移植性、可维护性、可用性等,应该用一种可测量的方式来刻画这些质量需求,以保证测试结果无二义性。

② 显式地陈述测试目标。测试的特定目标应当用可以测量的术语来描述。如应在测

试计划中明确陈述测试有效性、测试覆盖率、平均失效时间、发现和改正缺陷的成本、测试计划中允许的剩余缺陷密度或出现频率以及每次回归测试的工作时间等。

③ 了解软件的用户并为每一类用户建立剖面(profile)图。剖面图描述每类用户交互场景的用况,可通过侧重对产品实际使用的测试来减少总测试工作量。

④ 建立一个强调"快速循环(rapid cycle)测试"的测试计划。Gilb 建议软件工程团队"学会对客户有用的功能添加和/或质量改进以快速循环(项目工作量的 2%)方式进行测试"。测试的反馈可用来控制质量的级别和相应的测试策略。

⑤ 构造"健壮"的软件,该软件被设计成可测试自身。应该使用防错技术的方式来设计软件,也就是说,软件应有诊断某些类型错误的能力。

⑥ 使用有效的正式技术评审作为测试之前的过滤器。正式技术评审在揭露错误方面与测试同样有效,可减少测试工作量。

⑦ 使用正式技术评审来评估测试策略和测试用例本身。正式技术评审可以发现测试途径中的不一致的、遗漏的错误。

⑧ 为测试过程建立一种持续的改进方法。测试策略应是可以测量的。测试过程中收集的度量数据应被用作软件测试的统计过程控制方法的一部分。

13.4.2　单元测试

单元测试又称模块测试,着重对软件设计的最小单元——软件构件或模块进行测试。单元测试根据设计描述,对重要的控制路径进行测试,以发现构件或模块内部的错误。单元测试通常采用白盒测试,并且多个构件或模块可以并行进行测试。为了叙述的方便,本章中所说的模块是指构件或模块。

1. 单元测试的内容

单元测试的内容主要包括:接口、局部数据结构、边界条件、独立路径和错误处理路径[2]。

(1)接口

测试模块的接口主要是确保模块的输入输出参数信息是正确的。这些信息包括参数的个数、次序、类型等。

(2)局部数据结构

测试模块的局部数据结构主要是确保临时存储的数据在算法执行的整个过程中都能维持其完整性。典型错误有:不合适的类型说明、不同数据类型的比较或赋值、文件打开和关闭的遗漏、超越数据结构的边界等。

(3)边界条件

测试边界条件主要是确保程序单元在极限或严格的情况下仍能正确地执行。

(4)独立路径

测试过程中遍历所有的独立路径就能确保模块中的所有语句都至少执行一次。程序执行的路径实际上体现了计算的过程,计算中常见的错误有:不正确的操作优先级、不同类型数据间的操作、不正确的初始化、不精确的精度、不正确的循环终止、不适当地修改循环变量、发散的迭代等。

（5）错误处理路径

好的软件设计应该能预料可能发生的错误条件，并在错误真的发生时，能通过错误处理路径进行重定向处理或终止处理。单元测试应该对所有的错误处理路径进行测试。错误处理部分潜在的错误有：报错信息没有提供足够的信息来帮助确定错误的性质及其发生的位置、报错信息与真正的错误不一致、错误条件在错误处理之前就已引起系统异常、异常条件处理不正确等。

2. 单元测试规程

单元测试通常与编码工作结合起来进行。通常，模块本身不是一个独立的程序，因此在测试模块时必须为每个被测模块开发一个驱动（driver）程序和若干个桩（stub）模块。

驱动程序接收测试输入数据，调用被测模块，把测试输入数据传送给被测模块，在被测模块执行后，驱动程序接收被测模块的返回数据，并打印相关的结果。

桩模块的功能是替代被测模块调用的模块，接受被测模块的调用，验证入口信息，把控制和模拟结果（可使用测试用例中的预期结果）返回给被测模块。

单元测试的环境如图 13.11 所示。

驱动程序的程序结构如下：

数据说明；
初始化；
输入测试数据；
调用被测模块；
输出测试结果；
停止。

桩模块的程序结构如下：

数据说明；
初始化；
输出提示信息（表示进入了哪个桩模块）；
验证调用参数；
打印验证结果；
将模拟结果送回被测程序；
返回。

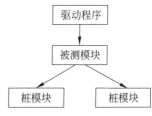

图 13.11 单元测试环境

13.4.3 集成测试

集成测试又称组装测试，经单元测试后的模块需集成为软件系统，集成测试是对集成后的软件系统进行测试，主要用来揭露设计阶段产生的错误。

通常，经单元测试后，每个模块都能独立地工作，但是将这些模块放在一起时，往往就不能正常地工作。其主要原因有：数据可能在通过接口时丢失；一个模块可能对另一个模块产生非故意的、有害的影响（即副作用）；当子功能连接到一起时可能不能达到期望的主功能；在单个模块中可以接受的不精确性，在连起来后可能扩大到无法接受的程度；全局数据结构可能也存在问题等[2]。

集成测试的方式有两种,非增量集成测试和增量集成测试,增量集成测试又可分为自顶向下集成测试和自底向上集成测试。

1. 非增量集成测试和增量集成测试

非增量集成测试使用"一步到位"的方法来构造程序,即先将经单元测试的所有模块组合在一起,然后将整个程序作为一个整体进行测试。运行这种方式构造的程序,通常,同时会遇到许许多多的错误,并且很难确定错误的位置,错误的修复也十分困难,常常在改正一个错误的同时又引入新的错误,新旧错误混杂在一起就更难定位了。

增量集成测试是根据程序结构图,按某种次序挑选一个(或一组)尚未测试过的模块,把它集成到已测试过的模块中一起进行测试,每次增加一个(或一组)模块,直至所有模块全部集成到程序中。在增量集成测试过程中发现的错误往往与新加入的模块有关,因此便于错误的定位和修复。

2. 自顶向下集成测试

(1) 模块集成顺序

自顶向下集成测试从主控模块(主程序)开始,然后按照程序结构图的控制层次,将直接或间接从属于主控模块的模块按深度优先或广度优先的方式逐个集成到整个结构中,并对其进行测试。

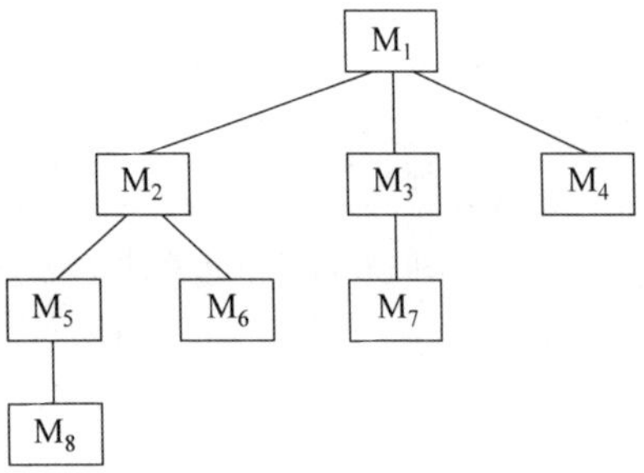

例如,图 13.12 的程序结构,其深度优先的模块集成顺序是:M_1、M_2、M_5、M_8、M_6、M_3、M_7、M_4;其广度优先的模块集成顺序是:M_1、M_2、M_3、M_4、M_5、M_6、M_7、M_8。

使用自顶向下集成方式测试一个模块时,由于它的上层模块都已经过集成测试,所以可用作它的驱动程序,即自顶向下集成测试时不需要驱动程序。

图 13.12 自顶向下集成

(2) 自顶向下集成测试步骤

自顶向下集成测试的步骤如下:

① 主控模块(主程序)被直接用作驱动程序,所有直接从属于主控模块的模块用桩模块替换,然后对主控模块进行测试。

② 根据集成的实现方式(深度优先或广度优先),下层的桩模块一次一个地替换成真正的模块,从属于该模块的模块用桩模块替换,然后对其进行测试。

③ 用回归测试来保证没有引入新的错误。

④ 重复第②步和第③步,直至所有模块都被集成。

(3) 自顶向下集成的优缺点

一个程序的主要控制和决策点通常集中在层次结构的高层模块中,因此,自顶向下的集成测试能在测试的早期对程序的主要控制和决策进行验证,能较早发现整体性的错误。由程序结构图中一棵子树组成的模块往往实现了某个完整的程序功能,因此深度优先的自顶向下集成能较早对某些完整的程序功能进行验证。

然而,自顶向下集成测试时,其低层模块用桩模块替代,不能反映真实的情况,重要的数据不能及时回送到上层模块。

3. 自底向上集成测试

(1) 模块集成顺序

自底向上集成测试从程序结构的最底层模块(即原子模块)开始,然后按照程序结构图的控制层次将上层模块集成到整个结构中,并对其进行测试。

使用自底向上集成方式测试一个模块时,由于它的下层模块都已经过集成测试,所以可用作它的桩模块,即自底向上集成测试时不需要桩模块。

(2) 自底向上集成测试步骤

自底向上集成测试的步骤如下:

① 将低层模块组合成能实现软件特定功能的簇。

② 为每个簇编写驱动程序,并对簇进行测试。

③ 移走驱动程序,用簇的直接上层模块替换驱动程序,然后沿着程序结构的层次向上组合新的簇。

④ 凡对新的簇测试后,都要进行回归测试,以保证没有引入新的错误。

⑤ 重复第②步至第④步,直至所有的模块都被集成。

例如,对图13.13所示的程序结构图,先确定3个簇(簇1、簇2、簇3)。测试完这3个簇后,可用簇1和簇2的直接上层模块替换 D_1 和 D_2,并与簇1、簇2组成新簇(簇4),用簇3的直接上层模块替换 D_3,并与簇3组成新的簇(簇5), M_a 和 M_b 用驱动程序替换,然后对簇4和簇5进行集成测试。依次类推,直至所有模块都被集成。

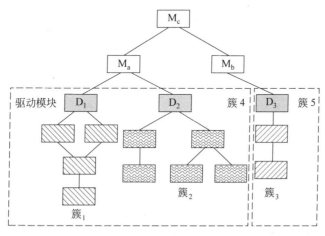

图 13.13　自底向上集成

(3) 自底向上集成的优缺点

由于自底向上集成测试不需要桩模块,因此比较容易组织测试。同时,由于将整个程序结构分解成若干个簇,对同一层次的簇可并行进行测试,从而提高了测试的效率。

然而,自底向上集成过程中,每个簇都只是整个程序的一部分,因此整体性的错误发现得比较晚。

4. 策略的选择

自顶向下集成测试与自底向上集成测试各有优缺点,其中一种策略的优点差不多就是另一种策略的缺点。将这两种策略组合起来可能是一种最好的折衷,这种折衷的策略是:在程序结构的高层使用自顶向下策略,而在低层则使用自底向上策略,这种测试策略也称为三明治测试(sandwich testing)。

此外,集成测试时应特别关注关键模块(critical module)的测试。关键模块是指具有下列一个或多个特征的模块:

- 与多个软件需求有关。
- 含有高层控制(位于程序结构的高层)。
- 本身是复杂的或是容易出错的。
- 含有确定的性能需求。

关键模块应尽早测试,回归测试时也应集中在关键模块的功能上。

5. 回归测试

在集成测试过程中,每当增加一个(或一组)新模块时,原先已集成的软件就发生了改变。新的数据流路径被建立,新的 I/O 操作可能出现,还可能激活新的控制逻辑,这些改变可能使原本正常的功能产生错误。从更广泛的范围来看,当测试时发现错误后,需修改程序;或者在软件维护时也需修改程序。这些对程序的修改也可能使原本正常的功能产生错误。回归测试就是对已经进行过测试的测试用例子集的重新测试,以确保对程序的改变和修改,没有传播非故意的副作用。

13.4.4 确认测试

经集成测试后的软件需经过确认测试方能交付使用。确认测试通常采用黑盒测试方法。

1. 确认测试的标准

确认测试以软件需求规约为依据,以发现软件与需求不一致的错误。主要检查软件是否实现了规约规定的全部功能要求,文档资料是否完整、正确、合理,其他的需求,如可移植性、可维护性、兼容性、错误恢复能力等是否满足。

确认测试的结果可分为以下两类:

① 满足需求规约要求的功能和性能特性,用户可以接受。

② 发现与需求规约有偏差,此时需列出问题清单。

2. 软件配置评审

软件配置评审也称软件审核(audit),是确认过程的一项重要活动。软件配置评审的目的是保证软件配置的所有成分都齐全,各方面的质量都符合要求,具有维护阶段必需的细节,而且已经编排好分类目录。

软件配置主要包括计算机程序(源代码和可执行程序),针对开发者和用户的各类文档,包含在程序内部或程序外部的数据。

3. α 测试和 β 测试

依据软件需求规约的测试通常是由独立的测试组来完成的。然而,软件最终是交给用户使用的,是由最终用户进行操作运行的。用户可能会对某些操作命令产生误解,会输入一些不合规定的数据组合,对测试者来说认为是清晰的输出,对用户来说可能会无法理解。因此,要得到用户满意的软件还应经过用户的确认。

如果软件是为一个客户开发的,那么,最后由客户进行验收测试(acceptance test),以使客户确认该软件是他所需要的。

如果软件是给许多客户使用的(如市场上销售的各种软件),那么让每个客户做验收测试是不现实的。大多数软件厂商都使用一种称为 α 测试和 β 测试的过程,来发现那些似乎只有最终用户才能发现的错误。

α 测试是由一个用户在开发者的场所进行的,软件在开发者对用户的"指导下"进行测试。经 α 测试后的软件称为 β 版软件。

β 测试是由软件的最终用户在一个或多个用户场所进行的,与 α 测试不同,开发者通常不在测试现场,因此,β 测试是软件在一个开发者不能控制的环境中的"活的"应用,用户记录所有在 β 测试中遇到的(真正的或想象的)问题,并定期把这些问题报告给开发者,在接到 β 测试的问题报告后,开发者对软件进行最后的修改,然后着手准备向所有的用户发布最终的软件产品。

13.4.5 系统测试

如果一个软件仅依赖于运行它的一台计算机的话,这个软件经确认测试后就可交付使用了。但是,很多情况下,软件只是一个大的计算机系统的一个组成部分,受到组成计算机系统的其他元素的制约。此时,应将软件与计算机系统的其他元素集成起来,检验它是否符合系统工程中对软件的要求,能否与计算机系统的其他元素协调地工作。

系统测试就是对整个基于计算机的系统进行的一系列测试。系统测试的种类很多,每种测试都有不同的目的,从不同的角度测试计算机系统是否被正常地集成,并完成相应的功能。下面简单介绍几种常用的系统测试。

1. 恢复测试

任何一个计算机系统在运行过程中都可能因为某种原因(如软件的、硬件的)出现故障,有些系统必须在规定的时间范围内排除故障并恢复运行,否则将会造成严重的经济损失。因此许多基于计算机的系统要求在出现错误后,必须在一定的时间内从错误中恢复过来,然后继续运行。有时,要求系统必须具有容错能力,即运行过程中的错误必须不能使整个系统的功能都终止。

恢复测试是通过各种手段,强制软件发生故障,然后来验证系统能否在指定的时间间隔内恢复正常,包括修正错误并重新启动系统。如果恢复是由系统自身来完成的,那么,需验证重新初始化、检查点机制、数据恢复和重启动等的正确性。如果恢复需要人工干预,那么要估算平均修复时间 MTTR(mean time to repair)是否在用户可以接受的范围内。

2. 安全保密性测试

安全保密性测试(security testing)用来验证集成在系统中的保护机制能否实际保护系统不受非法侵入。Beizer 指出:"系统的安全当然必须能够经受住正面的攻击,但是它也必须能经受住侧面的和背后的攻击。"

在安全测试过程中,测试者扮演一个试图攻击系统的角色,采用各种方式攻击系统。例如,截取或破译密码;借助特殊软件攻击系统;"制服"系统,使他人无法访问;故意导致系统失效,企图在系统恢复之机侵入系统;通过浏览非保密数据,从中找出进入系统的钥匙等。

一般来说,只要有足够的时间和资源,好的安全测试一定能最终侵入系统。系统设计者的任务是把系统设计成:攻破系统所付出的代价大于攻破系统后得到信息的价值。

3. 压力测试

压力测试(stress testing)又称强度测试,是在一种需要非正常数量、频率或容量的方式下执行系统,其目的是检查系统对非正常情况的承受程度。例如:

① 当系统的中断频率是每秒 1 个或 2 个时,执行每秒 10 个中断的测试用例。
② 将输入数据的数量提高一个数量级来测试输入功能如何响应。
③ 执行需要最大内存或其他资源的测试用例。
④ 执行可能导致大量磁盘驻留数据的测试用例。

4. 性能测试

性能测试(performance testing)用来测试软件在集成的系统中的运行性能。性能测试对实时系统和嵌入式系统尤为重要。性能测试可以发生在测试过程的所有步骤中,在单元测试时,主要测试一个独立模块的性能,如算法的执行速度。但是,软件整体的性能只有在软件集成后才能进行,而整个计算机系统的性能是在计算机系统集成后才进行。性能测试常常需要与压力测试结合起来进行,而且常常需要一些硬件和软件测试设备,以监测系统的运行情况。

13.5　面向对象测试

对面向对象软件而言,虽然其测试的目标仍是用最少的时间和工作量来发现尽可能多的错误,但面向对象软件的性质改变了测试的策略和测试战术。面向对象软件的测试也给软件工程师带来新的挑战。

13.5.1　面向对象语境对测试的影响

继承、封装、多态性、基于消息的通信等概念都是面向对象软件的重要特征,对面向对象测试有很大的影响。

1. 单元

传统软件对"单元"有多种定义,其中适用于面向对象测试的两种定义如下[34]:

- 单元是可以编译和执行的最小软件部件。
- 单元是决不会指派给多个设计人员开发的软件部件。

在传统的软件中,通常单个模块或子程序(相当于面向对象中的一个方法)作为一个单元。在面向对象软件中,类是由属性(数据)以及操纵这些属性的操作组成的封装体,是面向对象软件中的单元。

2. 封装

封装是一种信息隐蔽技术,用户只能看见对象封装界面上的信息,对象的内部实现对用户是隐蔽的。由于属性和操作被封装在类中,因此测试时很难获得对象的某些具体信息(除非提供内置操作来报告这些信息),从而给测试带来困难。

3. 继承

在面向对象软件中,子类可以继承父类的属性和操作,也可以对继承的操作进行重定义。这并不表示测试了父类的操作后,子类就不必对继承的操作进行测试。这是因为每个子类都有自己定义的私有属性和操作,它的语境(context)与父类不同,因此对子类继承的操作也需重新进行测试。

4. 多态性

多态性的本质是相同的操作应用于不同的对象,而不同的对象对这一操作有不同的实现方法。因此,在测试时,应覆盖反映多态的所有实现方法。

5. 基于消息的通信

面向对象软件是通过消息通信来实现类之间的协作,它们没有明显的层次控制结构,因此,传统的自顶向下和自底向上集成策略不适用于面向对象软件测试。

13.5.2　面向对象测试策略

传统的测试策略从单元测试开始,经过集成测试,最后是确认测试和系统测试。此外,还要通过回归测试来发现由于加入新单元或纠正错误而导致的副作用所带来的错误。

由于面向对象软件把类看作为单元,所以以传统意义上的单元测试等价于面向对象中的类测试(class testing),也称类内测试。类测试包括类内的方法测试和类的行为测试。

面向对象中的类间测试(interclass testing)相当于面向对象的集成测试,有两种集成策略:基于线程的测试(thread-based testing)和基于使用的测试(use-based testing)。基于线程的测试集成一组互相协作的类来响应系统的一个输入或事件。每个线程逐一被集成和测试,并通过回归测试保证其没有产生副作用。基于使用的测试按使用层次来集成系统。人们把那些几乎不使用其他类提供的服务的类称为独立类,把使用其他类的类称为依赖类。集成从测试独立类开始,然后集成直接依赖于独立类的那些类,并对其测试。按照依赖的层次关系,逐层集成并测试,直至所有的类被集成。

面向对象的确认测试和系统测试策略与传统的确认测试和系统测试策略相同,在面向对象确认测试时,应该利用用况模型,通过用况提供的场景来发现与用户需求不一致的错误。

13.5.3 面向对象测试用例设计

1. 传统测试用例设计方法的可用性

传统的测试用例设计方法及其思想在面向对象测试中仍是可用的。前面描述的白盒测试方法可用于类内操作(方法)的测试。黑盒测试中的边界值测试、等价类划分测试、错误猜测测试等也可应用于面向对象测试。

2. 类测试

测试一个类,首先应对类中的每个操作(方法)进行测试,一个操作相当于传统软件中的一个函数或一个子程序,对操作的测试通常采用白盒测试方法,如逻辑覆盖、基本路径覆盖、数据流测试、循环测试等。

除了测试类中的每个操作外,还应对类的行为进行测试。类的行为通常可用状态机图来描述,在利用状态机图进行类测试时,可考虑覆盖所有状态、所有状态迁移等覆盖标准,也可考虑从初始状态到终止状态的所有迁移路径的覆盖。

一种可减少测试类所需测试用例数目的方法称为划分测试(partition testing),这种方法与等价类划分方法相似,它将输入和输出分类,并设计测试用例来处理每个类别。划分的方式有多种,基于状态的划分是根据类操作改变类状态的能力对类操作分类。基于属性的划分是根据使用的属性对类操作分类,如使用属性 a 的操作、修改属性 a 的操作、既不使用又不修改属性 a 的操作。基于类别的划分是根据操作的种类对类操作分类,如初始化操作、计算操作、查询操作、终止操作。

3. 类间测试

类间测试主要测试类之间的交互和协作。在 UML 中通常用顺序图和通信图来描述对象之间的交互和协作。可以根据顺序图或通信图,设计作为测试用例的消息序列,来检查对象之间的协作是否正常。

4. 基于场景的测试

场景是用况的实例,反映了用户对系统功能的一种使用过程,基于场景的测试主要用于确认测试,在类间测试时也可根据描述对象间的交互场景来设计测试用例。

13.6 测试完成标准

软件测试只能发现软件中的错误和缺陷,但无法证明错误和缺陷不存在,即不能证明找出了所有的错误和缺陷。因此,在测试过程中,无法判定当前查出的错误是否是最后一个错误。所以决定什么时候可以停止程序测试是一个最困难的问题,但是测试最后总是要停止的。

关于测试完成标准问题,Musa 和 Ackerman 提出了一个基于统计标准的答复:"不,我们不能绝对地认定软件永远也不会再出错,但是相对于一个理论上合理的和在试验中有效的统计模型来说,如果一个在按照概率的方法定义的环境中,1000 个 CPU 小时内不出错运行的概率大于 0.995 的话,那么我们就有 95％的信心说,我们已经进行了足够的测试。"[2]

一种简单而实用的测试完成标准是观察测试过程中单位时间内发现错误数目的曲线。经验表明,当单位时间内发现错误的数目仍在不断上升时,不应停止测试,如图 13.14(a)所示;当单位时间内发现错误的数目曲线呈图 13.14(b)的情况时,可以停止测试。

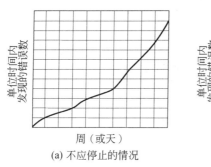 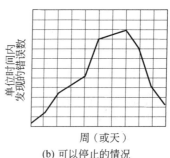

(a) 不应停止的情况   (b) 可以停止的情况

图 13.14 单位时间内发现错误数目的曲线

13.7 调 试

测试的目的是发现错误,当测试发现错误后需要进行调试,调试(debugging)的目的是确定错误的原因和准确位置,并加以纠正。

13.7.1 调试过程

在执行测试用例时,如实际的执行结果与预期结果不一致,则意味着程序中存在错误。调试过程首先是寻找错误的原因和位置,其结果有以下两种:

① 找到错误的原因和位置,则将其改正,并进行回归测试,以确保这一改正未影响其他正常的功能。

② 未找到错误的原因和位置,此时应假设错误的原因,并设计测试用例来验证此假设,重复这一过程直至找到错误的原因,并加以改正。

调试过程如图 13.15 所示[2]。

13.7.2 调试方法

主要的调试方法有 3 种:蛮力法(brute force)、回溯法(backtracking)和原因排除法(cause elimination)。

1. 蛮力法

蛮力法是一种最省脑筋但又最低效的方法。它通过在程序中设置断点,输出寄存器、存储器的内容,打印有关变量的值等手段,获取大量现场信息,从中找出错误的原因。这种方

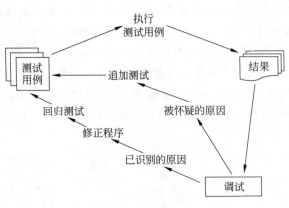

图 13.15　调试过程

法效率低,输出的信息大多是无用的,通常在其他调试方法未能找到错误原因时,才使用这种方法。可以采用二分法来逐步缩小出错的范围。

2. 回溯法

回溯法是从错误的征兆出发,人工沿着控制流程往回跟踪,直至发现错误的根源。这种方法适用于小型程序,对大型程序来说,由于回溯的路径太多,难以彻底回溯。

3. 原因排除法

原因排除法又可分为归纳法和演绎法。

归纳法是一种从特殊推断一般的系统化思考方法。归纳法调试的基本思想是:从一些线索(错误征兆)着手,通过分析它们之间的关系来找出错误的原因。归纳法调试过程如图 13.16 所示。

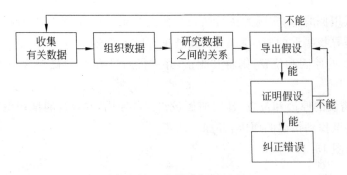

图 13.16　归纳法调试过程

演绎法从一般原理或前提出发,假设所有可能出错的原因,排除不可能正确的假设,最后推导出结论。演绎法调试的过程如图 13.17 所示。

13.7.3　纠正错误

找到错误后必须将其纠正。但是,必须清醒地知道,修改一个错误常常会引入新的错误。因此,在为纠正某个错误而修改程序之前应该回答以下 3 个问题。

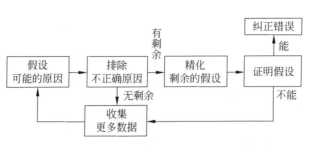

图 13.17　演绎法调试过程

① 在程序的其他地方是否也存在同类的错误?

程序中的某些错误是与设计者或编程者的思维模式有关的,例如,一个程序员缺少对边界条件的考虑,那么当找到一处因边界条件而造成的错误时,就应该仔细寻找程序中其他可能存在边界条件错误的情况。

② 本次修改可能会引发什么新的错误?

通常在修改前,应分析修改的波及效应,即根据程序逻辑分析修改可能会对哪些程序段、模块或功能有影响,这种影响是否会引发新的错误。在回归测试时要重点对修改波及的范围进行测试。

③ 为了防止这个错误,我们应该做什么?

回答这个问题,主要是为了避免今后再出现类似的错误。

13.8　小　　结

软件测试是保证软件质量的重要手段,也是软件人员必须掌握的重要技术。本章在介绍软件测试的目的、基本原则以及白盒测试和黑盒测试概念的基础上,详细介绍各种白盒测试方法(包括逻辑覆盖测试、逻辑表达式错误敏感测试、基本路径测试、数据流测试和循环测试)和黑盒测试方法(包括等价类划分、边界值分析、比较测试、错误猜测和因果图)。然后,介绍各种测试策略(包括单元测试、集成测试、确认测试和系统测试)。对面向对象测试只作简单的介绍。最后介绍测试完成标准和几种常用的调试方法。

习　　题

13.1　软件测试的目的是什么?

13.2　什么是白盒测试? 什么是黑盒测试?

13.3　某模块的流程图如图 13.18 所示。试根据判定覆盖、条件覆盖、判定/条件覆盖、条件组合覆盖、路径覆盖等覆盖标准分别设计最少的测试用例。

13.4　某销售系统的"供货折扣计算模块"采用如下规则计算供货折扣:

(1) 当客户为批发型企业时,若订货数大于 50 件并且发货距离不超过 50 公里时折扣率为 15%;而当发货距离超过 50 公里时折扣率为 10%;

(2) 当客户为非批发型企业时,若订货数大于 50 件且发货距离不超过 50 公里时折扣率为 10%,并派人跟车;而当发货距离超过 50 公里时折扣率为 5%。

试用因果图方法为该模块设计测试用例。

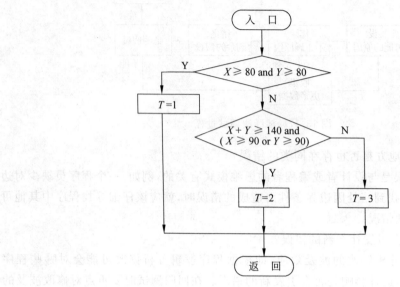

图 13.18　待测试模块的流程图

13.5　分别简述单元测试、集成测试、确认测试和系统测试的任务。

13.6　什么是 α 测试？什么是 β 测试？

13.7　什么是回归测试？

13.8　简述边界值分析方法的作用。

第 **14** 章

Web 工程

万维网（world wilde web，WWW）和因特网（Internet）将普通大众吸引到计算的世界中。在这个信息时代里计算机不再是主角，各式各样的互联网服务占据了重要的地位，逐渐深入人们的日常生活和工作。人们使用 Web 和 Internet 进行物品出售、预订机票、在线聊天、分享新闻，除此之外，企业和公司的业务策略中也越来越多地使用到 Web。可以看到，许多传统的信息和数据库系统正被移植到互联网上，范围广泛的、复杂的分布式应用正在 Web 环境中出现。在未来计算机技术发展的过程中，Web 领域将会有越来越多的技术蜂拥而至，有一些技术甚至可能会从根本上改变人们使用 Web 及开发 Web 的方式。

Yogesh Deshpande 和 Steve Hansen 在 1998 年就提出了 Web 工程的概念。Web 工程提倡使用合理的、科学的工程和管理原则，用严密的、系统的方法来开发、发布和维护 Web 系统。Web 工程不是软件工程的完全克隆，但是它借用了软件工程的许多基本概念和原理，强调了相同的技术和管理活动，把基于 Web 的系统和应用的工程化实践过程规则化、统一化。目前，对于 Web 工程的研究主要集中在国外，国内起步比较晚，但是在实际工作中已经大量使用了 Web 工程的相关方法，Web 技术已经成为一种重要的技术。本章内容主要取材于 Pressman 的 *Software Engineering—A Practitioner's Approach*。

14.1　WebApp 的属性和类型

在万维网发展的早期（大约 1990 到 1995 年），"网站"只是由一系列的用文本和有限的图形表示信息的超文本文件构成。之后，与网站相关的技术不断发展，通过使用一些开发工具（例如 XML、Java），HTML 的功能得到了发展，这使得 Web 工程师在提供信息的同时也能提供计算的功能。于是基于 Web 的应用（称为 WebApp）诞生了。如今的 WebApp 已经演化成了复杂的计算工具，不仅能给最终用户提供特定的功能，同时也能够集成企业数据库和商业应用。

14.1.1　WebApp 的属性

WebApp 相对于其他类别的计算机软件具有一些独特的属性。Web 方面的专家 Powell[91] 总结了 WebApp 和其他计算机软件的主要不同点，他认为 WebApp 是"页面排版和软件开发、市场和预算、内部交流和外部联系以及艺术和技术"等因素综合作用的产物。

根据 WebApp 的一些特性,绝大多数 WebApp 中都要考虑下列属性。

(1) 网络密集性(network intensiveness)

WebApp 就其本性而言,与网络密切相关。WebApp 驻留于网络上,依赖于网络而存在,同时对网络有一定的影响,并且必须服务于变化多样的客户群。一个 WebApp 可以驻留于因特网上,使得世界范围的通信成为可能;也可以放置于某内联网,实现某组织范围内的通信;或者放置于某外联网,实现网际间通信。因此,绝大多数 WebApp 都会具有网络相关的特性,依赖于网络存在,需要一定程度上的互联网的支持才能够正常运行。

(2) 并发性(concurrency)

对于一个 WebApp 来说,许多用户可能在同一时间访问它。在很多情况下,使用该 WebApp 的终端用户的类型会有很大的不同。这就要求 WebApp 能够成功应对数量不明确的用户的访问和请求,支持并发。

(3) 不可预测的负载(unpredictable load)

一个 WebApp 的用户每天都会有很大的不同,这些用户的数量和类型都不一定是 WebApp 能够准确预测的。例如,对一个简单的社交网站,星期一可能出现 100 个用户,而周末就有可能有 10 000 个用户同时在线。不同数量和类型的用户负载量是一个 WebApp 必须要着重考虑的问题。

(4) 性能(performance)

一个 WebApp 是否能够最大化地满足用户的要求,给用户最佳的体验和感受,是这个 WebApp 友好度高低的衡量标准之一。例如,如果一个用户必须等待很长的时间才能获取 WebApp 的服务,用户就有可能决定放弃使用,导致该 WebApp 的吸引力降低。因此, WebApp 的性能是它是否成功的关键因素之一。

(5) 可用性(availability)

要达到 100% 的可用性,就要求一个 WebApp 能够随时随地被用户访问到,例如一些流行的 WebApp 的用户常常要求在任何时候都能对其访问。而当对内部软件程序进行离线维护时,需要访问该应用的用户便会访问不到。因此,达到 100% 的可用性并不现实,但是一个 WebApp 还是需要尽可能大地提高它的可用性,使得用户对其有更好的评价和体验。

(6) 数据驱动(data driven)

在很多情况下,一个 WebApp 的主要功能是使得终端用户能够使用超媒体来表示文本、图形、音频和视频内容;另外,一些 WebApp 通常可以访问那些本不属于 Web 环境的数据库中的信息(如电子商务或财务应用)。因此,一个 WebApp 需要具有较好的数据驱动性,才使得其用户体验更好。

(7) 内容敏感(content sensitive)

内容的质量和美感也是 WebApp 质量高低的一个决定因素。用户往往会因为一个 WebApp 的外观是否优美、是否满足需求来判断它的好坏,并决定是否继续使用该 WebApp。

(8) 持续演化(continuous evolution)

不同于传统的、按一系列规划的时间间隔发布并进行演化的应用软件,WebApp 应不间断地演化。对某些 WebApp(特别是它们的内容)而言,常常需要以分钟为单位进行更新,或者它的内容要对每一个请求进行独立的计算。有人认为,WebApp 的持续演化使得完成它的工作类似于园艺,长久地进行持续的更新和改变,才能达到满意的效果。

(9) 即时性(immediacy)

WebApp 具有即时性,这种属性在其他任何软件类型中都是没有的。也就是说,一个 Web 站点的开发时间可能只有几天或几周。开发者必须想一些办法来做计划、分析、设计、编码、测试,以适应 WebApp 开发时间紧的要求。因此,和其他的计算机软件相比,WebApp 对即时性要求更高。

(10) 安全保密性(security)

因为 WebApp 是通过网络访问可达的,因此想要限制 WebApp 终端用户的使用就很困难。为了保护敏感的内容,同时提供安全的数据传输模式,WebApp 的基础设施和应用本身都必须采取合适的安全措施。这些安全措施的实施,保证了 WebApp 具有足够的安全保密性来接受用户和终端的访问,提高了 WebApp 的实用性。

(11) 美观性(aesthetics)

如果要使 WebApp 具有吸引力,那么具有良好的观感是一个必不可少的因素。使用者对于一个 WebApp 的评价往往首先体现在它的界面是否美观、是否令人满意等方面,当一个应用被设计为面向市场销售的产品时,美学和技术设计会在同样的程度上影响该应用的成功。

以上介绍的关于网络相关、并发、不可预测的负载等特性,在所有的 WebApp 里面都有一定的体现和作用,但是每一项又各自具有不同的影响程度。根据不同属性的影响,会产生不同类型的、不同作用的 WebApp。

14.1.2　WebApp 的类型

在 Web 工程中,WebApp 的类型众多,下面的应用类别是最常遇到的。

(1) 信息型

信息型 WebApp 使用简单的导航和链接提供只读的内容。该类型的 WebApp 可以为用户提供大量的即时信息,如新闻网站、微博等。

(2) 下载型

下载型 WebApp 使得用户能够从合适的服务器下载信息。用户借助于这类 WebApp 进行文件等资料的上传下载,实现资源共享。目前下载型的 WebApp 发展迅速,网盘等新概念也不断地被提出。

(3) 可定制型

可定制型 WebApp 使用户可以定制 WebApp 的内容以满足特定需要。例如,论坛模板、博客等,可以根据个人喜好进行不同的定制,产生出个性化的 WebApp。

(4) 交互型

交互型 WebApp 提供交互通信功能。例如,使一个用户群落能够通过聊天室、公告牌或即时消息的传递来进行通信。该类型的 WebApp 已经在人们生活中得到广泛应用,成为人们日常生活、办公的一个重要部分,并且在快速地发展,大量该类型的 WebApp 不断出现。

(5) 用户输入型

基于表格的输入是满足通信需要的主要机制。

（6）面向事务型

在面向事务型 WebApp 中，用户可以提交一个通过该 WebApp 完成的事务请求，例如下订单、银行转账等。

（7）面向服务型

面向服务型 WebApp 向用户提供所需服务，例如帮助用户确定抵押支付等。

（8）门户型

门户型 WebApp 引导用户找到本门户应用范围之外的其他内容或服务。

（9）数据库访问型

通过数据库访问型 WebApp，用户可以查询某大型数据库并提取信息。

（10）数据仓库型

数据仓库型 WebApp 使得用户可以查询一组大型数据库并提取信息。

14.2　Web 工程过程

在为 Web 工程定义一个过程框架前，必须认识到 WebApp 的开发特点：①WebApp 常常以增量的方式去开发；②变化经常发生；③期限较短。因此，整个 Web 工程过程也与这些特点相适应。

14.2.1　过程框架

整个 Web 工程过程框架包括客户交流、计划、建模、构建和部署等活动。

1. 客户交流

客户交流活动为 WebApp 定义业务或组织背景，预测业务环境或业务需求中的潜在变化，定义 WebApp 和其他业务应用程序、数据库及功能的整合。在客户交流活动中，要尽量去找出那些不确定的区域和将会出现潜在变化的区域，并且将收集到的需求信息进行系统而确切的描述。

2. 计划

作出 WebApp 增量式项目计划。这个计划由一个任务定义和一个时间表组成。

3. 建模

传统的软件工程分析和设计任务也可以融入 WebApp 的建模活动中。其目的是开发出用于定义需求的"快速"分析和设计模型，同时提出一个能满足需求的 WebApp 模型。

4. 构建

使用 Web 工具和技术去构建已被建模的 WebApp。一旦构建了 WebApp，就会使用一系列快速测试去发现设计中的错误。

5. 部署

把 WebApp 配置成适合于它所运行的环境,并把它发送给终端用户。然后,进入评估阶段。最后,把评估反馈给 Web 工程团队。

14.2.2 改善框架

Web 工程过程模型必须具有一定的适应性。和 Web 工程框架活动相关联的一些任务,可以根据实际情况进行修改和删除,或者基于问题、产品、工程及 Web 工程团队人员的特征进行扩展。不管怎样,在每种情况中,团队有责任在已分配好的时间内完成高质量的 WebApp 的增量。

14.2.3 Web 工程的最佳实践

Web 工程团队常常在很大的时间压力下工作,并试图去走捷径,在做一些企业级的 WebApp 时,应该使用下面一组基本的最佳实践:

- 对 WebApp 进行分析时,要花一些时间去理解业务需求和产品目标。如果参与者不能为 WebApp 明确业务需求,可以先不急于进入构建阶段,直到把需求中模糊的细节弄清楚为止。
- 用基于场景的方法去描述用户如何与 WebApp 交互。参与者必须开发一些用况以反映各用户是如何与 WebApp 进行交互的。这些方案也可被用作:项目计划和跟踪、分析和设计模型的指导、测试设计的依据。
- 做一个项目计划,即便很简短,这个计划也要基于所有参与者都可接受的预先定义的过程框架上。因为项目期限非常短,日程安排也应该是细微的。在许多情况下,项目应以天为单位去安排和追踪。
- 花些时间去建模。一般而言,在 Web 工程期间是不做综合性的分析和模型设计的。尽管如此,每种建模工具和方法,例如 UML 类、顺序图、状态机图等,都有助于建模。
- 考察模型的一致性和质量。正式的技术评审应该贯穿于 Web 工程项目始终。花在评审上的时间占有重要的份额。因为它常常能减少软件的故障,产生一个高质量的 WebApp,从而增加了客户的满意度。
- 使用一些能使自己去构建带有尽可能多可复用组件的系统工具和技术。很多 WebApp 工具实际上可用于 WebApp 构造的各个方面。
- 设计一些综合性的测试,并在系统发布前执行它们。WebApp 用户通常采用浏览的方式,如果所发布的 WebApp 不能正常运行,这些用户将会谋求其他途径,不会再来访问这个页面了。正是由于这个原因,"首先测试,而后部署"应是要采用的一个重要的思想,即便必须要延长期限。

14.2.4 方法和工具

Web 工程方法使 Web 工程师能够理解和把握 WebApp 的特点,从而开发出高质量的 WebApp。Web 工程方法一般包括如下几种[2]。

(1) 沟通方法

定义沟通方法以方便 Web 工程师和其他 WebApp 利益相关方(如终端用户、业务客户、问题域专家、内容设计者、团队领导、项目经理)沟通。在需求获取及评估 WebApp 增量时,沟通技巧显得尤其重要。

(2) 需求分析方法

需求分析方法为理解下面的问题提供了基础:WebApp 要发布的内容,为最终用户提供的功能,以及当使用 WebApp 导航时各类用户所需的交互模式。

(3) 设计方法

设计方法包括一系列的技术来描述 WebApp 内容、应用和信息体系结构、界面设计及导航结构。

(4) 测试方法

测试方法包括对内容和设计模式的正式评审以及一系列针对构件级和体系结构问题的测试技术,包括导航测试、可用性测试、安全保密性测试和配置测试。

需要说明的是,尽管 Web 工程方法采纳了许多传统软件工程方法相同的概念和原理,但是分析、设计和测试的机制必须考虑到 WebApp 的具体特征。

除了已经概述的方法外,对于成功的 Web 工程来说,项目管理技术(如预算、进度安排、风险分析)、软件配置管理技术以及评审的方法也是必要的。

过去 10 年中,随着 WebApp 变得更加成熟和流行,许多工具和技术也取得了改进。这些技术包括内容描述和模型化语言(如 HTML、VRML、XML)、程序设计语言(如 Java)、基于构件的开发资源(如 CORBA、COM、ActiveX 和 .NET)、浏览器、多媒体工具、站点授权工具、数据库连接工具、安全工具、站点管理和分析工具等。

14.3　WebApp 建模

模型是对现实的简化,从抽象层次上说明被建模的系统,从而帮助人们对系统进行构造。在软件工程中,需要创建需求模型和设计模型两类模型,虽然普通软件的建模原则也适用于 Web 工程,但是 Web 工程的建模具有一定的独特性,本节将介绍为 Web 工程构建高质量的需求模型和设计模型的基本原则、概念和方法。

14.3.1　WebApp 需求建模

WebApp 具有复杂性和高交互性,为了尽快投入运行,常常只有很短的开发时间。虽然需求建模会花费不少时间,但需求建模仍是必要的,因为解决由 WebApp 开发者误解需求而导致的错误会更加消耗时间。

1. WebApp 需求的收集目标

为了完成 WebApp 的需求建模,需要通过一定的沟通活动收集到该应用的利益相关方、用户类别、业务环境、使用场景、可用的素材等信息,而这些信息以自然语言、草图等形式存在,例如电子邮件、会议记录等。

2. WebApp 需求的收集方法

由于不同的用户对于需求可能有着不同的描述,因此,首先需要对用户进行分类;然后通过与这些用户的交流来确定 WebApp 的基本需求;接着对所收集的信息进行分析,获得有用的信息;最后根据掌握的信息,和用户进行交互分析。以上的几个活动具体解释如下。

(1) 对用户进行分类

在 Web 工程中,了解用户的背景、动机和目标是非常重要的。WebApp 的用户繁多,而这些用户又属于不同的类型,针对于不同类型的用户,WebApp 有不同的功能。因此,需要将使用 WebApp 的用户进行分类,以便了解每一类用户的需求。对用户进行分类可以从以下几个角度考虑。

① 用户使用 WebApp 的总体目标不同。例如,一位商人使用购物网站是为了经销他的产品,达到盈利的目的;一般白领和学生使用购物网站是为了满足购物需求,充当消费者;而另一些使用购物网站的用户则是想体验该购物网站的开发水平,以便进行研究。很明显,不同的用户群体使用同样一个 WebApp 的目的并不相同。

② 用户使用 WebApp 的背景不同。针对 WebApp,一个对该应用熟悉的用户和刚接触该应用的用户对于 WebApp 的基本功能(如导航、帮助等)的反应是不同的,用户的不同背景使得他们对于 WebApp 的要求并不相同。

③ 用户使用 WebApp 的途径不同。针对一个 WebApp 来说,用户可以直接找到该应用,也可以通过与其他网站的链接或者其他途径接触该应用。用户获得该应用的途径有很大的差别。

通过以上的 3 种方式,可以将用户分为不同的类别,在进行下一步需求收集时,对不同种类的用户分别进行需求调查。

(2) 开发者与用户等业务相关人员间需要进行需求沟通

在将用户分类之后,需要进行不同类型用户与开发者之间甚至开发者相互之间的沟通。可以使用反复调查、探索调查或者场景设定等方式让不同的用户群之间进行交流,也应该为开发者提供与用户交流的机会。这些做法的最终目的都是为了使需求更加明确,满足更多用户的要求。

(3) 对收集到的需求信息进行分析,获得有用信息

在完成需求信息的收集后,就可以根据用户种类与业务类型对需求信息进行分类,找出其中的信息域、不同用户对信息域的操作、WebApp 提供给最终用户的各种功能以及非功能性需求。

3. WebApp 需求模型的形成

通过分析收集到的需求信息,可以得到关于 WebApp 的内容、交互模式、功能、所处环境等多种特性的描述,为了能够以结构化的方式分析 WebApp 的需求,可以将每种特性表示成一套模型。WebApp 需求模型最主要的类型有 5 种:内容模型、交互模型、功能模型、导航模型和配置模型。

(1) 内容模型

因为 Web 工程以内容为基础,所以需要对 Web 工程的内容进行分析。其中的"内容"

包括工程中所有可见、可听到的要素,通常包括文字、图形、图像、音频和视频。

（2）交互模型

大多数 WebApp 允许用户和系统之间进行"会话",即就系统的功能、内容和行为与系统进行一定的交互。交互模型描述了用户和 WebApp 之间的交互所采用的方式。构建交互模型时会用到用况图、顺序图、状态机图、用户界面原型等。

① 用况图是交互分析的主要工具,用况图方便客户理解系统的功能。

② 顺序图是交互分析中描述用户与系统进行合作的方式。通过顺序图,能够描述用户为完成相应的功能按照一定的顺序对系统的使用情况,以完成相应的功能。

③ 状态机图在交互分析中用来对系统进行动态的描述。

④ 用户界面原型展现用户界面布局、内容、主要导航链接、实施的交互机制及用户 WebApp 的整体美观度。尽管用户界面原型的设计可以说是一个设计活动,但最好在创建需求模型时就实施它。越快地表示出用户界面,就越有可能使终端用户尽早理解 WebApp 所描述的交互状态。由于 WebApp 开发工具比较丰富、相对廉价且功能强大,所以最好使用这些工具去创建界面原型。

（3）功能模型

功能模型定义了用于 WebApp 的操作和处理。用户可见的功能包括任何可以直接由用户操作的功能。例如,一个购物 Web 站点可能要完成许多涉及购物的功能,如商品浏览或商品交易。从最终用户的观点来看,这些功能应是可操作、能使用的。

（4）导航模型

导航模型定义了 WebApp 的导航策略,导航建模考虑用户如何从一个 WebApp 元素链接到另一个元素。在需求建模阶段关注的是导航的总体需求,导航关系分析主要分析各个元素之间的关系,可以通过对用户的分析和对页面单元的分析来进行。

（5）配置模型

配置模型描述了 WebApp 所涉及的环境和基础设施。Web 工程必须被设计成支持服务器端和客户端的环境,要能安装在因特网、广域网和局域网中。如果整个 Web 工程涉及数据库,还需要指明数据库的类型。在很多情况下,WebApp 的配置模型是服务器端和客户端的属性列表。

以上便是 WebApp 最主要的 5 种需求模型,这些模型帮助开发者正确理解系统的内容、交互方式、功能、导航与配置等各个方面的需求。

14.3.2　WebApp 设计建模

Web 工程中对于 WebApp 的设计包括两个方面:技术部分和非技术部分。其中,技术部分包括总体结构设计、体系结构中的内容和功能设计、导航设计;而非技术部分是与美学紧密相关的部分,如外观和印象设计、界面的布局设计等。一个 WebApp 的设计好坏决定了该应用的质量是否符合要求以及能否吸引用户。由于 WebApp 的设计经常发生变化,有人认为 WebApp 的设计不应像普通软件工程那么详细。这种观点对于小型的 Web 工程来说具有合理性,但是对于大型的 Web 工程而言,对其进行详尽的设计是必要的。

1. WebApp 的设计目标

WebApp 设计的目的是产生高质量的 WebApp，一个高质量的 WebApp 首先要能够得到最终用户的好评，同时也应方便 Web 工程师对其进行维护和支持。要达到这样的要求，具体来说，WebApp 设计应该以下列属性为目标[92]。

（1）简单性

WebApp 的设计要尽可能简单，包括内容要简洁、体系结构用最简单的方式来实现、导航要直观明了、美学运用不能过度。例如，著名的搜索引擎公司 Google 以其简洁的界面给人留下深刻的印象，重点突出、简洁易懂的设计更能够吸引用户，而大量的动画、声音等多媒体元素可能会引起负面的效果。

（2）一致性

WebApp 设计模型的各个方面都需要注重一致性。体系结构设计应该建立一个能够产生一致风格的结构模板；在内容方面，文字、图形和配色都要有一致的风格；而界面设计应该定义一致的交互、导航和内容显示模式。

（3）相符性

在为 WebApp 进行美学、界面和导航设计时，需要充分考虑该 WebApp 所处的领域特点，设计应符合领域的习惯和规范。

（4）导航性

WebApp 的导航要设计成直观的且可预测的，使得用户可以无须借助搜索帮助就可以知道如何使用，而导航的图标要非常容易识别。

（5）视觉吸引

在所有类型的软件中，WebApp 最具视觉效果和审美感。WebApp 的设计需要发挥这一优势，利用美好的视觉效果吸引用户。

（6）兼容性

WebApp 可能被应用于不同的硬件、不同的 Internet 连接类型、不同的操作系统以及不同的浏览器，较强的兼容性会使 WebApp 得到更好的推广。

2. 界面设计

界面可以说是 WebApp 给人的第一印象，只有让用户对第一印象产生好感时，用户才有可能使用 WebApp 的导航和内容。现在很多 WebApp 提供的服务基本相同，那么如何在众多类似的 WebApp 中抓住用户的心，界面的设计肯定是非常重要的一部分。所有的用户界面需要易使用、易操作、直观、一致。除此之外，界面还要有助于用户浏览，界面需要显示用户当前所在的网站的路径。

通常情况下，WebApp 界面设计要考虑以下 3 个问题：

① 浏览者目前的位置。

② 浏览者目前可以进行的操作。

③ 浏览者可以导向的目标。

第一个问题要求 WebApp 能够为用户提供当前的位置，提供一些访问过的 WebApp 的信息；第二个问题要求为用户提供个性化和简便的操作，帮助用户理解当前的选项；第三个问题则要求 WebApp 提供辅助的导航。

图 14.1 所示是著名搜索引擎公司 Google 的主页。

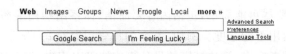

图 14.1　Google 的主界面

从图中可以看出,这个界面相当简洁,而且也回答了 WebApp 界面设计的 3 个问题,页面指示现在正在 Google 的 Web 搜索页面中,用户可以在输入框中输入自己想要检索的内容并进行搜索,也可以从 Image、Groups 等链接上导航到 Google 的其他功能。

除了常规软件的界面设计原则外,考虑到 Web 工程的一些特性,WebApp 的界面设计还要考虑如下设计原则。

(1) 页面速度

一般用户等待一个页面的时间不可能超过 20 秒,如果这个页面 20 秒内无法显示出来,用户很有可能在根本没看到这个页面之前,就关闭了这个页面,这种情况会导致一部分用户的流失。

(2) 页面正确

虽然用户以很快的速度打开了页面,但是却出现了错误,这也是用户难以忍受的。这不但会影响一个页面,还可能会导致用户对整个 WebApp 失去兴趣。有种做法是当页面错误的时候为用户提供一些可用信息,这样使得用户能够停留在有用信息上,并不是离开该 WebApp。

(3) 所有的菜单和界面的风格应该统一

用户可能刚习惯了某个页面的风格,当转向另一个页面时,风格如果突然大变,就会让用户感觉不适应。因此,风格统一也是 WebApp 界面设计的一个基本要求。

(4) 链接指示应明显

用户在浏览完一个页面后,应当提供一个明确的方法帮助用户离开当前的页面。

(5) 界面功能明显清晰

在 WebApp 中,如果界面上的功能很清晰,用户会得到更佳的体验。相对而言,使用简单的按钮会比那些美学上好看但意图不清的含混的图像或图标更为吸引用户。

(6) 使用表格等工具

在 WebApp 中,使用表格能够把相应的页面框架固定起来,方便之后进行相应的美化。

总之,良好的设计除了能够使用户对 WebApp 产生好感外,也可以减少再工程或修改时所需的工作量和工作时间。因此,在 Web 工程中,有必要花费一部分精力在界面设计上,以使得 WebApp 的整体质量得到提高。

3. 结构设计

结构设计关注 WebApp 的全部超媒体结构的定义。结构设计与 Web 工程的目标、Web 内容以及服务对象和导航方式相联系。结构主要可分为线性结构、网格结构、层次结构 3 种。

当内部交互的可预测顺序比较常见时,经常采用线性结构。例如,用户在购物网站购买产品之后,产品订单在后台输入的顺序往往是按照购买的先后顺序进行的。这种情况下,便会采用比较简单的线性结构。当 WebApp 的内容或者交互顺序是多维度的时候,常常采用网格结构。如图 14.2 显示了线性结构和网格结构。

此外,层次结构在 WebApp 中也比较常见,如图 14.3 所示。不同体系结构的比较如表 14.1 所示。

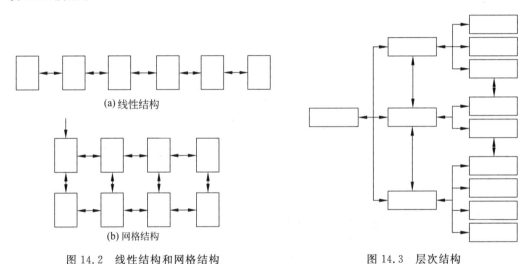

(a)线性结构

(b)网格结构

图 14.2　线性结构和网格结构

图 14.3　层次结构

表 14.1　WebApp 不同结构的比较

结构	线性结构	网格结构	层次结构
特点	结构比较固定,Web 内容一维化	Web 内容多维化	最常见的结构
优点	简单	有极大的灵活性	有较大的灵活性
缺点	灵活性不高	很容易带来混乱	易混乱
例子	订单	大型网站	普通网站

以上 3 种结构可以在一个 WebApp 中同时出现,形成复合结构。例如,一个 WebApp 总体上可以是层次结构,而在子模块中,可以是线性结构或者是网格结构。

4. 导航设计

在建立好 Web 工程的体系结构以后,需要解决页面之间的导航问题,以便用户能更好地访问 Web 工程的内容和服务。

对于导航设计,主要可以分为两部分:一部分是对不同的用户权限给出不同的导航路径;另一部分是给同一类用户一个共同的导航语义。

一个大的 WebApp 通常拥有大量的不同的用户角色,例如访问者、注册用户或管理员等。每个角色可以有不同的内容访问权限并获取不同的服务。例如,访问者一般只享有最低权限,有的甚至不能访问任何除首页外的内容;注册用户则一般享有读权限,能访问一般的站内页面;管理员则具有最高的权限,能访问工程内所有的页面。在导航设计时,需要为同一类用户建立一个语义导航单元,这样方便后继的管理。

可以选取不同的方法为用户定义导航机制,经常见到的方法可以大致分为以下 4 类。

(1) 水平导航条

这种导航条在各种 WebApp 经常见到,是一种比较普遍的导航途径。其中包含的链接体现 WebApp 的主要功能,如图 14.4 所示。

(2) 垂直导航条

与水平导航条类似,垂直导航条会列出 WebApp 中的重要功能和对象。垂直导航条可以不断地展开,为用户提供更多更详细的选项,如图 14.5 所示。

图 14.4　百度音乐水平导航条　　　　图 14.5　微博垂直导航条

(3) 单独导航条

单独的导航条通常使用文字链接,偶尔带有图标,如图 14.6 所示,一般使用 URL 跳转链接到其他地址。单独导航条比较常见于页面的底部。

图 14.6　位于页面底部的单独导航条

(4) 网站地图

网站地图是近些年来新兴的一种导航方式,几乎包含了整个 WebApp 中的所有内容和功能。一般呈现在同一个页面上,内容比较多,如图 14.7 所示。

在导航设计时,需要考虑建立合适的导航约定和帮助。让用户在使用时能很快地理解页面中各个图形和按钮的作用。当然,也可以借助于声音等媒体来进行提示。

图 14.7　网站地图

5. 构件设计

经过几十年的发展,像数据库的查询及其他操作、与外部企业系统的数据接口、用户的注册和认证等程序逐渐变得模板化、功能化。传统软件工程中的构件化设计方法,也适用于 Web 工程。Web 工程师也可以利用构件技术,很方便地组建各种不同的 WebApp。

14.4　WebApp 质量管理

产生高质量的 WebApp,离不开良好的项目管理。对于 WebApp,在测试和配置管理方面都有不同于传统软件的地方,本节将首先给出 WebApp 的质量维度,然后对 WebApp 系统的测试和配置管理进行讨论。

14.4.1　WebApp 质量维度

针对设计模型中的不同元素,通常采用下面一些维度来测试和评价 WebApp 的质量。

（1）内容

内容可以从句法和语义两个层次来评价。在句法层面上,对于文本文档,可从拼写、标点和语法等方面检查。在语义层面上,可从正确性、一致性（包括 WebApp 的全部内容及其他相关的内容）和有无歧义等方面检查。

（2）功能

每个 WebApp 功能都需要从正确性、稳定性、符合相关实现标准的程度（如 Java 或 XML 语言标准）检查。

（3）结构

确保结构可以恰当地展现 WebApp 的内容和功能,确保其可扩展,能支持新的内容或功能。

（4）易用性

确保每个WebApp界面能支持不同的用户群，各种用户群都能学会并运用所有需要的导航用法和语义。

（5）导航

确保所有的导航用法和语义都被实现，不存在如空链接、不恰当的链接和错误链接的导航错误。

（6）性能

确保系统在各种各样的操作条件、配置和负载下能响应用户的交互操作，能在可接受的性能下降的条件下处理极端的负载量。

（7）兼容性

在客户端和服务器上设定不同的配置条件下无错误地执行WebApp。排除那些在特定配置下会出现的错误。

（8）协同工作

确保WebApp能很好地与其他的应用程序和数据库交互。

（9）安全保密性

评估潜在的易攻击性，对WebApp而言，要确保对信息和数据的保护，以使未经授权的人员或系统不能阅读或修改它们，且不拒绝授权人员或系统对它们的访问。

14.4.2　WebApp的测试

测试是怀着发现错误的目的反复使用软件的过程。这个基本理念同样适用于WebApp的测试。事实上，因为WebApp建立在网络上，并且和许多不同的操作系统、浏览器（或者其他的接口设备，如PDA或手机）、硬件平台、通信协议和"后台"程序等交互，查找WebApp的错误对Web工程师来说是一个重大的挑战。

为了理解WebApp测试的目标，必须考虑从多个方面度量WebApp。在这种情况下，人们考虑那些在关于Web工程产品测试的讨论中都关注的质量维度，也考虑在测试中发现的错误的实质和能用来发现这些错误的测试策略。

1. 在WebApp环境下出现的错误

从WebApp测试中发现的错误有许多独特的特征：

- 因为WebApp测试发现的错误一开始都是显现在客户端（如某个浏览器或PDA或手机），所以Web工程师看到的只是问题的表象，而不是其实质。
- 因为一个WebApp运行在许多不同的配置条件及各种各样的环境下，所以脱离某个错误最初产生时的环境，重现这个错误是很困难的，有时甚至是不可能的。
- 虽然一些错误是由于错误的设计和不恰当的HTML（或其他的程序语言）编码导致的，但是许多错误都与WebApp的配置有关。
- 因为WebApp是一个客户端/服务器的结构，所以很难横跨客户端、服务器和网络这3层来分析错误产生的原因。
- 一些错误是因固有的操作环境所致（如正在进行测试的某个特殊的配置），另一些可归咎于多变的操作环境（如瞬间的资源装载或者与时间相关的错误）。

上述 5 个特征表明在 Web 工程全部过程中,环境因素对于分析错误原因有很重要的意义。对于某些测试(如内容测试),很容易看到错误所在,但是对许多其他类型的测试,错误的原因可能很难辨别。

2. 测试策略

WebApp 测试的策略采用了对所有软件测试来说都通用的原理,并且吸收了在面向对象系统中广泛采用的策略和方法。简要概述如下:

- 重新审查 WebApp 内容模型,发现可能的错误。
- 重新审查接口模型,确保能适应所有的用况。
- 重新审查设计模型,发现可能的链接错误。
- 测试用户界面,发现在显示和导航机制方面可能的错误。
- 对选出的功能构件做单元测试。
- 需要测试 WebApp 导航。
- WebApp 在不同的环境配置下运行,因此需要对每个配置进行兼容性测试。
- 安全保密性测试是为了发现在 WebApp 或它的应用环境中会遭人攻击的漏洞。
- 进行性能测试。WebApp 测试需要一群故意安排的终端用户的参与,他们使用系统的结果可以用来分析内容和导航方面的错误、易用性和兼容性、可靠性和性能。

因为许多 WebApp 都是不断变化发展的,所以 Web 支持人员一直都在做 WebApp 测试。他们一般使用回归测试,这种测试源于 WebApp 最初开发时使用的测试。

14.4.3 WebApp 配置管理

软件配置管理的一般策略对于 WebApp 是适用的,但是与传统软件相比,WebApp 的最主要特点在于即时性和持续演化,适合采用迭代、增量过程模型以及敏捷软件开发,而传统意义上的配置管理常常具有过程复杂、抽象及形式化的特征,因此,需要对一般的软件配置管理策略做一定的修改才能满足 WebApp 项目的要求。

(1) 变更管理

对于 WebApp 开发来说,传统软件变更管理的过程过于冗长,为了实现更高效的变更管理,可以将变更分为以下 4 类,并针对不同类型的变更进行不同的管理。

① 增加了局部内容或功能或是纠正了一个错误的变更:对于这类变更,不需要任何外部评审或文档,实施变更时只需执行标准的检入和检出过程。

② 影响到其他内容或功能构件的内容或功能变更:对于这类变更,需要评审该变更对相关对象的影响,如果不会引起其他对象的较大修改,则不需要其他评审和文档。

③ 对整个 WebApp 造成重大影响的变更:如果进行这类变更,需要较正式的评审过程和一些描述文档,并将变更描述告知团队的所有成员。

④ 使一类或多类用户能够立即注意到的重要设计变更:界面设计变更以及导航的变更就属于这类变更,该类变更同样需要较正式的评审过程和一些描述文档,并告知所有利益相关方。

(2) 版本控制

WebApp 的开发过程常常使用增量开发,因此会同时存在多个不同版本,最终用户通过 Internet 访问到某个版本。为了使各个版本和相应的配置对象相关联,必须清晰地定义配置对象,并建立控制机制。利用版本控制工具能够较为方便地维护 WebApp 的各个版本。

（3）审计和报告

敏捷开发中不强调审计和报告,但是在 Web 工程中不能将二者都忽略掉。在日志中应记录检入和检出的所有对象,便于随时评审。创建完整的日志报告,使团队成员可以看得到变更日志,或是在变更发生时用电子邮件自动通知利益相关方。

14.5 小　　结

随着 Internet 和 Intranet/Extranet 的快速增长,Web 已经对商业、工业、银行、财政、教育、政府和娱乐及人们的工作和生活产生了深远的影响。本章首先介绍了 WebApp 的属性,在此基础上,介绍了 Web 工程的概念和过程,并针对过程中的 WebApp 建模及质量管理进行了详细的介绍。

习　　题

14.1　选择一个你熟悉的站点,为该站点开发一个相对完全的体系结构设计,并指出这个站点采用了什么体系结构。

14.2　用一个实际的 Web 站点作为例子,评价其用户界面并给出改进建议。

14.3　用一个实际的站点作为例子,列出 Web 站点内容的不同表示。

14.4　针对某一网站,给出一组用户描述,并开发一组用例。

14.5　基于 Web 的系统和应用的项目管理与传统软件的项目管理如何不同? 又有哪些相似之处?

14.6　总结当前 WebApp 设计模式的状况。

14.7　如何判断一个网站的质量? 请列出 10 个你认为最重要的质量属性的排序表。

第 15 章

软件维护与再工程

软件演化是指软件在交付以后,对软件进行的一系列活动的总称。软件演化包括软件维护和软件再工程。软件维护阶段覆盖了从软件交付使用到软件被淘汰为止的整个时期。软件的开发时间可能需要一两年,甚至更短,但它的使用时间可能要经历几年或几十年。由于需求和环境的变化以及自身暴露的问题,应用系统在交付使用后,对它进行维护是不可避免的,有数据表明,很多机构中系统维护的成本已经达到了整个软件生存周期成本的 40%~70%,所以软件维护的代价是很大的,而且还在逐年上升。因此,如何提高软件维护的效率,降低维护的代价已成为十分重要的问题。再工程的主要目的是为遗留系统转化为可演化系统提供一条现实可行的途径。本章重点讨论软件维护和再工程。

15.1 软 件 维 护

软件维护是软件生存周期中的最后一个阶段,其所有活动主要发生在软件交付并投入运行之后。本节首先介绍软件维护的概念,即什么是软件维护,然后简要说明软件维护的过程,即如何进行软件维护,最后说明软件的可维护性测量,即如何才能提高软件的可维护性。现代软件工程要求软件维护覆盖软件的整个生存周期,即在分析、设计、编码等阶段都要考虑如何提高软件的可维护性。

15.1.1 软件维护的概念

软件维护是指软件系统交付使用以后,为了改正错误或满足新的需要而修改软件的过程。国标 GB/T 11457-2006 对软件维护给出如下定义:在交付以后,修改软件系统或部件以排除故障、改进性能或其他属性或适应变更了的环境的过程。

1. 软件维护分类

对软件维护有两种常见的错误认识:一是认为软件维护是一次新的开发活动;二是认为软件维护就是改错。虽然软件维护可以看作是新开发活动的继续,但是这两种活动还是有着本质的差别。新开发活动要在一定的约束条件下从头开始实施,而维护活动则必须在现有系统的限定和约束条件下实施。另一方面,维护活动可能发生在改正程序中的错误和缺陷,改进设计以适应新的软、硬件环境以及增加新的功能时。根据起因不同,软件维护可以分为纠错性维护、适应性维护、改善性维护和预防性维护4类。人们把为了改正软件系统中的错误,使软件能满足预期的正常运行状态的要求而进行的维护叫做纠错性维护。随着计算机的飞速发展,数据环境(数据库、数据格式、数据输入输出方式、数据存储介质)或外部环境(新的软、硬件配置)可能发生变化,为了使软件适应这种变化,而修改软件的过程叫做适应性维护。当一个软件顺利地运行时,常常会出现第三项维护的活动:在软件的使用过程中用户往往会提出增加新功能或修改已有功能的建议,还有可能提出一些改进的意见,为了满足这类要求,需要进行改善性的维护。计算机软件由于修改而逐渐退化,为了使计算机程序能够被更好地纠错、适应和增强,以提高软件的可维护性、可靠性等,为以后进一步改进软件打下良好基础而修改软件的活动,叫预防性维护。通常,预防性维护定义为:"把今天的方法学用于昨天的系统以满足明天的需要。"也就是说,采用先进的软件工程方法对需要维护的软件或软件中的某一部分(重新)进行设计、编制和测试。例如,代码结构调整,代码优化和文档更新等。第四项维护活动在现代的软件业中还比较少。在维护阶段的最初一两年,纠错性维护的工作量较大。随着错误发现率急剧降低,并趋于稳定,就进入了正常使用期。然而,由于改造的要求,适应性维护和改善性维护的工作量逐步增加。实践表明,在几种维护活动中,改善性维护所占的比重最大,来自用户要求扩充、加强软件功能、性能的维护活动约占整个维护工作的50%。在实践中,软件维护各种活动常常交织在一起,尽管这些维护在性质上有些重叠,但是还是有充分的理由区分这些维护活动。只有正确区分维护活动的类型才能够更有效地确定维护需求的优先级。

2. 维护问题

软件维护过程是指在软件维护期间所采取的一系列活动。软件的开发过程对软件的维护产生较大的影响。如果采用软件工程的方法进行软件开发,保证每个阶段都有完整且详细的文档,这样维护会相对容易,被称为结构化维护。反之,如果不采用软件工程方法开发软件,软件只有程序而缺少文档,则维护工作将变得十分困难,被称为非结构化维护。在非结构化维护过程中,开发人员只能通过阅读、理解和分析源程序来了解系统功能、软件结构、数据结构、系统接口和设计约束等,这样做是十分困难的,也容易产生误解。要弄清楚整个系统,势必要花费大量的人力和物力,对源程序修改产生的后果也难以估计。在没有文档的情况下,也不可能进行回归测试,很难保证程序的正确性。在结构化维护的过程中,所开发的软件具有各个阶段的文档,对于理解和掌握软件的功能、性能、体系结构、数据结构、系统接口和设计约束等有很大的帮助。维护时,开发人员从分析需求规格说明开始,明白软件功能和性能上的改变,对设计文档进行修改和复查,再根据设计修改进行程序变动,并用测试文档中的测试用例进行回归测试,最后将修改后的软件再次交付使用。这种维护有利于减少工作量和降低成本,大大提高软件的维护效率。

与软件维护有关的大多数问题都可归因于软件定义和开发方法上的不足。软件开发时采用急功近利,还是放眼未来的态度,对软件维护影响极大。一般说来,软件开发若不严格遵循软件开发标准,软件维护就会遇到许多困难。

下面列出和软件维护有关的部分问题:

① 理解别人的代码通常是非常困难的,而且难度随着软件配置成分的缺失而迅速增加。

② 需要维护的软件往往没有文档、或文档资料严重不足、或软件的变化未在相应的文档中反映出来。

③ 当软件要求维护时,不能指望由原来的开发人员来完成或提供软件的解释。由于维护持续时间很长,因此当需要解释软件的时候,往往开发人员已经不在附近了。

④ 绝大多数软件在设计时没有考虑到将来的修改问题。

⑤ 软件维护这项工作毫无吸引力。一方面是因为软件维护,看不到什么"创造性成果",但工作量很大,更重要的是维护工作难度大,软件维护人员经常遭受挫折。

上述种种问题在现有未采用软件工程思想开发的软件中,都或多或少存在。

3. 维护成本

软件维护的代价使生产率惊人下降。维护费用只不过是软件维护最明显的代价,其他一些隐性的代价将更为人们关注。其他无形的代价包括以下内容:

① 维护活动占用了其他软件开发可用的资源,使资源的利用率降低。

② 一些修复或修改请求得不到及时安排,使得客户满意度下降。

③ 维护的结果把一些新的潜在的错误引入软件,降低了软件质量。

④ 将软件人员抽调到维护工作中,使得其他软件开发过程受到干扰。

用于维护的工作可以划分成:生产性活动(如分析评价、修改设计、编写程序代码等)和非生产性活动(如理解程序代码功能、解释数据结构、分析接口特点和性能界限等)。下面的公式给出了一个维护工作量的模型:

$$M = p + \mathrm{K}e^{c-d}$$

其中,M 是维护的总工作量,p 是生产性工作量,K 是经验常数,c 是软件的复杂程度,d 是维护人员对软件的熟悉程度。

上述模型表明,如果软件开发没有运用软件工程方法学,而且原来的开发人员未能参与到维护工作之中,则维护工作量和费用将呈指数增加。

在软件维护中,影响维护工作量的因素主要有以下 6 种。

① 系统的规模:系统规模越大,其功能就越复杂,软件维护的工作量也随之增大。

② 程序设计语言:使用强功能的程序设计语言可以控制程序的规模。语言的功能越强,生成程序的模块化和结构化程度越高,所需的指令数就越少,程序的可读性也越好。

③ 系统年龄:老系统比新系统需要更多的维护工作量。因为多次的修改可能造成系统结构变得更加混乱,同时由于维护人员经常更换,程序将变得越来越难以理解,加之系统开发时文档不齐全,或在长期的维护过程中文档在许多地方与程序实现变得不一致,从而使维护变得十分困难。

④ 数据库技术的应用:使用数据库,可以简单而有效地管理和存储用户程序中的数据,还可以减少生成用户报表的应用软件的维护工作量。

⑤ 先进的软件开发技术:在软件开发过程中,如果采用先进的分析设计技术和程序设计技术,如面向对象技术、复用技术等,可减少大量的维护工作量。

⑥ 其他一些因素:如应用的类型、数学模型、任务的难度、if 嵌套深度、下标数等,对维护工作量也有影响。

15.1.2 软件维护的过程

维护活动包括：建立维护组织;确定维护过程;保管维护记录;进行维护评价。

1. 维护组织

通常在软件维护工作方面,除了较大的软件开发公司外,没有正式的维护机构。维护活动的进行往往没有计划。对于一般的软件开发部门,虽然不要求建立一个正式的维护机构,但是确立一个非正式的维护机构也是非常必要的,同时在维护活动开始之前要明确不同人员的维护责任,这样可以大大地减少在维护过程中可能出现的混乱。整个维护组织结构如图 15.1 所示。

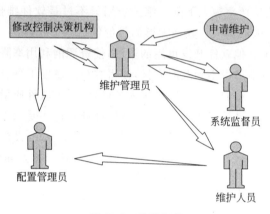

图 15.1　维护组织

每个维护申请通过维护管理员提交给某个系统监督员,系统监督员一般都是对程序(某一部分)特别熟悉的技术人员,他们对维护申请及可能引起的软件修改提出意见,并向修改控制决策机构报告,由其最后确定是否采取行动。一旦修改控制决策机构做出评价,则由维护人员进行修改。在维护人员对程序进行修改的过程中,由配置管理员严格把关,控制修改的范围,对软件配置进行审计。维护管理员、系统监督员、修改控制决策机构等,均代表维护工作的某个职责范围。修改控制决策机构、维护管理员可以是指定的某个人,也可以是一个包括管理人员、高级技术人员在内的小组。系统监督员可以有其他职责,但应具体分管某一个软件包。

这种组织方式能减少维护过程的混乱和盲目性,避免因小失大的情况发生。维护团队根据时间的不同,可以分为短期团队和长期团队。短期团队一般是当需要执行相关具体任务时,临时组织起来解决手头的问题。长期团队则更正式,需要创建沟通渠道,可以管理软件系统整个生存期的成功演化。特别地,无论是短期团队还是长期团队,都要把有经验的员工和新员工混合起来。

2. 维护过程

维护过程从用户提出维护请求开始,如果维护请求是纠错性维护,则由系统监督员判断本次申请的严重性,如果非常严重,则将该申请放入工作安排队列之首;如果并不严重,则按照评估后得到的优先级放入队列。对于非纠错性维护,则首先判断维护类型,对适应性维护,按照评估后得到的优先级放入队列;对于改善性维护,则还要考虑是否采取行动,如果接受申请,则同样按照评估后得到的优先级放入队列,如果拒绝申请,则通知请求者,并说明原因。对于工作安排队列中的任务,由修改负责人依次从队列中取出任务,按照软件工程方法学规划、组织、实施工程。如果所有接受的维护请求都处理完毕,则将所占用的资源释放出来,用于开发新的软件。否则继续进行维护活动。整个过程如图 15.2 所示。

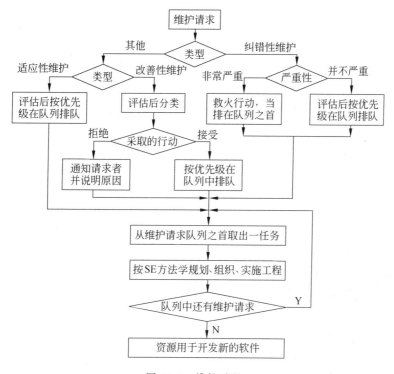

图 15.2 维护过程

虽然每种维护请求类型着眼点不同,但总的维护方法是相同的。都要进行同样的一系列技术工作:修改软件需求说明、修改软件设计、设计评审、必要时重新编码、单元测试、集成测试(包括回归测试)、确认测试等。维护工作最后一步是复审,主要审查修改过的软件配置,以验证软件结构中的所有成分的功能,保证满足维护请求表中的要求。

复审时主要考虑下列问题:

① 依照当前状态,在设计、编码和测试的哪些方面还能用其他方法进行?

② 哪些维护资源可用但未用?

③ 这次维护活动中主要(或次要)的障碍有哪些?

④ 在维护请求中有预防性维护吗?

3. 维护记录

在维护人员对程序进行修改前要着重做好两个记录:维护申请报告和软件修改报告。

应该用标准的格式来表达维护要求。软件维护人员通常向用户提供空白的维护请求表

(报告)即软件问题报告,该报告(表)由要求维护活动的用户填写。对改正性维护,用户需要详细描述错误出现的现场信息,包括输入数据、错误清单以及其他有关材料。对适应性维护或改善性维护,应该给出一个简短的需求规格说明书。维护申请被批准后,维护申请报告就成为外部文档,作为本次维护的依据。

软件修改报告指明:为满足维护申请报告提出的需求所需的工作量、本次维护活动的类别、本次维护请求的优先级、本次修改的背景数据。在拟定进一步维护计划前,软件修改报告要提交给修改决策机构,供进一步规划维护活动使用。

对程序修改内容的有效保存也是极端重要的。保存维护记录的第一个问题就是哪些数据值得保存?

通常情况下,需要考虑下述内容:程序标识、源语句数、机器指令数、使用的程序设计语言、软件安装的日期、自安装以来软件运行的次数、自安装以来软件失效的次数、程序变动的层次和标识、因程序变动而增加的源语句数、因程序变动而删除的源语句数、每次改动消耗的人时数、程序改动的日期、软件工程师的名字、维护要求的标识、维护类型、维护开始和完成的时间、用于维护的累计人时数、与完成的维护相关联的纯收益。

应该为每项维护工作都收集上述数据。可以利用这些数据构成一个维护数据库。为以后的维护工作打下良好的基础。

4. 维护评价

维护记录的保存和维护的评审是两个相关的过程,只有保存了软件维护的记录,才能对维护的过程进行评审。维护过程的评审,可以为以后项目的开发技术,编程语言,以及对维护工作量的预测与资源分配等诸多方面的决策提供参考。如果已经开始保存维护记录,可以对维护工作做一些定量度量,至少可以从如下 7 个方面进行评价:

① 每次程序运行平均失效的次数。

② 用于每一类维护活动的总人时数。

③ 平均每个程序、每种语言、每种维护类型所必需的程序变动数。

④ 维护过程中增加或删除源语句平均花费的人时数。

⑤ 维护每种语言平均花费的人时数。

⑥ 一张维护请求表的平均周转时间。

⑦ 不同维护类型所占的比例。

根据这些统计量可对开发技术、编程语言,以及对维护工作量的预测与资源分配等诸多方面的决策进行评价。

15.1.3 软件可维护性

可维护性(maintainability),是指理解、改正、调整和改进软件的难易程度。对软件可维护性影响的主要因素有:可理解性(understandability)、可测试性(testability)、可修改性(modifiability)和可移植性(portability)。

1. 主要影响因素

可理解性是指理解软件的结构、接口、功能和内部过程的难易程度。提高软件可理解性的措施有：采用模块化的程序结构；书写详细正确的文档；采用结构化程序设计；书写源程序的内部文档；使用良好的编程语言；具有良好的程序设计风格等。

可测试性是指测试和诊断软件（主要指程序）中错误的难易程度。提高软件可测试性的措施有：采用良好的程序结构；书写详细正确的文档；使用测试工具和调试工具；保存以前的测试过程和测试用例等。

可修改性是指修改软件（主要指程序）的难易程度。在修改软件时经常会发生这样的情况：修改了程序中某个错误的同时又产生新的错误（由程序的修改引起的）；或者在程序中增加了某个功能后，导致原先的某些功能不能正常执行。这主要是因为程序中各成分之间存在着许多联系，当程序中某处修改时，这些修改可能会影响到程序的其他部分。如果一个程序的某个修改，其影响波及的范围越大，则该程序的可修改性就越差；反之，其可修改性越好。软件设计中介绍的设计准则和启发式规则都是影响可修改性的因素。通常一个可修改性好的程序应当是可理解的、通用的、灵活的、简单的。通用性是指程序适用于各种功能变化而无需修改。而灵活性是指能够容易地对程序进行修改。

可移植性是指程序转移到一个新的计算环境的难易程度。影响软件可移植性的因素有：信息隐蔽原则、模块独立、模块化、高内聚低耦合、良好的程序结构、不用标准文本以外的语句等。可移植性表明程序转移到一个新的计算环境的可能性的大小，或者表明程序可以容易地、有效地在各种各样的计算环境中运行的容易程度。一个可移植的程序应具有结构良好、灵活、不依赖于某一具体计算机或操作系统的性能。通常对于软件可移植性的度量考虑如下因素：

① 是否是用高级的独立于机器的语言来编写程序？

② 是否采用广泛使用的标准化的程序设计语言来编写程序？是否仅使用了这种语言的标准版本和特性？

③ 程序中是否使用了标准的普遍使用的库功能和子程序？

④ 程序中是否极少使用或根本不使用操作系统的功能？

⑤ 程序在执行之前是否初始化内存？

⑥ 程序在执行之前是否测定当前的输入输出设备？

⑦ 程序是否把与机器相关的语句分离了出来，集中放在一些单独的程序模块中，并有说明文件？

⑧ 程序是否结构化？并允许在小一些的计算机上分段（覆盖）运行？

⑨ 程序中是否避免了依赖于字母数字或特殊字符的内部表示？

2. 软件可维护性评审

可维护性是所有软件都应该具备的基本特点，在软件工程过程的每一个阶段都应该考虑并努力提高软件的可维护性。在每个开发阶段结束前的技术审查和管理复审中，可维护性都是重要的审查指标。在进行需求分析评审时，要考虑是否对将来可能修改和可以改进的部分进行注解，对软件的可移植性加以讨论，并考虑可能影响软件维护的系统接口。在进行设计评审时，要从易于维护和提高设计总体质量的角度全面评审数据设计、体系结构设计、过程设计和界面设计。在进行代码评审时，要强调编程风格和内部文档。在进行测试时应指出软件正式交付前应进行的预防性维护。在维护活动完成后也要进行评审。

3. 提高可维护性的方法

为了延长软件的生存期,提高软件的可维护性具有决定性的意义。通常采用的方法有:确定质量管理目标和优先级、规范化程序设计风格、选择可维护性高的程序设计语言、完善程序文档和进行软件质量保证审查。

(1) 确定质量管理目标和优先级

可维护性是所有软件都应具备的基本特征。一个可维护的程序应该是可理解的,可修改的和可测试的。但是要实现所有这些目标,需要付出很大的代价。因为有些维护属性之间是相互促进的,例如,可理解性和可测试性,可理解性和可修改性,另外一些属性之间则是相互抵触的。因此,尽管可维护性要求每一种维护属性尽可能得到满足,但是它们的重要性是与程序的用途及计算环境相关的。因此,在提出维护目标的同时规定维护属性的优先级是非常必要的。这样对于提高软件的质量以及减少软件在生存周期的费用都是非常有帮助的。另外,如前所述,在程序的开发阶段就应保证软件具有可理解性、可修改性和可测试性。在软件开发的每一个阶段都应尽力考虑软件的可维护性。

(2) 使用提高软件质量的技术与工具

在进行软件设计时,采用如本书前面所述的模块化程序设计、结构化程序设计等程序设计方法,在软件开发过程中,建立主程序小组,实现严格的组织化管理、职能分工、规范标准,在对程序的质量进行检测时,也可以采用分工合作的方法,这些方法会有效地提高软件质量和检测效率,从而提高软件的可维护性。

(3) 选择可维护性高的程序设计语言

选择较好的程序设计语言对软件维护有很大的影响。低级语言(如机器代码或汇编语言)程序是一般人很难掌握和理解的,因而很难维护。高级语言比低级语言容易理解,具有更好的可维护性。在高级语言中,一些语言可能比另外一些语言更容易理解。例如,COBOL 语言比 FORTRAN 语言更容易理解,因为 COBOL 的变量接近英语;PL/1 比 COBOL 更容易理解,因为 PL/1 有更丰富、更强的语言集等。

(4) 完善程序文档

程序文档是影响软件可维护性的另一决定性因素。程序文档记载了程序的功能、程序各组成部分之间的关系、程序设计策略以及程序实现过程的历史数据的说明和补充。程序文档对提高程序的可理解性有着重要的作用。即使是一个相对简单的程序,要想有效地、迅速对它进行维护,也需要在程序文档中对它的目的和任务进行说明。而对于程序的维护人员来说,要想对程序编制人员的意图进行重新修改,并估计今后可能出现的变化,缺少文档的帮助也将很难实现。另一方面,对于程序文档一定要能及时反映程序的变化,否则将对后续维护人员产生误导。

(5) 进行质量保证审查

质量保证审查对于获得和维持软件的质量,是一个很有用的技术。除了保证软件得到适当的质量外,审查还可以用来检测在开发和维护阶段发生的质量变化。一旦检测出问题,就可以采取措施加以纠正,以控制不断增长的软件维护成本,延长软件系统的有效生存期。为了保证软件的可维护性,有 4 种类型的软件审查:在检查点进行复审、验收检查、周期性地维护审查和对软件包进行检查[70]。

15.2　再工程技术

这个世界发展越来越快,激烈竞争的市场要求企业的产品甚至生产流程快速变化以适应市场的变化,为其提供支持的软件系统也要随之进行改变。另外计算机技术的发展和软件应用环境的变化,都使得软件出现如前所述的维护需求,这些软件系统技术老化,经常出故障。如果是硬件系统,用户将可能将之丢弃,重新购买,但对于软件系统,就需要重新构建一个产品,使它具有更多的功能、更好的性能和可靠性以及更好的可维护性,以跟上变化的步伐,这就是再工程。

15.2.1　再工程的概念

介绍再工程技术之前,先介绍几个概念:逆向工程(reverse engineering)是指在软件生存周期中,将软件的某种形式描述转换成更抽象形式的活动。在软件开发时,先进行需求分析,然后进行软件体系结构设计,再进行部件级设计,继而进行编码的过程是正向工程,而逆向工程是正向工程的逆过程。重构(restructuring)是指在同一抽象级别上转换系统的描述形式。如把 C++ 程序转换成 Java 程序。设计恢复(design recovery)是指借助工具从已有程序中抽象出有关数据结构设计、体系结构设计和过程设计的信息。

再工程(reengineering)是指在逆向工程所获信息的基础上修改或重构已有的系统,产生系统的一个新版本。再工程的主要目的是为遗留系统转化为可演化系统提供一条现实可行的途径。再工程是一个工程过程,将逆向工程、重构和正向工程组合起来,将现存系统重新构造为新的形式。当实施软件的再工程时,软件理解是再工程的基础和前提。而对于软件过程来说,需要对软件过程进行再工程时,也必须全面到位地理解该软件过程,这也是开展软件过程再工程的首要条件。

为什么要进行再工程,而不是简单地进行维护或重新开发,这是因为维护一行源代码的代价可能是最初开发该行源代码代价的 14～20 倍;同时重新设计软件体系结构时使用了现代设计概念,对将来的维护会有很大的帮助;现有的程序版本可以作为软件原型使用,开发生产率可以大大高于平均水平;用户具有较多使用该软件的经验,因此,能够很容易地搞清新的变更需求和变更的范围;另外,利用逆向工程和再工程的工具,可以使一部分工作自动化;在完成预防性维护的过程中还可以建立起完整的软件配置。

再工程实施后,将生成再工程后的业务过程和/或支撑该过程的软件系统。通常再工程包含业务过程再工程和软件再工程:业务过程再工程 BPR(business process reengineering,也称业务过程重组)定义业务目标、标示并评估现有的业务过程以及修订业务过程以更好满足业务目标[15],这一部分通常由咨询公司的业务专家完成;软件再工程包含库存目录分析、文档重构、逆向工程、程序和数据重构以及正向工程。这一部分通常由软件工程师完成。

15.2.2　业务过程再工程

通常认为 Michael Hammer 的 *Harvard Business Review* 是业务过程和计算管理革命的奠基性文章,Hammer 在文章中大力呼吁使用业务过程再工程技术。不过,到 21 世纪初,对于业务过程再工程的宣传已经不太常见,但是这种过程已经在很多公司中得到使用。

一个业务过程是一组"逻辑相关的任务,它们被执行以达到符合预定义的业务结果"。在业务过程中,人、设备和材料等各种资源与业务规程组合,用来生成指定的结果。业务过程存在于生活的各个方面,例如,购买服务、雇佣新的职员、设计新产品、生产新产品等。

每个系统都由不同的子系统构成,而子系统还可以再细分为更细的子系统,从而整个业务呈现一种层次结构,如图 15.3 所示。每个业务系统由一个或多个业务过程组成,而每个业务过程则包含多个子过程。可以对这个层次中的任意层进行 BPR,处理范围越大,即层次上移,则相关风险也越大,因此,大多数 BPR 侧重于某个子过程。

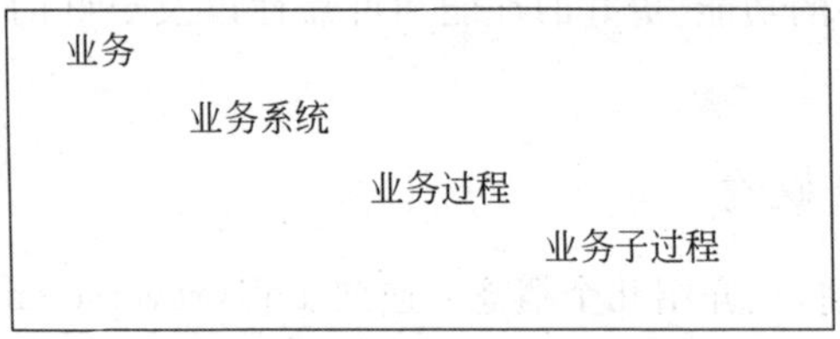

```
业务
    业务系统
        业务过程
            业务子过程
```

图 15.3　业务层次

在理想情况下,BPR 应该自顶向下地进行,从标示主要的业务目标或子目标开始,而以生成业务(子)过程中每个任务的详细规约结束。对一个业务过程进行再工程需要服从一定的原则。Hammer 在 1990 年提出以下一组原则,用于指导 BPR 活动:

- 围绕结果而不是任务进行组织。
- 让那些使用过程结果的人来执行流程。
- 将信息处理工作合并到生产原始信息的现实工作中。
- 将地理分散的资源视为好像它们是集中的。
- 连接并行的活动以代替集成它们的结果。
- 在工作完成的地方设置决策点,并将控制加入过程中。
- 在其源头一次性获取数据。

和大多数工程活动一样,业务过程再工程是迭代的。因此业务过程再工程没有开始和结束,只有不断的演化。整个业务过程再工程模型可用图 15.4 表示。

软件规模的扩大导致出现软件的管理、质量等一些严重的问题,人们开始寻找软件业中的银弹。BPR 的出现,使人们误以为 BPR 就是传说中的银弹。然而经过几年的夸大宣传后,BPR 陷于严重的批评中,又被人们认为一文不值。因此有必要树立一种对 BPR 认识的正确观点。BPR 不是银弹,当然 BPR 确实可以提高软件的质量。

15.2.3　软件再工程过程

在业务过程被分析清楚后,可以对软件实施再工程,整个软件再工程过程模型如图 15.5 所示[15]。在某些情况下,这些活动可以顺序发生,但并不总是这样,有时在文档重构前就可能先进行逆向工程。

1. 库存目录分析

库存目录包含关于每个应用系统的基本信息(例如,应用系统的名字,最初构建它的日期,已做过的实质性修改次数,过去 18 个月报告的错误,用户数量,安装它的机器数量,它的复杂程度,文档质量,整体可维护性等级,预期寿命,在未来 36 个月内的预期修改次数,业务重要程度等)。下述三类程序有可能成为预防性维护的对象:预定将使用多年的程序、当前正在成功地使用着的程序和在最近的将来可能要做重大修改或增强的程序。

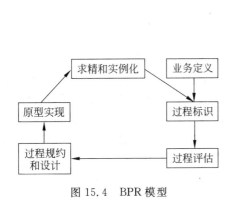

图 15.4   BPR 模型

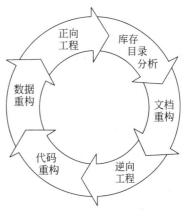

图 15.5   软件再工程过程模型[15]

2. 文档重构

建立文档非常耗费时间,不可能为数百个程序都重新建立文档。如果一个程序是相对稳定的,而且可能不会再经历什么变化,那么,让它保持现状。为了便于今后的维护,必须更新文档,但只针对系统中当前正在修改的那些部分建立完整的文档。如果某应用系统是完成业务工作的关键,而且必须重构全部文档,则仍然应该设法把文档工作减少到必需的最小量。

3. 逆向工程

软件的逆向工程是分析程序以便在比源代码更高的抽象层次上创建出程序的某种表示的过程,逆向工程工具从现存的程序代码中抽取有关数据、体系结构和处理过程等设计信息。有关逆向工程的方法和手段将在 15.2.4 节讨论。

4. 代码重构

某些老程序具有比较完整、合理的体系结构,但是,个体模块的编码方式却是难以理解、测试和维护的。在这种情况下,可以重构可疑模块的代码。

为了完成代码重构活动,首先用重构工具分析源代码,标注出和结构化程序设计概念相违背的部分。然后重构有问题的代码(此项工作可自动进行)。最后,复审和测试生成的重构代码(以保证没有引入异常)并更新代码文档。

5. 数据重构

数据重构发生在相当低的抽象层次上,是一种涉及面广的再工程活动。在大多数情况下,数据重构始于逆向工程活动,分解当前使用的数据结构,必要时定义数据模型,标识数据对象和属性,并从软件质量的角度复审现存的数据结构。

6. 正向工程

正向工程过程应用软件工程的原理、概念、技术和方法来重新开发某个现有的应用系统。在大多数情况下,被再工程的软件不仅重新实现现有系统的功能,而且加入了新功能和提高了整体性能。

15.2.4 逆向工程

逆向工程是把软件源程序还原为软件文档或软件设计的过程。通过逆向工程,可以从更高的抽象度来观察软件。抽象度的多少可由抽象的层次、文档的完整性、工具等因素决定。例如,通过逆向工程可从二进制代码导出汇编代码,从汇编代码导出源代码,从源代码导出控制流程、程序结构、数据结构、实体-关系模型等。逆向工程来源于硬件世界。硬件厂商总想弄到竞争对手产品的设计和制造"奥秘"。但是又得不到现成的档案,只好拆卸对手的产品并进行分析,企图从中获取有价值的东西。软件的逆向工程在道理上与硬件相似。但在很多时候,软件的逆向工程并不是针对竞争对手的,而是针对自己公司多年前的产品。期望从老产品中提取系统设计、需求说明等有价值的信息。

逆向工程导出的信息可分为4个抽象层次:①实现级,包括程序的抽象语法树、符号表等信息;②结构级,包括反映程序成分之间相互依赖关系的信息,如调用图、结构图等;③功能级,包括反映程序段功能及程序段之间关系的信息;④领域级,包括反映程序成分或程序诸实体与应用领域概念之间对应关系的信息。对于一项具体的维护任务,一般不必导出所有抽象级别上的信息。如代码重构任务,只需获得实现级信息即可。

根据源程序的类别不同,逆向工程还可以分为:对用户界面的逆向工程、对数据的逆向工程和对理解的逆向工程。现代的软件一般都拥有华丽的界面,当准备对旧的软件进行用户界面的逆向工程时,必须先理解旧软件的用户界面,并且刻画出界面的结构和行为。

对数据的逆向工程:由于程序中存在许多不同种类的数据,例如,内部的数据结构,以及底层的数据库和外部的文件。其中对内部的数据结构的逆向工程可以通过检查程序代码以及变量来完成;而对数据库结构的逆向工程可通过建立一个初始的对象模型,确定候选键,精化实验性的类,定义一般化,以及发现关联来完成。

对理解的逆向工程:为了理解过程的抽象,代码的分析必须在不同的层次(系统、程序、部件、模式和语句)进行。对于大型系统,逆向工程通常用半自动化的方法来完成。

逆向工程中用于恢复信息的方法主要有4类。

(1) 用户指导下的搜索与变换

这类方法用于导出实现级和结构级信息。这类方法一般可产生模块的略图(outline)、流程图和交叉访问表。

(2) 变换方法

这类方法可用于恢复实现级、结构级和功能级的信息。这类方法可用工具实现,如静态分析程序、调用图生成、控制流图生成等。

(3) 基于领域知识的方法

这类方法用于恢复功能级和领域级信息。领域知识用规则库表示,用已确定或假定的领域概念与代码之间的对应关系,推导进一步的假设,最后导出程序的功能。这类方法的不确定性很大,目前尚无成熟的工具。

(4) 铅板恢复

这类方法仅适用于推导实现级和结构级信息。这类方法用于识别程序设计"铅板"或公共结构,铅板既可是一个简单算法(如二变量互换),也可以是相对复杂的成分(如冒泡排序)。

15.3 小　　结

软件维护阶段覆盖了从软件交付使用到软件被淘汰为止的整个时期。再工程将现存系统重新构造,使它具有更多的功能、更好的性能及可靠性,产生系统的一个新版本。本章介绍了软件维护的概念、过程和软件的可维护性,以及软件再工程的概念、过程及逆向工程。

习　　题

15.1　请讨论使软件维护成本居高不下的因素。如何尽可能降低这些因素的影响?

15.2　一个大学有一个大型计算机系统,用于存储和管理所有学生和教职工的信息。该系统已经使用了 25 年,采用 COBOL 结构化程序设计技术开发,并与关系数据库通信;运行在一台 IBM 主机上;有 50 多万行代码。该系统已经进行过多次修改,既有经过策划的修改,也有快速修改,现在维护的成本过高。认识到这些问题,该大学希望利用面向对象的开发优势,但是不幸的是,维护这个系统的 90% 以上的员工都是新人,并不熟悉系统的实现。请确定软件维护人员需要完成的任务。

15.3　软件维护过程是如何进行的?为什么要进行软件可维护性分析?

15.4　考虑自己在近几年从事过的任何工作,描述在其中工作的业务过程。使用 BPR 模型来建议对该过程的改变以使其更为高效。

15.5　对业务过程再工程的功效进行研究,给出对该方法的正面的和负面的论据。

15.6　获取 3 个逆向工程工具的产品文献,并给出它们的特征。

15.7　在重构和正向工程之间存在的细微不同是什么?

15.8　如何说服正在开发新系统的客户在可重用性和可测试性上增加预算?

第 16 章

软件项目管理

"项目"如今普遍存在于人们的工作和生活之中,并对人们的工作和生活产生着重要的影响。美国著名学者罗伯特·J.格雷厄姆曾说过:"因为项目是适应环境变化的普遍方式,故而一个组织的成功与否将取决于其管理项目的水平。"[39]由于社会环境变化是绝对的,而当今社会唯一不变的就是变化。因此,一个组织要想存在和发展,就必须适应环境的变化,就有必要开展项目和项目管理。

美国的项目管理权威机构——项目管理协会(Project Management Institute, PMI)[37,38]认为,项目是一种在一段时间内为了创造某种独特的产品或服务而采取的一种努力。

在经历了软件危机和大量的软件项目失败以后,人们对软件工程产业的现状进行了多次的分析,得出了普遍性的结论:软件项目成功率非常低的原因可能就是项目管理能力太弱。由于软件本身的特殊性及复杂性,将项目管理思想引入软件工程领域,就形成了软件项目管理。软件项目管理是指软件生存周期中软件管理者所进行的一系列活动,其目的是在一定的时间和预设范围内,有效地利用人力、资源、技术和工具,使软件系统或软件产品按原定计划和质量要求如期完成。

16.1 软件项目管理概述

项目管理是通过项目经理和项目组织的努力,运用系统理论的方法对项目及其资源进行计划、组织、协调、控制,旨在实现项目的特定目标的管理方法体系。其基本内容为:①项目定义;②项目计划;③项目执行;④项目控制;⑤项目收尾[37,38]。对软件工程项目进行项目管理也需对上述 5 个方面的内容进行管理。

16.1.1 软件项目管理的关注点

由于软件项目的特殊性,将项目管理技术用于软件项目管理上,其有效的项目管理集中于 4 个 P 上:人员(people)、产品(product)、过程(process)和项目(project)[2]。

1. 人员

人员是软件工程项目的基本要素和关键因素,在对人员进行组织时,有必要考虑参与软件过程(及每一个软件项目)的人员类型,一般来说,可以分为以下 5 类。

(1) 项目管理人员

项目管理人员负责软件项目的管理工作,其负责人通常称为项目经理,项目经理除了要求掌握相应的软件开发技术外,更多的应具备管理人员应有的技能。项目经理的任务就是要对项目进行全面的管理,具体表现在对项目目标要有一个全局的观点,制定项目计划,监控项目进展,控制反馈,组建团队,在不确定环境下对不确定问题进行决策,在必要的时候进行谈判并解决冲突。

(2) 高级管理人员

高级管理人员可以是领域专家,负责提出项目的目标并对业务问题进行定义,这类业务问题经常会对项目产生较大的影响。

(3) 开发人员

这类人员常常掌握了开发一个产品或应用所需的专门技术,可胜任包括需求分析、设计、编码、测试、发布等各种相关的开发岗位。

(4) 客户

客户是一组可说明待开发软件的需求的人,也包括与项目目标有关的其他风险承担者。

(5) 最终用户

最终用户指产品或应用提交后,那些与产品/应用进行交互的人。

软件项目的组织就称为软件项目组,每一个软件项目组都有上述的人员参与。项目组的组织必须最大限度地发挥每个人的技术和能力。

2. 产品

在进行项目计划之前,应该首先进行项目定义,也就是定义项目范围,其中包括建立产品的目的和范围、可选的解决方案、技术或管理的约束等。

软件开发者和客户必须一起定义产品的目的和范围。一般情况下,该活动是作为系统工程或业务过程工程的一部分,持续到软件需求分析阶段的前期。其目的是从客户的角度定义该产品的总体目标,但不必考虑这些目标如何实现。软件范围定义了与软件产品相关的数据、功能和行为,及其相关的约束。

软件范围包括以下几个方面[2]。

(1) 周境(context)

说明待建造的软件与其他相关系统、产品或环境的关系,以及相关的约束条件。

(2) 信息目标

说明目标系统所需要的输入数据及应产生的输出数据。

(3) 功能和性能

说明软件应提供的功能,从而完成输入数据到输出数据的变换,同时还要给出对目标软件的性能要求。

软件项目范围必须是无二义的和可理解的。为控制其复杂性,必要时还需对问题进行分解。

在确定了产品的目的和范围后,就要开始设计并选择备选的解决方案,选择的依据是由产品交付期限、预算、可用的人员、技术接口及各种其他因素所形成的约束。

3. 过程

传统的项目管理有大项目—项目—活动—任务—工作包—工作单元等多种分解层次,对软件项目来说,强调的是对其进行过程控制,通常将项目分解为任务-子任务等,其分解准则是基于软件工程的过程。

软件过程提供了一个包含了任务的框架,软件项目中这些任务的组合就组成了软件开发的全面计划,任务中包含了任务名、里程碑、工作产品和质量特征等内容,根据软件项目的不同特征和项目需求,选择不同的软件过程,并可对这些框架中的活动进行修改。当然,对不同的软件过程,也存在少量的公共过程框架活动(framework activities)以及保护性活动(umbrella activities)。保护性活动(如软件质量保证、软件配置管理和测量等)独立于任何一个框架活动,并贯穿于整个软件开发过程。

软件过程模型详见 1.4 节。

公共过程框架活动可有以下几种[2]。

(1)客户交流

建立开发者和客户之间的有效需求诱导所需要的任务。

(2)计划

定义资源、进度及其他相关项目信息所需要的任务。

(3)风险分析

评估技术的及管理的风险所需要的任务。

(4)构造及发布

构造、测试、安装和提供用户支持(如文档及培训)所需要的任务。

(5)客户评估

基于对在工程阶段生产的或在安装阶段实现的软件表示的评估,获取客户反馈所需要的任务。

软件项目组应该灵活地选择最适合当前项目的软件过程模型以及模型中所包含的活动和任务。对于一些以前已有开发类似项目经验的较小项目,可以采用类似项目的软件过程。对于一些需求不很明确的项目,可选择原型模型或螺旋模型。如果项目的开发时间较短,在规定的时间内难以完成所有的功能,则可选择增量模型。总之,项目组应根据项目的具体情况和特点,选择合适的软件过程模型。

4. 项目

进行有计划和可控制的软件项目是管理复杂性的一种方式。

既然采用了项目这种方式,就有必要采用科学的方法及工具对项目基本内容进行管理。Real 提出了包含如下 5 个部分常识的软件项目方法[2]。

(1)明确目标及过程

充分理解待解决的问题,明确定义项目目标及软件范围,为项目小组及活动设置明确、现实的目标,并充分发挥相关小组的自主性。

(2)保持动力

为了维持动力,项目管理者必须提供激励措施以保持人员变动为绝对最小的量,小组应该强调所完成的每个任务的质量,而高层的管理应该尽量不干涉项目小组的工作方式。

(3) 跟踪进展

针对每个软件项目,当每个任务的工作制品(如规约、源代码、测试用例集合等)作为质量保证活动的一部分而被批准(通过正式的技术评审)时,对其进展进行跟踪,并对软件过程和项目进行测量。

(4) 做出聪明的决策

本质上,项目管理者和软件小组的决策应该"保持其简单"。例如,采用成品构件(COTS)或采用标准方法等。

(5) 项目总结

建立一个一致的机制以从每个完成的项目中获取可学习的经验。对计划的和实际的进度进行评估,收集和分析软件项目度量,从项目组成员和客户处获取反馈,并记录所有发现的问题。

16.1.2 软件项目管理的内容

软件项目管理的对象是软件工程项目,其范围覆盖了整个软件工程过程,而现代项目管理的要求就是要对项目的整个过程进行计划,以及对项目的实施进行控制,也就是对软件项目进行开发过程的支持、管理与质量和进度的控制。图 16.1 给出了一个软件项目管理的通用过程。

在确定一个软件项目时,首先要标识项目的范围和目的,以及与项目相关的基础设施。标识项目基础设施是指对该项目所需的所有资源进行定义,包括相关的软硬件设施以及人员、资金、工期等资源。为使软件项目开发获得成功,在软件项目开始之前必须进行可行性研究。在项目可行性得到认证后,进入项目策划阶段。同时可以进行项目的启动,建立项目的组织结构,选取合适的项目负责人。项目计划阶段的主要活动包括选取合适的过程模型和问题特征,决定对项目产品及活动的分解、分析各阶段/活动中可能存在的风险、为活动分配资源(包括软硬件、估算工作量和成本以及其他资源)、标识里程碑、安排进度计划等。在计划完成后就需进行计划的执行,在执行计划的过程中进行对项目的追踪和控制。而软件质量管理、软件配置管理、度量等保护性和支持性活动则贯彻在从概念到实现的整个过程中。最后通过项目评审结束项目。

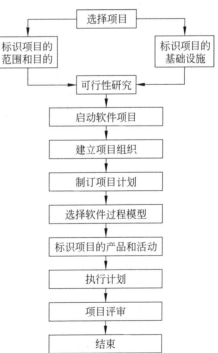

图 16.1　软件项目管理过程示例

以下对软件项目管理过程中的相关概念和主要活动进行简要说明。

1. 启动一个软件项目

在软件项目启动前,必须对该项目进行可行性分析,明确项目的目标和范围,并在此基础上选择候选的解决方案及可采用的软件过程模型,估算新系统可能的开发和运行成本及其效益,同时给出该项目在技术和管理上的要求。在此基础上,相关人员可以确定如下内容:

- 合理、精确的成本分析。
- 实际可行的任务分解。
- 可管理的进度安排。

一个软件项目可能存在多种解决方案,可在多种方案中选择一个相对完善的方案,给出诸如交付期限、预算、个人能力、技术界面及其他许多因素构成的限制。

一般来说,在正式启动软件项目前,须组织项目组,并召开项目启动会议(kick-off meeting),内容包括:

- 项目组的初步交流。
- 进一步对项目目标的理解。
- 对组织形式、管理方式、方针的一致认识。
- 明确岗位职责。

2. 项目组织

项目组织是由项目负责人(项目经理)领导的,在项目组的统一管理下,不同类型的项目组成员共同协同完成软件项目。可以有多种结构的项目组织形式,项目的组织结构关系到项目的可管理程度,也会影响到项目的成败。

一般来说,项目组织结构一旦确定,就不会轻易改变,在规划软件工程项目组织结构时,可考虑如下因素[15,2]:

- 待解决问题的困难程度。
- 目标系统的规模,可用代码行或功能点来度量。
- 项目组的生存期,即项目小组需要共同工作的时间。
- 问题可被分解的程度。
- 对目标系统要求的质量和可靠性。
- 可供开发时间的紧迫性,即交付时间的严格程度。
- 项目组内部的通信的复杂性,即成员(小组)之间正式或非正式通信的机制。

3. 项目计划

项目计划是项目组织根据软件项目的目标及范围,对项目实施中进行的各项活动进行周密的计划,根据项目目标确定项目的各项任务、安排任务进度、编制完成任务所需的资源预算等,从而保证项目能够在合理的工期内,以尽可能低的成本和尽可能高的质量完成软件项目。

项目计划包括:工作计划、人员组织计划、设备采购计划、变更控制计划、进度控制计划、财务计划、文件控制计划、应急计划等。

4. 软件度量

软件度量是指计算机软件范围内的测量,主要是为产品开发的软件过程和产品本身定义相关的测量方法和标度,对软件开发过程度量的目的是为了对过程进行改进,对产品进行度量的目的是为了提高产品的质量。度量的作用是为了有效地采用定量的方式来进行管理,需要考虑如下问题:

① 合适的度量是什么?

② 所收集的数据如何使用?

③ 用于比较个人、过程或产品的度量是否合理?

管理人员可以利用各种度量技术来了解软件工程过程的实际执行情况及所生产的产品质量,从而为项目管理决策提供支持。

5. 项目估算

软件项目管理过程中的关键活动之一就是制定项目计划,而在进行项目计划时就需要对项目所需的工作量(以人月为单位)、项目持续时间(以年份或月份为单位)、成本(以货币为单位)进行估算。这种估算一般可以利用以前的项目作为参考。若新项目与以前的某个项目在规模和功能上十分类似,则新项目需要的工作量、开发持续时间和成本大致与那个老项目相同。若新项目是一个全新的项目,缺乏可类比的历史项目数据,那么就有必要采用软件的估算技术。

在项目估算时,通常采用多种估算技术,以利于不同估算技术之间的交叉检查。

6. 风险管理

现代项目管理的一个优势在于引进了风险管理技术。对一个待开发的软件项目来说,其人员、经费、进度及用户需求均存在着许多不确定的因素,如建立的软件系统的用户需求是否被充分理解,是否存在技术难题,以及估算的不准确性等。所谓风险管理实际上就是一系列管理项目风险的步骤,它标识软件项目中的风险,预测风险发生的概率以及风险造成的影响,并对所有可能出现的风险进行评估,找出那些可能导致项目失败的风险,然后采取相应的措施来缓解风险。风险管理的活动主要包括风险标识、风险预测、风险评估、风险管理和控制。这些步骤贯彻于整个软件工程过程中。

7. 进度安排

为了确保软件项目在规定的时间内按期完成,必须事先对项目进行进度安排,包括将项目划分成可管理的子项目、任务和活动,确定任务之间的依赖关系,找出影响项目按期完成的关键任务,为每个任务分配时间、资源以及指定责任人,定义每个任务的输出结果及其关联的里程碑等。在项目实施过程中,通过跟踪实际执行情况,可及时发现项目偏离进度安排的程度,以便采取措施加以调整,确保项目按期完成。

8. 追踪与控制[38]

项目计划、追踪和控制是密切相关的,对于任何带有目标的活动,都要进行实施前的工作计划,也包括对项目的跟踪及报告、控制活动的计划。

由于计划是事先确定和安排的,具有假设性和预测性,因此在实际执行时经常会发生变化。一旦确定了项目开发计划,就可实施项目的跟踪和控制。跟踪是控制的前提,实际上是在项目实施过程中对影响项目进展的内外部因素进行及时的、连续的、系统的记录和报告的活动,其核心在于反映项目变化、提供相关信息的报告。软件项目一旦建立了开发进度安排,就可以着手进行追踪和控制活动,由项目管理者负责追踪在进度安排中标明的每一个任务。

控制是通过相关的工具和技术,对项目计划与实际执行进行对比,并对项目的未来走向进行预测,通过对比及预测,进行项目的各种调整。如果任务实际完成日期滞后于进度安排,则管理人员应确定该进度误期造成的影响,并采取必要的补救措施,如对资源重新调整或重新分配任务等,而最坏的情况就是要修改交付日期。采用这种追踪和控制可以较早发现进度问题,从而及时采取相应的调整措施。

9. 软件配置管理

在软件开发过程中,由一组软件人员对相同的文档或程序进行变更(change)会导致相关文档的不一致。为了避免这种情况,就有必要采用软件配置管理(software configuration management,SCM),该活动存在于整个软件过程中,是软件过程的保护性活动。软件配置管理是标识和确定系统中配置项的过程,在系统整个生存期内控制这些项的发布和变更,记录并报告配置的状态和变更要求,验证配置项的完整性和正确性。

16.2 软 件 度 量

软件度量用以对产品及开发产品的过程进行度量。软件产品、软件过程、资源都具有外部属性和内部属性。外部属性是指面向管理者和用户的属性,体现了软件产品/软件过程与相关资源和环境的关系,如成本、效益、开发人员的生产率,经常可采用直接测量的办法进行;而软件的内部属性是指软件产品或软件过程本身的属性,如软件产品的结构、模块化程度、复杂性、程序长度等,其中有些属性,如可维护性、可靠性等,只能用间接测量的方法度量,间接测量就需要一定的测量方法或模型。

软件度量有两种分类方法:第一种分类是将软件度量分为面向规模的度量、面向功能的度量和面向人的度量;第二种分类是将软件度量分为生产率度量、质量度量和技术度量,如图 16.2 所示。

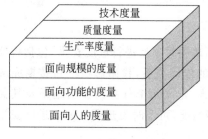

图 16.2 软件度量分类

软件生产率度量主要关注于软件工程活动的制品,软件质量度量可指明软件满足明确的和隐含的用户需求的程度,技术度量主要集中在软件产品的某些特征(如逻辑复杂性、模块化程度)上,而不是软件开发的全过程。

面向规模的度量用于收集与软件规模相关的软件工程输出信息和质量信息,面向功能的度量则集中在程序的“功能性”和“实用性”,面向人的度量则收集有关人们开发计算机软件所用方式的信息和人员理解有关工具的方法和效率的信息。

下面参照 GB/T 16260.1—2006《产品质量——第 1 部分：质量模型》和 GB/T 25000.1《软件产品质量要求与评价(SQuaRE)SQuaRE 指南》给出几个与度量相关的基本术语的定义。

（1）Metric 度量

定义的测量方法和测量标度。

标度指具有特性定义的一组值。例如，一组类别、一组有序刻度的序数、一组等距的有序刻度。

（2）Measurement 测量

使用一种度量，把标度值(可以是数或类别)赋予实体的某个属性。

（3）Measure(verb)测量

进行一次测量(measurement)。

（4）Measure(noun)测度

作为测量结果被赋予值的变量。

（5）直接测量(direct measure)

不依赖于任何其他属性测量的一种属性测量。

（6）间接测量(indirect measure)

从一个或一个以上其他属性的测量导出的一种属性测量。

（7）内部测量(internal measure)

产品本身的一种直接或间接的测量。

（8）外部测量(external measure)

通过系统行为的测量导出的产品的一种间接测量，其中产品是系统的一部分。

16.2.1 面向规模的度量

面向规模的度量是一种利用软件的规模对某些软件属性进行度量的方法。软件规模通常用程序的代码行(line of code,LOC)或千行代码 KLOC(1000LOC)来衡量。由于代码行自然、直观地反映了软件项目的规模，也容易直接测量，因此面向规模的度量是一种常用的度量方法。测量出软件项目的代码行后，可方便地度量其他的软件属性，如软件开发的生产率，每行代码的平均开发成本，文档数量(页数)与代码量(KLOC)的比例关系，每千行代码中包含的软件错误数等。

表 16.1 给出了面向规模的常用度量公式，其中，工作量和成本不仅仅是编码活动的工作量和成本，而是指整个软件工程活动(包括分析、设计、编码和测试)的工作量成本。

表 16.1　面向规模的度量公式

度　量　名	含义及表示
LOC 或 KLOC	代码行数或千行代码数
生产率 P	$P=LOC/E$，E 为开发的工作量(常用人月数表示)
每行代码平均成本 C	$C=S/LOC$，S 为总成本
文档代码比 D	$D=Pe/KLOC$，其中 Pe 为文档页数
代码错误率 EQR	$EQR=N/KLOC$，其中 N 为代码中错误数

在一个组织中,常用一个表格来记录项目中面向规模的度量,如表 16.2 所示。

表 16.2　软件项目记录

项　　目	开发工作量 (人月)E	成本 S (人民币,千元)	代码行 (KLOC)	文档页数 Pe (页数)	错误数 N
审计项目	60	900	40	2000	150
书店管理	24	150	12	930	59
酬金管理	10	120	5.5	350	21

可得到的度量如表 16.3 所示。

表 16.3　项目度量示例

项　　目	代码行(KLOC)	生产率 P	每行代码成本 C	文档代码比 D	代码错误率 EQR
审计项目	40	667	22.5	50	3.8
书店管理	12	500	12.5	77.5	4.9
酬金管理	5.5	550	21.8	63.6	3.8

虽然面向规模的度量方便、直观,但代码行数依赖于程序设计语言,对同一个软件,用不同程序语言编写的程序的代码行数是不同的,同时对一些因良好的设计而导致代码量小的软件来说,这种度量显得不够客观。

16.2.2　面向功能的度量

Albrecht 于 1979 年首次提出了面向功能的度量,它是一种针对软件的功能特性进行度量的方法,该方法主要考虑软件系统的"功能性"和"实用性"。他建议一种称为"功能点"(function point,FP)的测量,功能点是基于软件信息域的特征(可直接测量)和软件复杂性进行计算的[2]。

1. 功能点度量

功能点的计算步骤如下。

(1) 计算信息域特征的值 CT

表 16.4 给出了用于功能点度量的 5 个信息域特征及其含义,这 5 个信息域特征的值都能通过直接测量方便地得到。将这些测量值填入表 16.5 中,并根据信息域特征的复杂程度选择适当的加权因子,然后对其进行计算,便得到总计 CT 的值。

表 16.4　信息域特征含义

特　征　名	含　　义
用户输入数	对每个用户输入进行计数,它们向软件提供不同的面向应用的数据。输入应该与查询分开,分别计数
用户输出数	对每个用户输出进行计数,它们向用户提供面向应用的信息。这时,输出是指报表、屏幕、出错消息等。一个报表中的单个数据项不单独计数
用户查询数	一个查询被定义为一次联机输入,它导致软件以联机输出的方式产生实时的响应。每一个不同的查询都要计算

特 征 名	含 义
文件数	对每个逻辑上的主文件进行计数(即数据的一个逻辑组合,可能是某个大型数据库的一部分或是一个独立的文件)
外部接口数	对所有机器可读的接口(如存储介质上的数据文件)进行计数,利用这些接口可以将信息从一个系统传送到另一个系统

表 16.5　特征计数表

测 量 参 数	特 征 值	加 权 因 子			结果(=特征值×加权因子)
		简单	中间	复杂	
用户输入数		×3	×4	×6	
用户输出数		×4	×5	×7	
用户查询数		×3	×4	×6	
文件数		×7	×10	×15	
外部接口数		×5	×7	×10	
总计 CT					

（2）计算复杂度调整值

复杂度调整值 $F_i(i=1\sim14)$ 是基于对表 16.6 中问题的回答而得到的值,对每个问题回答的取值范围是 $0\sim5$,见表 16.7。

表 16.6　复杂度问题表

序号	问　题	$F_i(0\sim5)$
1	系统需要可靠的备份和恢复吗?	
2	需要数据通信吗?	
3	有分布处理功能吗?	
4	性能很关键吗?	
5	系统是否在一个现存的、重负的操作环境中运行?	
6	系统需要联机数据登录吗?	
7	联机数据登录是否需要在多屏幕或多操作之间切换以完成输入?	
8	需要联机更新文件吗?	
9	输入、输出、文件或查询很复杂吗?	
10	内部处理复杂吗?	
11	代码需要被设计成可复用的吗?	
12	设计中需要包括转换及安装吗?	
13	系统的设计支持不同组织的多次安装吗?	
14	应用的设计方便用户修改和使用吗?	
总　计		

表 16.7　复杂度取值表

值	定　义	值	定　义
0	没有影响	3	普通的
1	偶然的	4	重要的
2	适中的	5	极重要的

(3) 计算功能点 FP

采用下面的关系式计算功能点：

$$FP = CT * (0.65 + 0.01 * F)$$

其中,CT 是步骤(1)得到的"总计数值",F 是步骤(2)得到的 F_i 之和。

一旦计算出功能点,则用类似代码行的方法来计算软件生产率、质量及其他属性,参见表 16.8。

表 16.8　功能点度量公式

度 量 名	含 义 表 示
生产率 P	$P = FP/E$, E 为开发的工作量(常用人月数表示)
每个功能点成本 C	$C = S/FP$, S 为总成本
每个功能点文档数 D	$D = Pe/FP$, 其中 Pe 为文档页数
功能点错误率 EQR	$EQR = N/FP$, 其中 N 为错误数

2. 扩展的功能点度量

功能点度量最初主要用于商业信息系统的度量,它强调数据维,即信息域特征值,而忽略了对功能维和行为(控制)维的关注。因此对一些强调功能和控制的工程系统或嵌入式系统,就不太适宜用上述的功能点方法进行度量。

针对上述问题,Jones 提出了称为特征点(feature point)的扩展的功能点度量方法。该方法在原信息域特征中增加了一个算法特征,并将算法定义为"特定计算机程序中所包含的一个界定的计算问题"。这种特征点度量方法适用于算法复杂性较高的应用。由于实时系统、过程控制软件和嵌入式软件都有较高的算法复杂性,因此也适合使用特征点度量[15]。

表 16.9 给出了扩展的功能点度量的 CT 的计算,其他的计算公式不变。

表 16.9　扩展功能点的 CT 计算

测量参数	计 数	加 权 因 子	结 果
用户输入数		×4	
用户输出数		×5	
用户查询数		×4	
文件数		×7	
外部接口数		×7	
算法		×3	
总计 CT			

3. 基于规模与基于功能度量的比较

代码行和功能点度量之间的关系依赖于实现软件所采用的程序设计语言及设计的质量。表 16.10 给出了在不同的程序设计语言中实现一个功能点所需的平均代码行数的一个粗略估算[2]。

表 16.10　每个功能点的 LOC 值

程序语言	每个 FP 之 LOC 值			
	平　均	中　等	低	高
Access	35	38	15	47
Ada	154	—	104	205
APS	86	83	20	184
ASP 69	62	—	32	127
Assembler	337	315	91	694
C	162	109	33	704
C++	66	53	29	178
Clipper	38	39	27	70
COBOL	77	77	14	400
DBase Ⅳ	52	—	—	—
Excel 47	46	—	31	63
FoxPro	32	35	25	35
Informix	42	31	24	57
Java	63	53	77	—
JavaScript	58	63	42	75
JCL	91	123	26	150
JSP	59	—	—	—
Lotus Notes	21	22	15	25
Mapper	118	81	16	245
Oracle	30	35	4	217
PeopleSoft	33	32	30	40
Perl	60	—	—	—
PL/1	78	67	22	263
PowerBuilder	32	31	11	105
REXX	67	—	—	—
RPG Ⅱ / Ⅲ	61	49	24	155
SAS	40	41	33	49
Smalltalk	26	19	10	55
SQL	40	37	7	110
VBScript 36	34	27	50	—
Visual Basic	47	42	16	158

查表可知,C++ 的一个 LOC 所提供的"功能性"大约是 C 的一个 LOC 的 2.4 倍(平均来说),Smalltalk 的一个 LOC 至少是诸如 Ada 和 C 等传统程序设计语言的 4 倍。

16.2.3　软件质量模型

软件工程的一个重要目标就是生产高质量的软件系统或产品。GB/T25000.1—2010《软件产品质量要求与评价(SquaRE)-SquaRE 指南》中将软件质量定义为:在规定条件下使用时,软件产品满足明确或隐含要求的能力。

典型的软件质量模型有 McCall 模型、GB/T 16260 质量模型和 ISO/IEC 25010 质量模型。

1. McCall 模型

1978 年 McCall 等人提出了一个包括软件质量要素(factor)、评价准则(criteria)和度量(metric)3 个层次的软件质量度量模型框架,如图 16.3 所示。其中,要素反映了软件的质量,决定产品质量的软件属性用作评价准则,量化的度量体系可测量软件质量属性的优劣。

以下分别对这 3 个部分进行介绍。

(1) 软件质量要素

McCall 分别从面向软件产品的运行、修正和转移 3 个方面给出了 11 个软件质量要素,如图 16.4 所示。其中,与软件运行相关的质量要素包括正确性、可靠性、效率、完整性和易用性;与软件修正相关的质量要素包括可维护性、灵活性和可测试性;与软件转移相关的质量要素包括可移植性、可复用性和互操作性。

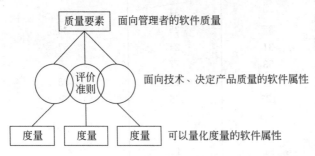

图 16.3 McCall 的软件质量度量模型

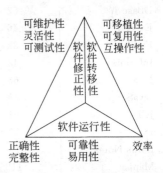

图 16.4 McCall 的软件质量要素

这些质量要素之间存在一定的相关性,如表 16.11 所示,其中△表示正相关,▼表示负相关。在软件的开发过程中应根据项目的具体情况,对质量要素的要求进行折衷,以达到用户在总体上对软件质量满意的目标。

表 16.11 质量要素之间的关系

要素 ＼ 关系 ＼ 要素	正确性	可靠性	效率	完整性	易用性	可维护性	可测试性	灵活性	可移植性	可复用性	互操作性
正确性											
可靠性	△										
效率											
完整性			▼								
易用性	△	△	▼	△							
可维护性	△	△	▼		△						
可测试性	△	△	▼		△	△					
灵活性	△	△	▼	▼	△	△	△				
可移植性			▼								
可复用性	▼	▼	▼			△	△	△			
互操作性			▼	▼					△		

（2）软件质量要素评价准则

上述软件质量要素是难以直接测量的,因此需要为每个质量要素定义一组软件质量属性,用作质量要素的评价准则,通过对质量属性的测量来间接测量质量要素。这些质量属性通常应能比较完整、准确地描述软件质量要素,同时容易被量化和测量,能反映软件质量的优劣。

McCall 定义的软件质量要素评价准则共有以下 21 种[15]：可审计性、准确性、通信共性、完备性、简洁性、一致性、数据共性、容错性、执行效率、可扩展性、通用性、硬件独立性、自检测性、模块性、可操作性、安全保密性、自文档性、简单性、软件系统独立性、可追踪性、易培训性。

表 16.12 给出了软件质量要素与评价准则之间的关系。

表 16.12　质量要素与评价准则

关　系		质　量　要　素										
		正确性	可靠性	效率	完整性	可维护性	可测试性	可移植性	可复用性	互操作性	易用性	灵活性
评价准则	可审计性				✓		✓					
	准确性		✓									
	通信共性									✓		
	完备性	✓										
	简洁性			✓		✓						✓
	一致性	✓	✓			✓						✓
	数据共性									✓		
	容错性		✓									
	执行效率			✓								
	可扩展性											✓
	通用性							✓	✓	✓		✓
	硬件独立性							✓	✓			
	自检测性				✓	✓	✓					
	模块性		✓			✓	✓	✓	✓	✓		✓
	可操作性		✓								✓	
	安全保密性				✓							
	自文档性					✓	✓	✓	✓			✓
	简单性		✓			✓	✓					✓
	软件系统独立性							✓	✓			
	可追踪性	✓										
	易培训性										✓	

（3）可量化的度量

软件质量度量模型框架的最底层是可量化的度量，可量化的度量定义了每个质量属性（评价准则）的可量化的度量指标，通过对这些指标的测量（可以是主观的，也可以是客观的）和加权计算得到质量属性的测量值。在 McCall 的模型中未给出具体的度量指标，度量者可根据不同的软件类型定义不同的度量指标体系。

（4）质量要素值的计算

在计算质量要素值之前，首先要将质量属性的测量值归一化，即将其变换到 0～1 范围内的实数。

假设：F_j 是第 j 个质量要素，M_k 是第 k 个质量属性（评价准则）经归一化后的测量值，C_{jk} 是第 k 个质量属性在 F_j 中的加权系数。那么，F_j 可用下列公式计算：

$$F_j = \sum_{k=1}^{21} C_{jk} M_k$$

其中，$1 \leqslant j \leqslant 11, 1 \leqslant k \leqslant 21, 0 \leqslant M_k \leqslant 1, \sum_{k=1}^{21} C_{jk} = 1, C_{jk} \geqslant 0$，当 $C_{jk} = 0$ 时，表示第 j 个质量要素与第 k 个质量属性无关。

2. GB/T 16260 质量模型

GB/T 16260—2006《产品质量》是参照 ISO/IEC 9126—2001 制定的国家标准，该标准分 4 个部分，其中第一部分是 GB/T 16260.1《产品质量——第 1 部分：质量模型》，其质量模型由质量特性、子特性和度量 3 个层次组成。标准中只给出质量特性和质量子特性，第三层是由度量者定义的可定量化度量指标。

GB/T 16260 标准描述了关于软件产品质量的两种模型，一是内部质量和外部质量的模型，二是使用质量的模型。

内部质量（internal quality）是基于内部视角的软件产品特性的总体。即软件产品本身的质量，这些质量属性能反映软件产品在特定条件下使用时满足明确和隐含需要的能力。

外部质量（external quality）是基于外部视角的软件产品特性的总体。即软件产品作为计算机系统的一个组成部分，反映系统在特定条件下使用时，软件产品使得系统的行为能满足明确和隐含需要的能力。

使用质量（quality in use）是基于用户观点的软件产品用于指定的环境和使用周境时的质量。即在特定的使用周境中，软件产品使得特定用户在达到有效性、生产率、安全性和满意度等方面的特定目标的能力。

GB/T 16260 的外部和内部质量的质量模型将软件质量属性划分为 6 个特性：功能性、可靠性、易用性、效率、维护性和可移植性，并进一步细分为若干子特性。

（1）功能性（functionality）

当软件在指定条件下使用时，软件产品提供满足明确和隐含要求的功能的能力，包括如下子特性：

- 适合性（suitability）：软件产品为指定的任务和用户目标提供一组合适的功能的能力。
- 准确性（accuracy）：软件产品提供具有所需精度的正确或相符的结果或效果的

能力。

- 互操作性(interoperability)：软件产品与一个或更多的规定系统进行交互的能力。
- 安全保密性(security)：软件产品保护信息和数据的能力，以使未授权的人员或系统不能阅读或修改这些信息和数据，而不拒绝授权人员或系统对它们的访问。
- 功能性的依从性(functionality compliance)：软件产品遵循与功能性相关的标准、约定或法规以及类似规定的能力。

（2）可靠性(reliability)

在指定条件下使用时，软件产品维持规定的性能级别的能力，包括如下子特性：

- 成熟性(maturity)：软件产品为避免由软件中故障而导致失效的能力。
- 容错性(fault tolerance)：在软件出现故障或者违反其指定接口的情况下，软件产品维持规定的性能级别的能力。
- 易恢复性(recoverability)：在失效发生的情况下，软件产品重建规定的性能级别并恢复受直接影响的数据的能力。
- 可靠性的依从性(reliability compliance)：软件产品遵循与可靠性相关的标准、约定或法规的能力。

（3）易用性(usability)

在指定条件下使用时，软件产品被理解、学习、使用和吸引用户的能力，包括如下子特性：

- 易理解性(understandability)：软件产品使用户能理解软件是否合适，以及如何能将软件用于特定的任务和使用条件的能力。
- 易学性(learnability)：软件产品使用户能学习其应用的能力。
- 易操作性(operability)：软件产品使用户能操作和控制它的能力。
- 吸引性(attractiveness)：软件产品吸引用户的能力。
- 易用性的依从性(usability compliance)：软件产品遵循与易用性相关的标准、约定、风格指南或法规的能力。

（4）效率(efficiency)

在规定条件下，相对于所用资源的数量，软件产品可提供适当性能的能力，包括如下子特性：

- 时间特性(time behaviour)：在规定条件下，软件产品执行其功能时，提供适当的响应和处理时间以及吞吐率的能力。
- 资源利用性(resource utilisation)：在规定条件下，软件产品执行其功能时，使用合适数量和类别的资源的能力。
- 效率依从性(efficiency compliance)：软件产品遵循与效率相关的标准或约定的能力。

（5）可维护性(maintainability)

软件产品可被修改的能力。修改可能包括纠正、改进或软件对环境、需求和功能规格说明变化的适应，包括如下子特性：

- 易分析性(analysability)：软件产品诊断软件中的缺陷或失效原因或识别待修改部分的能力。

- 易改变性(changeability)：软件产品使指定的修改可以被实现的能力。
- 稳定性(stability)：软件产品避免由于软件修改而造成意外结果的能力。
- 易测试性(testability)：软件产品使已修改软件能被确认的能力。
- 可维护性的依从性(maintainability compliance)：软件产品遵循与可维护性相关的标准或约定的能力。

（6）可移植性(portability)

软件产品从一种环境迁移到另外一种环境的能力，包括如下子特性：

- 适应性(adaptability)：软件产品勿须采用额外的活动或手段就可适应不同指定环境的能力。
- 易安装性(installability)：软件产品在指定环境中被安装的能力。
- 共存性(co-existence)：软件产品在公共环境中同与其分享公共资源的其他独立软件共存的能力。
- 易替换性(replaceability)：软件产品在同样环境下，替代另一个相同用途的指定软件产品的能力。
- 可移植性的依从性(portability compliance)：软件产品遵循与可移植性相关的标准或约定的能力。

GB/T 16260 的使用质量的质量模型将软件质量属性划分为 4 个特性：有效性，生产率，安全性和满意度，但没有子特性：

（1）有效性(effectiveness)

软件产品在指定的使用周境下，使用户能达到与准确性和完备性相关的规定目标的能力。

（2）生产率(productivity)

软件产品在指定的使用周境下，使用户为达到有效性而消耗适当数量的资源的能力。

（3）安全性(safety)

软件产品在指定的使用周境下，达到对人类、业务、软件、财产或者环境造成损害的可接受的风险级别的能力。

（4）满意度(satisfaction)

软件产品在指定的使用周境下，使用户满意的能力。

3. ISO/IEC 25010 质量模型

ISO/IEC 25000《软件产品质量要求与评价(SquaRE)》系列标准的总目标是开发一个组织上有逻辑的、强化的和统一的系列标准，以覆盖两类(软件产品质量和软件产品评价)主要过程、软件质量要求规程和由软件质量测量过程所支持的软件质量评价。ISO/IEC 25010《系统和软件质量模型》是 ISO/IEC 25000 系列标准中的一个标准，包括系统/软件产品质量模型和使用质量模型。

ISO/IEC 25010 的系统/软件产品质量模型由以下 8 个质量特性和 31 个子特性组成。

- 功能适合性：功能完备性，功能正确性，功能适当性。
- 性能效率：时间特性，资源利用性，容量。
- 兼容性：共存性，互操作性。

- 易用性(usability):适当性,可辨认性,易学性,易操作性,用户差错预防,用户界面美学性,可访问性。
- 可靠性:成熟性,可用性(availability),容错性,易恢复性。
- 安全保密性(security):保密性(confidentiality),完整性,抗抵赖性,可核查性,真实性。
- 维护性:模块性,复用性,易分析性,易修改性,易测试性。
- 可移植性:适应性,易安装性,易替换性。

ISO/IEC 25010 的使用质量模型由以下 5 个质量特性和 9 个子特性组成。

- 有效性。
- 效率。
- 满意度:可用度(usefulness),可信度,愉悦度,舒适度。
- 抗风险性:经济风险缓解度,健康和安全风险缓解度(health and safety risk mitigation),环境风险缓解度。
- 周境覆盖:周境完备性(context completeness),灵活性。

16.2.4　程序复杂性度量

软件复杂性是指理解和处理软件的难易程度,包括程序复杂性和文档复杂性,软件复杂性主要体现在程序的复杂性中。本节主要介绍程序复杂性的度量。

1. 程序复杂性度量原则

程序复杂性度量是软件度量的重要组成部分,是指理解和处理程序的难易程度。开发规模相同、复杂性不同的程序,花费的时间和成本会有很大的差异。K. Magel 从以下 6 个方面描述程序的复杂性[5]:

- 程序理解的难度。
- 纠错、维护程序的难度。
- 向他人解释程序的难度。
- 按指定方法修改程序的难度。
- 根据设计文件编写程序的工作量。
- 执行程序时需要资源的程度。

普遍认为,程序复杂性度量模型应遵循下列基本原则[5]:

- 程序复杂性与程序大小的关系不是线性的。
- 控制结构复杂的程序较复杂。
- 数据结构复杂的程序较复杂。
- 转向语句使用不当的程序较复杂。
- 循环结构比选择结构复杂,选择结构又比顺序结构复杂。
- 语句、数据、子程序和模块在程序中的次序对复杂性有影响。
- 全局变量、非局部变量较多时,程序较复杂。
- 参数按地址调用比按值调用复杂。
- 函数的隐式副作用相对于显式参数传递而言更加难以理解。

- 具有不同作用的变量共用一个名字时较难理解。
- 模块间、子程序间联系密切的程序比较复杂。
- 嵌套深度越深,程序越复杂。

典型的程序复杂性度量有 McCabe 环形复杂性度量和 Halstead 的复杂性度量。

2. McCabe 环形复杂性度量

1976 年 McCabe 提出了一种基于程序图的程序复杂性度量方法。程序图是一种退化的程序流程图,程序图将程序流程图中的每个处理符号(包括处理框、判断框、起点、终点等)退化成一个结点(若干个连续的处理框可合并成一个结点),流程图中连接处理符号的控制流变成程序图中连接结点的有向弧。

McCabe 环形复杂性度量方法建立在图论的基础之上。对于一个强连通的有向图 G,若 e 是图中的弧数,n 是图中的结点数,p 是强连通分量的个数,则图 G 的环数可用下列公式计算得到:

$$V(G) = e - n + p$$

对于一个单入口和单出口的程序(或模块)来说,从入口结点都能到达图中的任一结点,从任一结点也都能到达出口结点,所以程序图都是连通的,但通常不是强连通的,为此,在程序图中增加一条从出口结点到入口结点的弧,这样的程序图就是强连通的了。对于单入口和单出口的程序(或模块),其连通分量只有一个,即 $P=1$。

对图 16.5(a)的例子,当增加了出口结点到入口结点的弧后成为图 16.5(b),它的 $e=7$,$n=5$,$V(G)=7-5+1=3$。在图 16.5(b)也能明显地看到 3 个环。

为了简化环形复杂性的计算,通常用下列公式直接对图 16.5(a)进行计算:

$$V(G) = e - n + 2$$

此时,$e=6$,$n=5$,$V(G)=6-5+2=3$。

可以证明,环的个数等于程序图中的区域(有界的或无界的)个数。如图 16.5(a)中,有 3 个区域 R_1,R_2,R_3。

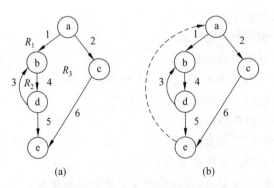

图 16.5 程序控制结构图示例

环形复杂性度量反映了程序(或模块)的控制结构的复杂性。McCabe 发现 $V(G)=10$ 是一个实际模块的上限,当模块的环复杂度超过 10 时,要充分测试这个模块变得特别难。

3. Halstead 复杂性度量

Halstead 提出的软件科学理论确定了软件开发中的一些定量规则,给出了一组基本的度量公式,利用这组公式可以在程序产生之后对程序进行度量,也可在设计完成后用于估算。他认为程序是由操作符和操作数组成的符号序列。操作符包括算术操作符、逻辑操作符、赋值符、分界符、括号、子程序调用符等,还包括"begin end"、"for do"、"repeat until"、"while do"、"if then else"等,它们都看作单个操作符。操作数是由程序定义并引用的操作对象,可以是变量、常量、数组、记录、指针等。

设 n_1 为程序中不同操作符的个数;

n_2 为程序中不同操作数的个数;

N_1 为程序中操作符的总数;

N_2 为程序中操作数的总数。

Halstead 度量公式如下。

① 程序的符号长度:$N = N_1 + N_2$。

② 程序的词汇量:$n = n_1 + n_2$。

③ 程序量(指存储容量):$V = N\log_2(n_1 + n_2) = (N_1 + N_2)\log_2(n_1 + n_2)$。

习惯上,称该公式为长度方程。

④ 最小程序量:可以认为,最小的程序只有两个操作符:函数调用和赋值,即 $n_1 = N_1 = 2$,而操作数 n_2^* 就是赋予函数值的变量和函数调用时的参数,即 $n_2^* = n_2 = N_2$。代入长度方程,可得最小程序量为:$V^* = (2 + n_2^*)\log_2(2 + n_2^*)$。

⑤ 预测程序长度:$N' = n_1\log_2 n_1 + n_2\log_2 n_2$。

⑥ 预测程序潜在的错误数:$B' = V/3000$。

16.2.5 软件可靠性度量

软件可靠性是指在规定的条件下和规定的时间内软件按规格说明要求不引起系统失效的概率。软件可靠性是软件质量的一项重要指标,在一些实时系统、嵌入式系统,特别是一些对人身安全和国民经济有重要影响的关键系统,软件可靠性是关系系统成败的重要因素。

软件可靠性与软件的故障率密切相关,一旦发现故障,就需要进行修复。软件修复通常由发现故障、纠正错误、测试和系统重新启动 4 个步骤组成。软件修复时间的长短也是影响软件可靠性的重要因素。

软件可靠性通常用下列公式进行计算:

$$\text{MTBF} = \text{MTTF} + \text{MTTR}$$

其中,MTBF(mean time between failure)是平均故障(失效)间隔时间,MTTF(mean time to failure)是平均故障(失效)时间,MTTR(mean time to repair)是平均修复时间。

软件可用性(availability)是指软件在投入使用时能实现其指定的系统功能的概率。可用下式计算:

$$\frac{\text{MTTF}}{\text{MTTF} + \text{MTTR}} \times 100\%$$

16.3　软件项目估算

软件项目估算涉及到人、技术、环境、资源等多种因素,因此,在项目计划阶段很难精确地估算出项目的成本、持续时间和工作量。因此,需要一些方法和技术来支持项目的估算。常用的估算方法有下列 3 种:

① 基于已经完成的类似项目进行估算,这是一种常用的也是有效的估算方法。

② 基于分解技术进行估算。分解技术包括问题分解和过程分解。问题分解是将一个复杂问题分解成若干个小问题,通过对小问题的估算得到复杂问题的估算。过程分解指先根据软件开发过程中的活动(分析、设计、编码、测试等)进行估算,然后得到整个项目的估算值。

③ 基于经验估算模型的估算。典型的经验估算模型有 IBM 估算模型、CoCoMo 模型和 Putnam 模型。

上述方法可以组合使用,以提高估算的精度。

16.3.1　代码行、功能点和工作量估算

代码行、功能点和工作量是最基本的项目估算内容,是其他质量属性估算的基础。

一种简单有效的估算方法如下:

① 请若干名有经验的技术人员或管理人员,采用上述估算方法的一种或多种,分别估算出代码行 LOC 或功能点 FP 的乐观值 a_i,悲观值 b_i 及最有可能的值 m_i。

② 计算出平均值 a,b,m。

③ LOC 或 FP 的规模估算值: $e=(a+4m+b)/6$。

④ 根据以前该组织软件开发的平均生产率(规模/人月数)和平均成本(资金/规模)计算工作量估算值和成本估算值,估算公式如下:

$$工作量估算值=e/平均生产率$$

$$成本估算值=e*平均成本$$

例 16.1　估算计算机辅助设计(CAD)软件项目[2,5]。

将该 CAD 项目按功能分解为如下 7 个子项目:

- 用户界面和控制。
- 二维几何分析。
- 三维几何分析。
- 数据库管理。
- 计算机图形显示。
- 外设控制。
- 设计分析。

表 16.13 给出了 7 个子项目代码行的乐观、悲观、最可能的估算值,并利用上述公式计算出各子项目代码行的加权平均值。同时根据以往类似项目的开发经验,给出各子项目的平均成本和平均生产率,然后计算出各子项目的成本和工作量估算值,经汇总得到整个项目的代码行、成本和工作量的估算值。

表 16.13　代码行和成本、工作量估算

功　　能	乐观值 LOC	最可能值 LOC	悲观值 LOC	加权平均	美元/LOC	LOC/PM	成本(美元)	工作量(人月)
用户界面控制	1790	2400	2650	2340	14	315	32 760	7.4
二维几何分析	4080	5200	7400	5380	20	220	107 600	24.4
三维几何分析	4600	6900	8600	6800	20	220	136 000	30.9
数据库管理	2900	3400	3600	3350	18	240	60 300	13.9
计算机图形显示	3900	4900	6200	4950	22	200	108 900	24.7
外设控制	1990	2100	2450	2140	28	140	59 920	15.2
设计分析	6600	8500	9800	8400	18	300	151 200	28.0
总计				33 360			656 680	144.5

表 16.14 按过程分解分别给出各子项目的工作量估算值,然后用每人月的平均成本计算出项目的成本估算值。对照表 16.13 和表 16.14 可知,其工作量和成本的估算值是基本一致的。

表 16.14　工作量估算

工作量(人月)　　任务 功能	需求分析	设　　计	编　　码	测　　试	总　　计
用户界面控制	1.0	2.0	0.5	3.5	7.0
二维几何分析	2.0	10.0	4.5	9.5	26.0
三维几何分析	2.5	12.0	6.0	11.0	31.5
数据库管理	2.0	6.0	3.0	4.0	15.0
计算机图形显示	1.5	11.0	4.0	10.5	27.0
外设控制	1.5	6.0	3.5	5.0	16.0
设计分析	4.0	14.0	5.0	7.0	30.0
总计(人月)	14.5	61.0	26.5	50.5	152.5
每人月成本	5200	4800	4250	4500	
成本(美元)	75 400	292 800	112 625	227 250	708 075

16.3.2　IBM 估算模型

IBM 估算模型是基于代码行的静态单变量模型。

设 L 为源代码行数(KLOC),则:

$$工作量\ E=5.2\times L^{0.91}\ 人月$$
$$项目持续时间\ D=4.1\times L^{0.36}=14.47\times E^{0.35}$$
$$人员数\ S=0.54\times E^{0.6}$$
$$文档数量\ DOC=49\times L^{1.01}$$

在此模型中,一条机器指令为一行源代码,不包括程序注释及其他说明,而对于非机器指令编写的程序,例如,汇编或高级语言,应转换成机器指令代码行数来考虑。转换系数表如表 16.15 所示。

表 16.15　转换系数表

语　言	转换系数	语　言	转换系数
简单汇编	1	FORTRAN	4～6
宏汇编	1.2～1.5	PL/1	4～10

16.3.3　CoCoMo 模型

1981 年,Boehm 提出"构造性成本模型"(constructive cost model,CoCoMo 模型)。CoCoMo 模型是一种精确的、易于使用的成本估算方法,CoCoMo 模型按其详细程度分为基本 CoCoMo、中间 CoCoMo 和详细 CoCoMo 3 个级别。

CoCoMo 模型将软件项目类型划分为组织型、半独立型和嵌入型 3 类,其定义如表 16.16 所示[4]。

表 16.16　项目类型表

项 目 类 型	定　义
组织型	相对较小、较简单的软件项目,对需求不苛刻,开发人员对开发目标理解充分,相关的工作经验丰富,对使用环境熟悉,受硬件约束较少,程序规模不大(<5 万行),如多数应用软件、早期的操作系统和编译程序等
嵌入型	软件在紧密联系的硬件、其他软件和操作的限制条件下运行,通常与硬件设备紧密结合在一起,对接口、数据结构、算法要求较高,软件规模任意。如大而复杂的事务处理系统、大型/超大型操作系统、航天用控制系统、大型指挥系统等
半独立型	介于组织型和嵌入型之间,软件规模和复杂性属中等以上,最大可达 30 万行。如多数事务处理系统、操作系统、数据库管理系统、大型库存/生产控制系统、简单的指挥系统等

1. 基本 CoCoMo 模型

$$E = a(L)^b$$
$$D = cE^d$$

其中,E 表示工作量,单位是人月;D 表示开发时间,单位是月;L 是项目的源代码行估计值,不包括程序中的注解及文档,其单位是千行代码;a、b、c、d 是常数,其取值如表 16.17 所示。

表 16.17　基本 CoCoMo 模型参数

项目类型	a	b	c	d
组织型	2.4	1.05	2.5	0.38
半独立型	3.0	1.12	2.5	0.35
嵌入型	3.6	1.20	2.5	0.32

基本 CoCoMo 模型可通过估算代码行的值 L,然后计算开发工作量和开发时间的估算值。

2. 中间 CoCoMo 模型

中间 CoCoMo 模型以基本 CoCoMo 模型为基础,并考虑了 15 种影响软件工作量的因素,通过工作量调节因子(EAF)修正对工作量的估算,从而使估算更合理。其公式如下:

$$E = a(L)^b EAF$$

其中,L 是软件产品的目标代码行数,单位是千行代码数;a、b 是常数,取值如表 16.18 所示。

表 16.18　中间 CoCoMo 模型参数

项 目 类 型	a	b
组织型	3.2	1.05
半独立型	3.0	1.12
嵌入型	2.8	1.20

表 16.19 给出了影响工作量的因素及其取值,每个调节因子 F_i 的取值分为很低、低、正常、高、很高、极高 6 级,正常情况下 $F_i=1$;当 15 个 F_i 选定后,可得:

$$EAF = \prod_{i=1}^{15} F_i$$

表 16.19　调节因子取值表

工作量因素 F_i		很 低	低	正 常	高	很 高	极 高
产品因素	软件可靠性	0.75	0.88	1.00	1.15	1.40	
	数据库规模		0.94	1.00	1.08	1.16	
	产品复杂性	0.70	0.85	1.00	1.15	1.30	1.65
计算机因素	执行时间限制			1.00	1.11	1.30	1.66
	存储限制			1.00	1.06	1.21	1.56
	虚拟机易变性		0.87	1.00	1.15	1.30	
	环境周转时间		0.87	1.00	1.07	1.15	
人员的因素	分析员能力		1.46	1.00	0.86		
	应用领域实际经验	1.29	1.13	1.00	0.91	0.71	
	程序员能力(软硬件结合)	1.42	1.17	1.00	0.86	0.82	
	虚拟机使用经验	1.21	1.10	1.00	0.90	0.70	
	程序语言使用经验	1.41	1.07	1.00	0.95		
项目因素	现代程序设计技术	1.24	1.10	1.00	0.91	0.82	
	软件工具的使用	1.24	1.10	1.00	0.91	0.83	
	开发进度限制	1.23	1.08	1.00	1.04	1.10	

3. 详细 CoCoMo 模型

详细 CoCoMo 模型的估算公式与中间 CoCoMo 模型相同,并按分层、分阶段的形式给出其工作量影响因素分级表。针对每一个影响因素,按模块层、子系统层、系统层,有 3 张工作量因素分级表,供不同层次的估算使用。每一张表中又按开发的各个不同阶段给出。

如软件可靠性在子系统层的工作量因素分级表如表 16.20 所示[4]。

表 16.20 软件可靠性工作量因素分级表(子系统层)

阶段 可靠性级别	需求和产品设计	详 细 设 计	编程及单元测试	集 成 测 试	综　　合
非常低	0.80	0.80	0.80	0.60	0.75
低	0.90	0.90	0.90	0.80	0.88
正常	1.00	1.00	1.00	1.00	1.00
高	1.10	1.10	1.10	1.30	1.15
非常高	1.30	1.30	1.30	1.70	1.40

16.3.4 Putnam 模型

1978 年 Putnam 提出了一种软件项目工作量估算的动态多变量模型。Putnam 根据一些大型软件项目(30 人年以上)的工作量分布情况,推导出软件项目在软件生存周期各阶段的工作量分布,如图 16.6 所示。图中的工作量分布曲线与著名的 Rayleigh-norden 曲线相似。根据该曲线给出代码行数、工作量和开发时间之间的关系,如下所示:

$$L = C_K E^{1/3} t_d^{4/3}$$

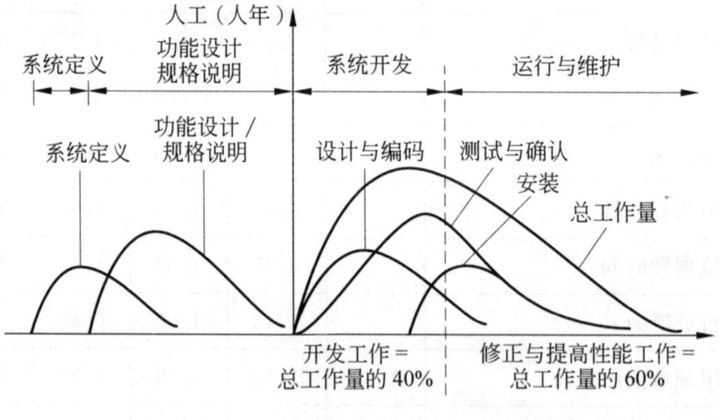

图 16.6 大型软件项目的工作量分布

其中,L 表示源程序代码行数(LOC);t_d 表示开发持续时间(年);E 是包括软件开发和维护在整个生存期所花费的工作量(人年);C_K 表示技术状态常数,其值依赖于开发环境;

$$C_K = \begin{cases} 2000 & \text{比较差的软件开发环境} \\ 8000 & \text{一般的软件开发环境} \\ 11000 & \text{比较好的软件开发环境} \end{cases}$$

差的软件开发环境是指,软件开发没有软件开发方法学的支持,缺少文档和评审,采用批处理方式;一般的软件开发环境应有软件开发方法学的支持,有适宜的文档和评审,采用交互处理方式;好的软件开发环境应采用 CASE 工具和集成化 CASE 环境。

由上式,得到:

$$E = L^3 / (C_K^3 t_d^4)$$

该式表明,工作量 E 与开发时间 t_d 的 4 次方成反比。通过计算可知,如果想让开发时间缩短 10%,则工作量大约要增加 52%。

16.3.5 软件可靠性估算

本节主要介绍与软件可靠性密切相关的程序中残留错误数的估算和平均故障间隔时间的估算。

1. 错误植入法

假设程序中测试前残留的错误数为 N,然后人为地在程序中植入 N_s 个错误,这些植入的错误对测试人员来说是未知的。经过一段时间的测试,如果发现的错误数为 n,其中植入的错误数为 n_s,则原程序中残留的错误估算值 N' 可用下式计算:

$$N' = \frac{n N_s}{n_s}$$

2. 分别测试法

采用两组(名)程序测试员同时对一个程序进行独立测试,假设:

$E_r =$ 程序中原有的残留错误数

$E_1 =$ 第一组测试员发现的错误数

$E_2 =$ 第二组测试员发现的错误数

$E_0 =$ 两组测试员同时发现的错误数

程序中残留错误的估计值可用下式计算:

$$E_r = \frac{E_1 \cdot E_2}{E_0}$$

3. 软件平均故障间隔时间估算

在假设软件故障率是常数的前提下,通常可通过统计程序运行 H 小时期间出现的故障次数 r 来估算软件故障率 λ。其估算公式如下:

$$\lambda = r/H$$

于是,软件的平均故障时间 MTTF 可用下式估算:

$$\text{MTTF} = 1/\lambda = H/r$$

根据软件项目组对以往项目的故障修复时间的统计,可得到平均故障修复时间 MTTR。那么,软件平均故障间隔时间可用下式估算:

$$\text{MTBF} = \text{MTTF} + \text{MTTR} = H/r + \text{MTTR}$$

16.4　项目进度管理

软件项目进度管理的目的是确保软件项目在规定的时间内按期完成。一个软件项目通常可分成多个子项目和任务,这些任务之间存在一定的关系,有些任务可并行开发,有些任务必须在另一些任务完成后才能进行。完成每个任务都需要一定的资源,包括人、时间等。项目管理者的任务就是定义所有的项目任务以及它们之间的依赖关系,制定项目的进度安排,规划每个任务所需的工作量和持续时间,并在项目开发过程中不断跟踪项目的执行情况,发现那些未按计划进度完成的任务对整个项目工期的影响,并及时进行调整。

在制定软件项目进度安排时,常常有两种不同的情况:第一种情况是有明确的交付日期,大多数的应用软件都属于这种情况。客户方会规定明确的交付日期,如 90 天,此时进度安排必须在此约束下进行。第二种情况是只规定了大致的时间界限,最终的交付日期由开发组织确定。例如,一些研究性的项目,只规定研究期限,如两年,此时的进度安排可以比较灵活,工作量的安排可充分考虑对资源的合理利用。

指导软件项目进度安排的基本原则如下[2]。

1. 划分

项目必须被划分成若干可以管理的活动和任务。为了实现项目的划分,对产品和过程都需要进行分解。

2. 相互依赖性

确定各个被划分的活动或任务之间的相互关系。有些任务必须是串行的,有些可以并行执行。

3. 时间分配

必须为每个被调度的任务分配一定数量的工作单位(如若干人天的工作量)。此外,必须为每个任务制定开始和结束日期,这些日期是相互依赖的。

4. 工作量确认

每个项目都有预定数量的人员参与。在进行时间分配时,项目管理者必须确保在任意时段中分配给任务的人员数量不会超过项目组中的人员数量。例如,一个项目分配了 3 名员工参加(即每天可分配的工作量最多为 3 人天)。而在某一天中,需要完成 7 项并发的任务,每个任务需要 0.50 人天的工作量。在这种情况下,所分配的工作量就大于可用于分配的工作量。

5. 定义责任

每个被调度的任务都应该指定某个特定的小组成员来负责。

6. 定义结果

每项计划的任务都应该有一个确定的输出结果。对于软件项目而言,输出结果通常是一个工作产品(如一个模块的设计)或某个工作产品的一部分。通常将多个工作产品组合成"可交付产品"。

7. 定义里程碑

每个任务或任务组都应该与一个项目里程碑相关联。当一个或多个工作产品经过质量评审并且得到认可时,标志着一个里程碑的完成。

16.4.1 人员与工作量之间的关系

除了一些特别小的软件项目可以由一个人独立完成外,大多数的软件项目都需要多个人合作完成。在多人合作完成一个项目时,人员之间必须进行交流,以解决合作过程中的各种问题。人员之间的交流也需要花费时间和成本,从而导致生产率的下降。

一般来说,一个由 n 个人组成的项目组,如果每两人之间都存在一条通信路径,则组内共存在 $n(n-1)/2$ 条通信路径。图 16.7 给出了由 4 个人或 6 个人组成的项目组的所有通信路径。

(a) 4 人之间所有通信路径　　(b) 6 人之间所有通信路径

图 16.7　通信路径示例

对于一个由 4 人组成的项目组来说,存在 6 条通信路径。如果每个人单独完成项目(即不考虑人员之间的通信)时的软件生产率为 5000 行/人年,那么,整个项目组的生产率为 20 000 行/年。假定每增加一条通信路径,生产率要降低 250 行/年,那么,整个项目组的生产率为 20 000-(250×6)=18 500 行/年,即生产率下降了 7.5%。显然,随着项目组人数的增加,生产率会进一步下降。

然而这也并不意味着减少人员之间的通信就可以提高整体生产率。人员之间的通信是必不可少的,它对提高软件质量、保证软件顺利开发起着十分重要的作用。这里只是说明人员的增加对生产率产生的影响,也就是说增加一个人并不等于净增了一个人的工作量,应扣除相应的通信代价。

此外,应强调的是,参与项目的人员数与整体生产率之间的关系并非是线性的。

总之,每个开发小组的成员不宜太多,而且应该通过合理的组织形式减少组内的通信路径数。在开发过程中尽量不要中途加入,避免因与新成员的大量交流而造成生产率的损失。16.6 节将进一步介绍软件项目的人员组织。

16.4.2 任务的分解与并行

软件项目采用一定的组织形式将软件开发人员进行组织,而其组织和分工与软件项目的任务分解是分不开的。为了缩短开发进度,充分发挥软件开发人员的潜力,应该根据不同的软件项目性质,选择合适的软件工程过程,对软件项目的任务进行分解,并从中找出其串行成分及并行成分,图 16.8[4] 给出了一个基于瀑布模型的任务网络示例,表示了软件工程项目各子任务之间的串行或并行的依赖关系,软件工程活动达到某个里程碑时,就应该产生相应的文档并通过评审;在图中用 * 表示软件工程项目的里程碑。

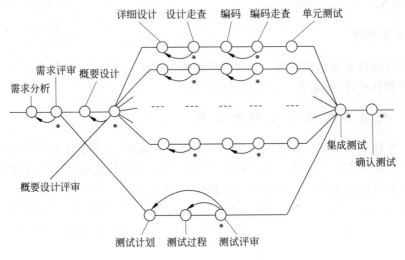

图 16.8　软件项目任务网络图

　　由于并行任务是同时发生的,因而在制定进度计划表时必须决定任务之间的从属关系,即确定各个任务的先后次序和衔接关系,以及各个任务完成的持续时间。

16.4.3　任务工作量的确定

　　根据软件工程过程的不同,可确定其相应的任务的工程量分配,常用的有 40-20-40 规则,即:在整个软件开发过程中,编码工作量仅占 20%,编码前工作量占 40%,编码后工作量占 40%。

　　当然,40-20-40 规则相当简略,只能用来作为一个指南。实际的工作量分配比例必须按照各项目的特点来决定。

　　CoCoMo 模型常用来对开发进度进行估算,表 16.21 给出了 CoCoMo 模型按目标程序规模对不同任务工作量分配的比例。在实际应用时,按此比例确定各个阶段工作量的分配,从而进一步确定每一阶段所需的开发时间,然后在每个阶段,进行任务分解,对各个任务再进行工作量和开发时间的分配。

表 16.21　任务工作量分配比例

项目类型	阶段分配	规模(千行)				
		微型 <2	小型 8	中型 32	大型 128	特大型 512
组织型	计划与需求	10	11	12	13	
	设计	19	19	19	19	
	编码与单元测试	63	59	55	51	
	组装与测试	18	22	26	30	

项目类型	阶段分配	规模（千行）				
		微型 <2	小型 8	中型 32	大型 128	特大型 512
半独立型	计划与需求	16	18	20	22	24
	设计	24	25	26	27	28
	编码与单元测试	56	52	48	44	40
	组装与测试	20	23	26	29	32
嵌入型	计划与需求	24	28	32	36	40
	设计	30	32	34	36	38
	编码与单元测试	48	44	40	36	32
	组装与测试	22	24	26	28	30

当然，实际工作量受到了较多因素的制约，如果想要缩短开发时间，或想要保证开发进度，必须考虑影响工作量的那些因素。

16.4.4　进度安排

软件项目的进度安排与任何其他多任务工程的进度安排几乎没有差别。因此，通用的项目进度安排工具和技术不必做太多修改就可以应用于软件项目。在项目计划阶段，就应对产品的功能/活动进行分解，并进行工作量估算，这是进度安排的前提。

为监控软件项目的进度计划和工作的实际进展情况，表示各项任务之间进度的相互依赖关系，需要采用图示的方法。在图示方法中，必须明确标明：

① 各个任务的计划开始时间和完成时间。

② 各个任务的完成标志。

③ 各个任务与参与工作的人数，各个任务与工作量之间的衔接情况。

④ 完成各个任务所需的物理资源和数据资源。

甘特图和网络图是两种常用的图示方法。

1. 甘特图

甘特图（Gantt chart），也称时间表（timeline chart），用来建立项目进度表，在该进度表中，关注一组任务（该组任务是通过分解得到的）。在甘特图中，每一任务完成的标准，不是以能否继续下一阶段任务为标准，而是以必须交付的文档和通过评审为标准。因此在甘特图中，文档编制与评审是软件开发进度的里程碑。在图中，采用△或◆来表示其里程碑。

图16.9及图16.10给出了两种甘特图表示的示例[2]。

2. 计划评审技术

计划评审技术（program evaluation and review technique，PERT）和关键路径方法（critical path method，CPM）是两种可以用于软件开发的项目进度安排方法。它们是安排

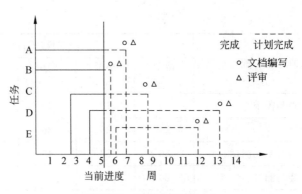

图 16.9 甘特图示例（一）

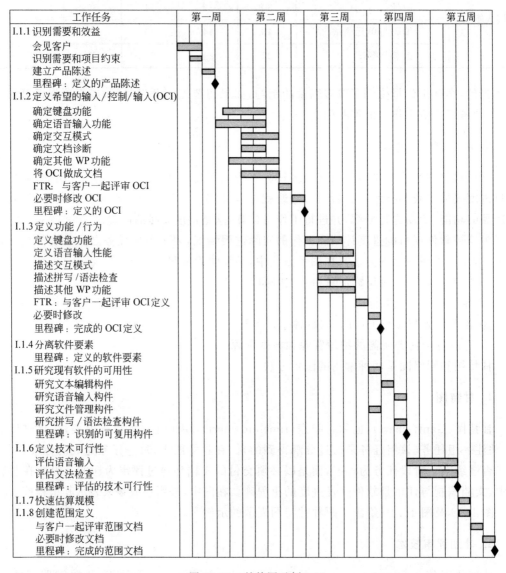

图 16.10 甘特图示例（二）

开发进度、制定软件开发计划的最常用方法。

这两种方法的原理是一致的,都采用网络图来描述一个项目的任务网络,从一个项目的开始到结束,把应当完成的任务用图或表的形式表示出来。

PERT 图是一个有向图,图中的箭头表示任务(或作业),箭头上可标上完成该任务所需的时间,图中的结点称为事件,表示流入该结点的任务已完成,可以开始流出该结点的任务。任务和事件的符号如图 16.11 所示。仅当所有流入结点的任务都完成时,流出该结点的任务才同时开始。事件本身不消耗时间和资源,它仅代表某个时间点。一个任务可由事件之间的箭头来表示,两个事件之间仅可存在一条箭头。为了表示任务之间的关系,可以引入空任务,空任务完成的时间为零。

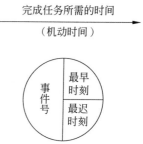

图 16.11　事件和任务

每个事件用一个事件号进行标记,最早时刻和最迟时刻的定义如下。

(1)最早时刻

最早时刻表示所有到达该事件的任务最早在此时刻时完成,或从该事件出发的任务最早在此时刻时才可开始。

(2)最迟时刻

最迟时刻表示所有到达该事件的任务最迟必须在此时刻完成,或从该事件出发的任务最迟必须在此时刻时开始,否则整个工程就无法按期完成。

可以通过对每个任务机动时间的计算来求出项目的关键路径,机动时间表示在不影响整个工期的情况下,完成该任务有多少机动余地。

以下给出计算关键路径的步骤。

(1)计算最早时刻 EFT

设 (i,j) 为连接事件 i,j 的任务,$t(i,j)$ 为任务 (i,j) 的持续时间,I 为所有任务的集合,$t_E(j)$ 为事件 j 的最早时刻,设起始事件为 0 号事件,n 号事件为结束事件。规定 $t_E(0)=0$,从左到右按事件发生的顺序计算每个事件的最早时刻,那么就有事件 j 的最早时刻为:

$$t_E(j)=\max\{t_E(i)+t(i,j)\}$$
$$(i,j)\in I$$

如图 16.12 所示。

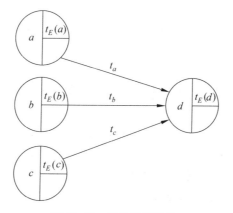

图 16.12　最早时刻图示

$$t_E(d) = \max\{t_E(a) + t_a, t_E(b) + t_b, t_E(c) + t_c\}$$

设有图 16.13 所示的网络图,采用上述计算公式可得到其最早时刻,如图 16.14 所示。

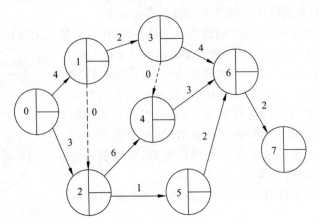

图 16.13　待求解网络图示例

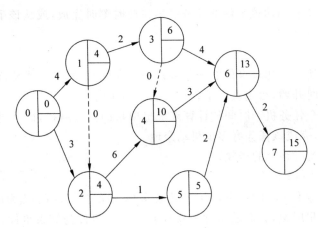

图 16.14　求出的最早时间

(2) 计算最迟时刻 LET

以 $t_L(i)$ 表示事件 i 的最迟时刻,设 n 为最后一个事件,则有:

$$t_L(n) = t_E(n)$$

可从右到左按事件发生的逆序计算每个事件的最迟时刻,事件 i 的最迟时刻为:

$$t_L(i) = \min\{t_L(j) - t(i,j)\}$$
$$(i,j) \in I$$

对图 16.13 中的示例,可得其最迟时刻如图 16.15 所示。

(3) 计算机动时间

对事件 i 和事件 j 之间的任务 (i,j),其机动时间为:

$$t_L(j) - t_E(i) - t(i,j)$$

对图 16.13 的示例,其机动时间如图 16.16 所示。机动时间为零的任务(作业流)组成了整个工程的关键路径。组成关键路径的任务所需的实际完成时间不能超过整个工程的预定时间。

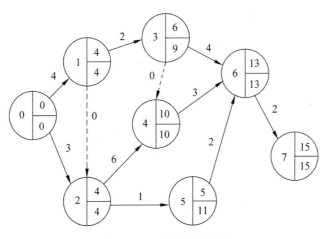

图 16.15 求出最迟时刻

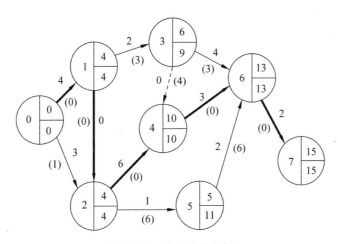

图 16.16 关键路径示例

3．跟踪进度

在项目的开发过程中，必须根据项目进度表，跟踪和控制各任务的实际执行情况，一旦发现某个任务(特别是关键路径上的任务)未在计划进度规定的时间范围内完成，并会导致整个项目的延期，那么，就要采取措施进行调整，此时可能要增加额外的资源、增加新的员工或调整项目进度表。可以通过以下方式来实现项目跟踪[2]：

① 定期举行项目状态会议，由项目组中的各个成员分别报告进度和问题。

② 评价在软件工程过程中产生的所有评审结果。

③ 确定正式的项目里程碑是否在预定日期内完成。

④ 比较项目表中列出的各项任务的实际开始日期与计划开始日期。

⑤ 非正式地与开发人员进行会谈，获取他们对项目进展及可能出现的问题的客观评价。

16.5 风 险 管 理

早期的项目管理,项目决策者较多地考虑项目的代价和计划,对风险考虑很少。现代项目管理与传统项目管理相比的一个显著特点就是引入了风险管理技术。项目风险管理强调的是对项目目标的主动控制,对项目实现过程遇到的风险和干扰因素可以做到防患于未然,以避免或减少损失。

风险的基本表达是:在特定情况下以及特定时间内,那些可能发生的结果与预期结果之间的差异,差异越大,风险越大。风险应该具备如下因素:

- 事件(不希望发生的变化)。
- 事件发生的概率(事件发生具有不确定性)。
- 事件的影响(后果)。
- 风险的原因。

风险可表示成不确定性和后果的函数:

$$风险 = f(事件,不确定性,后果)$$

而特定的风险可采用必要的措施得到最大限度的避免,因此:

$$风险 = g(事故,安全措施)$$

因而,风险管理就是识别和评估风险,建立、选择、管理解决风险的可选方案和组织方法,具体来说,包括了风险标识、风险预测、风险评估以及风险管理与监控 4 个活动。

16.5.1 风险标识

从宏观上看,风险管理的第一步就是识别潜在的风险,这是软件风险管理中最重要的一步。风险可以分为项目风险、技术风险和商业风险 3 类。

项目风险威胁到项目计划,具体是指对软件项目产生不良影响的预算、进度、人力、资源、顾客和需求等方面的潜在问题。技术风险威胁到要开发的软件质量和交付时间,是指潜在的设计、实现、接口、验证和维护等方面的问题,此外,规约的二义性、技术的不确定性、陈旧或不成熟的"先进"技术都可能是技术风险。商业风险将威胁要开发的软件的生存能力。常见的商业风险包括:

① 开发了一个无人真正需要的产品(市场风险)。

② 开发的产品不符合公司的整体商业策略(策略风险)。

③ 建造了一个销售部门不知如何销售的产品(销售风险)。

④ 由于重点转移失去了高级管理层支持(管理风险)。

⑤ 没有得到充分预算或人力资源保证(预算风险)[4]。

影响软件风险的因素包括性能、成本、支持和进度[2]。

(1)性能风险

产品能满足需求且符合其使用目的的不确定的程度。

(2)成本风险

项目预算能被维持的不确定的程度。

（3）支持风险

软件易于维护和支持的不确定的程度。

（4）进度风险

项目进度能被维持且产品能按时交付的不确定的程度。

为了帮助项目管理人员全面了解软件开发过程中存在的风险，可设计并使用各类风险检测表来标识各种风险。风险表中列出了相关的一些问题，对这些问题可以选用 0～5 来回答，值越大表示风险越大。

表 16.22 中给出一个参考性的"人员配备风险检测表"[5]。

表 16.22　人员配备风险检测表

问　　题	风险程度（0～5）
开发人员的水平如何？ 开发人员在技术上是否配套？ 开发人员的数量如何？ 开发人员是否能够自始至终地参加软件开发工作？ 开发人员是否能够集中全部精力投入软件开发工作？ 开发人员对自己的工作是否有正确的期望？ 开发人员是否受过必要的培训？ 开发人员的流动是否能够保证工作的连续性？	

16.5.2　风险预测

风险预测也称风险估算，风险预测评价每种风险发生的可能性或概率以及当该风险发生时所导致的后果。风险预测活动包括如下内容[2]：

① 建立一个尺度，以反映风险发生的可能性。

② 描述风险的后果。

③ 估算风险对项目及产品的影响。

④ 标注风险预测的整体精确度，以免产生误解。

一种简单的风险预测技术是建立风险表。风险表的第 1 列列出所有的风险（由风险标识活动得到），第 2 至 4 列列出每个风险的种类（项目风险、技术风险、商业风险等）、发生的概率以及所产生的影响。风险所产生的影响可用一个数字来表示，1 表示灾难性的，2 表示严重的，3 表示轻微的，4 表示可忽略的。

项目管理者可综合考虑风险发生的概率和风险所产生的影响，对风险表排序，将高风险且高影响的风险放在表的上方，低风险且低影响的风险放在表的下方，对于高风险低影响、低风险高影响等其他情况，可从管理的角度将它们放在适当的位置。然后在风险表中定义一条中止线，管理者必须对中止线以上的风险特别关注。在 16.5.4 节的风险管理和控制中将为中止线以上的每个风险制定一个风险管理及监控计划（RMMP）。在风险表中可增加第 5 列，描述指向相应 RMMP 的指示器。

16.5.3　风险评估

风险评估活动通常采用下列形式的三元组：

$$[r_i, l_i, x_i]$$

其中，r_i 表示风险；l_i 表示风险发生的概率；x_i 表示风险产生的影响。

在风险评估过程中需进一步审查风险预测阶段对各种风险预测的精确度，并对每个风险因素（性能、成本、支持、进度）定义一个风险参考水准，当性能下降、成本超支、支持困难或进度延迟超过相应的水准时会导致项目被迫终止。

也可以为风险因素的组合定义风险参考水准。图 16.17 给出了进度和成本组合的风险参考水准，图中阴影部分是导致项目终止的区域，即当项目的成本值和进度值位于该区域时将导致项目的终止。

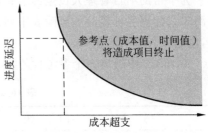

图 16.17　风险参考水准

通常风险评估过程可分为如下 4 个步骤[2]：

① 定义项目的风险参考水准。

② 建立每一个 (r_i, l_i, x_i) 与每个参考水准之间的关系。

③ 预测一组参考点以定义项目终止区域，该区域由一条曲线或不确定区域界定。

④ 预测什么样的风险组合会影响参考水准。

16.5.4　风险管理和监控

风险管理活动的目的是辅助项目组建立处理风险的策略，一个有效的策略应考虑如下 3 个问题[2]。

1. 风险避免

对付风险的最好办法是主动地避免风险，即在风险发生前，分析引起风险的原因，然后采取措施，以避免风险的发生。

例如，项目风险 r_i 表示"频繁的人员流动"，根据历史经验可知，该风险发生的概率 l_i 大约为 70%，该风险产生的影响 x_i 是第 2 级（严重的）。为了避免该风险，可以采取如下策略：

① 与现有人员探讨人员流动的原因（如恶劣的工作条件、低报酬、竞争激烈的劳务市场等）。

② 在项目开始前采取行动，缓解那些管理控制范围内的原因。

③ 一旦项目启动，采取一些技术来保证在人员离开时工作的连续性。

④ 对项目组进行良好的组织，使每一个开发活动的信息能被广泛的传播和交流。

⑤ 定义文档的标准并建立相应的机制，以确保文档能被及时建立。

⑥ 对所有工作进行详细评审，使得多个人熟悉该项工作。

⑦ 对每一个关键的技术人员都指定一个后备人员。

2. 风险监控

项目管理者应监控某些因素，这些因素可以提供风险是否正在变高或变低的指示。例如，对人员流动风险可监控如下因素：项目组成员对项目的态度、项目组的凝聚力、成员之间的关系、与报酬和利益相关的问题、在公司外工作的可能性。

3. 风险管理及监控计划

对于每个风险,特别对那些高概率高影响的风险应制定风险管理及监控计划(risk management and monitoring plan,RMMP),以减少风险带来的损失。值得注意的是 RMMP 的实施会导致额外的项目开销。表 16.23 给出了 RMMP 的目录。

表 16.23　风险管理和监控计划目录

1. 引言	2.2　风险预测
1.1　文档的范围和目的	1) 估算风险概率
1.2　概述	2) 估算风险的后果
1) 目标	3) 估算规则
2) 风险转化的优先级	4) 产生估计误差的原因
1.3　组织	2.3　风险评估
1) 管理	1) 评估方法
2) 职责	2) 评估假设及限制性
3) 工作流程	3) 风险参照水准
1.4　风险转化过程	4) 评估结果
1) 进度	3. 风险管理
2) 里程碑和评审	3.1　建议
3) 预算	3.2　风险转化选项
2. 风险分析	3.3　控制风险转化的建议
2.1　风险识别	3.4　风险监控过程
1) 风险源及风险概述	4. 附录
2) 风险分类	1) 风险位置的估算
	2) 风险排除计划

对于一个大型项目,可能识别出 30 或 40 种风险。如果为每种风险定义 3 至 7 个风险管理步骤,则风险管理本身可作为一个子项目[2]。

风险管理与监控活动如图 16.18 所示[5]。

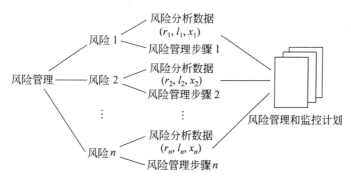

图 16.18　风险管理和监控

16.6 软件项目的组织

开发组织采用什么形式组织,不仅要考虑软件项目的特点,还需要考虑参与人员的素质。在软件项目组织中,其组织原则有以下 3 条[4]。

1. 尽早落实责任

在软件项目开始组织时,要尽早指定专人负责,使他有权进行管理,并对任务的完成负全责。

2. 减少交流接口

一个组织的生产率随完成任务中存在通信路径数目的增加而降低。要有合理的人员分工、好的组织结构、有效的通信,减少不必要的生产率的损失。

3. 责权均衡

软件经理人员承担的责任不应比赋予他的权力还大。

16.6.1 组织结构的模式

根据项目的分解和过程的分解,软件项目可有以下多种组织形式。

1. 按项目划分的模式

按项目将开发人员组织成项目组,项目组的成员共同完成该项目的所有开发任务,包括项目的定义、需求分析、设计、编码、测试、评审以及所有的文档编制,甚至包括该项目的维护。

2. 按职能划分的模式

按软件过程中所反映的各种职能将项目的参与者组织成相应的专业组,如开发组(可进一步分为需求分析组、设计组、编码组)、测试组、质量保证组、维护组等。

3. 矩阵形模式

这种模式是上述两种模式的复合。即,既按职能组织相应的专业组,又按项目组织项目组,每个软件人员既属于某个专业组,又属于某个项目组。每个软件项目,指定一个项目经理,项目组中的成员根据其所属的专业组的职能承担项目的相应任务。图 16.19 给出了一个矩阵形模式的示例。

16.6.2 程序设计小组的组织形式

这里的程序设计小组主要是指从事软件开发活动的小组。在 16.4.1 节中曾介绍过项目组成员之间的通信会导致生产率的下降。本节介绍 3 种程序设计小组的组织形式,不同的组织形式有不同的通信路径数。

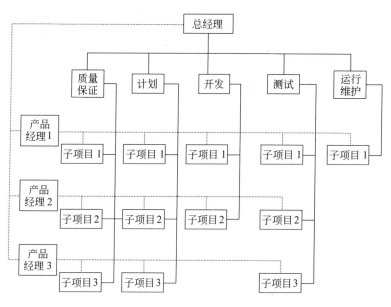

图 16.19　矩阵形模式

1. 主程序员制小组

主程序员制小组(chief programmer team)由一名主程序员、若干名程序员、一名后援(back up)工程师和一名资料员组成。主程序员通常由高级工程师担任,负责小组的全部技术活动,进行任务的分配,协调技术问题,组织评审,必要时也设计和实现项目中的关键部分。程序员负责完成主程序员指派给他的任务,包括相关的文档编写。后援工程师协助主程序员工作,必要时能替代主程序员,也做部分的开发工作。资料员负责小组中所有文档资料的管理,收集与过程度量相关的数据,为评审准备资料。一个资料员可以同时服务于多个小组。

主程序员制小组突出了主程序员的领导作用,小组内的通信主要体现在主程序员与程序员之间,如图 16.20(a)所示。

2. 民主制小组

民主制小组(democratic team)的成员之间地位平等,虽然形式上有一位组长,但小组的工作目标及决策都是由全体成员集体决定的。民主制小组的组织形式能充分发挥每个成员的积极性,他们平等地交换意见,互相合作,形成一个良好的工作氛围。但这种形式的组内通信路径比较多,如图 16.20(b)所示。

3. 层次式小组

层次式小组(hierarchical team)的组织形式是一名组长领导若干名高级程序员,每名高级程序员领导若干名程序员。组长通常就是项目负责人,负责全组的技术工作,进行任务分配,组织评审。高级程序员负责项目的一个部分或一个子系统,负责该部分的分析、设计,并将子任务分配给程序员。这种组织形式适合于具有层次结构特征的项目的开发,组内的通信路径数介于主程序员制小组和民主制小组之间，如图 16.20(c)所示。

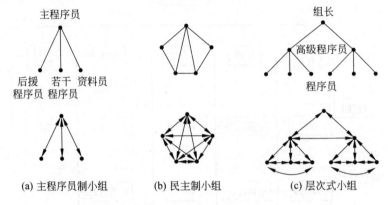

(a) 主程序员制小组　　(b) 民主制小组　　(c) 层次式小组

图 16.20　3 种组织结构及通信

16.6.3　人员配备

合理地为项目组配备人员是成功地完成软件项目的保证。合理地配备人员包括：对不同的开发活动指派不同的人员，并明确指出对各种人员的要求(或条件)。

1. 各类开发活动所需的人员

软件开发活动包括项目计划、需求分析、设计、编码、测试等。不同的开发活动对参与人员的业务和技术水平有不同的要求，对参与人员的多少也有不同的要求。通常在项目的初期(计划、分析、总体设计)需要的人员并不太多，但其业务和技术水平要高。在项目的中后期需要较多的人参与，其中大多是一些有专门技术(如编程、测试)的人。在项目临近结束(试运行)时，只需少量人员参与即可。

如果一个软件项目从开始到结束都保持一个恒定的人员配备，那么就会出现初期人员太多(浪费)，中后期人员不足，导致最后要增加额外的人员或导致进度的延迟。图 16.21 就描述了这种情况。

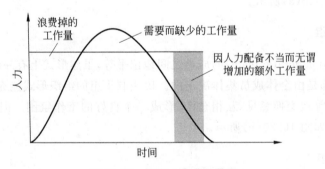

图 16.21　恒定人力的工作量

2. 配备人员的原则

在配备软件人员时应该注意以下原则[4]：

- 重质量。软件项目组不仅需要足够的人,更需要业务和技术水平高的人。
- 重培训。培养所需技术人员和管理人员是有效解决人员问题的好方法。
- 双阶梯提升。人员提升应分别按技术职务和管理职务进行,不能混在一起。

3. 项目经理的要求

项目经理是项目的组织者,关系到项目的成败,一个称职的项目经理应该具备如下能力[37,4]:

- 获得充分资源的能力。
- 组建团队的能力。
- 分解工作的能力。
- 为项目组织提供良好环境的能力。
- 权衡项目目标的能力。
- 应付危机,解决冲突的能力。
- 谈判及广泛沟通的能力。

    例如,能说服用户放弃一些不切实际的要求,以保证合理的要求得以满足;要懂得心理学,能说服上级领导和用户,让他们理解什么是不合理的要求,但又要使他们毫不勉强,乐于接受,并受到启发。
- 技术综合能力

    例如,把用户提出的非技术性要求加以整理提炼,以技术说明书的形式转告给分析员和测试员;能够把表面上似乎无关的要求集中在一起,归结为"需要什么","要解决什么问题"的能力。
- 领导才能。

4. 软件人员的素质要求

以下给出一些对软件人员的素质要求[4]:
- 牢固掌握计算机软件的基本知识和技能。
- 善于分析和综合问题,具有严密的逻辑思维能力。
- 工作踏实、细致、不靠碰运气,遵循标准和规范,具有严格的科学作风。
- 工作中表现出有耐心、有毅力、有责任心。
- 善于听取别人的意见,善于与周围人员团结协作,建立良好的人际关系。
- 具有良好的书面和口头表达能力。

16.7　软件质量管理

软件工程的目标是生产高质量的软件,高质量的软件应该具备以下条件:
- 满足软件需求定义的功能和性能。
- 文档符合事先确定的软件开发标准。
- 软件的特点和属性遵循软件工程的目标和原则。

除此之外,还应该考虑在预算和进度范围内交付,这就需要在项目进行过程中对偏差进行控制,质量控制是为了保证每一件工作产品都满足对它的需求而应用于整个开发周期中的一系列审查、评审和测试。质量控制在创建工作产品的过程中包含一个反馈循环。通过对质量的反馈,使得人们能够在得到的工作产品不能满足其规约时调整开发过程。

质量控制中的关键概念之一是所有工作产品都具有定义好的和可度量的规约,可以将每个过程的产品与这一规约进行比较。

质量保证由管理层的审计和报告构成。质量保证的目标是为管理层提供获知产品质量信息所需的数据,从而获得产品质量是否符合预定目标的认识和信心。当然如果从质量保证所提供的数据中发现了产品质量问题,则管理层负责解决这一问题,并为解决质量问题分配所需的资源。

16.7.1 软件质量保证

为了开发高质量软件,就有必要开展软件质量保证活动,这些任务由两类不同的角色承担[2]:

① 负责技术工作的软件工程师。

② 负责质量保证工作的 SQA(software quality assurance)小组。

软件工程师通过采用可靠的技术方法和措施、进行正式的技术评审、计划周密的软件测试来考虑质量问题,并完成软件质量保证和质量控制活动。

SQA 小组的职责是辅助软件工程小组得到高质量的最终产品。CMU 的软件工程研究所 SEI 推荐了一组有关质量保证中的计划、监督、记录、分析及报告的 SQA 活动,这些活动由一个独立的 SQA 小组来执行(或推动)。SQA 小组完成以下活动[2]。

(1) 为项目准备 SQA 计划

该计划在制定项目计划时制定,由所有感兴趣的相关部门评审。该计划将控制由软件工程小组和 SQA 小组执行的质量保证活动。在计划中要标识以下几点:

- 需要进行的评价。
- 需要进行的审计和评审。
- 项目采用的标准。
- 错误报告和跟踪的规程。
- 由 SQA 小组产生的文档。
- 为软件项目组提供的反馈信息。

(2) 参与开发该项目的软件过程描述

项目组为将进行的工作选择一个过程模型。SQA 小组将对该过程模型进行评审以保证该过程与组织政策、内部软件标准、外部标准(如 ISO9001)以及软件项目计划的其他部分相符。

(3) 评审各项软件工程活动,以验证其是否符合定义的软件过程

SQA 小组识别、记录和跟踪过程执行的偏差,并对是否已经改正进行核实。

(4) 审核指定的软件工作产品,以验证其是否符合定义的软件过程中的相应部分

SQA 小组对选出的产品进行评审,识别、记录和跟踪出现的偏差,对是否已经改正进行核实,并定期将工作结果向项目管理者报告。

（5）确保软件工程及工作产品中的偏差已被记录在案，并根据预定规程进行了处理

偏差可能出现在项目计划、过程描述、采用的标准或技术工作产品中。

（6）记录所有不符合的部分并报告给高层管理者

不符合的部分将受到跟踪，直至问题得到解决。

除进行上述活动之外，SQA 小组还需要协调变化的控制和管理，并帮助收集和分析软件度量信息。

16.7.2　软件评审

软件评审是软件质量保证的重要手段。通常在软件工程过程的每个活动（如需求分析、设计、编码）的后期都应进行正式的软件评审。

1. 软件评审的种类和任务

项目管理评审和技术评审是 GB/T 8566—2007《信息技术 软件生存周期过程》中联合评审过程（属于软件生存周期中的支持过程）的两项主要活动。

项目管理评审的任务是针对适用的项目计划、进度安排、标准和指南进行项目状态的评价。评审的结果应该做出下列规定：

- 基于对活动或软件产品状态的评价，按照计划进行改进活动。
- 通过配备必要的资源维持项目的总体控制。
- 改变项目的方向或决定是否需要另外计划。
- 评价和管理可能危及项目成功的风险问题。

技术评审的任务是举行技术评审以评价正在考虑中的软件产品或服务，并且提供下列证据：

- 它们是完备的。
- 它们符合标准和规范。
- 对它们的更改是正确地实施的，并且仅仅影响配置管理过程所标明的区域。
- 它们遵循适用的规程。
- 它们已为下一个活动做好准备。
- 根据项目的计划、进度安排、标准和指南正在进行开发、动作或维护。

本节主要介绍技术评审。

2. 软件评审的方法

软件评审大致可分为非正式评审（informal reviews）和正式评审（formal reviews）。非正式评审通常是一种由同事参加的即兴聚会，大多采用"走查"（walkthrough）的方式。"走查"时，与会者携带一组典型的测试用例，会上由设计者或程序员在纸或黑板上"人工运行"每个测试用例，即用这些测试数据沿着逻辑走一遍，从中发现错误。由于"人工运行"的速度慢，所以测试用例必须简单。这种"走查"方式多数用于详细设计和程序模块的评审。

正式评审通常在软件工程过程的每个活动的后期进行，采用正式的会议评审方式。通过正式评审标志着该活动到达了一个里程碑，该活动的制品也就成为一个基线。下面重点介绍正式评审涉及的会议组织、评审记录和评审原则。

3．技术评审

这里，主要介绍采用正式评审进行技术评审的相关问题。

(1) 评审会议

评审会由评审会主席和若干名评审员组成，参加者大多是与评审内容相关的技术专家，参加人员不宜太多，通常为 3~5 人。必要时，如需求评审时，可请用户代表参加。会前应将评审材料分发给每个评审人员，使评审人员知道评审的内容，并准备好提问。评审会由主席主持，由被评审的制品的生产者作介绍，然后进行质疑和答疑，最后形成评审总结报告。评审会的时间不宜过长，一般不超过 2 小时。

(2) 评审记录和评审报告

评审会应指派专人记录会上提出的所有问题，在会议结束后，将其整理成一份"评审问题列表"，并将其存档。评审问题列表标识了被评审制品中存在的问题，并用于指导设计者修改制品。

评审会结束时应形成评审总结报告，总结报告应指明被评审的制品，参加评审的人员，评审中发现的问题以及评审的结论。评审总结报告不必很长，通常一页纸就够了，而"评审问题列表"可作为评审总结报告的附件。

(3) 评审的指导原则

Pressman 在他的《软件工程》一书中给出了 10 条软件评审原则[2]：

- 评审产品，而不是评审生产者。评审的目的是发现问题而不是追究责任，只有在对事不对人的氛围中，才能更好地发现问题，使评审工作顺利进行。
- 制定议事日程且遵守日程。评审会应按计划行事，会议主席要维持会议的程序，保证评审不离题，避免放任自流。
- 限制争论和辩驳。一个评审员提出的问题有时未必得到大家的认同，在会上应避免对问题不同见解的争论，可先把问题记录下来，会后再讨论。
- 对各个问题都发表见解，但不要试图解决所有记录的问题。评审会的目的是发现问题，不是解决问题，问题的解决是生产者会后进行的。
- 做书面笔记。一种好的做法是让记录员在黑板上做笔记或将计算机中的记录投影在墙上，这有利于评审员推敲措辞，并确定问题的优先次序。
- 限制参与者人数并坚持事先做准备。并非参加评审的人越多越好，关键是参与评审的人应是与评审内容有关的专家，因此，应将评审人的数量保持在最小的必需量上。同时，评审人员会前必须做好准备，以提高评审会的效率。
- 为每个可能要评审的工作制品建立一张检查表。会前准备一张检查表将有利于评审者将注意力集中在一些重要的问题上。
- 为正式技术评审分配资源和时间。为了让评审有效，应该将评审作为软件工程过程中的任务加以调度，并为因评审结果而导致的修改活动分配资源和时间。
- 对所有评审者进行有意义的培训。为了提高效率，所有评审者都应接受某种正式培训，包括与过程相关的内容和评审心理学等。
- 评审以前所做的评审。通过评审以前所做的评审，特别是对评审指南的评审，有助于发现评审过程本身的问题。

16.8 软件配置管理

软件配置管理是项目管理的重要活动,本节介绍软件配置管理的基本概念和主要活动。

16.8.1 软件配置管理的基本概念

在 GB/T 11457—2006《软件工程术语》中有关软件配置管理的一些基本概念有如下定义。

1. 计算机软件配置项

计算机软件配置项(computer software configuration item,CSCI)是指为配置管理设计的软件的集合,在配置管理过程中作为单个实体对待。

本节中的软件配置项(SCI)就是指计算机软件配置项。

2. 软件配置

软件配置(software configuration)是指软件产品在不同时期的组合。该组合随着开发工作的进展而不断变化。

3. 配置管理

配置管理(configuration management)是指应用技术的和管理的指导和监控方法以标识和说明配置项的功能和物理特征,控制这些特征的变更,记录且报告变更处理和实现状态,并验证与规定的需求的遵循性。

4. 版本

版本(version)是指与计算机软件配置项的完全编纂或重编纂相关的计算机软件配置项的初始发布或再发布。

5. 发布

发布(release)是指一项配置管理行为,说明某配置项的一个特定版本已准备好用于特定的目的(例如,发布测试产品)。

6. 基线

基线(baseline)是指业已经过正式审核与同意,可用作下一步开发的基础,并且只有通过正式的修改管理过程方能加以修改的规格说明或产品。

7. 变更控制

变更控制(change control)是指提议作一项变更并对其进行估计、同意或拒绝、调度和跟踪的过程。

8. 配置审核

配置审核(configuration audit)是指对所要求的全部配置项均已产生出来,当前的配置与规定的需求相符所作的证明。技术文件说明书完全而准确地描述了各个配置项目,并且曾经提出的所有变更请求均已得到解决的过程。

9. 配置状态记录

配置状态记录(configuration status accounting)是指一种配置管理的元素,由记录和报告为有效地管理某一配置所需的信息组成。此信息包括列出经批准的配置标识表、建议变更的配置状态和经批准变更的实现状态。

16.8.2 软件配置管理的主要活动

软件配置管理的主要活动包括:版本控制、变更控制、配置审核和配置状态报告等。

1. 版本控制

版本控制是对系统不同版本进行标识和跟踪的过程。由于配置项在整个软件过程中会不断地演化,因此,在一个配置项被确定为基线前,可能会变更很多次,甚至在建立基线后,变更也可能经常发生。这就可以为配置项创建一个演化图(evolution graph),演化图描述了对象的变更历史,如图 16.22 所示[15]。配置对象 1.0 经过修改,变成对象 1.1,小的纠正和变更导致版本 1.1.1 和 1.1.2。配置对象 1.0 也可导致新的演化路径,如演化到版本 2.1 或版本 1.4。变更有可能对任意版本进行,但是没必要对所有版本进行。

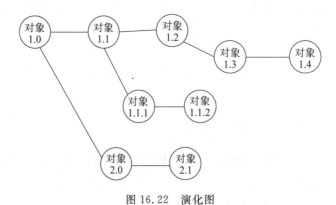

图 16.22　演化图

配置管理使得用户能够通过对配置项适当版本的选择来制定可选的软件系统的配置。

2. 变更控制

变更控制结合人的规程和自动化工具以提供一个控制并管理变更的机制。变更控制过程如图 16.23 所示[2]。一个变更请求被提交后,就需要对该请求进行评估,包括技术指标、潜在副作用、对其他配置对象和系统功能的整体影响以及变更的成本预算等的评估。评估的结果以变更报告的形式给出,该报告被变更授权人(change control authority,CCA)(对变更的状态及优先级做最终决策的人或小组)使用。对每个被批准的变更生成一个工程变更工单(engineering change order，ECO)，描述将要进行的变更、必须注意的约束以及评审和审计的标准。然后将被修改的对象从配置管理库中检出(check out)，并在相应的 SQA 活动支持下进行修改。修改完成后，对象被检入(check in)到数据库，并使用合适的版本控制机制去建立软件的下一个版本。

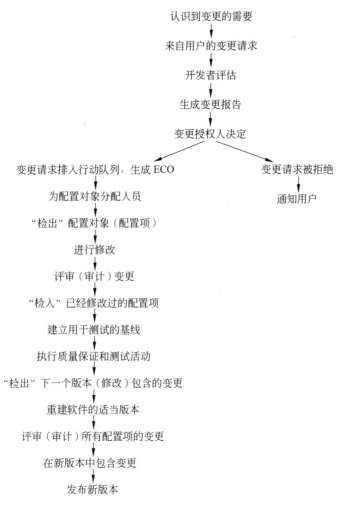

图 16.23　变更控制过程

"检出"和"检入"过程实现了两个重要的变更控制方式——访问控制和同步控制，其流程如图 16.24 所示[15]。

在配置项变成基线之前，开发者可以进行非正式的变更控制。一旦配置项已经经过正式的技术评审并已被认可，则创建了一个配置项的基线。一旦配置项变成了基线，则要实施项目级的变更控制，此时，为了对其进行修改，开发者必须获得项目管理者的批准(如果变更是"局部的")或此配置项的变更授权人的批准(如果该变更影响到其他配置项)。

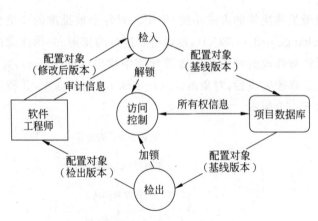

图 16.24　访问控制和同步控制

3. 配置审核

审核是指通过调查研究确定已制定的过程、指令、规格说明、基线及其他特殊要求是否恰当和被遵守，以及实现是否有效的活动。可通过正式技术评审或软件配置审核来保证变更的有效性。

正式评审关注已经被修改的配置项的技术正确性，评审者评估 SCI 以确定它与其他 SCI 的一致性、遗漏及潜在的副作用，原则上应该对所有变更进行正式评审。

软件配置审核通过评估配置项未在正式技术评审中考虑的特征，形成对正式评审的补充。主要考虑如下内容[2]：

① 在工程变更工单中说明的变更已经完成了吗？是否有副作用？

② 是否已经进行了正式的技术评审以评估技术正确性？

③ 软件过程是否遵循了软件工程标准？

④ 变更在配置项中被"明确地强调"了吗？是否指出了变更的日期和变更的作者？配置对象的属性反映了该变更吗？

⑤ 是否遵循了标注变更、记录变更并报告变更的软件配置管理规程？

⑥ 所有相关的配置项被适当更新了吗？

4. 配置状态报告[2]

配置状态报告，也称为状态记录(status accounting)，是一个软件配置管理任务，它回答下列问题：

① 发生了什么事？

② 谁做了此事？

③ 此事是什么时候发生的？

④ 将影响别的什么？

每次当一个 SCI 被赋上新的或修改后的标识时，则一个配置状态报告(CSR)条目被创建；每次当一个变更被变更授权人批准(即一个工程变更工单产生)时，一个 CSR 条目被创建;每次当配置审计进行时,其结果作为 CSR 任务的一部分被报告。CSR 的输出可以放置到一个联机数据库中,使得软件开发者或维护者可以通过关键词分类访问变更信息。此外,还将定期生成 CSR 报告,并允许管理者和开发者评估重要的变更。

16.9　小　　结

软件项目管理是软件开发过程中的一项重要活动,贯穿整个软件生存周期。大量工程实践表明,项目失败的一个重要原因是项目管理能力太弱。作为项目管理者应懂得如何管理项目,使项目按期高质量地完成。作为项目参与者,应该了解项目管理的各项活动,并参与到项目管理中去。本章在介绍项目管理的关注点和项目管理的内容的基础上,分别对软件度量、项目估算、进度管理、风险管理、项目组织、质量保证、软件评审和软件配置管理的概念、相关技术和方法进行了介绍。

习　　题

16.1　何谓软件项目管理? 软件项目管理与传统项目管理的不同点与相同点?

16.2　如何理解"不同的人员在完成程序设计任务的能力上存在巨大的可变性"? 你觉得在项目中如何对不同能力的人员进行管理?

16.3　试述软件项目中人力资源的内容,举例说明这类人力资源的用处。

16.4　何谓软件项目管理过程? 其目的是什么?

16.5　给出一个小型软件项目的活动(模型自选)。

16.6　如何理解任务分解及复杂性控制。

16.7　软件项目启动前应完成哪些活动?

16.8　对一个软件公司产品项目进行调查,对其承担的各类项目进行基于规模的度量。

16.9　分别从用户的角度、开发者的角度对软件质量要素的重要性进行排序(前 5 个),给出自己的观点。

16.10　随着软件的普及,其带给公众的风险(由于受到程序的错误而引起)受到越来越多的关注,试举一个实际的世界末日场景(不是 Y2K),在其中计算机的失败将可能带来巨大灾难(对人类或经济)。

16.11　基于自己的经验,给出 10 条你认为重要的使软件人员能够在工作中发挥全部潜力的指导原则。

16.12　假定你是一个大型软件产品公司的项目管理者,你的工作是建立高档游戏机,它包括大量的虚拟现实技术和硬件技术,且有推出并占领市场的压力,你会选择何种小组结构? 为什么?

16.13　什么是间接测量? 为什么在软件度量工作中经常用到这类测量?

16.14　产品交付之前,小组 A 在软件工程过程中发现了 412 个错误,小组 B 发现了 184 个错误。对于项目组 A 和项目组 B 还需要做哪些额外的测量才能确定哪个小组能够更有效地排除错误? 你建议采用什么度量以帮助做决定?

16.15 给出一个反对代码行作为软件生产率度量的依据。当考虑上百个项目时,所说的情况还成立吗?

16.16 描述"已知风险"和"可预测风险"之间的差别。

16.17 你被要求完成一个网上报名考试系统,并要求完成从网上的信用卡支付,请列出你所面临的技术风险。

词 汇 索 引

符 号

六　　画

七　　画

八　画

九　画

参 考 文 献

[1] 张效祥. 计算机科学技术百科全书. 第 2 版[M]. 北京：清华大学出版社,2005.

[2] Roger S Pressman. Software Engineering：A Practitioner's Approach[M]. Sixth Edition. New York：McGraw-Hill,2005.

[3] Ian Sommerville. Software Engineering[M]. Seventh Edition. Pearson Education Limited,2004.

[4] 郑人杰,殷人昆,陶永雷. 实用软件工程[M]. 第 2 版. 北京：清华大学出版社,1997.

[5] 齐治昌,谭庆平,宁洪. 软件工程[M]. 第 3 版. 北京：高等教育出版社,2012.

[6] 张海藩. 软件工程导论[M]. 第 4 版. 北京：清华大学出版社,2003.

[7] 徐家福,陈道蓄,吕建,等. 软件自动化[M]. 北京：清华大学出版社,1994.

[8] 周之英. 现代软件工程[M]. 北京：科学出版社,2000.

[9] 卡耐基-梅隆大学软件工程研究所编著. 能力成熟度模型(CMM)：软件过程改进指南[M]. 刘孟仁,等译. 北京：电子工业出版社,2001.

[10] Dennis M Ahern, Aaron Clouse, Richard Turner. CMMI 精粹：集成化过程改进实用导论[M]. 周伯生,吴超英,任爱华,等译. 北京：机械工业出版社,2002.

[11] Ivar Jacobson, Grady Booch, James Rumbaugh. 统一软件开发过程[M]. 周伯生,冯学民,樊东平译. 北京：机械工业出版社,2002.

[12] Philippe Kruchten. Rational 统一过程引论[M]. 第 2 版. 周伯生,吴超英,王佳丽译. 北京：机械工业出版社,2002.

[13] 何新贵,王纬,王方德,等. 软件能力成熟度模型[M]. 北京：清华大学出版社,2000.

[14] Scott W Ambler. 敏捷建模：极限编程和统一过程的有效实践[M]. 张嘉路,等译. 北京：机械工业出版社,2003.

[15] Roger S Pressman. 软件工程：实践者的研究方法[M]. 第 5 版. 梅宏译. 北京：机械工业出版社,2002.

[16] 潘锦平,施小英,姚天昉. 软件系统开发技术[M]. 修订版. 西安：西安电子科技大学出版社,1997.

[17] Jackson M. Principles of Program Design[M]. Academic Press,1976.

[18] Rumbaugh J, Jacobson I, Booch G. The Unified Modeling Language Reference Manual[M]. Second Edition. Pearson Education, Inc. 2005.

[19] Coad P,Yourdon E. Object-Oriented Analysis[M]. New York：Prentice-Hall,1990.

[20] Coad P, Yourdon E. Object-Oriented Design[M]. New York：Prentice-Hall,1991.

[21] Rumbaugh J et al. Object-Oriented Modeling and Design[M]. New York：Prentice-Hall, 1991.

[22] Geri Schneider, Jason P Winters. 用例分析技术[M]. 第 2 版. 姚淑珍,李巍,等译. 北京：机械工业出版社,2002.

[23] Alistair Cockburn. 编写有效用例[M]. 王雷,张莉译. 北京：机械工业出版社,2002.

[24] 冯玉琳,黄涛,倪彬. 对象技术导论[M]. 北京：科学出版社,1998.

[25] 邵维忠,杨芙清. 面向对象系统分析[M]. 北京：清华大学出版社,1998.

[26] Rumbaugh J, Jacobson I, Booch G. UML 参考手册[M]. 姚淑珍,唐发根,等译. 北京：机械工业出版社,2001.

[27] Erich Gamma, Richard Helm, Ralph Johnson,等. 设计模式：可复用面向对象软件的基础[M]. 李英军,马晓星,蔡敏,等译. 北京：机械工业出版社,2000.

[28] 刘超,张莉. 可视化面向对象建模技术[M]. 北京：北京航空航天大学出版社,1999.

[29] 朱三元,钱乐秋,宿为民. 软件工程技术概论[M]. 北京:科学出版社,2002.

[30] 冀振燕. UML 系统分析设计与应用案例[M]. 北京:人民邮电出版社,2003.

[31] Var Jacobson, Martin Griss, Patrik Jonsson. Software Reuse:Architecture, Process and Organization for Business Success[M]. Addison-Wesley, 1997.

[32] Carma McClure. Software Reuse techniques:Adding Reuse to the System Development Process [M]. Prentice Hall,1997.

[33] Alan W Brown. 大规模基于构件的软件开发[M]. 赵文耘,张志,等译. 北京:机械工业出版社,2003.

[34] Paul C Jorgensen. 软件测试[M]. 第2版. 韩柯,杜旭涛译. 北京:机械工业出版社,2004.

[35] John D McGregor, David A Sykes. 面向对象的软件测试[M]. 杨文宏,李新辉,杨洁,等译. 北京:机械工业出版社,2002.

[36] Mark Fewster, Dorothy Graham. 软件测试自动化技术与实例详解[M]. 舒智勇,包晓露,焦跃,等译. 北京:电子工业出版社,2000.

[37] Jack R Meredith & Samuel J Mantel. Jr:Project Management—A Management Approach[M]. Third Edition. John Wiley Sons, Inc, 1995.

[38] 毕星等. 项目管理[M]. 上海:复旦大学出版社,2000.

[39] 格雷厄姆 R J. 项目管理与组织行为[M]. 王亚禧,等译. 北京:石油大学出版社,1988.

[40] IEEE Software Engineering Standars. Standars 610.12. 1990.

[41] Albrecht A J. Measuring Application Development Productivity. IBM Application,1979.

[42] Jones C. Applied Software Measurement. McGraw-Hill,1991.

[43] Cavano J P, McCall J A. A Framework for the Measurement of Software Quality. ACM Software Quality Assurance Workshop, 1978,11:133-139.

[44] Thayer R H, Dorfman M. Software Requirement Engineering[M]. Second Edition. IEEE Computer Society Press, 1997.

[45] Davis A M. A Taxonomy for the Early Stages of the Software Development Life Cycle[J]. The Journal of Systems and Software, 1998,11:297-331.

[46] Ian Sommerville, Pete Sawyer,等. 需求工程[M]. 赵文耘,等译. 北京:机械工业出版社,中信出版社,2003.

[47] Zahniser R A. Building Software in Group[J]. American programmer, 1990,3(7/8):50-56.

[48] Jacobson I. Object-Oriented Software Engineering[M]. Addison-Wesley, 1992.

[49] Wirth N. Program Development by Stepwise Refinement[J]. CACM, 1971, 14.

[50] Bass L, Clements P, Kazman R. Software Architecture in Practice[M]. Addison-Wesley, 1998.

[51] Ian K Bray. 需求工程导引[M]. 北京:人民邮电出版社, 2003.

[52] Glass R. Software Runaways[M]. Harlow, Prentice Hall, 1998.

[53] 郑人杰. 软件工程(高级)[M]. 北京:清华大学出版社,1999.

[54] Kotonya G, Sommerville I. Requirements Engineering:Process and Techniques[M]. Chichester. UK:John Wiley and Sons, 1998.

[55] Sutcliffc A. Scenario-Based Requirements Analysis[J]. In Requirements Engineering. 1998,3(1):48-65.

[56] HMSO. Select General Committee on Environment [M]. Transport and Regional Affairs Memorandum. London, Stationery Office, 1999.

[57] McGlaughlin R. Some Notes on Program Design[J]. Software Engineering Notes. 1991, 16(4):53-54.

［58］ Myers G. Composite Structured Design. Van Nostrand，1987.

［59］ Meyer B. Object-Oriented Software Construction［M］. Prentice-Hall，1998.

［60］ Parnas D L. On Criteria to Be Used in Decomposing System into Modules［J］. CACM. 1972,14(1)：221-227.

［61］ Mandel T. The Elements of User Interface Design［M］. Wiley,1997.

［62］ Ben Shneiderman. Designing the User Interface［M］. Pearson Education，1998.

［63］ Norman D. A Cognitive Engineering in User Centered System Design［M］. Lawrence Earlbaum Associates，1986.

［64］ Jennifer Preece，Yvonne Rogers，Helen Sharp［M］. Interaction Design，2002.

［65］ Michael L Scott. Programming Language Pragmatics［M］. Morgan Kaufmann,2000.

［66］ Ravi Sethi. Programming Languages：Concepts & Constructs［M］. Second Edition. Addosom-Wesley，1996.

［67］ Yoo J，Bier M. Toward a Relationship Navigation Analysis［J］. Proc. 33rd Hawaii conf. On System Sciences，IEEE 2000,6.

［68］ Hung Q，Gguyen N. Web 应用测试——Test Planning for Internet-Based Systems［M］. 冯学民，唐映译. 北京：电子工业出版社,2003.

［69］ Steven Splaine. Web 安全测试［M］. 李昂,王梅蓉,金旭译. 北京：机械工业出版社,2003

［70］ Penny Grubb，Armstrong A Takang. 软件维护：概念与实践［M］. 北京：电子工业出版社,2004.

［71］ Fowler M. The New Methodology. http://martinfowler.com/articles/newMethodology.html.

［72］ Beck K，et al. Agile Manifesto. http:// www.agilemanifesto.org.

［73］ Beck K，et al. Principles behind the Agile Manifesto. http://www.agilemanifesto.org/principles.html.

［74］ Womack J P，Jones D T 著. 精益思想［M］. 沈希瑾,等译. 北京：机械工业出版社,2008.

［75］ Poppendieck M，Poppendick T. Lean Software Development. Addison-Wesley，2003.

［76］ Cockburn A. Crystal Clear. Addison-Wesley，2005.

［77］ Highsmith J. Adaptive Software Development：An Evolutionary Approach to Managing Complex Systems. Dorset House Publishing，2000.

［78］ Stapleton J. DSDM-Dynamic System Development Method：The Method in Practices. Addison-Wesley，1997.

［79］ Cohn M. 用户故事和敏捷方法［M］. 石永超,张博超译. 北京：清华大学出版社,2010.

［80］ Takeuchi，Nonaka. The New New Product Development Game. Harvard Business Review，Jan-Feb 1986.

［81］ Sutherland J V,Schwaber K. Business object design and implementation. In OOPSLA'95 workshop proceedings,1995.

［82］ Sutherland J V,Schwaber K. Scrum Guide. http://www.scrum.org/scrumguides/.

［83］ Craig Larman. 精益和敏捷开发大型应用指南［M］. 孙媛,李剑译. 北京：机械工业出版社,2010.

［84］ Kent Beck. 解析极限编程［M］：拥抱变化. 唐东铭译. 北京：人民邮电出版社,2002.

［85］ Kent Beck,Cynthia Andres. 解析极限编程：拥抱变化［M］. 第 2 版. 雷剑文,等译 北京：机械工业出版社,2011.

［86］ Martin Fowler. 重构：改善既有代码的设计［M］. 熊节译. 北京：人民邮电出版社,2010.

［87］ James Shore，Shane Warden. 敏捷开发的艺术［M］. 王江平,等译. 北京：机械工业出版社,2009.

［88］ Jez Humble，David Farley. 持续交付：发布可靠软件的系统方法［M］. 乔梁译，北京：人民邮电出版社,2011.

[89] Anderson D J. The Principles of the Kanban Method. http://agilemanagement. net/index. php/ Blog/the_principles_of_the_kanban_method.

[90] Kniberg H. 精益开发实战：用看板管理大型项目[M]. 李祥青译. 北京：人民邮电出版社,2012.

[91] Powell T. Web Site Engineering. Prentice Hall，1998.

[92] Kaiser J. Elements of Effective Web Design. About，Inc. 2002. http://webdesigh. about. com/ library/weekly/aa091998. htm.

普通高等教育"十一五"国家级规划教材
21世纪大学本科计算机专业系列教材

近期出版书目